"十二五"江苏省高等学校重点教材（编号：2015-1-091）

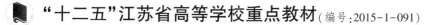普通高等教育"十三五"规划教材

化工生产安全技术

（第二版）

陈 群 主编

中国石化出版社

内 容 提 要

本书是作者在多年科研、教学实践的基础上,吸收了当前国内外化工安全科学知识的最新内容编写而成的。全书根据化工生产的基本原理和方法,结合化工工艺和技术的特点,系统阐述了化学危险物质、化工单元操作、化学反应过程、化工安全设计、化工装置安全检修、压力容器安全、电气安全等化工生产过程安全控制技术,并对化工生产中的职业危害和劳动保护等相关知识进行了详细的介绍。

本书可作为高等院校安全工程、化学工程及相关工程类专业本科生的教学用书,还可作为从事化学工业、精细化工、药物合成、石油化工安全生产技术与管理专业人员的培训和学习参考书。

图书在版编目(CIP)数据

化工生产安全技术 / 陈群主编 . —2 版 .
—北京:中国石化出版社,2017.12(2021.8 重印)
普通高等教育"十三五"规划教材 "十二五"江苏省高等学校重点教材
ISBN 978-7-5114-4676-3

Ⅰ.①化… Ⅱ.①陈… Ⅲ.①化工生产-安全技术-高等学校-教材 Ⅳ.①TQ086

中国版本图书馆 CIP 数据核字(2017)第 257282 号

中国石化出版社出版发行

地址:北京市东城区安定门外大街 58 号
邮编:100011 电话:(010)57512500
发行部电话:(010)57512575
http://www.sinopec-press.com
E-mail:press@sinopec.com
北京柏力行彩印有限公司印刷
全国各地新华书店经销

*

787×1092 毫米 16 开本 18 印张 450 千字
2018 年 1 月第 2 版 2021 年 8 月第 2 次印刷
定价:55.00 元

再版前言

安全，是一个历史悠久、永恒发展的话题，是国家发展、人民安康的基本保证。随着我国社会、经济的快速发展，安全问题日益突出，安全生产已经成为各行业的首要问题。

化学工业与国民经济各部门密切联系，它在国民经济中的地位日益重要，发展化学工业对促进工农业生产、巩固国防和改善人民生活等方面都有重要的作用，化学工业的发展水平已经成为衡量一个国家综合实力的重要标志之一。

但是，化学工业涉及化学品尤其是危险化学品，它们具有易燃易爆、有毒有害的固有危险特性，这些危险有害因素并不会随着社会进步或经济发展而改变。目前，我国化工生产安全事故居高不下，重特大事故时有发生，给国家和人民带来了巨大的损失。国家领导人多次对安全生产工作做出重要批示，提出"安全红线"的刚性要求，要求全方位强化安全生产，这些对安全人才的培养都产生了深刻的影响。

长期以来，国内高校化学、化工类专业主要注重化学品的合成工艺研究及流程实现，但是对实际流程中的安全风险、如何管控这些风险、对安全生产所具备的环境和隐患排除等内容涉及较少，而安全类专业对化工工艺及化学原理基础知识学习不够，两者相互脱节，难以适应我国化学工业的快速发展。2016年11月22日，国家安监总局、教育部联合要求，在全国相关高校和专科学校将化工安全生产课程设为必修课。

本书以事故致因理论为基础，以化学物质和化学反应过程为载体，以安全科学技术为手段，预防和控制化工生产各环节可能发生的事故和伤害。本书将化学品安全管理、工艺设备安全和化工企业整体安全有机结合，系统全面地阐述了化工生产安全法律法规、化学危险物质及其储存运输安全、化工反应过程安全技术、化工单元操作安全技术、压力容器安全技术、电气与静电安全技术、化工安全设计、化工生产职业危害与劳动保护、化工装置安全检修等安全控制技术，力求较全面地探究事故的根本原因及预防、控制对策，解决化工生产中的具体安全问题，使从事化工安全生产技术与管理的人员能系统地掌握化工生产安全技术和方法。

本书第一版自 2012 年出版以来，由于内容丰富，知识结构系统且理论联系实际，在编写上深入浅出，语言简练明了，案例生动有趣，获得了社会的广泛好评，并于 2015 年成功遴选为江苏省高等学校立项建设的重点教材（编号：2015-1-091）。在此基础上，作者考虑到近年我国化工生产安全技术领域发生的巨大变化和突飞猛进的发展，以及广大技术人员和管理人员知识更新的需要，特别是适应安全科学与工程一级学科的发展，以及高等学校与国际工程认证标准接轨，对化工安全领域的最新成果与发展进行补充、完善，对国内最新安全法规标准进行了总结和更新，最终形成本书。

为便于读者自习，本书还在每个学习单元上增加了学习目的和要求以及案例分析和复习思考题。本书所用素材，部分来自作者多年来从事化工安全教学、科研的积累和体会，部分来自对近年来公开出版的相关教材、专著的学习和吸收，在此对原著作者和出版社表示感谢。

本书由常州大学陈群主编，常州大学陈海群、王凯全、王新颖、葛秀坤、黄勇和南京理工大学朱俊武、潘峰、阜凤利等参与编写，全书由陈群统稿。在编写的过程中得到了常州大学教务处的大力帮助，在此谨向他们致以诚挚的谢意，作者同时感谢 2015 年度江苏高校优秀科技创新团队和常州市石墨烯环境安全材料重点实验室资助项目（CM20153006）。

化工生产安全技术涉及面广，专业性强，由于作者水平有限，书中难免有疏漏之处，恳请读者和同行多多赐教，不胜感激！

目　　录

1 绪 论

本章学习目的和要求 ▪▪

1. 了解化工生产的特点;
2. 了解化工生产中常见事故原因;
3. 了解化工安全技术措施的分类及其主要内容;
4. 掌握安全生产管理的基本原则和主要内容;
5. 了解安全生产法律法规的定义及特点;
6. 掌握我国主要的安全生产法律法规。

化学工业是利用化学反应和状态变化等手段使物质本来具有的性质发生变化,制造出化学品的制造业,是一个历史悠久、多品种、在国民经济中占有重要地位的工业部门。

当今世界,人们的衣食住行等各个方面几乎都离不开化工产品。化肥和农药为粮食和其他农作物的稳产高产提供了保障;质地优良、品种繁多、价廉物美的合成纤维制品提高了人们的生活质量;合成药品种类的日益增多,迅速提高了人们战胜疾病的能力;各种合成新材料,普遍应用在建筑、汽车、轮船、飞机制造等行业;具有耐高温、耐低温、耐腐蚀、高强度、高绝缘等特殊性能的材料在航天科技、电子技术等尖端科学技术中更是不可或缺。

化学工业的内部分类比较复杂,过去把化学工业部门分为无机化学工业和有机化学工业两大类,前者主要有酸、碱、盐、硅酸盐、稀有元素、电化学工业等;后者主要有合成纤维、塑料、合成橡胶、化肥、农药等工业。

20 世纪初,兴起了以石油、天然气为原料生产有机化工产品的石油化学工业。20 世纪 60 年代和 70 年代是石油化学工业飞速发展的时期,包括的范围越来越广泛。以石油炼厂气、油田伴生气及各种石油馏分为原料,经过裂解、分离,可以生产出烯烃、芳烃等有机合成的基础原料以及一系列重要的有机产品,如合成树脂、合成橡胶、合成纤维等。

随着化学工业的发展,跨类的部门层出不穷,逐步形成酸、碱、化肥、农药、有机原料、塑料、合成橡胶、合成纤维、染料、涂料、医药、感光材料、合成洗涤剂、炸药、橡胶等门类繁多的化学工业。

化学工业在国民经济中的地位日益重要,发展化学工业对促进工农业生产、巩固国防和改善人民生活等方面都有重要作用。但是,化学工业生产本身面临着安全生产和环境保护方面的重要问题。随着化学工业的飞速发展,这些问题已越来越引起人们的关注。

1.1 化工生产与安全

1.1.1 化工生产的特点

化学工业作为国民经济的支柱产业，与农业、轻工、纺织、食品、材料建筑及国防等部门有着密切的联系，其产品已经并将继续渗透到国民经济的各个领域。其生产过程的主要特点有以下几个方面：

(1) 化工产品和生产方法的多样化

化工生产所用的原料、半成品、成品种类繁多，绝大部分是易燃、易爆、有毒性、具有腐蚀性的化学危险品，而化工生产中一种主要产品可以联产或副产几种其他产品，同时，又需要多种原料和中间体来配套。同一种产品往往可以使用不同的原料和采用不同的方法制得。如苯的主要来源有四个：炼厂副产、石脑油重整、裂解制乙烯时的副产以及甲苯经脱烷基制取苯。而用同一种原料采用不同的生产方法，可得到不同的产品。如从化工基本原料乙烯开始，可以生产出多种化工产品。

(2) 生产规模的大型化

近几十年来，国际上化工生产采用大型生产装置是一个明显的趋势。以化肥生产为例，20 世纪 50 年代合成氨的最大规模为 $6 \times 10^4 t/a$，60 年代初为 $12 \times 10^4 t/a$，60 年代末达到 $30 \times 10^4 t/a$，70 年代发展到 $50 \times 10^4 t/a$ 以上。乙烯装置的生产能力也从 20 世纪 50 年代的 $10 \times 10^4 t/a$ 发展到 70 年代的 $60 \times 10^4 t/a$。

采用大型装置可以明显降低单位产品的建设投资和生产成本，有利于提高劳动生产率。因此，世界各国都在积极发展大型化工生产装置。当然，也不是说化工装置越大越好，这里涉及技术、经济的综合效益问题。例如，目前新建的乙烯装置和合成氨装置大都稳定在 $(45 \sim 60) \times 10^4 t/a$ 的规模。

(3) 工艺过程的连续化和自动控制

化工生产有间歇操作和连续操作之分。间歇操作的特点是各个操作过程都在一组或一个设备内进行，反应状态随时间而变化，原料的投入和产出都在同一地点，危险性原料和产品都在岗位附近。

连续操作的特点是各个操作程序都在同一时间内进行，所处理的原料在工艺过程中的任何一点或设备的任何断面上，其物理量或参数(如温度、压力、浓度、比热容、速度等)在过程的全部时间内，都要按规定要求保持稳定。这样便形成了一个从原料输入、物理或化学处理、形成产品的连续过程，原料不断输入，产品不断输出，使大型化成为可能。

连续化生产的操作比起间歇操作要简单，特别是各种物理量参数在正常运转的全部时间内是不变的，而间歇操作不稳定，随时间变化经常出现波动，很难达到稳定生产，因此连续化和自动控制是大型化的必然结果。

(4) 生产工艺条件苛刻

化工生产中，有些化学反应在高温、高压下进行，有的要在深冷、高真空度下进行。例如：由轻柴油裂解制乙烯，再用高压法生产聚乙烯的生产过程中，轻柴油在裂解炉中的裂解温度为 800℃；裂解气要在深冷(-96℃)条件下进行分离；纯度为 99.99% 的乙烯气体在 100~300MPa 压力下聚合，制成聚乙烯树脂。苛刻的生产工艺条件对设备的本质安全可靠性、工艺技术的先进性和操作人员的技术、责任心都提出了更高的要求。

因此现代化工所具有的上述特点决定了化学工业是一个安全事故相对多发的行业。

1.1.2 化工生产中常见事故原因

化工生产过程中使用、接触的化学危险物质种类繁多，生产工艺复杂多样，因此发生事故的原因也是千变万化的，概括起来主要有以下几点：

（1）装置内产生新的易燃易爆物。有些装置和储罐在正常情况下是安全的，如果在反应和储存过程中混入了某些物质而发生化学反应，生成了新的易燃易爆物质，在一定的条件下就会发生事故。如浓硫酸储存在碳素钢材料的罐中是安全的，但若混入了水变成了稀硫酸，就会和碳钢发生反应放出氢气，氢气与储罐上部的空气混合，很容易发生爆炸事故。

（2）易燃易爆物在系统内积聚。在生产过程中，原料带入或反应生成的易燃易爆物积聚在工艺系统内，如果不能及时排除或处理，一旦条件具备（如遇明火或遇高温），就会发生火灾爆炸。如乙醛氧化生产醋酸的过程，乙醛氧化反应生成的中间产物是过氧醋酸，过氧醋酸再分解为醋酸。过氧醋酸是不稳定化合物，当其积累到一定量，温度的波动会导致其发生突发性爆炸，因此，生产中应采用催化剂加快其分解速度，避免积累。再比如氯碱生产过程中，电解食盐水中如果带入了氯化铵，氯化铵在电解时会生成三氯化氮夹杂在氯气中，三氯化氮也是不稳定化合物，一旦在热交换器中积聚到一定量，就会引起分解爆炸。

（3）高温下物料气化分解。化工生产中所遇到的气化温度较低的易燃液体（如乙醚等），在高温下气化产生高压，会发生爆炸。生产中的加热过程，如果管道发生阻塞，局部温度升高，可能造成某些热载体在高温下发生分解（如联苯醚在390℃下会分解出氢、氧和苯等）产生高压，引起爆炸。

（4）高热物料泄漏自燃或物料泄漏遇高温表面或明火。生产过程中有些反应物料的温度超过了自燃点，一旦泄漏与空气接触就会引起燃烧。如催化裂化过程、烃类热裂解过程等有机物原料高温反应的过程中，管道、设备接口或取样点、热电偶测温点等发生泄漏，都会引起火灾甚至爆炸事故。

（5）反应热骤增。参加反应的物料，如果配比、投料速度和加料顺序等控制不当，会造成反应剧烈，产生大量反应热。反应热不能及时移出，就可能引起超压爆炸。

（6）原料杂质含量过高。化工生产中许多化学反应对原料中杂质含量要求很严格，有的杂质在反应过程中可能生成危险的副产物（如自燃物质），导致事故。如电石法生产乙炔的过程中，若电石中磷化钙的含量过高，在遇水时会反应生成磷化氢，磷化氢遇空气就会燃烧，引起乙炔和空气混合气体发生爆炸。

（7）生产系统和检修系统串通。在化工生产中，很多情况下的临时性检修或小修都是在部分停车情况下进行的，如果没有采取可靠的措施（最常用的是加盲板）将生产系统与停车检修系统隔绝，就容易引发火灾、爆炸、中毒等事故。

（8）系统压力变化。化工生产过程中，系统压力受各方面影响发生变化，可以造成物料倒流、正压系统变负压、负压系统变正压，最终引起事故。如有些常压装置或容器，由于各种原因造成温度下降，里面的易燃易爆蒸汽冷凝，就会形成负压，空气便有可能被吸入，与里面的易燃易爆物混合形成爆炸混合物，一旦出现撞击火花等点火源，就会发生爆炸事故。有些负压装置或容器，当出现温度上升、设备管路堵塞、投料量和压力增大或气体排出量减少等情况时，都使压力升高，负压系统变为正压，可能造成物料外泄，遇空气引起燃烧爆炸。

（9）传热介质和传热方法选择不当。换热是化工生产中最常见的单元过程之一，传热介质选用不当或加热方法选择不当，都很容易发生事故。一定要了解被加热物料和传热介质的性质，要清楚两者之间是否会发生危险性反应，要清楚在工艺要求的加热温度下，被加热物料和传热介质本身是否会发生分解等变化，造成事故。

（10）危险物质处理不当。很多化学物质都具有易燃、易爆、腐蚀、有毒等特性。在生产、使用、装卸、运输、储存过程中，如果操作不当或措施不力，都会引发事故。

（11）不可抗拒或不可预见的外部因素。在生产过程中，由于自然灾害、停水、停电、停汽等，不仅会造成设备停车，如果处理不当，也很容易引发各种事故。因此，一般企业在制定工艺操作规程、岗位操作法和安全规程时，都会考虑这些不可抗拒或不可预见的外部因素可能造成的危害，制定紧急停车处理等应急方案，以免发生突然变故时带来重大的损失。

如果从技术、管理和制度上分析，化工生产事故主要有以下几种原因：

（1）设计上的不足。例如厂址选择不好，平面布置不合理，安全距离不符合要求，生产工艺不成熟等，从而给生产带来难以克服的先天性隐患。

（2）设备上的缺陷。如设计上考虑不周，材质选择不当，制造安装质量低劣，缺乏维护及更新等。

（3）操作上的错误。如违反操作规程，操作错误，不遵守安全规章制度等。

（4）管理上的漏洞。如规章制度不健全，隐患不及时消除、治理，人事管理上不足，工人缺乏培训和教育，作业环境不良，领导指挥不当等。

（5）不遵守劳动纪律，对工作不负责任，未穿戴劳保用品等。

世界上一切事物的发生、发展和消亡，都有它内在的因素和客观条件，都是有一定规律的，事故的发生和消灭也有规律可循。如用火较易发生着火爆炸事故，如果严格的执行用火管理制度，落实防火措施，就可以减少事故的发生。石油化工企业在安全生产上有许多不利因素，但并非一定发生事故。只要充分了解生产过程中的不安全因素，采取相应措施，事故是可以防止的。

1.1.3 安全生产在化工生产中的重要意义

安全生产是指生产中保障人身安全和设备安全，包括两个基本含义：一是生产过程中保护职工的安全和健康，防止工伤事故和职业性危害；二是生产过程中，防止其他各类事故的发生，确保生产装置的连续、稳定、安全运转，保护财产不受损失。安全生产在化工生产中的意义主要体现在：

（1）安全生产是化工生产的前提。化工生产中易燃、易爆、有毒、有腐蚀性的物质多，高温、高压设备多，工艺复杂，操作要求严格，因而与其他行业相比，化工生产的危险性更大。化工生产不仅涉及的事故类型多，有火灾、爆炸、中毒和窒息、灼烫、触电、机械伤害、高处坠落等，而且化工生产事故轻则影响产品质量、产量，重则造成人员伤亡、财产损失、环境恶化，甚至毁灭整个工厂。例如，2015 年 8 月 12 日，位于天津市滨海新区天津港的某公司危险品仓库发生火灾爆炸事故，造成 165 人遇难、8 人失踪，798 人受伤，304 幢建筑物、12428 辆商品汽车、7533 个集装箱受损。截至 2015 年 12 月 10 日，依据《企业职工伤亡事故经济损失统计标准》等标准和规定统计，已核定的直接经济损失 68.66 亿元。因此，事实充分说明离开了安全生产这个前提，化工企业是难以健康正常地发展。

（2）安全生产是化工生产的保障。要充分发挥现代化工生产的优势，必须实现安全生产，确保装置长期、连续、安全地运行。发生事故就会造成生产装置不能正常运行，影响生产能力，造成一定的经济损失。

（3）安全生产是化工生产发展的关键。装置规模的大型化，生产过程的连续化是现代化工生产发展的方向和趋势，但要充分发挥现代化工生产的优越性，必须实现安全生产，确保装置长期、连续、安全运转。装置规模愈大，停产一天的损失也愈大。年产 30×10^4 t 的合成氨装置停产一天，就少生产合成氨 1000t。开停车愈频繁，不仅经济上损失大，丧失了装置大型化的优越性，而且装置本身的损坏也大，发生事故的可能性也大。装置大型化，一旦发生事故其后果更严重，对社会的影响更大。例如，2014 年 4 月 16 日上午 10 时，位于江苏省南通市如皋市某化工有限公司造粒车间发生粉尘爆炸，接着引发大火，导致造粒车间整体倒塌。事故造成 8 人当场死亡，1 人因抢救无效于 5 月 11 日死亡，8 人受伤，其中 2 人重伤，直接经济损失约 1594 万元。

安全生产是个人、家庭、企业和国家的基本需要，它是国家和政府赋予企业的责任；是社会和员工的要求；是生产经营准入的条件；是市场竞争的要素；是持续发展的基础；是利润的组成部分。

1.2 化工生产安全技术与管理

安全技术和生产技术都是根据科学原理和实践经验而发展的各种物质生产的知识和技能。生产技术和安全技术的发展水平，代表了人们利用自然、改造自然和征服自然的能力。安全技术和生产技术密切相关，有什么样水平的生产就有什么样水平的安全技术。各行各业有各自的安全技术，如化工安全技术、冶金安全技术、煤矿安全技术等。

1.2.1 化工生产安全技术

化工生产安全技术是为消除化工生产过程中各种危险有害因素，防止伤害和职业性危害，改善劳动条件和保证安全生产而在工艺、设备、控制等各方面所采取的一些技术。

1. 化工安全技术措施

不同的生产过程存在的危险因素不完全相同，需要的安全技术也有所差异，必须根据各种生产的工艺过程、操作条件、使用的物质(含原料、半成品、产品)、设备及其他有关设施，在充分辨识潜在危险和不安全部位的基础上选择适用的安全技术措施。

化工安全技术措施主要包括预防事故发生和减少事故损失两个方面，归纳起来主要有以下几类：

（1）减少潜在危险因素

生产过程中，尽量避免使用具有危险性的物质、工艺和设备，即尽可能用不燃和难燃的物质代替可燃物质，用无毒和低毒物质代替有毒物质。减少潜在危险因素的方法是预防事故的最根本的措施。

（2）隔离操作与联锁控制

如果将操作人员与生产设备隔离开来或保持一定距离，就会避免人身事故的发生或减弱对人体的危害，如采用 DCS 控制系统不仅可以实现隔离操作，还具有工艺联锁控制的功能。当设备或装置出现危险情况时，DCS 系统将强制一些元件关闭或调解系统，使之处于正常状态或安全停车。

（3）预置薄弱环节或加强加固

对于某些特别危险的设备或装置，可以在这些设备或装置上安装薄弱元件，当危险因素达到危险值时，这个地方预先破坏，将能量释放，防止重大破坏事故发生。例如，在压力容器上安装安全阀或爆破膜，在电气设备上安装保险丝等。有时，为提高设备的安全程度，可以增加安全系数，加大安全裕度，提高结构的强度，防止设备因结构破坏而导致事故发生。

（4）封闭处理

封闭处理就是将危险物质和危险能量局限在一定范围之内，防止能量逆流，可有效地预防事故发生或减少事故损失。例如，使用易燃易爆、有毒有害物质时，把它们封闭在容器、管道里边，不与空气、火源和人体接触，就不会发生火灾、爆炸和中毒事故。

（5）警告牌示和信号装置

警告可以提醒人们注意，及时发现危险因素或危险部位，以便及时采取措施，防止事故发生。警告牌示是利用人们的视觉引起注意；警告信号则可利用听觉引起注意。目前应用比较多的可燃气体、有毒气体检测报警仪，既有光也有声的报警，可以从视觉和听觉两个方面提醒人们注意。

此外，还有生产装置的合理布局、建筑物和设备间保持一定的安全距离等其他方面安全技术措施。随着科学技术的发展，还会开发出新的更加先进的安全防护技术措施。

2. 化工生产安全技术的进展

近几十年来，在安全技术领域广泛应用各个技术领域的科学技术成果，在防火、防爆、防中毒，预防事故和环境污染等方面，都取得了较大发展，安全技术已发展成为一个独立的科学技术体系。

（1）监测危险状况、消除危险因素的新技术不断出现

危险状况测试、监视和报警的新仪器不断投入应用，如火焰监视器、感光报警器、可燃性气体检测报警仪等。无损探伤技术得到迅速发展，声发射技术和红外热像技术在容器的裂纹检测方面都得到了广泛应用。

压力、温度、流速、液位等工艺参数自动控制与超限保护装置被很多化工企业采用，大大消除了危险有害因素。

（2）化工生产和危险化学品储运工艺安全技术、设施和器具等的操作规程及岗位操作法，化工设备设计、制造和安装的安全技术规范不断趋于完善。

1.2.2　化工安全生产管理

安全生产管理是管理的重要组成部分，是安全科学的一个分支。所谓安全生产管理，就是针对生产过程的安全问题，运用有效的资源，通过人们的努力，进行有关决策、计划、组织和控制等活动，实现生产过程中人与机器设备、物料、环境的和谐，达到安全生产的目标。

安全生产管理的基本对象是企业的员工，涉及到企业中的所有人员、设备设施、物料、环境、财务、信息等各个方面。

1. 安全生产管理的基本原则

（1）生产必须安全。安全生产是确保企业提高经济效益和促进生产迅速发展的重要保证，直接关系到广大职工的切身利益。由于化学工业本身具有的危险性很大，一旦发生事

故，后果可能非常严重，不仅会给企业造成直接的经济损失，而且会威胁人民的生命安全，造成较大的社会危害和不良的社会影响。因此，生产必须安全是现代化学工业发展的客观需要，也是安全技术管理的一项基本原则。

"生产必须安全，安全促进生产"是工业化发展到今天被实践证明了的原则。为了保证和贯彻这一原则，必须牢固树立"安全第一"的思想，在一切生产活动中，把安全作为首要的前提条件，落实安全的各项措施，保证职工的生命安全和身体健康，保证生产的正常进行。特别是企业的领导要树立这一思想，重视安全生产，把安全生产渗透到生产管理的每一个环节，消除事故隐患，改善劳动条件，切实做到生产必须安全。在我国经济高速发展的今天，这一原则尤为重要。

（2）安全生产，人人有责。现代化大生产工艺复杂，操作要求严格，安全生产更是一个综合性的工作。领导者的指挥、决策稍有失误，操作者在工作中稍有疏忽，检修和检验人员稍有不慎，都可能酿成重大事故。所以必须强调"安全生产，人人有责"这一原则。在充分发挥专职安全技术人员和安全管理人员的骨干作用的同时，应充分调动和发挥全体职工的安全生产积极性。通过大力宣传和建立健全各级安全生产责任制、岗位安全技术操作规程等安全生产制度，把安全与生产有机地统一起来，提高全员安全生产意识，实现"全员、全过程、全方位、全天候"的安全管理和监督，从而实现安全生产。

（3）安全生产，重在预防。工业化发展的实践证明，生产事故一旦发生，往往造成不可逆转的损失和破坏。因此，实现安全生产的根本出路在于预防为主，消除隐患。只有变事故发生后被动处理为事故发生前消除隐患，才能掌握实现安全生产的主动权。"安全生产，重在预防"必须体现在从设计、施工到生产的每一个环节，积极开展安全生产技术研究工作，加强安全教育和技术培训，严格安全管理和安全监督，完善各种检测手段，发现隐患及时采取措施，防止事故发生。

2. 安全生产管理的原理

安全生产管理原理作为生产管理的组成部分，既服从管理的基本原理和原则，也有其特殊的原理和原则。

（1）系统原理

系统原理是指人们在从事管理工作时，运用系统的观点、理论和方法，对管理活动进行充分的系统分析，以达到优化管理的目标，即运用系统论的观点、理论和方法来认识和处理管理中出现的问题。

安全生产管理系统是生产管理的一个子系统，它包括各级安全管理人员、安全防护设备与设施、规章制度、安全生产操作规范等。安全贯穿生产活动的方方面面，安全生产管理是全方位、全天候和涉及全体人员的管理。

（2）人本原理

在管理中必须把人的因素放在首位，体现以人为本的指导思想。一切管理活动都是以人为本展开的，人既是管理的主体，又是管理的客体，每个人都处在一定的管理层面上，离开人就无所谓管理。

（3）预防原理

安全生产管理工作应该做到预防为主，通过有效的管理和技术手段，减少和防止人的不安全行为和物的不安全状态，在可能发生人身伤害、设备或设施损失和环境破坏的场合，事先采取措施，防止事故发生。

（4）强制原理

采取强制管理的手段控制人的意愿和行为，使个人的活动、行为等受到安全生产管理要求的约束，从而实现有效的安全生产管理。在安全工作中，为了使安全生产法律法规得到落实，安全监督管理部门应对企业生产中的守法和执法情况进行监督。

3. 安全生产管理的内容

（1）安全制度的建设。包括安全规章制度的建设，标准化的制定，生产前的安全评价和管理（如设计安全等），员工的系统培训教育，安全技术措施计划的制定和实施，安全检查方案的制定和实施，管理方式方法和手段的改进研究，以及有关安全情报资料的收集分析，研究课题的提出等。安全制度建设的一个重要任务就是实现安全管理的法制化、标准化、规范化、系统化。

安全管理实现法制化是根据国家法律规定和化工生产根本利益的需要，是保护和保障劳动力和生产设备原料安全的最有效手段。

安全标准是指与人身、设备、操作、生产环境和生产活动安全有关的标准、规程、规范。企业标准化工作，是实现企业科学管理的基础。

化工企业必须建立健全符合本单位特点的安全管理制度。化工企业的职业安全管理制度大致可分为安全生产责任制、安全教育制度、安全考核制度、安全作业证制度、安全检查制度、安全技术措施计划管理制度和安全事故管理制度等七大类。化工企业应严格遵守安全管理制度，并且在生产过程中不断地完善和充实。

（2）生产过程的安全管理，指生产活动过程中的动态安全管理，包括生产过程、检修过程、施工过程以及设备等的安全保证问题。生产过程的安全，主要是工艺安全和操作安全，是生产企业安全管理的重点，检修过程安全，包括全厂停车大修、车间停车大修、单机检修以及意外情况下的抢修等，其事故发生率往往更高，因此，必须列为安全管理的重要内容。施工过程安全，包括企业扩建、改造等工程施工，往往是在不停止生产的情况下进行的，同样存在安全问题，因此也必须列为安全管理的重要内容。设备安全，包括设备本身的安全可靠性和正确合理的使用，直接关系生产过程的正常运行。保证设备安全运行也是安全管理的重要内容。

（3）信息、预测和监督事故管理。实质上起着信息的收集、整理、分析、反馈作用。安全分析和预测，可以通过分析发现和掌握安全生产的个别规律及倾向，作出预测、预报，有利于预防、消除隐患。安全监督，主要是监督检查安全规章制度的执行情况，检查发现安全生产责任制执行中的问题，为加强管理提供动态情况。

随着现代化大生产的飞速发展和新技术的不断涌现，安全管理工作也呈现出新的特点：

（1）以预防事故为中心，进行预先安全分析与评价。也就是要预先对工程项目、生产系统和作业中固有的及潜在的危险进行分析、测定和评价，为确定基本的防灾对策提供依据。

（2）从总体出发，实行系统安全管理。把安全管理引申到工程计划的安全论证、安全设计、安全审核、设备制造、试车、生产运行、维修以及产品的使用等全部过程。

（3）对安全进行数量分析，运用数学方法和计算技术研究安全同影响因素之间的数量关系，对危险性等级及可能导致损伤的严重程度进行客观的评定，从而划定安全与危险的界限和可行与不可行的界限。

（4）应用现代科学技术安全系统工程学、人机工程学、安全心理学，综合采取管理、技术和教育的对策，防止事故的发生。

现代安全管理就是要推行全面安全管理，即全过程、全员、全部工作的安全管理。

（1）全过程安全管理。全过程安全管理即一项工程从计划、设计开始，就要对安全问题进行控制，其中包括基建、试车、投产、生产、储运等各个环节，一直到该工程更新、报废为止的全过程都要进行安全管理。

（2）全员参加安全管理。全员参加安全管理就是从厂长、车间主任、工段长、班组长、技职人员到每个操作人员，都参加安全管理。其中领导层参加安全管理是全面安全管理的核心，每个操作人员则是全面安全管理的基础。工人、安全专业人员、计划和设计人员都应在各自业务范围内为安全生产负责。

（3）全部安全工作的安全管理。凡有生产劳动的地方都有安全问题，所以对每一工艺过程、设备都要全面分析、全面评价、全面采取措施、全面预防。职工一进工厂门就要注意安全，在工厂的任何场所都要考虑安全管理。

4. 企业安全生产管理

企业是生产经营活动的主体和安全生产工作的重点。能否实现安全生产，关键是企业能否具备法定的安全生产条件，保障生产经营活动的安全。

1）安全生产责任制

所谓安全生产责任制是指明确企业负责人、管理人员、从业人员的安全岗位责任制，将安全生产责任层层分解落实到生产经营的各个场所、各个环节、各有关人员。安全生产责任制是各项安全生产规章制度的核心和基本制度，它是将各级负责人员、各职能部门和各岗位人员在安全生产方面应承担的职责加以明确规定的一种制度。

建立一个完善的安全生产责任制的总要求是：横向到边、纵向到底，并由企业的主要负责人建立。横向是指各职能部门的安全生产责任制，纵向是指各级岗位和人员的安全生产责任制。

（1）从上到下所有类型人员的安全生产职责

在建立责任制时，可首先将本单位从主要负责人一直到岗位工人分成相应的层级，然后结合本单位的实际工作，对不同层级的人员在安全生产中应承担的职责做出规定。生产经营单位在建立安全生产责任制时，在纵向方面至少应包括下列几类人员：①企业主要负责人；②企业其他负责人；③企业各职能部门负责人及其工作人员；④班组长；⑤岗位工人。

（2）各职能部门的安全生产职责

在建立责任制时，可按照本单位职能部门的设置，分别对其在安全生产中应承担的职责作出规定。

2）企业安全生产投入保障

《安全生产法》第二十条规定：企业应当具备安全生产条件所必需的资金投入。企业必须安排适当的资金，用于改善安全设施，进行安全教育培训，更新安全技术装备、器材、仪器、仪表以及其他安全生产设备设施，以保证企业达到法律、法规、标准规定的安全生产条件，并对资金投入不足导致的后果承担责任。

企业应当具备的安全生产条件所需的资金投入，由企业的决策机构、主要负责人或者个人经营的投资人予以保证。安全生产投入资金具体由谁来保证，应根据企业的性质而定。一般来说，股份制企业、合资企业等安全生产投入资金由董事会予以保证；国有企业由厂长或者经理予以保证；个体工商户等个体经济组织由投资人予以保证。

安全生产投入应由企业按月提取，计入生产成本，专户存储，专项用于安全生产，不得挤占、挪用，并按财务会计制度的相关规定进行核算，年度结余的安全费用可结转下年度使用。安全生产投入主要用于以下方面：①建设安全和卫生技术措施工程，如防火防爆工程、通风除尘工程等；②增设和更新安全设备、器材、装备、仪器、仪表等以及这些安全设备的日常维护；③重大安全生产课题的研究；④按照国家标准为职工配备劳动保护用品和设施；⑤职工的安全生产教育和培训；⑥其他有关预防事故发生的安全技术措施费用，如用于制定及落实生产事故应急救援预案等。

3）安全培训教育

（1）安全培训教育的目的和任务。安全培训教育是化工安全管理工作的一项重要内容，是做好企业安全生产的一个重要环节。安全培训教育的目的和任务有：①使企业职工能够较全面地接受国家和政府颁布的一系列有关安全和劳动保护的政策、法令教育，提高贯彻和执行这些政策、法令的自觉性和责任感，增强法制观念；②使职工掌握安全技术和工业卫生技术，提高安全技术素质，防止误操作（违章操作）导致的各类事故发生；③提高企业安全管理的科学化、规范化、系统化水平。

（2）安全培训教育的内容

① 思想教育。它是安全培训教育的一项基本内容，是加强企业安全管理的一个重要环节。思想教育是解决广大职工对安全重要性认识问题的主要手段。其目的就是要提高全体领导和职工的安全思想素质，从思想上和理论上认清安全与生产的辩证关系，加强劳动纪律教育，树立"安全第一""生产服从安全""安全生产，人人有责"的安全基本思想。

② 劳动保护方针政策教育。它是安全培训教育的一项重要内容，包括对各级领导和广大职工进行国家和政府的安全生产方针、劳动保护政策法规的宣传教育。通过多种形式的宣传教育，使广大职工充分了解国家和政府的安全生产方针、劳动保护政策，提高贯彻执行政策法规的自觉性，使安全管理实现"全员"和"全过程"。

③ 安全科学技术知识教育。它是安全培训教育的一项主要内容，一般技术知识、一般安全技术知识、专业安全技术知识和安全科学技术知识的教育等内容。通过对生产原理和生产过程的了解，通过对保障自己和他人安全、免受工作环境内各种危险因素伤害的基本知识和基本技能的学习掌握，通过对个人劳动保护用品正确使用及紧急事故报告基本知识的学习，以及对从事的专业与岗位有关专业安全技术的学习等，全面提高自我防护、预防事故、事故急救、事故处理的基本能力，从而全面提高企业安全管理素质与水平。

（3）安全培训教育的形式

① 企业"三级"教育。"三级"安全教育是我国化工企业安全培训教育的主要形式，即厂级、车间级、工段或班组级三个层次。

厂级教育通常是对新入厂的职工、实习和培训人员、外来人员等没有分配或进入现场之前，由企业安全管理部门组织进行的初步安全生产教育。教育内容包括：本企业安全生产形势和一般情况，安全生产有关文件和安全生产的重要意义；本企业的生产特点、危险因素、特殊危险区域及内部交通情况；本企业主要规章制度；厂史中有关安全生产重大事故介绍；一般安全技术知识。

车间教育是新职工、实习和培训人员接受厂级安全教育并进入车间后，由车间安全员（或车间领导）进行的安全教育。教育内容包括：车间概况及其在整个企业中的地位；本车间的劳动规则和注意事项；本车间的危险因素、危险区域和危险作业情况；本车间的安全生产情况和问题；本车间的安全管理组织介绍。

岗位教育是新职工、实习和培训人员进入固定工作岗位开始工作之前，由班组安全员（或工段长、班组长）进行的安全教育。内容包括：本工段、本班组安全生产概况、工作形势及职责范围；岗位工作性质、岗位安全操作法和安全注意事项；设备安全操作及安全装置，防护设施使用；工作环境卫生事故；危险地点；个人劳保和防护用品的使用与保管常识。

② 特殊工种的专门教育。对从事特殊工种的人员（如电气、起重、锅炉与压力容器、电焊、爆破、气焊、车辆驾驶、危险物质管理及运输等），必须进行专门的教育和培训，并经过严格的考试，成绩合格，经有关部门批准后，才能允许正式上岗操作。

4）安全检查

（1）安全检查的目的

安全检查是发现和消除事故隐患，贯彻落实安全措施，预防事故发生的重要手段，是全方位做好安全工作的有效形式。在化工安全管理中，安全检查占有十分重要的地位。

安全检查就是对化工生产过程中影响正常生产的各种因素进行深入细致地调查和研究，从中发现不安全因素，并及时消除。因此，安全检查既是企业内部一项重要的安全工作，也是国家赋予安全监察机构的一项重要任务。

安全检查的目的在于及时发现和消除事故隐患，做到防患于未然，充分体现了"预防为主"的安全管理原则。通过检查，可以促进贯彻和落实国家的有关法律法规、安全条例和安全规程，加强企业安全管理力度和水平，提高广大职工遵守安全制度的自觉性，最终达到安全生产的目的。

开展安全检查，一般都采取经常性和季节性检查相结合，专业性检查和综合性检查相结合，群众性检查和劳动安全监察部门检查相结合的做法。

（2）安全检查的内容

① 查领导、查思想。这是安全检查的主要内容。一个企业的领导对安全的认识与重视程度，往往决定了这个企业的安全管理力度和水平。

② 查现场、查隐患。深入生产现场是安全检查的关键内容，直接关系到隐患的及时消除，避免安全事故发生。

③ 查管理、查制度、查整改。这是安全检查的基本内容。对于管理中可能出现的各种问题及时发现、及时指出、及时整改、及时落实，保证安全管理正常进行，促进安全管理不断完善。

各级安全检查应根据检查的对象进行系统分析，找出可能产生的不安全因素，以提问的方式列出检查具体项目，制成表格，并要求答案以"是"或"否"的简单形式记入检查表中。这样一来，只要按检查表，看一项查一项，就可以避免遗漏。

5）安全技术措施管理

（1）安全技术措施项目的编制范围

实施安全技术措施的目的是解决和改善本企业人身健康和安全生产方面的不安全因素。其项目范围应包括：

① 安全技术方面　以防止火灾、爆炸、中毒、工伤等为目的的各项措施。如防护装置、保险及信号装置等。

② 工业卫生方面　改善生产环境和操作条件，防止职业病和职业中毒的一切措施。如防尘、防毒、防暑降温和消除噪声等措施。

③ 辅助设施方面　保证职工劳动卫生所必需的设施及相关措施。如淋浴室、更衣室、女工卫生间、消毒间等。

④ 安全宣传教育方面　编写安全技术教材，购置图书、仪器、音像设备、计算机，举办安全技术训练班、建立安全教育室、举办安全展览、出版安全刊物等。

⑤ 安全技术科研方面　为安全生产、工业卫生所开展的技术试验和相关研究提供所需的设备、仪表和器材。

（2）安全技术措施计划编制的方法和步骤

安全技术措施计划的编制应该与本企业生产技术措施计划、财务计划的编制同时进行。一般在每年的第三季度编写下一年度的计划。先由车间提出项目和要求或方案，上报厂安全部门，厂安全部门加以汇总、审定，作为年度的安全技术措施项目，统一纳入技术措施计划。安全技术措施的经费来源是提取固定资产更新改造资金或利润留成，一般 10%～20% 的比例作为安全技术措施费用。

安全部门要督促、检查本计划的按期实施。安全技术措施项目竣工投入使用后，使用单位应写出技术总结报告，对其效果及存在问题要做出评价。

6）事故管理

事故管理是企业安全管理的一个方面。加强事故管理，分析事故原因，摸索事故规律，抓住事故重点，吸取事故教训，采取有的放矢的措施，消除存在的各种隐患，防止事故的发生，无疑是企业安全管理的一个重要环节。加强事故管理的最终目的是变事后处理为事前预防，杜绝事故的发生。

事故管理包括事故分类分级、事故统计、事故分析和事故预测。

（1）事故分类

① 按事故性质分类。企业安全事故根据其发生的原因和性质，一般可以分为设备事故、交通事故、火灾事故、爆炸事故、工伤事故、质量事故、生产事故、自然事故和破坏事故九类。

a. 设备事故。动力机械、电气及仪表、运输设备、管道、建（构）筑物等，由于各种原因造成损坏、损失或减产的事故。

b. 交通事故。违反交通规则，或由于责任心不强、操作不当造成车辆损坏、人员伤亡或财产损失的事故。

c. 火灾事故。着火后造成人员伤亡或较大财产损失的事故。

d. 爆炸事故。由于发生化学性或物理性爆炸，造成财产损失或人员伤亡及停产的事故。

e. 工伤事故。由于生产过程存在危险因素的影响，造成职工突然受伤，以致受伤人员立即中断工作，经医务部门诊断，需休息一个工作日以上的事故。

f. 质量事故。生产产品不符合产品质量标准，工程项目不符合质量验收要求，机电设备不合乎检修质量标准，原材料不符合要求规格，影响了生产或检修计划的事故。

g. 生产事故。生产过程中，由于违章操作或操作不当、指挥失误，造成损失或停产的事故。

h. 自然事故。受不可抗拒的外界影响而发生的灾害事故。

i. 破坏事故。因为人为破坏造成的人员伤亡、设备损坏等事故。

② 按事故后果分类。根据经济损失大小、停产时间长短、人身伤害程度，可将事故分为微小事故、一般事故和重大事故三种。工伤事故分为轻伤、重伤、死亡和多人事故四种。

（2）事故统计

认真做好各类事故的调查和统计工作，对安全生产有很重要的意义。通过事故统计，可以掌握企业的安全生产情况。人员伤亡和经济损失统计数据在一定程度上反映了企业安全管理的成绩和问题。事故的统计，应做到时间及时、数据准确、内容齐全。

事故统计的内容包括事故频率、严重率、危险率、损失率、补偿率等。

（3）事故调查分析

认真细致谨慎地做好事故调查分析工作，可以发现事故发生的规律，弄清事故隐患，查明事故责任，然后吸取经验教训，采取恰当措施，改进安全技术管理措施，消除事故隐患。对各类事故的调查分析应本着"三不放过"的原则，即事故原因不清不放过，事故责任人没有受到教育不放过，防范措施不落实不放过。事故的调查分析必须依据大量而全面的资料和证据，实事求是地进行科学分析。

事故调查的程序是：现场处理、收集证物，摄影，调查与事故有关的事实材料，收集证人材料，绘制事故现场图等。事故调查中应注意以下几点。

① 保护现场。事故发生后，要保护好现场，以便获得第一手资料。调查人员应及时到现场，对现场设备、装置、厂房等的破坏情况进行调查。收集整理现场残存物，进行拍照。对现场作出初步鉴定。要检查阀门开度、仪表指示、警报信号系统，检查安全装置是否起作用、安全附件的规格和最后一次检验时间及日常维护等情况。了解伤亡人员在事故发生时所处的位置及受伤位置与程度。

② 广泛了解情况。调查人员应向当事人和在场的其他人员以及目击者广泛了解情况，弄清事故发生的详细情节，了解事故发生后现场指挥、抢救与处理情况。

③ 技术鉴定和分析化验。调查人员到达现场应责成有关技术部门对事故现场检查的情况进行技术鉴定和分析化验工作，如残留物组成及性质、空间气体成分、材质强度及变化等。必要的情况下可以请多方面专家进行专题调查，深入分析，得出正确结论。

④ 多方参加。参加事故调查的人员组成应包括多方人员，分工协作，各尽其职，认真负责。

事故原因分析是在事故调查的基础上进行的。事故分析的程序是：整理和阅读调查材料，明确事故主要内容，找出事故直接原因，深入查找事故间接原因，分析可能造成事故的直接原因及管理上的缺陷。由于化工生产过程十分复杂，造成事故的原因也很复杂。一般在分析原因时可以从以下几个方面入手。

① 组织管理方面

a. 劳动组织不当。如工作制度不合理、工作时间过长、人员分工不当等。

b. 环境不良。如工作位置设置不当、通道不良等，设备、管线、装置、仪器仪表等布置不合理。

c. 培训不够。对操作人员没有进行必要的技术和安全知识与技能的教育培训，不适合现行岗位和工作。

d. 工艺操作规程不合理。制定的工艺操作规程及安全规程有漏洞，操作方法不合理。

e. 防护用具缺陷。个人防护用具质量有缺陷，防护用具配置不当，或根本没有配置。

f. 标志不清。必要的位置和区域没有警告或信号标志，或标志不清。

② 技术方面

a. 工艺过程不完善。工艺过程有缺陷，没有掌握工艺过程有关安全技术问题，安全措施设置不当。生产过程及设备没有保护和保险装置。

　　b. 设备缺陷。设备设计不合理或制造有缺陷。

　　c. 作业工具不当。操作工具使用不当或配备不当。

　　③ 卫生方面

　　a. 空间不够。生产厂房的容积和面积不够，空间狭窄。

　　b. 气象条件不符合规定。如温度、湿度、采暖、通风、热辐射等。

　　c. 照明不当。操作环境中照明不够或照明设置不合理。

　　d. 噪声和震动。由于噪声和震动造成操作人员心理上的变化。

　　e. 卫生设施不够。如防尘、防毒设施不完善。

1.3　安全生产法律法规

1.3.1　安全生产法律法规体系

　　1. 安全生产法律法规的定义及特点

　　安全生产法律法规是调整在生产经营过程中产生的与从业人员的安全与健康、财产和社会财富安全保障有关的各种社会关系的法律规范的总和，是对有关安全生产的法律、规程、条例、规范的总称。

　　安全生产法律法规是党和国家的安全生产方针政策的集中表现，是上升为国家和政府意志的一种行为准则。它以法律的形式规定人们在生产过程中的行为规则，规定什么是合法的，可以去做；什么是非法的，禁止去做；在什么情况下必须怎样做，不应该怎样做等，用国家强制力来维护企业安全生产的正常秩序。因此，有了各种安全生产法规，就可以使安全生产工作做到有法可依、有章可循。无论是单位或个人，谁违反了这些法规，都要负法律责任。

　　安全生产法律法规是国家法规体系的一部分，其特点有：①保护的对象是劳动者、生产经营人员、生产资料和国家财产；②安全生产法规具有强制性的特征；③安全生产法规涉及自然科学和社会科学领域。因此，安全生产法规既具有政策性特点，又有科学技术性特点。

　　2. 我国安全生产法律基本体系

　　安全生产是一个系统工程，需要建立在各种支持的基础之上，而安全生产的法规体系尤为重要。按照"安全第一，预防为主，综合治理"的安全生产方针，国家制定了一系列的安全生产、劳动保护的法规。

　　我国安全生产法律法规体系是由全国人民代表大会及其常务委员会制定的国家法律，国务院制定的行政法规和标准，各地方国家权力机关和地方政府制定和发布的适合本地区的规范性法律文件及行政法规，各专业和行业管理部门及企业依据上述法律、法规制定的安全生产的规章制度、安全技术标准三个层次构成的。

　　1) 法律

　　法律是由全国人民代表大会及其常务委员会制定的法律。如《中华人民共和国宪法》《中华人民共和国民法通则》《中华人民共和国刑法》《中华人民共和国劳动法》《中华人民共和国建筑法》《中华人民共和国消防法》等。

　　《中华人民共和国宪法》是国家的根本大法，具有最高的法律效力。一切法律、行政法规和地方性法规都不得与之相抵触。在"宪法"第二章公民权利和义务中规定，各级政府和企业要"加强劳动保护，改善劳动条件。""中华人民共和国劳动者有休息的权利。国家发展劳动者休息和休养的设施，规定职工的工作时间和休假制度。"及"国家保护妇女的权利和利益。"等都是国家对职业安全卫生工作的原则性规定，是国家制定职业安全卫生法律法规的依据。

《中华人民共和国民法通则》中规定："侵害公民身体造成伤害的，应当赔偿医疗费，因误工减少的收入，残废者生活补助费等费用；造成死亡的，并应当支付丧葬费、死者生前抚养的人必要的生活费等费用。""从事高空、高压、易燃、易爆、剧毒、放射性、高速运输工具等对周围环境有高度危险的作业造成他人伤害的，应当承担民事责任。"

《中华人民共和国刑法》中专门规定了危害公共安全罪，具体规定了航空、铁路、交通运输及工厂、矿山、林场、建筑企、事业单位职工违反有关规定发生重大事故，造成严重后果的应判处的刑罚。

《中华人民共和国劳动法》规定了劳动者的权利，用人单位的义务，国家的作用，工会和职工代表大会的职能。其中对工作时间和休假，职业安全卫生，女工及未成年人保护，劳动合同中的劳动保护和劳动条件、工伤、职业病的权益，以及违反职业安全卫生法规应承担的法律责任等都作出了规定，这些规定是职业安全卫生法规的立法依据。

2）行政法规

它是由国家和地方行政部门颁布的有关安全生产的法规，主要包括安全技术法规、职业健康法规和安全生产管理法规。

（1）安全技术法规

安全技术法规是指国家为搞好安全生产，防止和消除生产中的灾害事故，保障职工人身安全而制定的法律规范。国家规定的安全技术法规是对一些比较突出或有普遍意义的安全技术问题的基本要求做出规定，一些比较特殊的安全技术问题，国家有关部门也制定并颁布了专门的安全技术法规。安全技术法规一般包括：设计、建设工程安全，机器设备安全装置，特种设备安全措施，防火防爆安全规则，工作环境安全条件，个体安全防护等。

（2）职业健康法规

职业健康法规是指国家为了改善劳动条件，保护职工在生产过程中的健康，预防和消除职业病和职业中毒而制定的各种法规规范。这里既包括职业健康保障措施的规定，也包括有关预防医疗保健措施的规定。我国现行职业健康方面的法规主要有：国务院〔2002〕352号令《使用有毒物品作业场所劳动保护条例》等。

（3）安全生产管理法规

安全生产管理法规是指国家为了搞好安全生产、加强安全生产和劳动保护工作、保护职工的安全健康所制定的管理规范。劳动保护管理制度是各类工矿企业为了保护劳动者在生产过程中的安全、健康，根据生产实践的客观规律总结和制定的各种规章。概括地讲，这些规章制度一方面是属于行政管理制度，另一方面是属于生产技术管理制度。这两类规章制度经常是密切联系、互相补充的。

3）职业安全健康标准体系

职业安全健康标准是围绕如何消除、限制或预防劳动过程中的危险和有害因素，保护职工安全与健康，保障设备和生产的正常运行而制定的。职业安全健康标准体系，是根据职业安全健康标准的特点和要求，按着它们的性质功能、内在联系进行分级、分类，构成一个有机联系的整体。体系内的各种标准互相联系、互相依存、互相补充，具有很好的配套性和协调性。职业安全健康标准体系不是一成不变的，它与一定时期的技术经济水平以及职业安全健康状况相适应，因此，它随着技术经济的发展、职业安全健康要求的提高而不断变化。

我国现行的职业安全健康标准体系主要由三级构成，即国家标准、行业标准和地方标准。

（1）国家标准。职业安全健康国家标准是在全国范围内统一的技术要求，是我国职业安全健康标准体系中的主体。主要由国家安全生产综合管理部门、卫生部门组织制定、归口管理，国家质量监督检验检疫总局发布实施。强制性国家标准的代号为"GB"，推荐性国家标准的代号为"GB/T"。

（2）行业标准。职业健康安全行业标准是对没有国家标准而又需要在全国范围内统一制定的标准，是国家标准的补充。强制性安全行业标准代号为"AQ"，推荐性安全行业标准的代号为"AQ/T"。由安全生产行政管理部门及各行业部门制定并发布实施，国家技术监督局备案。职业安全健康行业标准管理范围主要有：①职业安全及职业健康工程技术标准；②工业产品在设计、生产、检验、储运、使用过程中的安全、健康技术标准；③特种设备和安全附件的安全技术标准，起重机械使用的安全技术标准；④工矿企业工作条件及工作场所的安全卫生技术标准；⑤职业安全健康管理和工人技能考核标准；⑥气瓶产品标准。

（3）地方标准。根据《中华人民共和国标准化法》，对没有国家标准和行业标准而又需要在省、自治区、直辖市范围内统一的工业产品的安全、卫生要求，可以制定地方标准。地方标准由省、自治区、直辖市标准化行政主管部门制定，并报国务院标准化行政主管部门和国务院有关行政主管部门备案。在公布国家标准或者行业标准之后，该项地方标准即废止。地方职业安全健康标准是对国家标准和行业标准的补充，同时也为将来制定国家标准和行业标准打下了基础，创造了条件。

对于特殊情况而我国又暂无相对应的职业安全健康标准时，可采用国际标准。采用国际标准时，必须与我国标准体系进行对比分析或验证，应不低于我国相关标准或暂行规定的要求，并经有关安全生产综合管理部门批准。

随着科学技术的进步和生产的发展，还会有新的标准不断产生，旧的标准不断修改完善。它们贯穿于企业安全生产、文明生产和科学管理的全过程，对保护广大职工的安全健康起着重要作用。

1.3.2　我国主要的安全生产法律法规

1.《中华人民共和国劳动法》中有关职业安全卫生的内容

《中华人民共和国劳动法》1994年7月5日由第八届全国人民代表大会第八次会议通过，1995年5月1日起施行。劳动法是调整劳动关系以及与劳动关系密切联系的其他关系的法律规范。

劳动者享有的权利有：平等就业和选择职业的权利；获得劳动报酬的权利；休息休假的权利；获得职业安全卫生保护的权利；接受职业技能培训的权利；享有社会保险和福利的权利；提请劳动争议处理的权利。劳动者必须履行的义务有以下几种：完成劳动任务；提高职业技能；执行职业安全卫生规程；遵守劳动纪律和职业道德。

1）用人单位在职业安全卫生方面的职责

《劳动法》第五十二条规定："用人单位必须建立、健全职业安全卫生制度，严格执行国家职业安全卫生规程和标准，对劳动者进行职业安全卫生教育，防止劳动过程中的事故，减少职业危害。"根据本条款的法律规定，职业安全卫生制度包括以下几项内容：①用人单位必须建立、健全职业安全卫生制度；②用人单位必须执行国家职业安全卫生规程和标准；③用人单位必须对劳动者进行职业安全卫生教育。

《劳动法》第五十三条规定："职业安全卫生设施必须符合国家规定的标准。新建、改建、扩建工程的职业安全卫生设施必须与主体工程同时设计、同时施工、同时投入生产和使用。"职业安全卫生设施是指安全技术方面的设施、劳动卫生方面的设施、生产性辅助设施（如女工卫生室、更衣室、饮水设施等）。国家规定的标准是指行政主管部门和各行业主管部门制定的一系列技术标准，它包括以下几方面内容。

（1）职业安全卫生条件及劳动防护用品要求

《劳动法》第五十四条规定："用人单位必须为劳动者提供符合国家规定的职业安全卫生条件和必要的劳动防护用品。对从事有职业危害作业的劳动者应当定期进行健康检查。"本条中国家规定指《中华人民共和国职业病防治法》《建筑安装工程安全技术规程》《中华人民共和国建筑法》《建设工程质量管理条例》《建设工程安全生产管理条例》《工业企业设计卫生标准》（GBZ 1—2015）、《工作场所有害因素职业接触限值》（GBZ 2.1/22—2007）、《劳动防护用品选用规则》（GB 11651—2008）、《劳动防护用品配备标准（试行）》（国经贸安全〔2000〕189号）等中的规定。

（2）建立伤亡事故和职业病统计报告和处理制度

在劳动生产过程中，由于各种原因发生伤亡事故、产生职业病是不可避免的，为了真实地掌握情况，有效地采取对策，预防事故隐患的发生，在《劳动法》中特别提出了"建立伤亡事故和职业病统计报告的处理制度"。

（3）对劳动者的职业培训

《劳动法》第五十五条规定："从事特种作业的劳动者必须经过专门培训并取得特种作业资格。"特种作业的范围有：电工作业、锅炉司炉作业、压力容器操作、起重机械作业、爆破作业、金属焊接与气割作业、煤矿井下瓦斯检验、机动车辆驾驶、机动船舶驾驶与轮机操作、建筑登高架设作业等。

2）劳动者在职业安全卫生方面的权利和义务

《劳动法》第五十六条规定："劳动者在劳动过程中必须严格遵守安全操作规程。劳动者对用人单位管理人员违章指挥、强令冒险作业有权拒绝执行；对危害生命安全和身体健康的行为，有权提出批评、检举和控告。"根据本条款的规定，劳动者在劳动生产过程中对职业安全卫生方面有以下的权利和责任。

（1）劳动者在职业安全卫生方面的职责

根据本条规定，劳动者在劳动过程中，必须严格遵守安全操作规程。若是由于不服从管理，违反规章制度，违章冒险作业，导致重大事故发生造成严重后果的，必须承担相应的法律责任。

（2）劳动者在职业安全卫生方面的权利

① 根据本条规定，劳动者对用人单位管理人员违章指挥、强令冒险作业，有权拒绝执行。这是《劳动法》赋予劳动者的权利。根据这项权利，劳动者可以合法地维护自己的人身安全，有效地维持正常的生产秩序，防止事故隐患发生。

② 根据本条规定，劳动者对用人单位的管理人员做出了"对危害生命安全和身体健康的

行为，有权提出批评、检举和控告"的规定，根据这项法律赋予的权利，劳动者对管理人员做出的违章指挥、强令冒险作业的行为，不仅可以拒绝执行，而且可以提出批评。如果有关的管理人员不接受意见，不改进措施，劳动者有权向上级主管部门进行检举，甚至可以上诉控告，这是法律赋予劳动者的权利。若是有人员敢于打击报复举报人员的，由劳动行政部门或者有关部门处以罚款；构成犯罪的，对责任人员依法追究刑事责任。

2.《中华人民共和国安全生产法》的主要内容

《中华人民共和国安全生产法》(主席令第13号，2014年12月1日施行)共7章113条。《安全生产法》作为我国安全生产的综合性法律，具有丰富的法律内涵，它的贯彻实施，有利于全面加强我国安全生产法律法规体系建设，有利于保障人民群众生命安全，有利于依法规范生产经营单位的安全生产工作，有利于各级人民政府加强安全生产的领导，有利于安全生产监督部门和有关部门依法行政，加强监督管理，有利于提高从业人员的安全素质，有利于制裁各种安全违法行为。其核心内容如下。

(1) 三大目标

《安全生产法》的第一条开宗明义地确立了通过加强安全生产工作，防止和减少生产安全事故，需要实现如下基本的三大目标：保障人民群众生命和财产安全，促进经济社会持续健康发展。

(2) 五方运行机制(五方结构)

在《安全生产法》的总则中，规定了保障安全生产的国家总体运行机制，包括如下五个方面：政府监管与指导(通过立法、执法、监管等手段)；企业实施与保障(落实预防、应急救援和事后处理等措施)；员工权益与自律(8项权益和3项义务)，社会监督与参与(公民、工会、舆论和社区监督)；中介支持与服务(通过技术支持和咨询服务等方式)。

(3) 两结合监管体制

《安全生产法》明确了我国现阶段实行的国家安全生产监管体制。这种体制是国家安全生产综合监管与各级政府有关职能部门(公安消防、公安交通、煤矿监督、建筑、交通运输、质量技术监督、工商行政管理)专项监管相结合的体制。其有关部门合理分工、相互协调，相应地表明了我国安全生产法的执法主体是国家安全生产综合管理部门和相应的专门监管部门。

(4) 七项基本法律制度

《安全生产法》确定了我国安全生产的基本法律制度。分别为：安全生产监督管理制度；生产经营单位安全保障制度；从业人员安全生产权利义务制度；生产经营单位负责人安全责任制度；安全中介服务制度；安全生产责任追究制度；事故应急救援和处理制度。

(5) 四个责任对象

《安全生产法》明确了对我国安全生产具有责任的各方，包括以下四个方面：政府责任方，即各级政府和对安全生产负有监管职责的有关部门；生产经营单位责任方；从业人员责任方；中介机构责任方。

(6) 三大对策体系

《安全生产法》指明了实现我国安全生产的三大对策体系。①事前预防对策体系，即要求生产经营单位建立安全生产责任制、坚持"三同时"、保证安全机构及专业人员落实安全投入、进行安全培训、实行危险源管理、进行项目安全评价、推行安全设备管理、落实现场安全管理、严格交叉作业管理、实施高危作业安全管理、保证承包租赁安全管理、落实工伤保险等，同时加强政府监管、发动社会监督、推行中介技术支持等都是预防策略。②事中应急救援体系，要求政府建立行政区域的重大安全事故救援体系，制定社区事故应急救援预案；要求生产经营单位进行危险源的预控，制定事故应急救援预案等。③建立事后处理对策系统，包括推行严密的事故处理及严格的事故报告制度，实施事故后的行政责任追究制度，强化事故经济处罚力度，明确事故刑事责任追究等。

（7）生产经营单位主要负责人的六项责任

《安全生产法》特别对生产经营单位负责人的安全生产责任做了专门的规定。规定如下：建立健全安全生产责任制；组织制定安全生产规章制度和操作规程；保证安全生产投入；督促检查安全生产工作，及时消除生产安全事故隐患；组织制定并实施生产安全事故应急救援预案；及时报告并如实反映生产安全事故。

（8）从业人员八项权利

《安全生产法》明确从业人员的八项权利是：①知情权，即有权了解其作业场所和工作岗位存在的危险因素、防范措施和事故应急措施；②建议权，即有权对本单位的安全生产工作提出建议；③批评权、检举权、控告权，即有权对本单位安全生产管理工作中存在的问题提出批评、检举、控告；④拒绝权，即有权拒绝违章作业指挥和强令冒险作业；⑤紧急避险权，即发现直接危及人身安全的紧急情况时，有权停止作业或者在采取可能的应急措施后撤离作业场所；⑥依法向本单位提出要求赔偿的权利；⑦获得符合国家标准或者行业标准劳动防护用品的权利；⑧获得安全生产教育和培训的权利。

（9）从业人员的三项义务

《安全生产法》明确了从业人员的三项义务：①自律遵规的义务，即从业人员在作业过程中，应当遵守本单位的安全生产规章制度和操作规程，服从管理，正确佩戴和使用劳动防护用品；②自觉学习安全生产知识的义务，要求掌握本职工作所需的安全生产知识，提高安全生产技能，增强事故预防和应急处理能力；③危险报告义务，即发现事故隐患或者其他不安全因素时，应当立即向现场安全生产管理人员或者本单位负责人报告。

（10）四种监督方式

《安全生产法》以法定的方式，明确规定了我国安全生产的多种监督方式。①工会民主监督，即工会有权对建设项目的安全设施与主体工程同时设计、同时施工、同时投入生产和使用进行监督，提出意见；②社会舆论监督，即新闻、出版、广播、电影、电视等单位有对违反安全生产法律法规的行为进行舆论监督的权利；③公众举报监督，即任何单位存在事故隐患或者个人做出违反安全生产法规的行为时，均有权向负有安全生产监督管理职责的部门报告或者举报；④社区报告监督，即居民委员会、村民委员会发现其所在区域内的生产经营单位存在事故隐患或者安全生产违法行为时，有权向当地人民政府或者有关部门报告。

（11）38种违法行为

《安全生产法》明确了政府、生产经营单位、从业人员和中介机构可能产生的38种违法行为。其中生产经营单位及负责人30种，政府监督部门及人员5种，中介机构1种，从业人员可能存在的违法行为有2种。

3.《中华人民共和国职业病防治法》的主要内容

《中华人民共和国职业病防治法》于2001年10月27日由全国人大常委会表决通过，对所作的修改，已由中华人民共和国第十二届全国人大常委会第二十一次会议于2016年7月2日通过，给予公布，自公布之日起施行。这部法律的立法目的是预防、控制和消除职业病危害，防治职业病，保护劳动者健康及其相关权益，促进经济发展。

《职业病防治法》分总则、前期预防、劳动过程中的防护与管理、职业病诊断与职业病病人保障、监督检查、法律责任、附则，共7章88条。

该法规定，职业病防治工作采取预防为主、防治结合的方针，实行分类管理、综合治理。劳动者享有的7项职业卫生保护权利是：

（1）获得职业卫生教育、培训的权利；

（2）获得职业健康检查、职业病诊疗、康复等职业病防治服务的权利；

（3）了解作业场所产生或者可能产生的职业病危害因素、危害后果和应当采取的职业病防护措施的权利；

（4）要求用人单位提供符合防治职业病要求的职业病防治设施和个人使用的职业病防护用品，改善工作条件的权利；

（5）对违反职业病防治法律、法规以及危及生命健康行为提出批评、检举和控告的权利；

（6）拒绝完成违章指挥和强令没有职业病防护措施的作业的权利；

（7）参与用人单位职业卫生工作的民主管理，对职业病防治工作提出意见和建议的权利。

为避免不符合职业卫生要求的项目上马后，再走先危害后治理的老路，从根本上控制或消除职业危害，该法规定，实行职业危害预评价制度。①在建设项目可行性论证阶段，建设单位应当对可能产生的职业病危害因素及其对工作场所和劳动者健康的影响进行评价，确定危害类别和防护措施，并向卫生行政部门提交报告。②建设项目的职业病防护设施所需费用应当纳入工程预算，防护设施应当与主体工程同时设计、同时施工、同时投入生产和使用；建设项目竣工验收时，建设单位应当进行职业病危害控制效果评价，经卫生行政部门验收合格后，方可投入正式生产和使用。

对已经被诊断为职业病的病人，该法规定用人单位应当按照国家有关规定，安排病人进行治疗、康复和定期检查；职业病病人的诊疗、康复费用，伤残以及丧失劳动能力的职业病病人的社会保障，按照国家有关工伤保险的规定执行；用人单位没有依法参加工伤社会保险的，职业病病人的医疗和生活保障由最后的用人单位承担，除非最后的用人单位有证据证明该职业病与己无关。

关于职业病病人的安置和社会保障，该法规定，用人单位在疑似职业病病人诊断或者医学观察期间，不得解除或者终止与其订立的劳动合同。用人单位对不适宜继续从事原工作的职业病病人，应当调离原岗位，并妥善安置。职业病病人变动工作单位，其依法享有的待遇不变；用人单位发生分立、合并、解散、破产等情形的，应当对从事接触职业危害作业的劳动者进行健康检查，并按照国家有关规定妥善安置职业病病人。

4.《危险化学品安全管理条例》的主要内容

《危险化学品安全管理条例》于2002年1月26日中华人民共和国国务院令第344号公布，2011年2月16日国务院第144次常务会议修订通过，自2011年12月1日起施行。2013年12月4日国务院第32次常务会议修订通过，自2013年12月7日起施行。

1）《条例》宗旨

《条例》第一条"为了加强对危险化学品的安全管理，保障人民生命、财产安全，保护环境，制定本条例"，开宗明义地指出了制定该条例的宗旨，即目的。

2)《条例》适用范围

《条例》的第二条和第三条指出了本《条例》的适用范围。

第二条　凡在中华人民共和国境内生产、经营、储存、运输、使用危险化学和处置废弃危险化学品，必须遵守本条例和国家有关安全生产的法律、其他行政法规的规定。

第三条　本条例所称危险化学品，包括爆炸品、压缩气体和液化气体、易燃液体、易燃固体、自燃物品和遇湿易燃物品、氧化剂和有机过氧化物、有毒品和腐蚀品等。

在第二条中指出适用的地域和过程，即中华人民共和国境内所有单位和个人均适用本条例，同时指出从危险化学品的生产、经营、储存、运输、使用和处置废弃6个环节，即危险化学品从"产生"到"消亡"的全过程均适用本条例；第三条指出了适用本条例的危险化学品类别，即第三条所列的7个类别。

法律责任明确了政府分工、企业责任、员工权利和义务，实行从生产到废弃处置6个环节的全过程监督管理。

与国际接轨：吸收了第170号国际公约(《作业场所安全使用化学品公约》)的主体思想，在危险性分类、登记注册、应急救援、事故预案、危害公开、危险性评估等方面充分体现了与国际管理体系的接轨。

3) 监管部门职责分工

(1) 国家安全生产监督管理总局和省、自治区、直辖市安全生产监督管理局负责：

① 危险化学品安全监督管理综合工作；

② 危险化学品生产、储存企业设立及其改建、扩建的审查；

③ 危险化学品包装物、容器专业生产企业的审查和定点；

④ 危险化学品经营许可证的发放；

⑤ 国内危险化学品的登记；

⑥ 危险化学品事故应急救援的组织和协调。

(2) 公安部门负责

危险化学品的公共安全管理；负责发放剧毒化学品购买凭证和准购证；负责审查核发剧毒化学品公路运输通行证；对危险化学品道路运输安全实施监督，并负责上述事项的监督检查。

(3) 质检部门负责

发放危险化学品及其包装物、容器的生产许可证；负责对危险化学品包装物、容器的产品质量实施监督，并负责上述事项的监督检查。

(4) 环保部门负责

危险化学品的废弃处置监督管理；调查重大危险化学品污染事故和生态破坏事件；负责有毒化学品事故现场的应急监测和进口危险化学品的登记，并负责上述事项的监督检查。

(5) 铁路部门负责

危险化学品的铁路运输和危险化学品铁路运输单位及其运输工具的安全管理及监督检查。

(6) 民航部门负责

危险化学品航空运输和危险化学品民航运输单位及其运输工具的安全管理及监督检查。

(7) 交通部门负责

负责危险化学品公路、水路运输单位及其运输工具的安全管理；对危险化学品水路运输安全实施监督；负责危险化学品公路、水路运输单位、驾驶人员、船员、装卸人员和押运人员的资质认证。

（8）卫生行政部门负责

危险化学品的毒性鉴定和危险化学品事故伤亡人员的医疗救护工作。

（9）工商行政管理部门

依据有关部门的批准、许可文件，核发危险化学品生产、经营、储存、运输单位营业执照，并监督管理危险化学品市场经营活动。

（10）邮政部门负责

邮寄危险化学品的监督检查。

4)《条例》确立 13 项管理制度

《危险化学品安全管理条例》确立了公告制度、备案制度、审查、审批制度等 13 项制度。

5.《国务院关于特大安全事故行政责任追究的规定》的主要内容

为进一步做好安全生产工作，各地政府一把手是各地区安全生产的第一责任人，必须对该地区安全生产工作负总责。为此，2001 年 4 月 21 日国务院颁布并施行了《国务院关于特大安全事故行政责任追究的规定》（国务院令第 302 号）。发生特大安全事故，不仅要追究直接责任人的责任，而且要追究有关领导干部的行政责任；构成犯罪的，还要依法追究刑事责任。同时，要执行"谁审批、谁负责"的原则，对承担涉及安全生产经营审批和许可事项的主管部门和有关责任人员，也要对后果承担相应责任。

《国务院关于特大安全事故行政责任追究的规定》中第二条规定，地方人民政府主要领导人和政府有关部门正职负责人对下列特大安全事故的防范、发生，依照法律、行政法规和对该规定有失职、渎职情形或负有领导责任的，依照本规定给予行政处分；构成玩忽职守罪或其他罪的，依法追究刑事责任：

① 特大火灾事故；

② 特大交通事故；

③ 特大建筑质量安全事故；

④ 民用爆炸物品和化学品特大安全事故；

⑤ 煤矿和其他矿山特大安全事故；

⑥ 锅炉、压力容器、压力管道和特种设备特大安全事故；

⑦ 其他特大安全事故。

第十一条规定：依法对涉及安全生产事项负责行政审批（包括批准、核准、许可、注册、认证、颁发证照、竣工验收等）的政府部门或者机构，必须严格依照法律、法规和规章规定的安全条件和程序进行审查；不符合法律、法规和规章规定的安全条件的，不得批准；不符合法律、法规和规章规定的安全条件，弄虚作假，骗取批准或勾结串通行政审批工作人员取得批准的，负责行政审批的政府部门或者机构除必须立即撤销原批准外，应当对弄虚作假骗取批准或勾结串通行政审批工作人员的当事人依法给予行政处分；构成行贿罪或者其他罪的，依法追究刑事责任。

负责行政审批的政府部门或者机构违反前款规定，对不符合法律、法规和规章规定的安全条件予以批准的，对部门或者机构正职负责人，根据情节轻重，给予降级、撤职甚至开除公职的行政处分；与当事人勾结串通的，应当开除公职；构成玩忽职守罪或者其他罪的依法追究刑事责任。

第十五条规定：发生特大安全事故、社会影响特别恶劣或者性质特别严重的，由国务院对负有领导责任的省长、自治区主席、直辖市市长和国务院有关部门正职负责人给予行政处分。

第十六条规定：特大安全事故发生后，有关县（市、区）、市（地、州）和省、自治区、直辖市人民政府及政府有关部门应当按照国家规定的程序和时限立即上报，不得隐瞒不报、谎报或延报，并应当配合、协助事故调查，不得以任何方式阻碍、干涉事故调查。

特大事故发生后，有关地方人民政府及政府有关部门违反前款规定的，对政府主要领导人和政府部门正职负责人给予降级的行政处分。

1.4 危险化工安全生产禁令

1.4.1 化工生产四十一条禁令

1. 生产厂区十四个不准
（1）加强明火管理，厂区内不准吸烟；
（2）生产区内，不准未成年人进入；
（3）上班时间，不准睡觉、干私活、离岗和干与生产无关的事；
（4）在班前、班上不准喝酒；
（5）不准使用汽油等易燃液体擦洗设备、用具和衣物；
（6）不按规定穿戴劳动保护用品，不准进入生产岗位；
（7）安全装置不齐全的设备不准使用；
（8）不是自己分管的设备、工具不准动用；
（9）检修设备时安全措施不落实，不准开始检修；
（10）停机检修后的设备，未经彻底检查，不准启用；
（11）未办高处作业证，不系安全带、脚手架、跳板不牢，不准登高作业；
（12）石棉瓦上不固定好跳板，不准作业；
（13）未安装触电保护器的移动式电动工具，不准使用；
（14）未取得安全作业证的职工，不准独立作业；特殊工种职工，未经取证，不准作业。

2. 操作工的六个严格
（1）严格执行交接班制；
（2）严格进行巡回检查；
（3）严格控制工艺指标；
（4）严格执行操作法（票）；
（5）严格遵守劳动纪律；
（6）严格执行安全规定。

3. 动火作业六大禁令
（1）动火证未经批准，禁止动火；
（2）不与生产系统可靠隔绝，禁止动火；
（3）不清洗，置换不合格，禁止动火；

（4）不消除周围易燃物，禁止动火；

（5）不按时作动火分析，禁止动火；

（6）没有消防设施，禁止动火。

4. 进入容器、设备的八个必须

（1）必须申请、办证，并得到批准；

（2）必须进行安全隔绝；

（3）必须切断动力电，并使用安全灯具；

（4）必须进行置换、通风；

（5）必须按时间要求进行安全分析；

（6）必须佩戴规定的防护用具；

（7）必须有人在容器外监护，并坚守岗位；

（8）必须有抢救后备措施。

5. 机动车辆七大禁令

（1）严禁无令、无证开车；

（2）严禁酒后开车；

（3）严禁超速行车和空档滑车；

（4）严禁带病行车；

（5）严禁人货混载行车；

（6）严禁超标装载行车；

（7）严禁无阻火器车辆进入禁火区。

1.4.2 中国石化安全生产十大禁令

《中国石油化工集团公司安全生产十大禁令》根据《中华人民共和国安全生产法》和《中华人民共和国劳动法》等有关法律法规和集团公司安全监督管理规定制定，禁令主要内容是：

（1）严禁在禁烟区域内吸烟、在岗饮酒，违者予以开除并解除劳动合同；

（2）严禁高处作业不系安全带，违者予以开除并解除劳动合同；

（3）严禁水上作业不按规定穿戴救生衣，违者予以开除并解除劳动合同；

（4）严禁无操作证从事电气、起重、电气焊作业，违者予以开除并解除劳动合同；

（5）严禁工作中无证或酒后驾驶机动车，违者予以开除并解除劳动合同；

（6）严禁未经审批擅自决定钻开高含硫化氢油气层或进行试气作业，违者对直接负责人予以开除并解除劳动合同；

（7）严禁违反操作规程进行用火、进入受限空间、临时用电作业，违者给予行政处分并离岗培训；造成后果的，予以开除并解除劳动合同；

（8）严禁负责放射源、火工器材、井控坐岗的监护人员擅离岗位，违者给予行政处分并离岗培训；造成后果的，予以开除并解除劳动合同；

（9）严禁危险化学品装卸人员擅离岗位，违者给予行政处分并离岗培训；造成后果的，予以开除并解除劳动合同；

（10）严禁钻井、测录井、井下作业违反井控安全操作规程，违者给予行政处分并离岗培训；造成后果的，予以开除并解除劳动合同。

员工违反上述禁令，造成严重后果的，对所在单位直接负责人、主要负责人给予警告直至撤职处分；对违章指挥、违规指使员工违反上述禁令的管理人员，给予行政警告直至撤职处分；造成严重后果的，予以开除并解除劳动合同。员工违反上述禁令或管理人员违章指挥、违规指使员工违反上述禁令，导致发生上报集团公司重大事故的，按照《中国石化集团公司安全生产重大事故行政责任追究规定(试行)》对企业有关领导予以责任追究。

1.4.3 高处作业中的"十不登高""四不准踏"和"防落口"

1. 十不登高
（1）患有心脏病、高血压、深度近视眼等疾病；
（2）迷雾、大雪、雷电或六级以上大风时；
（3）没有安全帽、不扣安全带时；
（4）夜间没有足够照明；
（5）饮酒、精神不振或经医生证明不宜登高的人；
（6）登高脚手架、脚手扳、梯子没有防滑，未经鉴定可靠程度；
（7）穿厚底、硬底皮鞋或携带笨重工具物体；
（8）设备或构件之间没有安全跳板，高压电线旁没有遮拦；
（9）高楼顶部没有固定防护措施；
（10）石棉瓦、油毡屋面上无脚手扳等防护措施。

2. 四不准踏
（1）未经检查的搭建物；
（2）玻璃天窗、冷摊瓦屋面；
（3）凉棚、芦席棚、油毛毡棚；
（4）屋沿口。

3. 防落口
（1）电梯口：要注意有否车厢、栏杆；
（2）阳台口：要注意有否栏杆；
（3）井架口：要注意有否空档；
（4）扶梯口：要注意有否扶手、栏杆；
（5）预留洞口：要注意是否都有盖板。

1.4.4 化工防火防爆十大禁令

（1）严禁在站内吸烟及携带火种和易燃、易爆、有毒、易腐蚀物品入站；
（2）严禁未按规定办理用火手续，在站内进行施工用火或生活用火；
（3）严禁穿易产生静电的服装进入生产区及易燃易爆区工作；
（4）严禁穿带铁钉的鞋进入生产区及易燃易爆区；
（5）严禁用汽油等易挥发溶剂擦洗设备、衣物、工具及地面等；
（6）严禁未经批准的各种机动车辆进入生产区及易燃易爆区；
（7）严禁就地排放易燃、易爆物料及其他化学危险品；
（8）严禁在油气区用黑色金属或易产生火花的工具敲打、撞击和作业；
（9）严禁堵塞消防通道及随意挪用或损坏消防设施；
（10）严禁损坏站内各类防火防爆设施。

复习思考题

1. 化工生产的特点是什么?
2. 化工生产中常见的事故原因有哪些?
3. 安全生产管理的内容有哪些?
4. 安全生产法律法规的定义及特点是什么?
5. 我国有哪些主要的安全生产法律法规?
6. 简述化工生产四十一条禁令、中国石化安全生产十大禁令、"十不登高""四不准踏""防落口"和化工防火防爆十大禁令。

案例分析

【案例1】 1980年6月,浙江省金华某化工厂五硫化二磷车间,黄磷酸洗锅发生爆炸。死亡8人,重伤2人,轻伤7人,炸塌厂房逾300m^2,造成全厂停产。

该厂为提高质量,采用浓硫酸处理黄磷中的杂质,代替水洗黄磷的工艺。在试行这一新工艺时,该厂没有制定完善的试验方案,在小试成功后,未经中间试验,就盲目扩大1500倍进行工业性生产,结果刚投入生产就发生了爆炸事故。

【案例2】 1984年4月,辽宁省某市自来水公司用汽车运载液氯钢瓶到沈阳某化工厂灌装液氯,灌装后在返途中,违反化学危险品运输车辆不得在闹市、居民区等处停留的规定,在沈阳市街道上停车,运输人员离车去做其他事,此时一只钢瓶易熔塞泄漏导致氯气扩散,致使附近500余行人和居民吸入氯气受到毒害,造成严重社会影响,运输人员因此受到了刑事处理。

【案例3】 1980年12月,湖南省某氮肥厂造气炉水夹套发生爆炸,死亡3人,重伤2人,轻伤10人,厂房被严重破坏。

事故的直接原因是车间副主任为提高煤气炉负荷多产煤气,违反安全生产的基本原则,瞒着主操作工关闭水夹套进、出口阀门,以此来提高造气炉温度和产量。关闭30 min后,造成造气炉水夹套因超压发生爆炸。

【案例4】 1985年5月,四川省某县磷肥厂硫酸车间沸腾炉,由于违章指挥发生一起化学爆炸事故。该沸腾炉在爆炸前连续几个班超负荷运行;炉温、风压、产量均超过规定指标;其次,该沸腾炉是自制设备,没有正规设计,没有炉温自动记录,没有控制炉温的应急手段,操作控制很困难,炉内经常结疤。在停炉处理时,车间干部违章指挥,向炉内的结疤连续击水时,炉内发生爆炸。将15 t重的炉盖冲开,高温炉疤冲出炉体10m多远,6名工人被烧伤,其中3人死亡,1人重伤,2人轻伤。

2　化学危险物质

本章学习目的和要求 ▪▸

1. 了解化学物质危险性的概念;
2. 了解化学物质的物理危险、生物危险和环境危险的概念;
3. 掌握化学物质的物理危险、生物危险和环境危险的主要内容;
4. 掌握危险化学品的分类及其特征;
5. 掌握化学危险物质包装、储存和运输安全技术方法;
6. 掌握危险化学品的事故类型;
7. 了解各类化学危险物质事故的处理方法。

随着科学技术的发展,人们在生活和生产中越来越多地使用各种化学物质,但同时这些化学物质也对环境和人类的安全构成了极大威胁。目前,在世界存在的 60 余万种化学物品中,3 万余种具有明显或潜在的危险性。这些化学危险品在一定的外界条件下是安全的,但当其受到某些因素的影响时,就可能发生燃烧、爆炸、中毒等严重事故,给人们的生命、财产造成重大危害。因而人们应该更清楚地去认识这些化学危险品,了解其类别、性质及其危害性,应用相应的科学手段进行有效的防范管理。

2.1　化学危险物质的危险性

化学危险物质是具有易燃、易爆、有毒、有害及有腐蚀特性,对人员、设施、环境造成伤害或损害的化学品(包括原料、辅料、中间体、产品、催化剂等)。其中危险化学品须经国家或国际组织认定。由于危险化学品的认定总是滞后于化学物质的研发,因此危险化学物质是广义的危险化学品。

化学危险物质的危险性主要表现为化学活性、物理危险、生物危险和环境危险,而化学物质的活性是其危险性(特别是物理危险)的根源。

2.1.1　化学物质的活性

化学物质的活性是指化合物中具有化学反应能力及释放反应能量的性质。化学反应能力很强,可以释放出大量反应能量(如反应热、分解热、燃烧热等形式的能量)的化合物称为活性化学品。活性化学品的主要危险是分解(或燃烧)反应,如果释放出的热量不能即时移除,就会造成热量积聚,从而引起爆炸和火灾。在危险化学品类别(见本章第 2.2 节)中,爆炸品(第 1 类)、氧化剂和有机过氧化物(第 5 类)都属于活性化学品。

活性化学品一般具有可以放出较大能量的原子基团,且大多具有较弱的化学键,因此在较低的温度下就开始反应，放出大量的热而使温度上升，导致着火和爆炸，故也称这些物质为不稳定物质。不稳定物质有单质化合物，也有两种以上的物质混合而具有更大能量危险的配伍。这种配伍又称为不相容配伍，混合时立刻发火的现象称为混触发火。作为混合危险的配伍，最明显的例子就是氧化剂和可燃物的配伍，但混合时有立刻发火和不立刻发火之分。不稳定物质与氧化剂、酸、碱等活性强的化学品发生作用时能引起混触发火。

活性化学品在分解反应中放出大量的能量(反应热、分解热、燃烧热)，可以根据反应热、氧平衡值(OB)的大小，在一定程度上预测该物质的爆炸或发火的危险性。

因此，鉴定活性化学品可以从以下几方面考虑：

1. 活性化学品的原子基团

人们很早以来就发现，具有潜在的燃烧、爆炸危险的活性化学品往往会含有某种特定的被称作"爆炸性基团"(Explosphores)的化学基团，这些基团在反应中可释放出较大的热能，且大多具有较弱的键而易于反应，Bretherick 将它们归纳成如表 2-1 所示。

表 2-1　爆炸性物质所特有的原子团

原子团	化合物	原子团	化合物
—C≡C—	乙炔衍生物	—C—N=N—O—N=N—C—	双偶氮氧化物
—C≡C—Me	乙炔金属盐	—C—N=N—N—C— $\quad$ R $\quad$ (R=H, —CN, —OH, —NO)	三氮烯
—C≡C—X	卤代乙炔衍生物	—N=N—N=N—	高氮化合物，四唑(四氮杂茂)
N=N $\quad$ C	环丙二氮烯	—C—O—O—H	过氧酸、烷基过氧化氢
CN$_2$	重氮化合物	—C—O—O—C—	过氧化物，过氧酸酯
—C—N=O	亚硝基化合物	—O—O—Me	金属过氧化物
—C—NO$_2$	硝基链(烷)烃，c-硝基及多硝基芳烃化合物	—O—O—Non_Me	非金属过氧化物
NO$_2$ $\quad$ C $\quad$ NO$_2$	偕二硝基化合物、多硝基烷	N—Cr—O$_2$	铵铬过氧化物
—C—O—N=O	亚硝酸酯或亚硝酰	—N$_3$	叠氮化物(酰基、卤代、非金属)
—C—O—NO$_2$	硝酸酯或亚硝酰	C—N$_2^+$O$^-$	重氮盐
C—C $\quad$ O	1,2-环氧乙烷	—C—N$_2^+$S$^-$	硫代重氮盐及其衍生物
C=N—O—Me	金属雷酸盐、亚硝酰盐	—N$^+$—HZ$^-$	肼盐，胺的锌盐

28

原子团	化合物	原子团	化合物
NO₂ —C—F NO₂	氟二硝基甲烷化合物	—N⁺—OHZ⁻	羟铵盐、胲盐
N—Me	N-金属衍生物，氨基金属盐	—C—N₂Z⁻	重氮根羧酸酯或盐
N—N=O	N-亚硝基化合物(亚硝基氨基化合物)	[N⟶Me]⁺Z	胺金属鎓盐
N—NO₂	N-硝基化合物(硝胺)	Ar—Me—X X—Ar—Me	卤代烷基金属
—C—N=N—C—	偶氮化合物	—N—X	卤代叠氮化合物，N-卤化物，N-卤化(酰)亚胺
—C—N=N—O—C—	偶氮氧化物、烷基重氮酸酯	—NF₂	二氟氨基化合物
—C—N=N—S—	偶氮硫化物、烷基硫代重氮酸酯	—O—X	烷基高氯酸盐、氯酸盐、卤氧化物、次卤酸盐、高氯酸、高氯化物

　　另一些基团的反应活性表现为在与空气的长时间共存中和其中的氧发生反应而生成不安定或具爆炸性的有机过氧化物，这也是一种潜在的危险性。H. L. Jackson 将这类基团归纳为表 2-2。可见它们的主要结构特征是含有弱 C—H 键及不饱和键。

表 2-2　空气中易形成过氧化物的结构

原子团	化合物	原子团	化合物
C—O H	缩醛类、酯类、环氧	C=C—C=C	二烯类
—CH₂ C— —CH₂ H	异丙基化合物、萘烷类	C=C—C≡C—	乙烯乙炔类
C=C—C— H	烯丙基化合物	—C—C—Ar H	异丙基苯类、四氢萘类、苯乙烷类
C=C X H	卤代链烯类	—C=O H	醛类
C=C	乙烯化合物(单体、酯、醚类)	—C—N—C O	N-烷基酰胺，N-烷基脲，内酰胺类、碱金属、特别是钾、碱金属的烷氧基酰胺物、有机金属化合物

　　因此，可以利用物质的化学结构和化学键的知识，推测化合物的爆炸性和不安定性，当

化合物中存在爆炸性物质所特有的原子基团时，对这样的化合物就应引起注意。

2. 最大分解热

假定活性化合物发生分解时，可以生成 CO_2、H_2O、N_2、CH_4、C、H_2、O_2，可以利用线性规划法计算这些生成物的组合中的最大分解热（$-\Delta H_{max}$）。根据最大分解热（$-\Delta H_{max}$）判别活性化学品爆炸或发火的危险性如下：

$-\Delta H_{max}<1.3kJ/g$ 时   危险性小

$-\Delta H_{max}>2.9kJ/g$ 时   危险性大

$1.3kJ/g<-\Delta H_{max}<2.9kJ/g$ 时   危险性居中

3. 燃烧热

假设活性化合物在氧气中完全燃烧，则可计算生成 CO_2、H_2O 和 N_2 产物时的燃烧热（$-\Delta H_C$）。然后计算燃烧热和最大分解热的差为（$-\Delta H_C$）$-$（$-\Delta H_{max}$），根据燃烧热和最大分解热的差判别活性化学品爆炸或发火的危险性如下：

（$-\Delta H_C$）$-$（$-\Delta H_{max}$）$>20.9kJ/g$ 时   危险性小

（$-\Delta H_C$）$-$（$-\Delta H_{max}$）$<12.54kJ/g$ 时   危险性大

$12.54kJ/g<$（$-\Delta H_C$）$-$（$-\Delta H_{max}$）$<20.9kJ/g$ 时   危险性居中

4. 氧平衡值

氧平衡值（OB）表示 100g 物质爆炸得到完全反应的生成物时，剩余或不足的氧的克数。由 $C_xH_yN_uO_z$ 所组成的化合物，其氧平衡值可由下式计算：

$$OB=-1600\times(2x+0.57y-z)/相对分子质量$$

根据计算出的 OB 判别活性化学品爆炸或发火的危险性如下：

$OB>240$ 或 $OB<-160$ 时   危险性较小

$-80<OB<120$ 时   危险性大

$120<OB<240$ 或 $-160<OB<-80$ 时   危险性居中

5. 分解爆炸性的气体

例如一氧化二氮、氧化氮、二氧化氮、乙炔、乙烯、过氧化氢、环氧乙烷、丁炔、甲基乙炔、丙二烯等。当气体压力处于分解临界压力以上时，可以发生分解爆炸。当气体的压力低于分解临界压力时，不会发生分解爆炸。

某些分解爆炸性的气体的分解临界压力为：乙炔 108kPa；甲基乙炔 430kPa；一氧化二氮 245kPa；一氧化氮 14.7MPa；环氧乙烷 40kPa。

2.1.2 化学物质的物理危险

化学物质的物理危险表现在爆炸性危险、氧化性危险、易燃性危险、混合性危险等。

1. 爆炸性危险

爆炸性是指物质或制剂在明火的影响下或者在震动、摩擦的情形下比二硝基苯更敏感，迅速而有缺乏控制的能量释放，产生爆炸。该定义取自危险品运输的国际标准，用二硝基苯作为标准参考基础，释放的能量形式一般是热、光、声和机械振动等。化工爆炸的能源最常见是化学反应，但是机械能或原子核能的释放也会引起爆炸。

任何易燃的粉尘，蒸汽或气体与空气或其他助燃剂混合，在适当的条件下点火都会产生爆炸。能引起爆炸的物质有：可燃固体、包括一些金属的粉尘、易燃液体的蒸气、易燃气体。可燃物质爆炸的三个要素是：可燃物质、空气或任何其他助燃剂、火源或高于着火点的温度。

当物质自一种状态迅速转变为另一种状态，并在瞬间以对外作机械功的形式放出大量能量的现象称为爆炸。爆炸是系统的一种非常迅速的物理的或化学的能量释放过程。

爆炸现象一般具有如下特征：

（1）爆炸过程进行得很快；

（2）爆炸附近瞬间压力急剧上升；

（3）发出声响；

（4）周围建筑物或装置发生震动或遭到破坏。

爆炸通常伴随发热、发光、压力上升、真空和电离等现象，具有很强的破坏作用。它与爆炸物的数量和性质、爆炸时的条件、以及爆炸位置等因素有关。主要破坏形式有以下几种。

（1）直接的破坏作用。机械设备、装置、容器等爆炸后产生许多碎片，飞出后会在相当大的范围内造成危害。

（2）冲击波的破坏作用。物质爆炸时，产生的高温高压气体以极高的速度膨胀，像活塞一样挤压周围空气，把爆炸反应释放出的部分能量传递给压缩的空气层，空气受冲击而发生扰动，使其压力、密度等产生突变，这种扰动在空气中传播就称为冲击波。冲击波的传播速度极快，在传播过程中，可以对周围环境中的机械设备和建筑物产生破坏作用，以及使人员伤亡。冲击波还可以在它的作用区域内产生震荡作用，使物体因震荡而松散，甚至破坏。

冲击波的破坏作用主要是由其波阵面上的超压引起的。在爆炸中心附近，空气冲击波波阵面上的超压可达几个甚至十几个大气压，在这样高的超压作用下，建筑物被摧毁，机械设备、管道等也会受到严重破坏。当冲击波大面积作用于建筑物时，波阵面超压在 $20 \sim 30kPa$ 内，就足以使大部分砖木结构建筑物受到强烈破坏。超压在 $100kPa$ 以上时，除坚固的钢筋混凝土建筑外，其余部分将被全部破坏。

（3）造成火灾。爆炸发生后，爆炸气体产物的扩散只发生在极其短促的瞬间内，对一般可燃物来说，不足以造成起火燃烧，而且冲击波造成的爆炸风还有灭火作用。但是爆炸时产生的高温高压，建筑物内遗留的大量热或残余火苗，会把从破坏的设备内部不断流出的可燃气体、易燃或可燃液体的蒸气点燃，也可能把其他易燃物点燃引起火灾。

当盛装易燃物的容器、管道发生爆炸时，爆炸抛出的易燃物有可能引起大面积火灾，这种情况在油罐、液化气瓶爆破后最易发生。正在运行的燃烧设备或高温的化工设备被破坏，其灼热的碎片可能飞出，点燃附近储存的燃料或其他可燃物，引起火灾。

（4）造成中毒和环境污染。在实际生产中，许多物质不仅是可燃的，而且是有毒的，发生爆炸事故时，会使大量有害物质外泄，造成人员中毒和环境污染。

2. 氧化性危险

氧化性是指物质或制剂与其他物质，特别是易燃物质接触产生强放热反应。氧化性物质依据其作用可分为中性的，如臭氧、氧化铅、硝基甲苯等；碱性的，如高锰酸钾、氧等；酸性的，如高氯酸、硝酸、硫酸等三种类别。

绝大多数氧化剂都是高毒性化合物。按照其生物作用，有些可称为刺激性气体，如硫酸、高氯酸烟雾和过氧化氢等，甚至是窒息性气体，如硝酸烟雾、氯气等。所有刺激性气体，尽管其物理和化学性质不同，直接接触一般都能引起细胞表层组织的炎症，其中一些如硫酸、硝酸和氟气，可以造成皮肤和黏膜的灼伤；另外一些如氧化氢可以引起皮炎。含有铬、锰和铅的氧化性化合物具有特殊的危险，例如铬化合物长期吸入会导致肺癌，锰化合物可以引起中枢神经系统和肺部的严重疾患。

作为氧源的氧化性物质具有助燃作用，而且会增加燃烧程度。由于氧化反应的放热特征，反应热会使接触物质过热，而且各种副反应产物往往比氧化剂本身更具毒性。

3. 易燃性危险

易燃性危险可以细分为极度易燃性、高度易燃性和易燃性三个危险类别。

(1) 极度易燃性是指闪点低于0℃，沸点低于或等于35℃的物质或制剂所具有的特征。例如：乙醚、甲酸乙酯、乙醛就属于这个类别。能满足上述界定的还有其他许多物质，如氢气、甲烷、乙烷、乙烯、丙烯、一氧化碳、环氧乙烷、液化石油气，以及在环境温度下为气态，可以形成较宽爆炸极限范围的气体-空气混合物的石油化工产品。

(2) 高度易燃性是指无须能量，与常温空气接触就能变热起火的物质或制剂具有的特征。这个危险类别包括与火源短暂接触就能起火，火源移去后仍继续的固体物质或制剂；闪点低于21℃的液体物质或制剂；通常压力下空气中的易燃气体。氢化合物、烷基铝、磷以及多种溶剂都属于这个类别。

(3) 易燃性是指闪点在21~55℃的液体物质或制剂具有的特征。大多数溶剂和许多石油馏分都属于这个类别。

4. 混合性危险

一种物质与另一种物质接触时发生激烈的反应，甚至发火或产生危险性气体，这些物质称为混合危险物质，这些物质的配伍称为危险配伍，或不相容配伍。表2-3为混合危险配伍，表2-4为混合时产生有毒物的不相容配伍，表2-5为可发生激烈反应的不相容配伍。

表2-3　混合危险配伍

物质A	物质B	可能发生的某些现象	物质A	物质B	可能发生的某些现象
氧化剂	可燃物	生成爆炸性混合物	过氧化氢溶液	胺类	爆炸
氯酸盐	酸	混触发火	醚	空气	生成爆炸性的有机过氧化物
亚氯酸盐	酸	混触发火	烯烃	空气	生成爆炸性的有机过氧化物
次氯酸盐	酸	混触发火	氯酸盐	铵盐	生成爆炸性的铵盐
三氧化铬	可燃物	混触发火	亚硝酸盐	铵盐	生成不稳定的铵盐
高锰酸钾	可燃物	混触发火	氯酸钾	红磷	生成对冲击、摩擦敏感的爆炸物
高锰酸钾	浓硫酸	爆炸	乙炔	铜	生成对冲击、摩擦敏感的铜盐
四氯化铁	碱金属	爆炸			
硝基化物	碱	生成高感度物质	苦味酸	铅	生成对冲击、摩擦敏感的铅盐
亚硝基化合物	碱	生成高感度物质			
碱金属	水	混触发火	浓硝酸	胺类	混触发火
亚硝胺	酸	混触发火	过氧化钠	可燃物	混触发火

表2-4　混合时产生有毒物的不相容配伍

物质A	物质B	产生的有毒物	物质A	物质B	产生的有毒物
含砷化合物	还原剂	砷化三氢	亚硝酸盐	酸	二氧化氮
叠(迭)氮化物	酸	叠氮化氢	磷	苛性碱或还原剂	磷化氢
氰化物	酸	氰化氢	硒化物	还原剂	硒化氢
硝酸盐	硫酸	二氧化氮	硫化物	酸	硫化氢
次氯酸盐	酸	氯或次氯酸	碲化物	还原剂	碲化氢
硝酸	铜、黄铜、重金属	二氧化氮			

表 2-5　可发生激烈反应的不相容配伍

物质 A	物质 B	物质 A	物质 B
醋酸	铬酸、硝酸、含氢氧基的化合物、乙二醇、过氯酸、过氧化物、高锰酸盐	氢氟酸及氟化氢	氨活氨的水溶液
丙酮	浓硝酸和浓硫酸混合物	过氧化氢	铜、铬、铁、大多数金属活它们的盐、任何易燃液体、可燃物、苯胺、硝基甲烷
乙炔	氯、溴、铜、银、氟和汞	硫化氢	发烟硝酸、氧化性气体
碱金属和碱土金属，如钠、钾、锂、镁、钙、铝粉	二氧化碳、四氯化碳及其他烃类氯化物（火场中有物质 A 时禁用水、泡沫及干粉，可用干沙灭火）	碘	乙炔、氨（无水的活水溶液）
无水的氨	汞、氯、次氯酸钙、碘、溴和氟化氢	汞	乙炔、雷酸、氨
硝酸铵	酸、金属粉、易燃液体、氯酸盐、亚硝酸盐、硫、有机物或可燃物的粉屑	浓硝酸	醋酸、丙酮、醇、苯胺、铬酸、氢氰酸、硫化氢、易燃液体和可硝化物质、纸、硬板纸、破布
苯胺	硝酸、过氧化氢	硝基烷烃	无机碱、氨
氧化钙	水	草酸	银、汞
		氧	油、脂、氢、易燃液体、固体或气体
溴	氨、乙炔、丁二烯、丁烷和其他石油气、钠的碳化物、松节油、苯及金属粉屑	过氯酸	醋酐、醇、纸、木、脂、油
活性炭	次氯酸钙	有机过氧化物	酸（有机或无机），避免摩擦，冷藏
氯酸盐	氨盐、酸、金属粉、硫、有机物活可燃物的粉屑	硫酸	氯酸盐、过氯酸盐、高锰酸盐
铬酸和三氧化铬	醋酸、萘、樟脑、甘油、松节油、醇及其他易燃液体		
氯	氨、乙炔、丁二烯、丁烷和其他石油气、氨、钠的碳化物、松节油、苯和金属粉屑	黄磷	空气、氧
		氯酸钾	酸（同氯酸盐）
		过氯酸钾	酸（同过氯酸）
二氧化氯	氨、甲烷、磷化氢、硫化氢	高锰酸钾	甘油、乙二醇、苯甲醛、硫酸
铜	乙炔、过氧化氢	银	乙炔、草酸、酒石酸、雷酸、铵化合物
氟	与每种物品隔离		
肼（联氨）	过氧化氢、硝酸、其他氧化剂	钠	（同碱金属）
		硝酸钠	硝酸铵及其他铵盐
烃（苯、丁烷、丙烷、汽油、松节油等）	氟、氯、溴、铬酸、过氧化物	过氧化钠	任何可氧化的物质，如乙醇、甲醇、冰醋酸、醋酐、苯甲醛、二硫化碳、甘油、乙二醇、醋酸乙酯、醋酸甲酯和糠醛
氢氰酸	硝酸、碱		

2.1.3　化学物质的生物危险

由于化学品的毒性、刺激性、致癌性、致畸性、致突变性、腐蚀性、麻醉性、窒息性等特性，导致人员中毒的事故每年都发生多起。2006 年到 2010 年化学事故统计显示，由于化学品的毒性危害导致的人员伤亡占化学事故伤亡的 47%，关注化学品的健康危害，是化学品安全管理的一项重要内容。

1. 毒性危险

毒性危险可造成急性或慢性中毒甚至导致死亡，应用实验动物的半数致死剂量表征。毒性的大小在很大程度上取决于物质与生物系统接受部位反应生成的化学键类型。对毒性反应起重要作用的化学键的基本类型是共价键、离子键和氢键，还有范德华力。

有机化合物的毒性与其成分、结构和性质的关系是人们早已熟知的事实。例如卤素原子引入有机分子几乎总是伴随着有机物毒性的增加，多键的引入也会增加物质的毒性作用。硝基、亚硝基或氨基官能团引入分子会剧烈改变化合物的毒性，而羟基的存在或乙酰化则会降低化合物的毒性。

2. 腐蚀性和刺激性危险

腐蚀性物质既不代表有共同的结构、化学或反应特征的化学物质的特定的种类，也不代表有共同用途的一类物质，而是类属能够严重损伤活性细胞组织的一类物质。一般腐蚀性物质除具有生物危险外，还能损伤金属、木材等其他物质。

在化工生产中最具代表性的腐蚀性物质有：酸和酸酐、碱、卤素和含卤盐、卤代烃、卤代有机酸、酯和盐以及不属于以上四类中任何一类的其他腐蚀性物质，如多硫化氢、邻氯苯甲醛、肼和过氧化氢等。

刺激性是指物质和制剂与皮肤或黏膜直接、长期或重复接触会引起炎症。

虽然腐蚀性作用常引起深层的损伤结果，而刺激性一般只有浅表特征，但两者之间并没有明确的界限。

3. 致癌性和致变性危险

致癌性是指一些物质或制剂，通过呼吸、饮食或皮肤注射进入人体会诱发癌症或增加癌变危险。1978 年国际癌症研究机构制定的一份文件宣布有 26 种物质被确认具有致癌危险物质。随后又有 22 种物质经实验被确认能诱发癌变。

在致癌物质领域，由于目前人们对癌变的机理还不甚了解，还不足以建立起符合科学论证的管理网络。但对于物质的总毒性，可以测出一个浓度水平，在此浓度水平之下，物质不再显示出致癌作用。对于有些致癌物质已经有了剂量-反应的曲线图。这意味着对于所有致癌物质，都有一个足够低但是非零的浓度水平，在此浓度之下，有机体的防护机制不允许致癌物质发挥作用。另外，动物实验结果与人体之间的换算目前在科学上还未解决。

致变性是指一些物质或制剂可以诱发生物活性。对于具有物质诱发的生物活性的类型，例如细胞的，细菌的，酵母的更复杂有机体的生物活性，目前还无法确定。致变性又称为变异性。受其影响的如果是人或动物的生殖细胞，受害个体的正常功能会有不同程度的变化；如果是躯体细胞，则会诱发癌变。前者称微生物变异，可传至后代，后者称为躯体变异，只影响受害个体的一生。

2.1.4　化学物质的环境危险

化工有关的环境危险主要是水质污染和空气污染，是指物质或制剂在水中和空气中的浓度超过正常量，进而危害人或动物的健康以及植物的生长。

环境危险是一个不易确定的综合概念。环境危险往往是物理化学危险和生物危险的聚积，并通过生物和非生物降解达到平衡。为了评价化学物质对环境的危险，必须进行全面评估，考虑化学物质固有的危险及其处理量，化学物质的最终去向及散落进入环境的程度，化学物质分解产物的性质及其所具有的新陈代谢功能。

1. 化学品进入环境的途径

（1）事故排放。在生产、储存和运输过程中由于着火、爆炸、泄漏等突发性化学事故，致使大量有害化学品外泄进入环境。

（2）生产废物排放。在生产、加工、储存过程中，以废水、废气、废渣等形式排放进入环境。

（3）人为施用直接进入环境。如农药、化肥的施用等。

（4）人类活动中废弃物的排放。在石油、煤炭等燃料燃烧过程中以及家庭装饰等日常生活使用中直接排入或者使用后作为废弃物进入环境。化学品废物污染已成为影响环境质量的一个比较严重的问题，不仅占用土地，而且污染地下水及水源地，释放有毒有害气体。近年来，固体废弃物产生量和堆积量呈逐年增长的趋势，通过政府采取一些有效措施，虽然污染状况有所改观，但随着化工企业生产和使用危险化学品的量的增加，废弃物也在增加。污染现象仍然十分严重。

2. 危险化学品对环境的危害

1）对大气的污染

危险化学品对大气的污染主要有以下几个方面：

（1）破坏臭氧层。研究结果表明，含氯化学物质，特别是氯氟烃进入大气会破坏同温层的臭氧，另外，N_2O、CH_4 等对臭氧也有破坏作用。臭氧可以减少太阳紫外线对地表的辐射，臭氧减少导致地面接收的紫外线辐射量增加，从而导致皮肤癌和白内障的发病率大量增加。

（2）导致温室效应。大气层中的某些微量组分能使太阳的短波辐射透过加热地面，而地面增温后所放出的热辐射，都被这些组分吸收，使大气增温，这种现象称为温室效应。这些能使地球大气增温的微量组分，称为温室气体。主要的温室气体有 CO_2、CH_4、N_2O、氟氯烷烃等，其中 CO_2 是造成全球变暖的主要因素。

（3）引起酸雨。由于硫氧化物（主要为 SO_2）和氮氧化物的大量排放，在空气中遇水蒸气形成酸雨。对动物、植物、人类等均会造成严重影响。

（4）形成光化学烟雾。光化学烟雾主要有两类：

① 伦敦型烟雾。大气中未燃烧的煤尘、SO_2 与空气中的水蒸气混合并发生化学反应所形成的烟雾，称伦敦型烟雾，也称为硫酸烟雾。1952 年 12 月 5~8 日，英国伦敦上空因受冷高压的影响，出现了无风状态和低空逆温层，致使燃煤产生的烟雾不断积累，造成严重空气污染事件，在一周之内导致 4000 人死亡，伦敦型烟雾由此而得名。

② 洛杉矶型烟雾。汽车、工厂等排入大气中的氮氧化物或碳氢化合物，经光化学作用生成臭氧、过氧乙酰硝酸酯等，该烟雾称洛杉矶型烟雾。美国洛杉矶市 20 世纪 40 年代初有汽车 250 多万辆，每天耗油约 1600×10⁴L，向大气排放大量的碳氢化合物、氮氧化物、一氧化碳，汽车排出的尾气在日光作用下，形成臭氧、过氧乙酰酯为主的光化学烟雾。

2）对土壤的危害

据统计，我国每年向陆地排放有害化学废物 2242×10⁴t，由于大量化学废物进入土壤，可导致土壤酸化、土壤碱化和土壤板结。

3）对水体的污染

河流主要污染指标为氨氮、挥发酚、高锰酸盐指数、生化需氧量、总汞等。大淡水湖泊和城市湖泊的主要污染指标为总氮、总磷、高锰酸盐指数和生化需氧量。大型水库主要污染指标为总磷、总氮和挥发酚。部分湖库存在汞污染，个别水库出现砷污染。近岸海域主要污染指标是无机氮和无机磷。

水体中的污染物概括地说可分为四大类：无机无毒物、无机有毒物、有机无毒物和有机有毒物。无机无毒物包括一般无机盐和氮、磷等植物营养物等；无机有毒物包括各类重金属（汞、镉、铅、铬）和氧化物、氟化物等；有机无毒物主要是指在水体中的比较容易分解的有机化合物，如碳水化合物、脂肪、蛋白质等；有机有毒物主要为苯酚、多环芳烃和多种人工合成的具有积累性的稳定有机化合物，如多氯苯甲醛和有机农药等。有机物的污染特征是耗氧，有毒物的污染特性是生物毒性。

（1）植物营养物污染的危害。含氮、磷及其他有机物的生活污水、工业废水排入水体，使水中养分过多，藻类大量繁殖，海水变红，称为"赤潮"，由于造成水中溶解氧的急剧减少，严重影响鱼类生存。

（2）重金属、农药、挥发酚类、氧化物、砷化合物等污染物可在水中生物体内富集，造成其损害、死亡、破坏生态环境。

（3）石油类污染可导致鱼类、水生生物死亡，还可引起水上火灾。

4）对人体的危害

环境受到污染后，污染物通过各种途径侵入人体，将会毒害人体的各种器官组织，及其功能失调或者发生障碍，同时可能会引起各种疾病，严重时将危及生命。

（1）急性危害。在短时间内（或者是一次性的），有害物大量进入人体所引起的中毒为急性中毒。急性危害对人体影响最明显。

（2）慢性危害。小量的有害物质经过长时期的侵入人体所引起的中毒，称为慢性中毒。慢性中毒一般要经过长时间之后才逐渐显露出来，对人的危害是慢性的，如由镉污染引起的骨痛病便是环境污染慢性中毒的典型例子。

（3）远期危害。化学物质往往会通过遗传影响到子孙后代，引起胎儿致畸、致突变等。造成人类癌症的原因 80%~85% 与化学因素有关。我国每年由于农药中毒死亡约 10000 人，急性中毒约 10 万人。

2.2　危险化学品分类及特性

化工生产过程涉及的危险物质（包括原料、辅料、中间体、产品、催化剂等）包含经国家或国际组织认定和尚未认定的危险化学品。由于危险化学品的认定总是滞后于化学物质的研发，因此危险化学品是化学危险物质的一部分。

目前，国际通用的危险化学品分类标准有两个：一是《联合国关于危险货物运输的建议书（第十六版）》规定的 9 类危险化学品的鉴别指标；二是《化学品分类及标记全球协调制度（GHS）》规定的 28 类危险化学品的鉴别指标和测定方法，这一指标已被先进工业国家所接受，但尚未形成全球共识。我国国内标准也有两个：一是 GB 13690—2009《化学品分类和危险性公示》，不仅将危险化学品分为 8 类，也对其规定了相应的指标；二是 GB 6944—2012《危险货物分类与品名编号》。

我国《危险化学品安全管理条例》规定，国家安全生产监督管理局公布的《危险化学品名录》中的化学品是危险化学品。除了已公认不是危险化学品的物质（如纯净食品、水、食盐等）之外，《名录》中未列的化学品一般应经实验加以鉴别认定。目前，我国已公布的常用化学品有 4000 多种。

我国危险化学品分类的主要依据是 GB 13690—2009《化学品分类和危险性公示》和 GB 6944—2012《危险货物分类和品名编号》。前者将危险化学品分为以下 8 类 21 项。

第 1 类　爆炸品

第 2 类　压缩气体和液化气体

第 1 项　易燃气体

第 2 项　不燃气体

第 3 项　有毒气体

第 3 类　易燃液体

第 1 项　低闪点液体

第 2 项　中闪点液体

第 3 项　高闪点液体

第 4 类　易燃固体、自燃物品和遇湿易燃物品

第 1 项　易燃固体

第 2 项　自燃物品

第 3 项　遇湿易燃物品

第 5 类　氧化剂和有机过氧化物

第 1 项　氧化剂

第 2 项　有机过氧化物

第 6 类　毒害品

第 7 类　放射性物品

第 8 类　腐蚀品

第 1 项　酸性腐蚀品

第 2 项　碱性腐蚀品

第 3 项　其他腐蚀品

2.2.1　爆炸品

爆炸品指在外界作用下（如受热、受摩擦、撞击等），能发生剧烈的化学反应，瞬时产生大量气体和热量，使周围压力急剧上升，发生爆炸，对周围环境、设备、人员造成破坏和伤害的物品，也包括无整体爆炸危险，但具有燃烧、抛射及较小爆炸危险的物品。

1. 爆炸品的分类

按其爆炸性的大小，爆炸品分为以下几种：

（1）具有整体爆炸危险的物质和物品，如高氯酸；

（2）具有抛射危险，但无整体爆炸危险的物质和物品；

（3）具有燃烧危险和较小抛射危险，或两者兼有，但无整体爆炸危险的物质和物品，如二亚硝基苯；

（4）无重大危险的爆炸物质和物品，如四唑-1-乙酸；

（5）非常不敏感的爆炸物质，本项性质比较稳定，在着火试验中不会爆炸。

从爆炸物管理方面可以分为：

（1）起爆器材和起爆药，如雷管、雷汞 $Hg(ONC)_2$ 等；

（2）硝基芳香类炸药，如三硝基甲苯 $CH_3C_6(NO_2)_3$，即 TNT 等；

（3）硝酸酯类炸药，如季戊四醇四硝酸酯 $C(CH_2ONO_2)_4$ 等；

（4）硝化甘油类混合炸药；

（5）硝酸铵类混合炸药；

（6）氯酸类混合炸药和过氯酸盐类混合炸药；

（7）液氧炸药；

（8）黑色火药。

2. 爆炸品的危险特性

（1）爆炸性强

爆炸品都具有化学不稳定性，在一定外因的作用下，能以极快的速度发生猛烈的化学反应，产生大量气体和热量，使周围的温度迅速升高并产生巨大的压力而引起爆炸。爆炸性物质的爆炸反应速度极快，可在万分之一秒或更短的时间内反应爆炸，如 1kg 呈集中药包性硝酸炸药，完成爆炸反应的时间，只有十万分之二秒。爆炸时反应热一般可以放出数百到数千卡热量，温度可达到数千度并产生高压。

（2）敏感度高

爆炸品对热、火花、撞击、摩擦、冲击波等敏感，极易发生爆炸。

（3）不稳定性强

爆炸品除具有爆炸性和对撞击、摩擦、温度敏感之外，还具有遇酸分解、受光线分解、与某些金属接触产生不稳定的盐类等特性，在这里将这些不同的特性归纳起来，称之为不稳定性。

2.2.2 压缩气体和液化气体

本类系指压缩、液化或加压溶解的气体，并符合下述两种情况之一者：

① 临界温度低于 50℃，或在 50℃ 时其蒸气压力大于 294kPa 的压缩或液化气体；

② 温度在 21.1℃ 时气体的绝对压力大于 275kPa，或在 54.4℃ 时气体的绝对压力大于 715kPa 的压缩气体；或在 37.8℃ 时，雷德蒸气压大于 274kPa 的液化气体或加压溶解气体。

1. 压缩气体和液化气体的分类

本类气体分为三种，如表 2-6 所示。

表 2-6　压缩气体和液化气体的分类

序号	分类	性质	典型气体
1	易燃气体	易燃烧，与空气混合能形成爆炸性混合物；在常温常压下遇明火、高温即会发生燃烧或爆炸	氢气、一氧化碳、甲烷
2	不燃气体	无毒、不燃气体，包括助燃气体，但高浓度时有窒息作用；助燃气体有强烈的氧化作用，遇油脂能发生燃烧或爆炸	氮气、氧气
3	有毒气体	有毒，对人畜有强烈的毒害、窒息、灼伤、刺激作用；其中有些还具有易燃、氧化、腐蚀等性质	氯（液化）、氨（液化）

2. 压缩气体和液化气体的危险特性

（1）可压缩性。一定量的气体在温度不变时，所加的压力越大其体积就会变得越小，若继续加压会压缩成液态。

（2）膨胀性。气体在光照或受热后温度升高，分子间的热运动加剧，体积增大，若在一定密闭容器内，气体受热的温度越高，其膨胀后形成的压力越大。一般压缩气体和液化气体都盛装在密闭的容器内，如果受高温、日晒，气体极易膨胀，产生很大的压力。当压力超过容器的耐压强度时就会造成爆炸事故。

（3）易燃、可燃气体与空气能形成爆炸性混合物，遇明火极易发生燃烧爆炸。

（4）除具有易燃性、毒性外，还有刺激性、致敏性、腐蚀性、窒息性等特性。

2.2.3 易燃液体

易燃液体是指闭杯闪点等于或低于61℃的液体、液体混合物或含有固体物质的液体，但不包括由于其危险性已列入其他类别的液体。

1. 易燃液体的分类

按易燃液体闪点分为三类，参见表2-7。

表2-7 易燃液体的分类

序号	分类	闭杯闪点/℃
1	低闪点液体	<-18
2	中闪点液体	-18~23
3	高闪点液体	23~61

在 GB 50058—2014《爆炸危险环境电力装置设计规范》中，易燃液体是指在可预见的使用条件下能产生易燃蒸气或薄雾，闪点低于45℃的液体。

在 GB 50016—2014《建筑设计防火规范》中，闪点低于28℃的液体属火灾危险性甲类物品，闪点大于28℃、小于60℃的液体属于火灾危险性乙类物品。

在 GB 50160—2008《石油化工企业设计防火规范》中，火灾危险性分类见表2-8。

表2-8 火灾危险性分类

序号	类别	名称	特征
1	甲$_A$	液化烃	15℃时的蒸气压力大于0.1MPa的烃类液体及其他类似的液体
2	甲$_B$	可燃液体	甲$_A$类以外，闪点<28℃
3	乙$_A$	可燃液体	闪点在28~45℃
4	乙$_B$	可燃液体	闪点在45~60℃

2. 易燃液体的危险特性

（1）易挥发性

易燃液体大部分属于沸点低、闪点低、挥发性强的物质。随着温度的升高，蒸发速度加快，当蒸气与空气达到一定浓度时，遇火源极易发生燃烧爆炸。

（2）易流动扩散性

易燃液体具有流动性和扩散性，大部分黏度较小，易流动，有蔓延和扩大火灾的危险。

（3）受热膨胀性

易燃液体受热后，体积膨胀，液体表面蒸气压同时随之增加，部分液体挥发成蒸气。在密闭容器中储存时，常常会出现鼓桶或挥发现象，如果体积急剧膨胀就会引起爆炸。

（4）带电性

大部分易燃液体是非极性物质、在管道、储罐、槽车、油船的输送，灌装、摇晃、搅拌和高速流动过程中，由于摩擦易产生静电，当所带的静电荷累积到一定程度时就会产生静电火花，有引起燃烧和爆炸的危险。

（5）毒害性

大多数易燃液体都有一定的毒性，对人体的内脏器官和系统有毒性作用。

2.2.4 易燃固体、自燃物品和遇湿易燃物品

1. 易燃固体、自燃物品和遇湿易燃物品的分类

此类物品易于引起和促成火灾，按其燃烧特性可分为以下三种：

（1）易燃固体

指燃点低，对热、撞击、摩擦敏感，易被外部火源点燃，燃烧迅速，并可能散发出有毒烟雾或有毒气体的固体。

（2）自燃物品

指自燃点低，在空气中易于发生氧化反应，放出热量而自行燃烧的物品。

（3）遇湿易燃物品

指遇水或受潮时发主剧烈化学反应，放出大量的易燃气体和热量的物品。有些不需明火，即能燃烧或爆炸。

2. 危险特性

（1）易燃固体主要特性

① 易燃性

易燃固体容易被氧化，受热易分解或升华，遇火种、热源常会引起强烈、连续的燃烧。

② 可分散性与氧化性

固体具有可分散性。一般来讲，物质的颗粒越细其比表面积越大，分散性就越强。当固体粒度小于 0.01mm 时，可悬浮于空气中，这样能充分与空气中的氧接触发生氧化作用。

固体的可分散性是受许多因素影响的，但主要还是受物质比表面积的影响，比表面积越大，和空气的接触机会就越多，氧化作用也就越容易，燃烧也就越快，则因此具有爆炸危险性。

另外，易燃固体与氧化剂接触，能发生剧烈反应而引起燃烧或爆炸。如赤磷与氯酸钾接触，硫黄粉与氯酸钾或过氧化钠接触，均易发生燃烧爆炸。

③ 热分解性

某些易燃固体受热后不熔融，而发生分解现象。有的受热后边熔融边分解，如硝酸铵（NH_4NO_3）在分解过程中，往往放出 NH_3 或 NO_2、NO 等有毒气体。一般来说，热分解的温度高低直接影响危险性的大小，受热分解温度越低的物质，其火灾爆炸危险性就越大。

④ 对撞击、摩擦的敏感性

易燃固体对摩擦、撞击、震动也很敏感。如：赤磷、闪光粉等受摩擦、震动、撞击等也能起火燃烧甚至爆炸。

⑤ 毒害性

许多易燃固体有毒，或燃烧产物有毒或有腐蚀性。如二硝基苯、二硝基苯酚、硫黄、五硫化二磷等。

（2）自燃物品的主要特性

凡是不需要明火作用，与空气接触或空气中的水分接触即能进行放热的氧化或水解反应，当温度升到自燃点就会发生自行燃烧，这类物质称为自燃物质。

以自燃的难易程度（即自燃点的高低）及危险性的大小，自燃性物质分为一级自燃性物质、二级自燃性物质。

① 一级自燃性物质

一级自燃性物质的自燃点低于常温，在空气中能发生剧烈的氧化，而且燃烧猛烈，危害性大。如黄磷、三乙基铝、硝化棉、铝铁熔剂等。

② 二级自燃性物质

二级自燃性物质的自燃点高于常温。但在空气中能缓慢氧化，在积热不散的条件下，能够自燃。如油纸、油布等含油脂的物品。

③ 自燃特性

自燃性物质的自燃点一般都低于200℃。不同自燃物质由于组成及结构不同而呈现出不同的自燃特性。

（3）遇湿易燃物品的特性

遇水或受潮能分解产生可燃气体，并放出热量，进而引起燃烧或爆炸的物质，称为遇水燃烧物质。

按遇水或受潮后发生反应的剧烈程度和危险性大小的不同，遇水燃烧物质共分为一级遇水燃烧物质、二级遇水燃烧物质。

① 一级遇水燃烧物质

一级遇水燃烧物质遇水后发生剧烈反应，产生大量易燃、易爆气体，放出大量的热能，容易引起自燃或爆炸。

一级遇水燃烧物质主要有锂、钠、钾等金属及其氢化物等。

② 二级遇水燃烧物质

二级遇水燃烧物质遇水发生反应比较缓慢，放出的热量也较少，产生的可燃气体一般需要有火源才能发生燃烧或爆炸。二级遇水燃烧物质主要有：石灰石、电石、保险粉、金属钙、锌粉、氢化铝等。

由遇水燃烧物质或主要由遇水燃烧物质组成的，具有遇水燃烧性质的物品是遇湿易燃物品。其主要特性有：

a. 遇水或酸反应性强

遇水、潮湿空气、酸能发生剧烈化学反应，放出易燃气体和热量，极易引起燃烧或爆炸。

b. 腐蚀性或毒性强

某些遇湿易燃物品具有腐蚀性或毒性，如硼氢类化合物、金属磷化物等。

2.2.5 氧化剂和有机过氧化物

1. 氧化剂和有机过氧化物的分类

此类物品具有强氧化性，易引起燃烧、爆炸，按其组成分为以下两种：

（1）氧化剂

指处于高氧化态，具有强氧化性，易分解并放出氧和热量的物质。包括含有过氧基的无机物，其本身不一定可燃，但能导致可燃物的燃烧；与粉末状可燃物能组成爆炸性混合物，对热、震动或摩擦较为敏感。按其危险性大小，分为一级氧化剂和二级氧化剂。

（2）有机过氧化物

指分子组成中含有过氧键的有机物，其本身易燃易爆，极易分解，对热、震动和摩擦极为敏感。

2. 氧化剂和有机过氧化物危险特性

（1）氧化剂遇高温易分解放出氧和热量，极易引起燃烧爆炸。特别是有机过氧化物分子组成中的过氧基很不稳定。易分解放出原子氧，而且有机过氧化物本身就是可燃物，易着火燃烧，受热分解的生成物又均为气体，更易引起爆炸。所以，有机过氧化物比无机氧化剂有更大的火灾爆炸危险。

（2）许多氧化剂如氯酸盐类、硝酸盐类、有机过氧化物等对摩擦、撞击、振动极为敏感。储运中要轻装轻卸，以免增加其爆炸性。

（3）有些氧化剂具有不同程度的毒性和腐蚀性。例如铬酸酐、重铬酸盐等既有毒性，又会烧伤皮肤；活性金属的过氧化物有较强的腐蚀性。操作时应做好个人防护。

（4）有些氧化剂与其他氧化剂接触后能发生复分解反应，放出大量热而引起燃烧爆炸。如亚硝酸盐、次亚氯酸盐等遇到比它强的氧化剂时显示还原性，发生剧烈反应而导致危险。所以各种氧化剂亦不可任意混储混运。

2.2.6 毒害品和感染性物品

毒害品是指进入肌体后，累积达一定的量，能与体液和组织发生生物化学作用或生物物理学作用，扰乱或破坏肌体的正常生理功能，引起暂时性或持久性的病理改变，甚至危及生命的物品。

该类物品具有火灾危险性，从列入有毒与有害物品管理的物品分析可以看到，约90%的都具有火灾危险性。其特性表现如下：

（1）遇湿易燃性。无机毒害品中金属的氰化物和硒化物大都本身不燃，但都有遇湿易燃性。如钾、钠、钙、锌、银等金属的氰化物（如氰化钠、氰化钾），遇水或受潮都能放出极毒且易燃的氰化氢气体。

硒化镉、硒化铁、硒化锌、硒化铅、硒粉等硒的化合物类，遇酸、高热、酸雾或水解能放出易燃且有毒的硒化氢气体；硒酸、氧氯化硒还能与磷、钾猛烈反应。

（2）氧化性。在无机有毒与有害物品中，锑、汞和铅等金属的氧化物大都本身不燃，但都具有氧化性。如五氧化二锑本身不燃，但氧化性很强，380℃时即分解；四氧化铅、红降汞（红色氧化汞）、黄降汞（黄色氧化汞）、硝酸铁、硝酸汞、钒酸钾、钒酸铵、五氧化二钒等，它们本身都不燃，但都是弱氧化剂，能在500℃时分解，当与可燃物接触后，易引起着火或爆炸，并产生毒性极强的气体。

（3）易燃性。在《危险货物品名表》所列的有毒与有害物品中，有很多是透明或油状的易燃液体，有的是低闪点或中闪点液体。如溴乙烷闪点小于-20℃，三氟丙酮闪点小于-1℃，三氟醋酸乙酯闪点-1℃，异丁腈闪点3℃，四碳基镍闪点小于4℃。卤代醇、卤代酮、卤代醛、卤代酯等有机的卤代物，以及有机磷、硫、氯、砷等，都是甲、乙类或丙类液体及可燃粉剂。这些毒品既有相当的毒害性，又有一定的易燃性。硝基苯、菲等芳香环、稠环及杂环化合物类毒害品，尼古丁等天然等有机有毒与有害物品，遇明火都能够燃烧，遇高热分解出有毒气体。

（4）有毒与有害物品易爆性。有毒与有害物品当中的叠氮化钠，芳香族含2、4位两个硝基的氯化物、萘酚、酚钠等化合物，遇高热、撞击等都可引起爆炸，并分解出有毒气体。如2,4-二硝基氯化苯，毒性很高，遇明火或受热至150℃以上有引起爆炸或着火的危险。砷酸钠、氟化砷、三碘化砷等砷及砷的化合物，本身都不燃，但遇明火或高热时，易升华放出极毒的气体。三碘化砷遇金属钾、钠时，还能形成对撞击敏感的爆炸物。

2.2.7 放射性物品

放射性物品是指放射性比活度大于 $7.4 \times 10^4 Bq/kg$ 的物品。按其放射性大小细分为一级放射性物品、二级放射性物品和三级放射性物品。放射性物品的特性如下：

（1）具有放射性，能自发、不断地放出人们感觉器官不能觉察到的射线。放射性物质放出的射线分为四种：α射线，也叫甲种射线；β射线，也叫乙种射线；γ射线，也叫丙种射线；中子流。但是各种放射性物品放出的射线种类和强度不尽一致，对人体的危害都很大。

（2）许多放射性物品毒性很大。^{22}Na、^{27}Co、^{90}S、^{131}I、^{210}Pb 等为高毒的放射性物品，均应注意。

（3）不能用化学方法中和或者用其他方法使放射性物品不放出射线，只能设法把放射性物质清除，或者用适当的材料加以吸收屏蔽。

2.2.8 腐蚀品

腐蚀品是指能灼伤人体组织并对金属等物品造成损坏的固体或液体，是与皮肤接触在4h内出现可见坏死现象或温度在55℃时对20号钢的表面均匀年腐蚀率超过6.25mm的固体或液体。

1. 腐蚀品的分类

腐蚀品按化学性质分为：

（1）酸性腐蚀品，如硫酸、硝酸、盐酸等；

（2）碱性腐蚀品，如氢氧化钠、硫氢化钙等；

（3）其他腐蚀品，如二氯乙醛、苯酚钠等。

2. 腐蚀品的危险特性

（1）强烈的腐蚀性

它对人体、设备、建筑物、构筑物、车辆、船舶的金属结构都易发生化学反应，而使之腐蚀并遭受破坏。

（2）氧化性

腐蚀性物质如浓硫酸、硝酸、氯磺酸、漂白粉等都是氧化性很强的物质，与还原剂接触会发生强烈的氧化还原反应，放出大量的热，容易引起燃烧。

（3）稀释放热反应

多种腐蚀品遇水会放出大量的热，易燃液体四处飞溅，造成人体灼伤。

对于未列入分类明细表中的化学危险品，可以参照已列出的化学性质相似，危险性相似的物品进行分类。

2.3 化学危险物质包装、储存和运输安全

化学品从生产到使用过程中，一般经过多次装卸、储存、运输等过程。在这些过程中，化学品难免受到碰撞、跌落、冲击和振动，进而可能破坏化学危险物质所处的外界安全条件，导致火灾、爆炸、中毒等事故发生，因此化学危险物质的包装、储存和运输安全非常重要，它是避免危险化学品事故的重要保障。

2.3.1 包装安全技术

一个好的包装，将会很好地保护产品，减少运输过程中的破损，使产品安全地到达用户手中。这一点对于危险化学品显得尤为重要。包装方法得当，就会降低储存、运输中的事故发生率，否则，就有可能导致重大事故。因此，危险化学品包装是危险化学品储运安全的基础，为此，各部门、各企业对危险化学品的包装越来越重视，不断开发出新型包装材料，使危险化学品的包装质量不断提高。

1. 包装分类与包装性能试验

按包装结构、强度、防护性能及内装物的危险程度，将包装分成三类。

Ⅰ类包装：货物具有较大危险性，包装强度要求高；

Ⅱ类包装：货物具有中等危险性，包装强度要求较高；

Ⅲ类包装：货物具有的危险性小，包装强度要求一般。

2. 包装的基本要求

（1）危险货物运输包装应结构合理，具有一定强度，防护性能好。包装的材质、形式、规格、方法和单件质量(重量)，应与所装危险货物的性质和用途相适应，并便于装卸、运输和储存。

（2）包装应质量良好，其构造和封闭形式应能承受正常运输条件下的各种作业风险，不应因温度、湿度或压力的变化而发生任何渗(撒)漏，包装表面应清洁，不允许黏附有害的危险物质。

（3）包装与内装物直接接触部分，必要时应有内涂层或进行防护处理，包装材质不得与内装物发生化学反应而形成危险产物或导致削弱包装强度。

（4）内容器应予固定。如属易碎性的，应使用与内装物性质相适应的衬垫材料或吸附材料衬垫妥实。

（5）盛装液体的容器，应能经受在正常运输条件下产生的内部压力。灌装时必须留有足够的膨胀余量(预留容积)，除另有规定外，并应保证在温度55℃时，内装液体不致完全充满容器。

（6）包装封口应根据内装物性质采用严密封口、液密封口或气密封口。

（7）盛装需浸湿或加有稳定剂的物质时，其容器封闭形式应能有效地保证内装液体(水、溶剂和稳定剂)的百分比，在储运期间保持在规定的范围以内。

（8）有降压装置的包装，其排气孔设计和安装应能防止内装物泄漏和外界杂质进入，排出的气体量不得造成危险和污染环境。

（9）复合包装的内容器和外包装应紧密贴合，外包装不得有擦伤内容器的凸出物。

（10）无论是新型包装、重复使用的包装、还是修理过的包装均应符合危险货物运输包品包装的附加要求。

① 盛装液体爆炸品容器的封闭形式，应具有防止渗漏的双重保护。

② 除内包装能充分防止爆炸品与金属物接触外，铁钉和其他没有防护涂料的金属部件不得穿透外包装。

③ 双重卷边接合的钢桶、金属桶或以金属做衬里的包装箱，应能防止爆炸物进入隙缝。钢桶或铝桶的封闭装置必须有合适的垫圈。

④ 包装内的爆炸物质和物品，包括内容器，必须衬垫妥实，在运输中不得发生危险性移动。

⑤ 盛装有对外部电磁辐射敏感的电引发装置的爆炸物品，包装应具备防止所装物品受外部电磁辐射源影响的功能。

3. 包装标志

（1）包装储运图示标志

为了保证危险化学品运输中的安全，GB/T 191—2008《包装储运图示标志》规定了运输包装件上提醒储运人员注意的一些图示符号。如：防雨、防晒、易碎等，供操作人员在装卸时能针对不同情况进行相应的操作。

（2）危险货物包装标志

不同危险化学品的危险性、危险程度不同，为了使接触者对其危险性一目了然，GB 190—2009《危险货物包装标志》规定了危险货物图示标志的类别、名称、尺寸和颜色，共有危险品标志图形21种、19个名称。

4. 安全标签

在危险化学品包装上粘贴安全标签，是向危险化学品接触人员警示其危险性、正确掌握该危险化学品安全处置方法的良好途径，GB 15258—2009《化学品安全标签编写规定》规定了化学品安全标签的内容、制作要求、使用方法及注意事项。本标签随商品流动，一旦发生事故，可从标签上了解到有关处置资料，同时，标签还提供了生产厂家的应急咨询电话，必要时，可通过该电话，与生产单位取得联系，得到处理方法。

2.3.2 储存安全技术

1. 储存场所的要求

化学危险品仓库是储存易燃、易爆等化学危险品的场所，仓库选址必须适当，建筑物必须符合规范要求，做到科学管理，确保其储存、保管安全。

（1）储存危险化学品的场所应当符合国家标准对安全、消防的要求，设置明显标志，其储存设备和安全设施应当定期检测。

（2）储存危险化学品的建筑不得有地下室或其他地下建筑，其耐火等级、层数、占地面积、安全疏散和防火间距应符合国家的有关规定。

（3）储存地点及建筑结构的设置，除了应符合国家的有关规定外，还应考虑对周围环境和居民的影响。

2. 物料储存的安全要求

（1）化学物质的储存限量，由当地主管部门与公安部门规定。

（2）交通运输部门应在车站、码头等地修建专用储存化学危险物质的仓库。

（3）储存危险化学品的建筑物、区域内严禁吸烟和使用明火。

（4）化学危险物品露天存放时应符合防火、防爆的安全要求。

（5）安全消防卫生设施，应根据物品危险性质设置相应的防火、防爆、泄压、通风、温度调节、防潮防雨等安全措施。

（6）储存危险化学品的仓库必须配备有专业知识的技术人员，其仓库及场所应设专人管理，管理人员必须配备可靠的个人防护用品。

（7）必须加强出入库验收，避免出现差错。特别是对爆炸物质、剧毒物质和放射性物质，应采取双人收发、双人记账、双人双锁、双人运输和双人使用的"五双制"方法加以管理。

3. 储存方式

（1）储存方式

危险化学品储存方式共分为三种：隔离储存、隔开储存和分离储存。

① 隔离储存

隔离储存是指在同一个房间或同一个区域内，不同的物料之间分开一定的距离，非禁忌物料间用通道保持空间的储存方式。

② 隔开储存

隔开储存是指在同一个建筑物或同一个区域内，用隔板或墙将其禁忌物料分离开的储存方式。

③ 分离储存

分离储存是指在不同的建筑物或远离所有建筑的外部区域内的储存方式。

（2）储存安排及储存限量

危险化学品储存安排取决于危险化学品的性质、储存容器类型、储存方式和消防的要求。

① 遇火、热、潮湿引起燃烧、爆炸或发生化学反应、产生有毒气体的危险化学品不得在露天或潮湿积水的建筑物中储存。

② 受日光照射能发生化学反应引起燃烧、爆炸、分解、化合或能产生有毒气体的危险化学品应储存在一级建筑物中，其包装应采取避光措施。

③ 爆炸类物品不准和其他类物品同储，必须单独隔离限量储存，仓库不准建在城镇，还应与周围建筑、交通干道、输电线路保持一定的安全距离。

④ 压缩气体和液化气体必须与爆炸性物品、氧化剂、易燃物品、自燃物品、腐蚀性物品等隔离储存。易燃气体不得与助燃气体、剧毒气体同储；氧气不得与油脂混合储存；盛装液化气体的压力容器，必须安装压力表、安全阀、紧急切断装置，并定期检查，不得超装。

⑤ 易燃液体、遇湿易燃物品、易燃固体不得与氧化剂混合储存，具有还原性的氧化剂应单独存放。

⑥ 有毒物品应储存在阴凉、通风、干燥的场所，不得露天存放和接近酸类物质。

⑦ 腐蚀性物品包装必须严密，不允许泄漏，严禁与液化气体和其他物品共存。储存限量和储存安排见表2-9。

表 2-9　危险化学品储存限量和储存安排

储存要求 ＼ 储存类别	露天储存	隔离储存	隔开储存	分离储存
平均单位面积储存量/(t/m²)	1.0~1.5	0.5	0.7	0.7
单一储存区最大储量/t	2000~2400	200~300	200~300	400~600
垛距限制/m	2	0.3~0.5	0.3~0.5	0.3~0.5
通道宽度/m	4~6	1~2	1~2	5
墙距宽度/m	2	0.3~0.5	0.3~0.5	0.3~0.5
与禁忌品距离/m	10	不得同库储存	不得同库储存	7~10

⑧ 各类危险化学品应严格按照表 2-10 的规定分类储存。

表 2-10　化学危险的分类储存原则

组别	物质名称	储存原则	其他要求
一	爆炸性物质如叠氮铅、雷汞、三硝基甲苯、硝铵炸药等	不准和其他任何种类的物质共同储存，起爆器材不能和炸药存放在一起	为了通风、装卸和便于出入检查，堆放得不应过高过密。对仓库的温度、湿度应加强控制和调节
二	易燃和可燃液体如汽油、苯、丙酮、乙醇、乙醚、乙醛、松节油等	不准和其他种类物质共同储存储存于通风阴凉的处所，并与明火保持一定的距离，在一定区域内禁止烟火	闪点较低的易燃液体，应注意控制库温。受冻易凝结成块的易燃液体，受冻后易使容器破裂，故应注意防冻
三	压缩气体和液化气体 (1) 可燃气体如氢、甲烷、乙烯、丙烯、乙炔、一氧化碳、硫化氢等；	除不燃气体外，不准和其他种类的物质共同储存 气瓶的头尾方向在堆放时应取一致。气瓶堆放不宜过高。气瓶应远离热源并旋紧安全帽	气瓶搬运和堆放时不得敲击、碰撞、抛掷、滚滑。搬运时不准把瓶阀对准人身
	(2) 不燃气体如氮、二氧化碳、氖、氩等；	除可燃气体、助燃气体、氧化剂和有毒物质外，不准和其他种类的物质共同储存	
	(3) 助燃气体如氧、压缩空气、氯等	除不燃气体和有毒物质外，不准和其他种类的物质共同储存	
四	遇水或空气能自燃的物质如钾、钠、黄磷、锌粉、铝粉等	不准和其他种类的物质共同储存 钾、钠须浸入煤油或石蜡中储存，黄磷浸入水中储存	储存遇水燃烧物质的库房，应选用地势较高的地方，以保证暴雨季节不致进水，堆垛时要用干燥的枕木或垫板 自燃物质在储存中，要严格控制温湿度，注意保持阴凉、干燥的环境。不宜采取密集堆放，并保持通风，以利于及时散热。并注意做好防火防毒工作
五	易燃固体如赤磷、萘、硫黄、三硝基苯等	不准和其他种类的物质共同储存	储存仓库要求阴凉、干燥，要有隔热措施，忌阳光照晒，要求严格防潮。易挥发、易燃固体宜密封堆放

组别	物质名称	储存原则	其他要求
六	氧化剂 能形成爆炸混合物的氧化剂(如氯酸钾、硝酸钾、次氯酸钙、过氧化钠等)和能引起燃烧的氧化剂(如溴、硝酸、硫酸、高锰酸钾等)	除惰性气体外,不准和其他种类的物质共同储存	过氧化物有分解爆炸危险的,应单独储存。能引起爆炸的氧化剂与能引起燃烧的氧化剂应隔离储存
七	毒害物质 如光气、氰化钾、氰化钠等	除不燃气体和助燃气体外,不准和其他种类的物质共同储存,不能与酸类接触	储存在阴凉通风的干燥场所,要避免在露天存放,包装封口必须严密,无论任何包装,外面必须贴(印)有明显名称和标志
八	腐蚀性物质 如硝酸、硫酸、盐酸等	不能与易燃物混合储存。不同的腐蚀物同库储存时,应用墙分隔	应储存在有良好通风的干燥场所,避免受热受潮 储存中应注意控制温度,防止受热或受冻造成容器胀裂
九	放射性物质	严格遵守国家关于放射性物品管理规定,必须储存在专门的设备及库房中	必须要有良好的通风装备,保证正常和充分的通风换气

2.3.3 化学危险物质运输安全

化工生产的原料和产品通常是采用铁路、水路和公路运输的,使用的运输工具是火车、船舶和汽车等。由于运输的物质多数具有易燃、易爆的特征,运输中往往还会受到气候、地形及环境等的影响,因此,运输安全一般要求较高。

1. 化学危险物质运输的装配原则

化学危险物质的危险性各不相同,性质相抵触的物品相遇后往往会发生燃烧、爆炸,事故发生火灾时,使用的灭火剂和扑救方法也不完全一样,因此为保证装运中的安全,应遵守有关装配原则。

包装要符合要求,运输应佩戴相应的劳动保护用品和配备必要的紧急处理工具。搬运时必须轻装轻卸,严禁撞击、震动和倒置。

2. 化学危险物质运输安全事项

(1) 公路运输

汽车装运化学危险物品时,应悬挂运送危险货物的标志。在行驶、停车时要与其他车辆、高压线、人口稠密区、高大建筑物和重点文物保护区保持一定的安全距离,按当地公安机关指定的路线和规定时间行驶。严禁超车、超速、超重,防止摩擦、冲击,车上应设置相应的安全防护设施。

(2) 铁路运输

铁路是运输化工原料和产品的主要工具。通常对易燃、可燃液体采用槽车运输,装运其他危险货物使用专用危险品货车。

装卸易燃、可燃液体等危险物品的栈台应为非燃烧材料建造。栈台每隔60m设安全梯,以便于人员疏散和扑救火灾。电气设备应为防爆型。栈台应备有灭火设备和消防给水设施。

蒸汽机车不宜进入装卸台,如必须进入时应在烟囱上安装火星熄灭器,停车时应用木垫，而不用刹车，以防止打出火花。

装车用的易燃液体管道上应装设紧急切断阀。

槽车不应漏油。装卸油管流速也不易过快，连接管应良好接地，以防止静电火花的产生。雷雨时应停止装卸作业，夜间检查不能用明火或普通手电筒照明。

（3）水陆运输

船舶在装运易燃易爆物品时应悬挂危险货物标志，严禁在船上动用明火，燃煤拖轮应装设火星熄灭器，且拖船尾至驳船首的安全距离不应小于 50m。

装运闪点小于 28℃的易燃液体的机动船舶，要经当地检查部门的认可，木船不可装运散装的易燃液体、剧毒物质和放射性等危险性物质。

装卸易燃液体时，应将岸上输油管与船上输油管连接紧密，并将船体与油泵船(油泵站)的金属体用直径不小于 2.5mm 的导线连接起来。装卸油时，应先接导线，后接管装卸；当装卸完毕，先卸油管，后拆导线。

卸货完毕后必须彻底进行清扫。对装过剧毒物品的船和车，卸货结束，立即洗刷消毒，否则严禁使用。

2.4 化学危险物质事故应急处理

2.4.1 危险化学品事故的类型

根据危险化学品的易燃、易爆、有毒、腐蚀等危险特性，以及危险化学品事故定义的研究，确定危险化学品事故的类型分 6 类。

（1）危险化学品火灾事故

危险化学品火灾事故指燃烧物质主要是危险化学品的火灾事故。具体又分若干小类，包括：①易燃液体火灾；②易燃固体火灾；③自燃物品火灾；④遇湿易燃物品火灾；⑤其他危险化学品火灾。

易燃液体火灾往往发展成爆炸事故，造成重大的人员伤亡。单纯的液体火灾一般不会造成重大的人员伤亡。由于大多数危险化学品在燃烧时会放出有毒气体或烟雾，因此危险化学品火灾事故中，人员伤亡的原因往往是中毒和窒息。

由上面的分析可知，单纯的易燃液体火灾事故较少，因此，易燃液体火灾事故往往被归入危险化学品爆炸(火灾爆炸)事故，或危险化学品中毒和窒息事故。固体危险化学品火灾的主要危害是燃烧时放出的有毒气体或烟雾，或发生爆炸，因此，易燃液体、火灾事故也往往被归入危险化学品火灾爆炸，或危险化学品中毒和窒息事故。

（2）危险化学品爆炸事故

危险化学品爆炸事故是指危险化学品发生化学反应的爆炸事故或液化气体和压缩气体的物理爆炸事故。具体又分若干小类，包括：①爆炸品的爆炸(又可分为烟花爆竹爆炸、民用爆炸器材爆炸、军工爆炸品爆炸等)；②易燃固体、自燃物品、遇湿易燃物品的火灾爆炸；③易燃液体的火灾爆炸；④易燃气体爆炸；⑤危险化学品产生的粉尘、气体、挥发物的爆炸；⑥液化气体和压缩气体的物理爆炸；⑦其他化学反应爆炸。

（3）危险化学品中毒和窒息事故

危险化学品中毒和窒息事故主要指人体吸入、食入或接触有毒有害化学品或者化学品反应的产物而导致的中毒和窒息事故。具体又分若干小类，包括：①吸入中毒事故（中毒途径为呼吸道）；②接触中毒事故（中毒途径为皮肤、眼睛等）；③误食中毒事故（中毒途径为消化道）；④其他中毒和窒息事故。

（4）危险化学品灼伤事故

危险化学品灼伤事故主要指腐蚀性危险化学品意外与人体接触，在短时间内即在人体被接触表面发生化学反应，造成明显破坏的事故。腐蚀品包括酸性腐蚀品、碱性腐蚀品和其他不显酸碱性的腐蚀品。化学品灼伤与物理灼伤（如火焰烧伤、高温固体或液体烫伤等）不同。物理灼伤是高温造成的伤害，使人体立即感到强烈的疼痛，人体肌肤会本能地立即避开。化学品灼伤有一个化学反应过程，开始并不感到疼痛，要经过几分钟、几小时甚至几天才表现出严重的伤害，并且伤害还会不断地加深。因此化学品灼伤比物理灼伤危害更大。

（5）危险化学品泄漏事故

危险化学品泄漏事故主要指气体或液体危险化学品发生了一定规模的泄漏，虽然没有发展成为火灾、爆炸或中毒事故，但造成了严重的财产损失或环境污染等后果的危险化学品事故。危险化学品泄漏事故一旦失控，往往造成重大火灾、爆炸或中毒事故。

（6）其他危险化学品事故

其他危险化学品事故指不能归入上述五类危险化学品事故之外的其他危险化学品事故。主要指危险化学品的肇事事故，即危险化学品发生了人们不希望的意外事件，如危险化学品罐体倾倒、车辆倾覆等，但没有发生火灾、爆炸、中毒和窒息、灼伤、泄漏等事故。

2.4.2 火灾事故现场应急处理

（1）发生火灾事故后，首先要正确判断着火部位和着火介质，立足于现场的便携式、移动式消防器材，立足于在火灾初起时及时扑救。

（2）如果是电气着火，则要迅速切断电源，保证灭火的顺利进行。

（3）如果是单台设备着火，在关掉和扑灭着火设备的同时，使用和保护备用设备，继续维持生产。

（4）如果是高温介质泄漏后自燃着火，则应首先切断设备进料，尽量安全地转移设备内储存的物料，然后采取进一步的生产处理措施。

（5）如果是易燃介质泄漏后受热着火，则应在切断设备选料的时候，降低高温物体表面的温度，然后再采取进一步的生产处理措施。

（6）如果是大面积着火，要迅速切断着火单元的进料、切断与周围单元生产管线的联系，停机、停泵，迅速将物料倒至罐区或安全的储罐，做好蒸汽防护。

（7）发生火灾后，要在积极扑灭初起之火的同时迅速拨打火警电话向消防队报告，以得到专业消防队伍的支援，防止火势进一步扩大和蔓延。

2.4.3 爆炸事故现场应急处理

危险化学品爆炸事故指危险化学品发生化学反应的爆炸事故或液化气体和压缩气体的物理爆炸事故。爆炸事故发生时，一般应采取以下应急处理对策：

（1）迅速判断和查明再次发生爆炸的可能性和危险性，紧紧抓住爆炸后和再次爆炸之前的有利时机，采取一切可能的措施，全力制止再次爆炸的发生。

（2）切忌用沙土盖压，以免增强爆炸时的威力。

（3）如果有疏散可能，人身安全上确有可靠保障，应迅速组织力量及时疏散着火区域周围的爆炸物品，使着火周围形成一个隔离带。

（4）扑救爆炸物品堆垛时，水流应采用吊射，避免强力水流直接冲击堆垛，以免堆垛倒塌引起再次爆炸。

（5）灭火人员应尽量利用现场形成的掩蔽体或尽量采用卧姿等低姿射水，尽可能地采取自我保护措施。消防车辆不要停靠在离爆炸物品太近的水源。

（6）灭火人员发现有再次爆炸的危险时，应立即向现场指挥报告，现场指挥应迅速做出准确判断，确定有发生再次爆炸征兆或危险时，应立即下达撤退命令。灭火人员看到或听到撤退信号后，应迅速撤离安全地带，来不及撤退时，应就地卧倒。

另外，发生重大爆炸事故后，岗位人员要沉着、镇静，不要惊慌失措，在班长的带领下，迅速安排人员报警，同时积极组织人员查找事故原因；在处理事故过程中，岗位人员要穿戴防护服，必要时佩带护具和采取其他防护措施。

2.4.4　泄漏事故现场应急处理

危险化学品泄漏事故主要是指气体或液体危险化学品发生了一定规模的泄漏，虽然没有发展成为火灾、爆炸或中毒事故，但造成了严重的财产损失或环境污染等后果的危险化学品事故。危险化学品泄漏事故一旦失控，往往造成重大火灾、爆炸或中毒事故。危险化学品泄漏事故发生时，一般应注意以下几点：

（1）进入泄漏现场进行处理时，应注意安全防护

① 进入现场救援人员必须配备必要的个人危险化学品应急救援防护器具。

② 如果泄漏物是易燃易爆的，事故中心区应严禁火种、切断电源、禁止车辆进入、立即在边界设置警戒线。根据事故情况和事故发展，确定事故波及区域人员的撤离。

③ 如果泄漏物是有毒的，应使用专用防护服、隔绝式空气面具（为了在现场上能正确使用，平时应进行严格的适应性训练）。立即在事故中心区边界设置警戒线。根据事故情况和事故发展，确定事故波及区域人员的撤离。

④ 应急处理时严禁单独行动，要有监护人，必要时用水枪、水炮掩护。

（2）泄漏源控制

① 关闭阀门、停止作业或改变工艺流程、物料走副线、局部停车、打循环及减负荷运行等。

② 堵漏。采用合适的材料和技术手段堵住泄漏处。

（3）泄漏事故应急处理要点

① 临时设置现场警戒范围

发生泄漏、跑冒事故后，要迅速疏散泄漏污染区人员至安全区，临时设置现场警戒范围，禁止无关人员进入污染区。

② 熄灭危险区内一切火源

可燃液体物料泄漏的范围内，首先要绝对禁止使用各种明火。特别是在夜间或视线不清的情况下，不要使用火柴、打火机等进行照明；同时也要注意不要使用刀闸等普通型电气开关。

③ 防止静电的产生

可燃液体在泄漏的过程中，流速过快就容易产生静电。为防止静电的产生，可采用堵

洞、塞缝和减少内部压力的方法，通过减缓流速或止住泄漏来达到防静电的目的。

④ 避免形成爆炸性混合气体

当可燃物料泄漏在库房、厂房等有限空间时，要立即打开门窗进行通风，以避免形成爆炸性混合气体。

⑤ 如果是油罐液位超高造成跑、冒，应急人员要按照规定穿防静电的防护服，佩戴自给式呼吸器立即关闭进料阀门，将物料输送到相同介质的待收罐。

2.4.5 中毒事故现场应急处理

危险化学品中毒事故主要指人体吸入、食入或接触有毒有害化学品或者化学品反应的产物而导致的中毒事故。

（1）中毒事故现场应急处置的一般原则

发生毒物泄漏事故时，现场人员应分头采取以下措施：按报送程序向有关部门领导报告；通知停止周围一切可能危及安全的动火、产生火花的作业，消除一切火源；通知附近无关人员迅速撤离现场，严禁闲人进入毒区。

进行现场急救的人员应遵守以下规定：

① 参加抢救人员必须听从指挥，抢救时必须分组有序进行，不能慌乱。

② 救护者应做好自身保护——戴好防毒面具或氧气呼吸器、穿好防毒服后，从上风向快速进入事故现场。进入事故现场后必须简单了解事故情况及引起伤害的物料，清点现场人数，严防遗漏。

③ 迅速将患者从上风向转移到空气新鲜的安全地方。转移过程应注意：

a. 移动病人时应用双手拖移，动作要轻，不可强拖硬拉。

b. 应用担架、木板、竹板抬送伤员。

c. 转移过程中应保持呼吸通畅，去除领带、解开领扣和裤带、下颌抬高、头偏向一侧、清除口腔内的污物。

④ 救护人员在工作时，应注意检查个人危险化学品应急救援防护装备的使用情况，如发现异常或感到身体不适时要迅速离开染毒区。

⑤ 假如有多个中毒或受伤的人员被送到救护点，应立即在现场按以下原则急救：

a. 救护点应设在上风向、交通便利的非污染区，但不要远离事故现场，尽可能保证有水、电来源。

b. 救护人员应通过"看、听、摸、感觉"的方法来检查患者有无呼吸和心跳：看有无呼吸时的胸部起伏；听有无呼吸时的声音；摸颈动脉或肱动脉有无搏动；感觉病人是否清醒。

c. 遵循"先抢救、后治病、先重后轻、先急后缓"的原则分类对患者进行救护。

（2）硫化氢中毒急救

在怀疑有不安全硫化氢的应急救援场所，施救者应首先做好自身防护，佩戴自给正压式呼吸器并穿防化服。

① 迅速将患者移离现场，脱去污染衣物，对呼吸、心跳停止者，立即进行胸外心脏按压及人工呼吸(忌用口对口人工呼吸，万不得已时与病人间隔数层水湿的纱布)。

② 尽早吸氧，有条件的地方及早用高压氧治疗。凡有昏迷者，宜立即送高压氧舱治疗。高压氧压力为 $2 \sim 2.5$ atm($202.6 \sim 253.25$ kPa)，间断吸氧 $2 \sim 3$ 次，每次吸氧 $30 \sim 40$ min，两次吸氧中间休息 10min；每日 $1 \sim 2$ 次，$10 \sim 20$ 次一疗程。一般用 $1 \sim 2$ 个疗程。

③ 防止肺水肿和脑水肿。宜早期、足量、短程应用糖皮质激素以预防肺水肿及脑水肿，可用地塞米松 10mg 加入葡萄糖液静脉滴注，每日一次。对肺水肿及脑水肿进行治疗时，地塞米松剂量可增大至 40~80mg，加入葡萄糖液静脉滴注，每日 1 次。

④ 换血疗法。换血疗法可以将失去活性的细胞色素氧化酶和各种酶及游离的硫化氢清除出去，再补入新鲜血液。此方法可用于危重病人，换血量一般在 800mL 左右。

⑤ 眼部刺激处理。先用自来水或生理盐水彻底冲洗眼睛，局部用红霉素眼药膏和氯霉素眼药水，每 2 小时 1 次，预防和控制感染。同时局部滴鱼肝油以促进上皮生长，防止结膜粘连。

⑥ 严重硫化氢中毒导致昏迷时，可给亚硝酸戊酯和亚硝酸钠，一般成人剂量为静脉推注 3% 的溶液 10~20mL，时间不少于 4min，不能使用硫代硫酸钠进行治疗。

2.4.6　化学灼伤事故现场应急处理

发生化学灼伤，由于化学物质的腐蚀作用，如不及时将其除掉，就会继续腐蚀下去，从而加剧灼伤的严重程度，某些化学灼伤物质如氢氟酸的灼伤初期无明显的疼痛，往往不受重视而贻误处理时机，加剧灼伤程度。及时进行现场急救和处理，是减少伤害、避免严重后果的重要环节。

（1）迅速脱去衣服，清洗创面

化学致伤的程度同化学物质与人体组织接触时间的长短有密切关系，接触时间越长所造成的伤害就会越严重。因此，当化学物质接触人体组织时，应迅速脱去衣服，立即用大量清水冲洗创面，不应延误，冲洗时间不得小于 15min，以利于将渗入毛孔或黏膜内的物质清洗出去。清洗时要遍及各受害部位，尤其要注意眼、耳、鼻、口腔等处。对于眼睛和角膜，不要揉搓眼睛，也可将面部浸入在清洁的水盆里，用手把上下眼皮撑开，用力睁大两眼，头部在水中左右摆动。其他部位的灼伤，先用大量水冲洗，然后用中和剂洗涤或湿敷，用中和剂时间不宜过长，并且必须再用清水冲洗掉，然后视病情予以适当处理。常见的化学灼伤急救处理方法见表 2-11。

表 2-11　常见化学灼伤急救处理方法

灼伤物质名称	急救处理方法
碱类：氢氧化钠、氢氧化钾、氨、碳酸钠、碳酸钾、氧化钙	立即用大量清水冲洗，然后用 2% 醋酸溶液洗涤中和，也可用 2% 以上的硼酸水湿敷。氧化钙灼伤时，可用植物油洗涤
酸类：硫酸、盐酸、硝酸、高氯酸、磷酸、醋酸、蚁酸、草酸、苦味酸	立即用大量水冲洗，再用 5% 碳酸氢钠水溶液洗涤中和，然后用净水冲洗
碱金属、氰化物、氢氰酸	用大量的水溶液洗后，0.1% 高锰酸钾溶液冲洗后再用 5% 硫化铵溶液冲洗
溴	用水冲洗后，再以 10% 硫代硫酸钠溶液洗涤，然后涂碳酸氢钠糊剂或用 1 体积（25%）+1 体积松节油+10 体积乙醇（95%）的混合液处理
铬酸	先用大量的水洗涤，然后用 5% 硫代硫酸钠溶液或 1% 硫酸钠溶液洗涤
氢氟酸	立即用大量水冲洗，直至伤口表面发红，再用 5% 碳酸氢钠溶液洗涤，再涂以甘油与氧化镁（2:1）悬浮剂，或调上如意金黄散，然后用消毒纱布包扎
磷	如有磷颗粒附着在皮肤上，应将局部浸入水中，用刷子除去，不可将创面暴露在空气中或用油脂涂抹，再用 1%~2% 硫酸铜溶液冲洗数分钟，然后以 5% 碳酸氢钠溶液洗去残留的硫酸铜，最后用生理盐水湿敷，用绷带扎好

灼伤物质名称	急救处理方法
苯酚	用大量水冲洗，或用 4 体积乙醇(7%)与 1 体积氯化铁(0.333mol/L)混合液洗涤，再用 5%碳酸氢钠溶液湿敷
氯化锌、硝酸银	用水冲洗，再用 5%碳酸氢钠溶液洗涤，涂油膏即磺胺粉
三氯化砷	用大量水冲洗，再用 2.5%氯化铵溶液湿敷，然后涂上 2%二巯基丙醇软膏
焦油、沥青(热烫伤)	用棉花醮乙醚或二甲苯，消除粘在皮肤上的焦油或沥青，然后涂上羊毛脂

（2）判明化学致伤物质的性质

化学灼伤程度同化学物质的物理、化学性质有关。酸性物质引起的灼伤，其腐蚀作用只在当时发生，经急救处理，伤势往往不再加重。碱性物质引起的灼伤会逐渐向周围和深部组织蔓延。因此现场急救应当首先判明化学灼伤物质的种类、侵害途径、致伤面积及深度，采取有效的急救措施。

某些化学致伤，可以从被致伤皮肤的颜色加以判断，如苛性碱和石碳酸的致伤表现为白色，硝酸致伤表现为黄色，氯磺酸致伤表现为灰白色，硫酸致伤表现为黑色，磷酸伤局部皮肤呈现特殊气味，有时在暗处可看到磷光。

（3）现场急救

抢救时必须考虑现场具体情况，在有严重危险的情况下，应首先使伤员脱离现场，待到空气新鲜和流通处，迅速脱除污染的衣着及佩戴的防护用品等。

小面积化学灼伤创面经冲洗后，如确实致伤物已消除，可根据灼伤部位及灼伤深度采取包扎疗法或暴露疗法。中、大面积化学灼伤，经现场抢救处理后应送往医院处理。

（4）黄磷灼伤的现场急救

黄磷灼伤是热力和化学的复合灼伤，不仅灼伤皮肤，而且黄磷经创面吸收中毒导致肝肾功能损害。黄磷灼伤目前尚无有效的全身解毒剂，亦无满意的局部中和剂，治疗比较困难。急诊来院时均未灭磷火，创面灼伤深度不断加重。

① 现场急救。应将沾染磷的局部皮肤浸入水中，隔绝空气，防止自燃。

② 局部处理将患者置于暗室内，用硝酸银溶液涂擦创面，生成黑色的磷化银，隔绝黄磷与空气接触，阻止燃烧。而后用 2%～3% 的碳酸氢钠溶液冲洗创面，并清创清除嵌入组织内黑色的磷颗粒。最后以 2%的碳酸氢钠溶液湿敷创面 2～3h，中和残存的酸性物质。并涂以磺胺嘧啶银，创面暴露疗法。

③ 治疗方法与结果根据黄磷灼伤面积在 5%左右的深度烧伤，给予 10%葡萄糖酸钙 10mL+50%葡萄糖注射液 20mL，静脉注射，2 次/天，可防止血磷升高、钙/磷比例失调，拮抗磷的毒性，根据钙磷电解质测定，一般 10%葡萄糖酸钙溶液使用 2～3 天。

④ 早期切痂对磷烧伤的治疗是至关重要，及早手术切痂，切痂要彻底，并给予自体皮移植术，覆以生物敷料包扎。

2.4.7 环境污染事故现场应急处理

环境污染事故类型可分为水污染事故(含饮用水源污染)、大气污染事故、固体废弃物污染事故、有毒化学品污染事故、电磁辐射及放射性泄漏等污染事故。危险化学品可能造成的事故是水、大气污染。

事故发生后，人员迅速到位投入监测，及时掌握污染种类、浓度、影响范围和变化趋势等信息，提供及时、准确的污染动态数据，为事故善后处理提供科学依据。

（1）对环境污染事故和突发事件造成的环境污染种类、浓度、影响范围、变化趋势等信息，提供及时、准确的污染动态数据，为事故善后处理提供科学依据。

（2）对环境污染事故的调查、取证，对污染情况作出鉴别和鉴定，提出预警等级建议。

（3）判定环境污染的危害范围，提出区域隔离、人员撤离及其他防护建议，协助有关责任单位做好人员撤离、隔离和警戒工作。

（4）对受污染区域、水域、建筑物表面的消毒去污及对危险废物的善后处理、处置工作。

（5）提供环境污染应急处理信息。

复习思考题

1. 化学物质的活性的概念是什么？
2. 爆炸性物质所特有的原子团有哪些？
3. 化学物质爆炸性危险的定义及主要特征是什么？
4. 危险化学品进入环境的途径有哪些？对环境有哪些危险？
5. 爆炸品的定义、分类及其危险特性分别是什么？
6. 危险化学品的包装分类有哪些？包装的基本要求是什么？
7. 危险化学品事故的类型有哪几类？
8. 叙述危险化学品爆炸事故的应对措施。

案例分析

【案例1】 印度博帕尔农药厂发生的"12·3"事故是世界上最大的一次化工毒气泄漏事故，其死亡损失之惨重，震惊全世界，令人触目惊心。1984年12月3日凌晨，联合碳化印度有限公司农药厂发生毒气泄漏事故。储存有45 t甲基异氰酸酯(MIC)的3号储罐温度迅速升高，保养工试图扳动手动减压阀(自动阀已坏)未成功，急忙报告工长，4名工人头戴防毒面具进行处理，但毫无结果。温度在上升，这意味着罐内介质开始汽化。在工厂上班的120名工人惊恐万分，抛下工作，各奔家中，只有1名工人仍在3号罐前孤军奋战。一名工人拉响了警报，但太晚了。惊天动地一声巨响，MIC及其反应物在2 h内冲向天空，顺着7.4 km/h的西北风向东南方向飘荡，覆盖了相当部分市区(约64.7 km^2)。高温且密度大于空气的MIC蒸气，在当时17 ℃的大气中，迅速凝聚成毒雾，贴近地面层飘移，许多人在睡梦中就离开了人世。而更多的人被毒气熏呛后惊醒，涌上街头，晕头转向，不知所措。在短短的几天内死亡5000余人，有6万余人受伤需要长期治疗(印度政府在1991年公布的一份报告称，本次事故导致了3800多人死亡和11000余人残疾)。孕妇流产、胎儿畸形、肺功能受损的受害者不计其数。

【案例2】 2002年11月4日，某石化公司合成橡胶厂聚丙烯车间安排清理高压丙烯回收罐(R-104a)和原料罐(R-101a、R-101b、R-101c)内的聚丙烯粉料。车间通过合成橡胶厂销售部管理的聚丙烯转运队找来4名工人进行清理。11月5日下午，对罐内气体采样分析,可燃气体含量为 1.33%,远远超过指标要求。车间南工段技术员安排工人清理 R-101c。11 月 6 日上午,未进行采样分析,清理了 R-101a。6 日 14 时 30 分,对 R-101c 采样分析,丙烯和氧含量均不合格。15 时 20 分再次采样分析,仍不合格。16 时 39 分,车间南工段二班副班长胡某电话向工段技术员询问分析结果,工段技术员在电话中表示合格了。随即,工人廖某、袁某、和李某进罐作业,胡某和另一民工杨某在外监护。16 时 45 分即发生爆炸,火柱从入口处喷出约 3 m 高,罐内作业的 3 人及罐外 2 名监护人员被不同程度烧伤。罐内作业 3 人被送往医院抢救,其中廖某于当日 18 时死亡,袁某于 25 日死亡,李某重伤。罐外监护人杨某和胡某轻伤。

3 化工反应过程安全技术

本章学习目的和要求

1. 掌握化工反应过程危险性的主要类型及其分类；
2. 掌握氧化、还原、硝化、氯化、催化、裂解、磺化、烷基化、重氮化和电解反应的概念及其特点；
3. 掌握氧化、还原、硝化、氯化、催化、裂解、磺化、烷基化、重氮化和电解反应的危险性特征；
4. 掌握氧化、还原、硝化、氯化、催化、裂解、磺化、烷基化、重氮化和电解反应的安全技术要点；
5. 了解化工工艺参数安全控制的主要内容。

化工生产过程就是经过化学反应将原料转变成产品的工艺过程。化学反应过程存在超温、超压危险性，化学反应所需原料和生成的物质会有燃烧、爆炸、腐蚀、有毒等危险性。通过认识各种化学反应过程的危险性质，可以有效地采取相应的安全措施。不同的化学反应，具有不同的原料、产品、工艺流程、控制参数等，其危险性和危险程度也不相同。

3.1 化工反应的危险性分类

实现物质转化是化工生产的基本任务。物质的转化反应常因反应条件的微小变化而偏离预期的反应途径，化工反应过程有较大的危险性。充分评估反应过程的危险性，有助于改善过程的安全。化工反应过程的危险性分析一般包括以下内容：

（1）鉴别一切可能的化学反应，对预期的和意外的化学反应都要考虑。对潜在的不稳定的主反应和副反应，如自燃或聚合等进行考察，考虑改变反应物的相对浓度或其他操作条件是否会使反应的危险程度降低。

（2）考虑操作故障、设计失误、不需要发生的副反应、反应器失控、结垢等引起的危险。分析反应速率和有关变量的相互依赖关系，防止副反应可能带来的危害、确定过度热量产生的限度。

（3）评价副反应是否生成毒性或爆炸性物质，是否会形成危险垢层。

（4）考察物料是否吸收空气中的水分而变潮、表面是否会黏附形成毒性或腐蚀性的液体或气体。鉴别不稳定的过程物料，确定其对热、压力、振动和摩擦暴露的危险。

（5）确定所有杂质对化学反应和过程混合物性质的影响。

（6）确保结构材料彼此相容并与过程物料相容。

（7）考虑过程中危险物质，如不凝物、毒性中间体或积累的副产物。

在化工生产过程中，根据不同的危险性，化学反应一般分类如下：

(1) 含有本质上不稳定物质的化工反应，这些不稳定物质可能是原料、中间产物、成品、副产品、添加物或杂质等；

(2) 放热的化工反应；

(3) 含有易燃物料且在高温、高压下运行的化工反应；

(4) 含有易燃物料且在低温状况下运行的化工反应；

(5) 在爆炸极限内或接近爆炸极限的化工反应；

(6) 有可能形成尘雾爆炸性混合物的化工反应；

(7) 有高毒物料存在的化工反应；

(8) 有高压或超高压的化工反应。

在化工生产过程中，比较危险的反应类型主要有：燃烧、氧化、加氢、还原、聚合、卤化、硝化、烷基化、胺化、芳化、缩合、重氮化、电解、催化、裂解、氯化、磺化、酯化、中和、闭环、酰化、酸化、盐析、脱溶、水解、偶合等。

这些化工反应按其热反应的危险程度增加的次序可分为四类：

(1) 第一类化工过程包括：

① 加氢，将氢原子加到双键或三键的两侧；

② 水解，化合物和水反应，如以硫或磷的氧化物生产硫酸或磷酸；

③ 异构化，在一个有机物分子中原子的重新排列，如直链分子变为支链分子；

④ 磺化，通过与硫酸反应将 SO_3H 根导入有机物分子；

⑤ 中和，酸与碱反应生成盐和水。

(2) 第二类化工过程包括：

① 烷基化(烃化)，将一个烷基原子团加到一个化合物上形成各种有机化合物；

② 酯化，酸与醇或不饱和烃反应，当酸是强活性物料时，危险性增加；

③ 氧化，某些物质与氧化合，反应控制在不生成 CO_2 及 H_2O 的阶段，采用强氧化剂如氯酸盐、高氯酸、次氯酸及其盐时，危险性较大；

④ 聚合，分子连接在一起形成链或其他连接方式；

⑤ 缩聚，连接两种或更多的有机物分子，析出水、HCl 或其他化合物。

(3) 第三类化工过程是卤化等，将卤族原子(氟、氯、溴或碘)引入有机分子。

(4) 第四类化工过程是硝化等，用硝基取代有机化合物中的氢原子。

化学反应过程危险性的识别，不仅应考虑主反应，还需考虑可能发生的副反应、杂质，或杂质积累所引起的反应、材料腐蚀反应等。

3.2 典型化工反应过程安全技术

氧化、还原、硝化、卤化等化工反应是化工生产中最常见的反应类型。这些化工反应有不同的工艺条件、操作规程和不同的安全技术。

3.2.1 氧化反应

1. 氧化反应及其特点

氧化反应中存在电子的得失，物质失去电子的反应是氧化反应，失电子的物质是还原剂；得到电子的反应是还原反应，得电子的物质是氧化剂。

狭义的氧化反应是物质与氧化合的反应。能氧化其他物质而自身被还原的物质称为氧化剂，能还原其他物质而自身被氧化的物质称为还原剂。物质与氧缓慢反应，缓缓发热而不发光的氧化属缓慢氧化，如金属锈蚀、生物呼吸等。剧烈的发光发热的氧化反应是燃烧。氧化反应在化学工业中有广泛的应用，如氨氧化制硝酸、甲醇氧化制甲醛、乙烯氧化制环氧乙烷等。

氧化反应有以下特点：

（1）被氧化的物质大多是易燃易爆的危险化学品，通常以空气或氧气为氧化剂，反应体系随时都可能形成爆炸性混合物。

（2）氧化反应大多都是强放热反应，特别是完全氧化反应，放出的热量比部分氧化反应大 8~10 倍，温度控制不当极易引起系统爆炸，所以及时有效地移走反应热是一个非常关键的问题。

（3）有机过氧化物不仅具有很强的氧化性，而且大部分是易燃易爆物质，受热超过一定温度后会分解产生含氧自由基，不稳定、易分解并燃烧爆炸。例如，乙烯氧化制环氧乙烷，乙烯在氧气中的爆炸下限为 91%，即含氧量 9%。反应体系中氧含量要求严格控制在 9% 以下，其产物环氧乙烷在空气中的爆炸极限很宽，为 32%~100%；同时，反应放出大量的热增加了反应体系的温度。在高温下，由乙烯、氧和环氧乙烷组成的循环气具有更大的爆炸危险性。

对于强氧化剂，如高锰酸钾、氯酸钾、铬酸钾、过氧化氢、过氧化苯甲酰等，由于具有很强的助燃性，遇高温或受撞击、摩擦以及与有机物、酸类接触，都能引起燃烧或爆炸。

2. 氧化反应过程安全技术

（1）氧化反应温度的控制

氧化反应需要加热，反应过程又会放热，特别是催化气相氧化反应一般都是在 250~600℃的高温下进行。有些物质的氧化(如氨、乙烯和甲醇蒸气在空气中的氧化)，其物料配比接近于爆炸下限，倘若配比失调，温度控制不当，极易爆炸起火。

对于气-固相催化氧化反应，温度过高会烧坏固体催化剂，造成生产事故，还可能引起燃烧。

对于气-液相催化氧化反应，温度应控制在液体原料沸点以下，否则，大量液体原料汽化，在反应器上部气相区与空气会形成爆炸混合物。

对于可能生成不稳定过氧化物的反应过程，为防止过氧化物受条件波动发生爆炸，要保持温度控制的稳定性。

（2）氧化物质的控制

① 惰性气体保护。被氧化的物质大部分是易燃易爆物质，如与空气混合极易形成爆炸性混合物。因此，生产装置要密闭，防止空气进入系统和物料跑冒滴漏，生产中物料加入、半成品或产品转移要加惰性气体保护。工业上采用加入惰性气体(如氮气、二氧化碳)的方法，来改变循环气的成分，偏离混合气的爆炸极限，增加反应体系的安全性；其次，这些惰性气体具有较高的热容，能有效地带走部分反应热，增加反应系统的稳定性。

② 合理选择物料配比及加料速度。氧化剂具有很大的火灾危险性，因此，在氧化反应中，一定要严格控制氧化剂的配料比及加料速度。例如氨在空气中的氧化合成硝酸和甲醇蒸气在空气中的氧化制甲醛，其物料配比接近爆炸下限，倘若配比失调，温度控制不当，极易

爆炸起火。氧化剂的加料速度也不宜过快，要有良好的搅拌和冷却装置，防止升温过快、过高。另外，要防止因设备、物料含有的杂质为氧化剂提供催化剂，例如有些氧化剂遇金属杂质会引起分解。使用空气时一定要净化，除掉空气中的灰尘、水分和油污等。

（3）氧化过程的控制

① 氧化反应使用的原料及产品，应按有关危险品的管理规定，采取相应的防火措施，如隔离存放、远离火源、避免高温和日晒、防止摩擦和撞击等。如果是电介质的易燃液体或气体，应安装能导除静电的接地装置。在设备系统中宜设置氮气、水蒸气灭火装置，以便能及时扑灭火灾。

② 严格控制反应压力。为防止氧化过程压力过高，造成冲料，引起火灾爆炸事故，一定要严密注意并控制反应压力。

③ 要有良好的搅拌和冷却装置，防止温升过快、过高。

④ 氧化反应接触器有卧式和立式两种，内部填装有催化剂。一般多采用立式，因为这种形式催化剂装卸方便，而且安全。

⑤ 使用硝酸、高锰酸钾等氧化剂进行氧化时要严格控制加料速度，防止多加、错加。固体氧化剂应该粉碎后使用，最好呈溶液状态使用，反应时要不间断的搅拌。为防止反应器内物料万一发生燃烧爆炸时危及人身及设备装置的安全，在反应器进出料管道上应安装阻火器，防止火势蔓延；在反应器顶部应安装卸压装置。

⑥ 由于氧化反应的危险性，过程应尽可能采用自动控制以及警报联锁装置。操作过程应严密监视各项控制威胁。

⑦ 为防止氧化过程中发生各类事故，应制定完整的紧急停车方案和操作步骤，一旦出现失控，应立即实施紧急停车。

3.2.2 还原反应

1. 还原反应及其特点

还原反应种类很多，但多数还原反应的反应过程比较缓和。常用的还原剂有铁（铸铁屑）、硫化钠、亚硫酸盐（亚硫酸钠、亚硫酸氢钠）、锌粉、保险粉、分子氢等。有些还原反应会产生氢气或使用氢气，有些还原剂和催化剂有较大的燃烧、爆炸危险性。以下为几种危险性较大的还原反应及其安全技术要点。

2. 还原反应过程安全技术

（1）利用初生态氢还原的安全

利用铁粉、锌粉等金属和酸、碱作用产生初生态氢，起还原作用。例如，硝基苯在盐酸溶液中被铁粉还原成苯胺。

$$4 \underset{}{\bigcirc} NO_2 + 9Fe + 4H_2O \xrightarrow{HCl} 4 \underset{}{\bigcirc} NH_2 + 3Fe_3O_4$$

铁粉和锌粉在潮湿空气中遇酸性气体时可能引起自燃，在储存时应特别注意。

反应时酸、碱的浓度要控制适宜，浓度过高或过低都会使产生初生态氢的量不稳定，使反应难以控制。反应温度也不易过高，否则容易突然产生大量氢气而造成冲料。反应过程中应注意搅拌效果，以防止铁粉、锌粉下沉。一旦温度过高，底部金属颗粒动能加大，将产生大量氢气而造成冲料。反应结束后，反应器内残渣中仍有铁粉、锌粉在继续作用，不断放出

60

氢气，很不安全，应放入室外储槽中，加冷水稀释，槽上加盖并设排气管以导出氢气，待金属粉消耗殆尽，再加碱中和。若急于中和，则容易产生大量氢气并生成大量的热，将导致燃烧爆炸。

（2）在催化剂作用下加氢的安全

有机合成等过程中，常用雷尼镍（Raney-Ni）、钯炭等催化剂使氢活化，然后在加入到有机物质的分子中进行还原反应。

如苯在催化作用下，经加氢生成环己烷：

催化剂雷尼镍和钯炭在空气中吸潮后有自燃的危险。钯炭更易自燃，平时不能暴露在空气中，而要浸在酒精中。反应前必须用氮气置换反应器的全部空气，经测定证实含氧量降低到符合要求后，方可通入氢气。反应结束后，应先用氮气把氢气置换掉，并以氮封保存。

无论是利用初生态氢还原，还是用催化加氢，都是在氢气存在下，并在加热、加压条件下进行。氢气的爆炸极限为 $4\% \sim 75\%$，如果操作失误或设备泄漏，都极易引起爆炸。操作中要严格控制温度、压力和流量。厂房的电气设备必须符合防爆要求，且应采用轻质屋顶，开设天窗或风帽，使氢气易于飘逸。尾气排放管要高出房顶并设阻火器。加压反应的设备要配备安全阀，反应中产生压力的设备要装设爆破片。

高温高压下的氢对金属有渗碳作用，易造成氢腐蚀，所以，对设备和管道的选材要符合要求，对设备和管道要定期检测，以免发生事故。

（3）使用其他还原剂还原的安全

常用还原剂中火灾危险性大的还有硼氢类、四氢化锂铝、氢化钠、保险粉（连二亚硫酸钠 $Na_2S_2O_4$）、异丙醇铝等。常用的硼氢类还原剂为硼氢化钾和硼氢化钠。硼氢化钾通常溶解在液碱中比较安全。它们都是遇水燃烧物质，在潮湿的空气中能自燃，遇水和酸即分解放出大量的氢，同时产生大量的热，可使氢气燃爆，要储存于密闭容器中，置于干燥处。在生产中，调节酸、碱度时要特别注意防止加酸过多、过快。

四氢锂铝有良好的还原性，但遇潮湿空气、水和酸极易燃烧，应浸没在煤油中储存。使用时应先将反应器用氮气置换干净，并在氮气保护下投料和反应。反应热应由油类冷却剂取走，不应用水，防止水漏入反应器内发生爆炸。

用氢化钠作还原剂与水、酸的反应与四氢化锂铝相似，它与甲醇、乙醇等反应相当激烈，有燃烧、爆炸的危险。

保险粉是一种还原效果不错且较为安全的还原剂，它遇水发热，在潮湿的空气中能分解析出黄色的硫黄蒸气。硫黄蒸气自燃点低，易自燃。使用时应在不断搅拌下，将保险粉缓缓溶于冷水中，待溶解后再投入反应器与物料反应。

异丙醇铝常用于高级醇的还原，反应较温和。但在制备异丙醇铝时须加热回流，将产生大量氢气和异丙醇蒸气，如果铝片或催化剂三氯化铝的质量不佳，反应就不正常，往往先是不反应，温度升高后又突然反应，引起冲料，增加了燃烧、爆炸的危险性。

在还原过程中采用危险性小而还原性强的新型还原剂对安全生产很有意义。例如，用硫化钠代替铁粉还原，可以避免氢气产生，同时也消除了铁泥堆积问题。

3.2.3　硝化反应

1. 硝化反应及其特点

在有机化合物分子中引入硝基($-NO_2$)取代氢原子而生成硝基化合物的反应，称为硝化反应。常用的硝化剂是浓硝酸或浓硝酸与浓硫酸的混合物(俗称混酸)。硝化反应是生产染料、药物及某些炸药的重要反应，因此，硝化过程的防火防爆工作十分重要。

$$\bigcirc +HNO_3 \longrightarrow \bigcirc\!\!-NO_2 +H_2O$$

硝化反应使用硝酸作硝化剂，浓硫酸为催化剂，也有使用氧化氮气体作硝化剂的。一般的硝化反应是先把硝酸和硫酸配成混酸，然后在严格控制反应温度的条件下将混酸滴入反应器，进行硝化反应。硝化过程中硝酸的浓度对反应温度有很大的影响。硝化反应是强烈放热的反应(引入一个硝基放热 36.4~36.6 kcal/mol)，因此硝化需在降温条件下进行。

对于难硝化的物质以及制备多硝基物时，常用硝酸盐代替硝酸。先将被硝化的物质溶于浓硫酸中，然后在搅拌下将某种硝酸盐(KNO_3、$NaNO_3$、NH_4NO_3)渐渐加入浓酸溶液中。除此之外，氧化氮也可以做硝化剂。

硝基化合物一般都具有爆炸危险性，特别是多硝基化合物，受热、摩擦或撞击都可能引起爆炸。反应所用的原料甲苯、苯酚等都是易燃易爆物质，硝化剂浓硫酸和浓硝酸所配制的混合酸具有强烈的氧化性和腐蚀性。

2. 硝化反应过程安全技术

(1) 混酸配制的安全

硝化多采用混酸，混酸中硫酸量与水量的比例应当计算(在进行浓硫酸稀释时，不可将水注入酸中，因为水的比重比浓硫酸轻，上层的水被溶解放出的热加热沸腾，引起四处飞溅，造成事故)，混酸中硝酸量不应少于理论需要量，实际上稍稍过量 1%~10%。

混酸制备方法，是在不断搅拌和冷却条件下，第一步应先用水将浓硫酸适当稀释，将浓硫酸缓缓加入水中，并控制温度，如温度升高过快，应停止加酸，否则易发生爆溅。第二步，浓硫酸适当稀释后加浓硝酸。在配制混酸时机械搅拌最好，其次也可用压缩空气进行搅拌或用循环泵搅拌。操作时应注意以下事项：

① 酸类化合物混合时，放出大量的稀释热，温度可达到 90℃ 或更高，在这个温度下，硝酸部分分解为二氧化氮和水，如果有部分硝基物生成，高温下可能引起爆炸，所以必须进行冷却。一般要求控制温度在 40℃ 以下，以减少硝酸的挥发和分解。机械搅拌或循环搅拌可以起到一定的冷却作用。

② 混酸配制过程中，应严格控制温度和酸的配比，直至充分搅拌均匀为止。配酸时要严防因温度猛升而冲料或爆炸。

③ 不能把未经稀释的浓硫酸与硝酸混合，因为浓硫酸猛烈吸收浓硝酸中的水分而产生高热，将使硝酸分解产生多种氮氧化物(NO_2、NO、N_2O_3)，引起突沸冲料或爆炸。

④ 配制成的混酸具有强烈的氧化性和腐蚀性，必须严格防止触及棉、纸、布、稻草等有机物，以免发生燃烧爆炸。

⑤ 硝化反应的腐蚀性很强，要注意设备及管道的防腐性能，以防渗漏。

⑥ 硝化反应器设有泄漏管和紧急排放系统，一旦温度失控，物料等可以紧急排放到安全地点。

（2）硝化器的安全

搅拌式反应器是常用的硝化设备，这种设备由锅体(或釜体)、搅拌器、传动装置、夹套和蛇管组成，一般是间歇操作。物料由上部加入锅内，在搅拌条件下迅速地与原料混合并进行硝化反应。如果需要加热，可在夹套或蛇管内通入蒸汽；如果需要冷却，可通冷却水或冷冻剂。

为了扩大冷却面，通常是将侧面的器壁做成波浪形，并在设备的盖上装有附加的冷却装置。这种硝化器里面常有推进式搅拌器，并附有扩散圈，在设备底部某处制成一个凹形并装有压出管，保证压料时能将物料全部泄出。

采用多段式硝化器可使硝化过程达到连续化。连续硝化由于每次投料少，不仅可以显著地减少能量的消耗，也可以减少爆炸中毒的危险，为硝化过程的自动化和机械化创造了条件。

硝化器夹套中冷却水压力微呈负压，在水引入管上，必须安装压力计，在进水管及排水管上都需要安装温度计。应严防冷却水因夹套焊缝腐蚀而漏入硝化物中，因为硝化物遇到水后温度急剧上升，反应进行很快，可分解产生气体物质而发生爆炸。

为便于检查，在废水排出管中，应安装电导自动报警器，当管中进入极少的酸时，水的导电率即会发生变化，此时，发出报警信号。另外对流入及流出水的温度和流量也要特别注意。

（3）硝化过程的安全

① 硝化反应温度控制

为了严格控制硝化反应温度，应控制好加料速度，硝化剂加料应采用双重阀门控制。设置必要的冷却水源备用系统。反应中应持续搅拌，保持物料混合良好，并备有保护性气体(惰性气体氮等)搅拌和人工搅拌的辅助设施。搅拌机应当有自动启动的备用电源，以防止机械搅拌在突然断电时停止而引起事故。搅拌轴采用硫酸做润滑剂，温度套管用硫酸作导热剂，不可使用普通机械油或甘油，防止机油或甘油被硝化而形成爆炸性物质。

② 防氧化控制操作

制备好的混酸具有强烈的氧化性和腐蚀性，硝酸盐也是氧化剂，与有机物接触，会发生氧化反应。有机物的氧化是硝化过程中最危险的，其特点是放出大量氧化氮气体的褐色蒸气并使混合物的温度迅速升高，造成硝化混合物从设备中喷出而引起爆炸事故。仔细地配制反应所需的混合物并除去其中易氧化的组分、调节温度及连续混合是防止硝化过程中发生氧化的主要措施。

③ 硝化反应过程控制技术

由于硝基化合物具有爆炸性，因此，必须特别注意处理此类物质反应过程中的危险性。例如，二硝基苯酚即使在高温下也无危险，但当形成二硝基苯酚盐时，则变为危险物质。三硝基苯酚盐(特别是铅盐)的爆炸力是很大的，在蒸馏硝基化合物(如硝基甲苯)时，必须特别小心。因蒸馏在真空下进行，硝基甲苯蒸馏后余下的热残渣能发生爆炸，这是由于热残渣与空气中氧相互作用的结果。

④ 进料操作控制技术

控制好加料速度和加料配比，并采用双重阀门加料。向硝化器中加入固体物质，必须采用漏斗使加料工作机械化，或采取自动进料器将物料沿专用的管路加入硝化器中。为了防止外界杂质进入硝化器中，应仔细检查并密闭进料。对于特别危险的硝化物，则需将其放入装有大量水的事故处理槽中。硝化器上的加料口关闭时，为了排出设备中的气体，应该安装可以移动的排气罩。设备应当采用抽气法或利用带有铝制透平的防爆型通风机进行通风。

⑤ 出料操作控制技术

进行硝化过程时，不需要压力，但在卸出物料时，须采用一定压力出料，因此，硝化器应符合加压操作容器的要求。加压卸料时可能造成有害蒸气泄入操作厂房空气中，为了防止此类情况的发生，应改用真空卸料。硝化器应附设相当容积的紧急放料槽，准备在万一发生事故时，立即将料放出。放料阀可采用自动控制的气动阀和手动阀并用。

⑥ 取样分析安全操作

取样口应安装特制的真空仪器，使取样操作机械化，此外最好安装酸度自动记录仪，防止未完全硝化的产物突然着火，引起烧伤事故。例如，当搅拌器下面的硝化物被放出时，未反应的硝酸与被硝化物可能发生反应。

⑦ 设备使用与维护技术

搅拌轴采用硫酸作润滑剂，温度套管用硫酸作导热剂，禁止使用普通机械油或甘油，防止机油或甘油被硝化而形成爆炸性物质。填料的油落入硝化器中能引起爆炸事故，因此，在硝化器盖上不得放置用油浸过的填料。在搅拌器的轴上，应备有小槽，以防止齿轮上的油落入硝化器中。由于设备易腐蚀，必须经常检修更换零部件。硝化设备应确保严密不漏，防止硝化物料溅到蒸气管道等高温表面上而引起爆炸或燃烧。车间内严禁带入火种，电气设备要防爆。

⑧ 设备和管路检修技术

当设备需动火检修时，应拆卸设备和管道，并移至车间外安全地点，用水蒸气反复冲刷残留物质，经分析合格后，方可施焊。如管道堵塞时，可用蒸汽加温疏通，千万不能用金属棒敲打或用明火加热。需要报废的管道，应专门处理后堆放起来。不可随便拿用，避免发生意外事故。

3.2.4 氯化反应

1. 氯化反应及其特点

以氯原子取代有机化合物中氢原子的过程称为氯化反应。化工生产中的此种取代过程是直接用氯化剂处理被氯化的原料。氯化反应的危险性主要取决于被氯化物质的性质以及反应过程的控制条件。由于氯气本身的毒性较大，储存压力较高，因此，一旦发生泄漏是很危险的。近年来，在危险化学品事故中，液氯的泄漏成为发生频率较高的事故之一。由于参与氯化反应所用的原料大多是有机物，易燃易爆，在氯化生成过程就必然存在着火灾隐患。

在被氯化产物中，比较重要的有甲烷、乙烷、戊烷、天然气、苯、甲苯及萘等。被广泛应用的氯化剂有液态或气态的氯、气态氯化氢和各种浓度的盐酸、磷酰氯（三氯氧化磷）、三氯化磷（用来制造有机酸的酰氯）、硫酰氯（二氯硫酰）、次氯酸钙（漂白粉 $CaOCl_2$）等。

在氯化过程中，不仅原料与氯化剂发生作用，而且所生成的氯化衍生物与氯化剂同时也发生作用，因此在反应物中除一氯取代物之外，总是含有二氯及三氯取代物。所以氯化的反应物是各种不同浓度的氯化产物的混合物，其过程往往伴有氯化氢气体的生成。

影响氯化反应的因素是被氯化物及氯化剂的化学性质、反应温度及压力(压力影响较小)、催化剂相反应物的聚积状态等。氯化反应是在接近大气压下进行的放热反应,通常在较高温度下完成工业生产过程,一旦参与反应的物质泄漏,就会造成燃烧和爆炸,所以一般氯化反应装置必须配备良好的冷却系统,以便及时移出反应热量,而且要严格控制氯气流量,以免因氯气流量过快导致稳定急剧上升而引起事故。多数氯化反应要稍高于大气压力或者比大气压力稍低,以促使气体氯化氢逸出。真空度常常通过在氯化氢排出导管上设置喷射器来实现。

根据促进氯化反应的手段不同,工业上采用的氯化方法主要有以下四种:

(1)热氯化法。热氯化法是以热能激发氯分子,使其分解成活泼的氯自由基(Cl)进而取代烃类分子中的氢原子,而生成各种氯衍生物。工业上将甲烷氯化制取各种甲烷氯衍生物,丙烯氯化制取 α-氯丙烯,均采用热氯化法。

(2)光氯化。光氯化是以光能激发氯分子,使其分解成氯自由基,进而实现氯化反应。光氯化法主要应用于液氯相氯化,例如苯的光氯化制备农药等。

(3)催化氯化法。催化氯化法是利用催化剂以降低反应活化能,促使氯化反应的进行。在工业上均相和非均相的催化剂均有采用,例如将乙烯在 $FeCl_2$ 催化剂存在下与氯加成制取二氯乙烷,乙炔在 $HgCl_2$ 活性炭催化剂存在下与氯化氢加成制取氯乙烯等。

(4)氧氯化法。氧氯化法以 HCl 为氯化剂,在氧和催化剂存在下进行的氯化反应,称为氧氯化反应。

生产含氯衍生物所用的化学反应有取代氯化和加成氯化两种类。

2. 氯化反应过程安全技术

(1)氯气的安全使用

最常用的氯化剂是氯气。在化工生产中,氯气通常液化储存和运输,常用的容器有储罐、气瓶和槽车等。储罐中的液氯在进入氯化器使用之前必须先进入蒸发器使其汽化。在一般情况下不能把储存氯气的气瓶或槽车当储罐使用,因为这样有可能使被氯化的有机物质倒流进气瓶或槽车,引起爆炸。对于一般氯化器应装设氯气缓冲罐,防止氯气断流或压力减小时形成倒流。

(2)氯化反应过程安全技术

氯化反应的危险性主要决定于被氯化物质的性质及反应过程的控制条件。由于氯气本身的毒性较大(被列入剧毒化学品名录),储存压力较高,一旦泄漏是很危险的。反应过程所用的原料大多是有机物,易燃易爆,所以生产过程有燃烧爆炸危险,应严格控制各种点火能源,电气设备应符合防火防爆的要求。

氯化反应是一个放热过程(有些是强放热过程,如甲烷氯化,每取代一原子氢,放出热量100kJ以上),尤其在较高温度下进行氯化,反应更为激烈。例如环氧氯丙烷生产中,丙烯预热至300℃左右进行氯化,反应温度可升至500℃,在这样高的温度下,如果物料泄漏就会造成燃烧或引起爆炸。因此,一般氯化反应设备必须备有良好的冷却系统,严格控制氯气的流量,以避免因氯流量过快,温度剧升而引起事故。

液氯的蒸发汽化装置,一般采用气-水混合办法进行升温,加热温度一般不超过50℃,气-水混合的流量一般应采用自动调节装置。在氯气的入口处,应安装有氯气的计量装置,从钢瓶中放出氯气时可以用阀门来调节流量。如果阀门开得太大,一次放出大量气体时,由于汽化吸热的缘故,液氯被冷却了,瓶口处压力因而降低,放出速度则趋于缓慢,其流量往往不能满足需要，此时在钢瓶外面通常附着一层白霜。因此若需要气体氯流量较大时，可并联几个钢瓶，分别由各钢瓶供气，就可避免上述的问题。若用此法氯气量仍不足时，可将钢瓶的一端置于温水中加温。要注意当液氯蒸发时，三氯化氮大部分残留于未蒸发的液氯残液中，随着蒸发时间增加，三氯化氮在容器底部富集，达到5%即可发生爆炸。

（3）氯化反应设备腐蚀的预防

由于氯化反应几乎都有氯化氢气体生成，因此所用的设备必须防腐蚀，设备应严密不漏。氯化氢气体可回收，这是较为经济的，因为氯化氢气体极易溶于水中，通过增设吸收和冷却装置就可以除去尾气中绝大部分氯化氢。除用水洗涤吸收之外，也可以采用活性炭吸附和化学处理方法。采用冷凝方法较合理，但要消耗一定的冷量。采用吸收法时，则须用蒸馏方法将被氯化原料分离出来，再次处理有害物质。为了使逸出的有毒气体不致混入周围的大气中，采用分段碱液吸收器将有毒气体吸收，与大气相通的管子上应安装自动信号分析器，借以检查吸收处理进行得是否完全。在氯化氢生产过程中，进入合成炉的氯气和氢气的混合比例要控制得当，过氢则容易爆炸，过氯则易污染大气并造成安全事故。

3.2.5 催化反应

1. 催化反应及其危险性分析

催化反应是在催化剂的作用下所进行的化学反应。化学反应中，反应分子原有的某些化学键，必须解离并形成新的化学键，这需要一定的活化能，在某些难以发生化学反应的体系中，加入有助于反应的催化剂可降低反应所需的活化能，从而加快反应速率。例如由氮和氢合成氨、由二氧化硫和氧合成三氧化硫、由乙烯和氧合成环氧乙烷等都属于催化反应。

催化剂是一种能够改变一个化学反应的反应速度，却不改变化学反应热力学平衡位置，本身在化学反应中不被明显地消耗的化学物质。可加快化学反应速率，提高生产能力，对于复杂反应，可有选择地加快主反应的速率，抑制副反应，提高目的产物的收率，改善操作条件，降低对设备的要求，改进生产条件，开发新的反应过程，扩大原料的利用途径，简化生产工艺路线，消除污染，保护环境。加快反应速度的叫作正催化剂，减慢的称作负催化剂或缓化剂。通常所说的催化剂是指正催化剂。常用的催化剂主要有金属、金属氧化物和无机酸等。在接触作用中的催化剂有时又称触媒或接触剂。催化剂一般具有选择性，能改变某一个或某一类型反应的速度。对有些反应，可以使用不同的催化剂。

常见的选择催化剂有以下几种类型：

（1）生产过程中产生水汽的，一般采用具有碱性、中性或酸性反应的盐类、无水盐类、三氯化铝、三氯化铁、三氧化磷及氧化镁等；

（2）反应过程中产生硫化氢的，一般采用盐基、卤素、碳酸盐、氧化物等；

（3）反应过程中产生氯化氢的，一般采用碱、吡啶、喹啉、金属、三氯化铝、三氯化铁等；

（4）反应过程中产生氢气的，应采用氧化剂、空气、高锰酸钾、氧化物及过氧化物等。

催化反应有单相反应和多相反应两种。单相反应是在气态下或液态下进行的，危险性较小，因为在这种情况下，反应过程中的温度、压力及其他条件较易调节。在多相反应中，催化作用发生于分相界上，多数发生在固定催化剂的表面上，这时要控制温度、压力就不容易。

2. 催化反应过程安全技术

（1）反应原料气的控制

在催化反应中，当原料气中某种能和催化剂发生反应的杂质含量增加时，可能会生成爆炸性危险物，这是非常危险的。例如，在乙烯催化氧化合成乙醛的反应中，由于在催化剂体系中含有大量的亚铜盐，若原料气中含乙炔过高，则乙炔与亚铜反应生成乙炔铜（Cu_2C_2），其自燃点为260~270℃，在干燥状态下极易爆炸，在空气作用下易氧化并易起火。烃与催化剂中的金属盐作用生成难溶性的钯块，不仅使催化剂组成发生变化，而且钯块也极易引起爆炸。

（2）反应操作的控制

在催化过程中，若催化剂选择不当或加入不适量，易形成局部反应激烈。另外，由于催化大多需在一定温度下进行，若散热不良、温度控制不好等，很容易发生超温爆炸或着火事故。从安全角度来看，催化过程中应该注意正确选择催化剂，保证散热良好，不使催化剂过量，局部反应激烈，严格控制温度。如果催化反应过程能够连续进行，自动调节温度，就可以减少其危险性。

（3）催化产物的控制

在催化过程中有的产生氯化氢，氯化氢有腐蚀和中毒危险；有的产生硫化氢，则中毒危险更大，且硫化氢在空气中的爆炸极限较宽（4.3%~45.5%），生产过程中还有爆炸危险；有的催化过程产生氢气，着火爆炸的危险更大，尤其在高压下，氢的腐蚀作用可使金属高压容器脆化，从而造成破坏性事故。

3. 催化重整和催化加氢安全技术

常见的催化反应有催化重整和催化加氢。汽油馏分的催化重整是一种石油化学加工过程，它是在催化剂的作用下，在一定温度、压力条件下，使汽油中烃分子重新排列成新的分子结构的过程，它不仅可以生产优质（高辛烷值）汽油，还可以生产芳烃。根据所用催化剂种类的不同，催化重整又可分为：铂重整、铂铼重整和多金属重整等。催化重整装置由原料预处理、催化重整反应、稳定和分馏等三大部分组成。催化加氢反应是应用较广的基本化学反应过程，可用于合成有机产品和精制过程。催化加氢是多相反应，一般（如氨、甲醇及液体燃料的合成）是在高压下进行的。这类过程的主要危险性，是由于原料及成品（氢、氨、一氧化碳等）都具有毒性、易燃、易爆等，高压反应设备及管道受到腐蚀及操作不当，也能发生事故。

（1）催化重整安全技术

催化重整反应须注意以下几个问题：

① 催化剂在装卸时，要防破碎和污染，未再生的含碳催化剂卸出时，要预防催化剂自燃超爆而烧坏。

② 催化重整反应器有催化剂引出管和热电偶管等附属部件。反应器和再生器都需要采用绝热措施。为了便于观察壁温，常在反应器外表面涂上变色漆，当温度超过了规定指标就会变色显示。

③ 在催化重整过程中，加氢的反应需要大量的反应热。加热炉必须保证燃烧正常，调节及时，安全供热。

④ 催化重整装置中，安全报警装置应用较普遍，对于重要工艺参数、温度、流量、压力、液位等都要有报警装置。

⑤ 重整循环氢和重整进料量对于催化剂有很大的影响，特别是低氢量和低空速运转，容易造成催化剂结焦，应备有自动保护系统。这个保护系统，就是当参数发生变化超出正常范围，发生不利于装置运行的危险状况时，自动仪表可以自行做出工艺处理，如停止进料或使加热炉灭火等，以保证安全。

（2）催化加氢安全技术

催化加氢反应是应用较广的基本化学反应过程，可用于合成有机产品和精制过程。

比较重要的催化加氢反应有以下几种类型：

① 不饱和键的加氢；

② 芳环化合物加氢，例如苯环加氢等；

③ 含氧化合物加氢，例如含有 O=C 基化合物加氢制醇；

④ 含氮化合物加氢，例如含—CN、—NO$_2$等化合物加氢得到相应的胺类；

⑤氢解是在加氢反应过程中同时发生裂解，有小分子产物生成。

加氢用的氢气来源繁多，主要是由含氢物质转化而来。在有廉价电力资源的地方，水电解制氢是氢气的重要来源。石油炼厂铂重整装置和脱氢装置等有副产氢气；烃类裂解生产乙烯装置也有副产氢气；焦炉气中含氢 60%左右进行深冷分离也可以获得氢气。

用于加氢反应的催化剂种类较多，用不同的分类标准可以进行不同的分类。以催化剂的形态来区分常用的加氢催化剂有金属催化剂、骨架催化剂、金属氧化物、金属硫化物以及金属络合物催化剂等。

催化加氢是多相反应，一般(如氨、甲醇及液体燃料的合成)是在高压下进行的。这类过程的主要危险性，是由于原料及成品(氢、氨、一氧化碳等)都具有毒性和易燃、易爆等特性，高压反应设备及管道受到腐蚀及操作不当，也能发生事故。

在催化加氢过程中，压缩工段极为重要。氢气在高压情况下，爆炸范围加宽，自燃点降低，从而增加了危险性。高压氢气一旦泄漏将会立即充满压缩机室而因静电火花引起爆炸。压缩机的各段，都应装有压力计和安全阀。

高压设备和管子的选材要考虑能够防止高温高压下氢的腐蚀问题。管子应采用质量优良的材料制成的无缝钢管。高压设备及管线应该按照有关规定进行检验。

为了避免吸入空气形成爆炸性混合物，应使供气总管保持压力稳定，同时也要防止突然超压，造成爆炸事故。若有氢气渗入房内，室内应具有充足的蒸气进行稀释，以免达到爆炸浓度。

冷却机器和设备用的水不得含有腐蚀性物质。在开车或检修设备管线之前，必须用氮气吹扫。设备及管道中允许残留的氧气含量不超过 0.5%，为了防止中毒，吹扫气体应当排至室外。

由于停电或无水而停车的系统，应保持余压，以免空气进入系统中。无论在任何情况下，处于压力下的设备不得进行检修。

在催化加氢过程中，为了迅速消除可能发生的火灾事故，应备有二氧化碳灭火设备。无论任何气体在高压下泄漏时，人员都不能接近。

3.2.6 裂解反应

有机化合物在高温下分子发生分解的反应过程统称为裂解。裂解原料一般是石油产品和其他烃类。石油产品的裂解主要是以重质油为原料，在加热、加压或催化的条件下，使相对分子质量较大的烃类断裂成相对分子质量较小的烃类，再经分馏得到气体、汽油、柴油等。裂解可分为热裂解、催化裂解和加氢裂解三种类型。

（1）热裂解

热裂解在高温高压下进行，装置内的油品温度一般超过其自燃点，若漏出油品会立即起火；热裂解过程中会产生大量的裂解气，且有大量气体分馏设备，若漏出气体，会形成爆炸性气体混合物，遇加热炉等明火，有发生爆炸的危险。在炼油厂各装置中，热裂解装置发生的火灾次数是较多的。热裂解过程需注意以下几点：

① 及时清焦清炭。石油烃在高温下容易生成焦和炭，黏附或沉积在裂解炉管内，使裂解炉吸热热效率下降，受热不均匀，出现局部过热，可造成炉管烧穿，大量原料烃泄漏，在炉内燃烧，最终可能引起爆炸。另外，焦炭沉积可能造成炉管堵塞，严重影响生产，并可能导致原料泄漏，引起火灾爆炸。

② 裂解炉防爆。为防止裂解炉在异常情况下发生爆炸，裂解炉体上应设置安装防爆门，并备有蒸汽管线和灭火管线，应设置紧急放空装置。

③ 严密注意泄漏情况。由于裂解处理的原料烃和产物易燃易爆，裂解过程本身是高温过程，一旦发生泄漏，后果会很严重，因此操作中必须严密注意设备和管线的密闭性。

④ 保证急冷水供应。裂解后的高温产物，出炉后要立即直接喷水冷却，降低温度防止副反应继续进行。如果出现停水或水压不足，不能达到冷却目的，高温产物可能会烧坏急冷却设备而泄漏，引起火灾。万一发生停水，要有紧急放空措施。

（2）催化裂解

催化裂解主要用于重质油生产轻质油的石油炼制过程，是在固体催化剂参与下的反应过程。催化裂解过程由反应再生系统、分馏系统、吸收稳定系统三部分组成。

① 反应再生系统。反应再生系统由反应器和再生器组成。操作时最主要的是要保持两器之间的压差稳定，不能超过规定的范围，要保证两器之间催化剂有序流动，避免倒流。否则会造成油气与空气混合发生爆炸。当压差出现较大的变化时应迅速启动自动保护系统，关闭两器之间的阀门。同时应保持两器内的流化状态，防止死床。

② 分馏系统。反应正常进行时，分馏系统应保持分馏塔底部洗涤油循环，及时除去油气带入的催化剂颗粒，避免造成塔板堵塞。

③ 吸收稳定系统。必须保证降温用水供应。一旦停水，系统压力升高到一定程度，应启动放空系统，维持整个系统压力平衡，防止设备爆炸引发火灾爆炸。

催化裂解一般在较高温度（460~520℃）和0.1~0.2MPa压力下进行，火灾危险性较大。若操作不当，再生器内的空气和火焰进入反应器中会引起恶性爆炸。U形管上的小设备和小阀门较多，易漏油着火。在催化裂解过程中还会产生易燃的裂解气，以及在烧焦活化催化剂不正常时，还可能出现可燃的一氧化碳气体。

（3）加氢裂解

氢气在高温高压（温度>221℃，分压>1.43MPa）情况下，会对金属产生氢脆和氢腐蚀，使碳钢硬度增大而降低强度，如果设备、管道检查或更换不及时，就会在高压（10~15MPa）下发生设备爆炸。另外，加氢是强烈的放热反应，反应器必须通冷氢以控制温度。因此，要加强对设备的检查，定期更换管道、设备，防止氢脆造成事故。加热炉要平稳操作，防止设备局部过热，防止加热炉的炉管烧穿。

石油化工中的裂解与石油炼制工业中的裂解有共同点，但是也有不同，主要区别：一是所用的温度不同，一般大体以600℃为分界，在600℃以上所进行的过程为裂解，在600℃以下的过程为裂化；二是生产的目的不同，前者的目的产物为乙烯、丙烯、乙炔、联产丁二烯、苯、甲苯、二甲苯等化工产品，后者的目的产物是汽油、煤油等燃料油。

在石油化工中用的最为广泛的是水蒸气热裂解，其设备为管式裂解炉。裂解反应在裂解炉的炉管内并在很高的温度(以轻柴油裂解制乙烯为例，裂解气的出口温度近800℃)、很短的时间内(0.7s)完成，以防止裂解气体二次反应而使裂解炉管结焦。炉管内壁结焦会使流体阻力增加，影响生产。同时影响传热，当焦层达到一定厚度时，因炉管壁温度过高，而不能继续运行下去，必须进行清焦，否则会烧穿炉管，裂解气外泄，引起裂解炉爆炸。

裂解炉运转中，一些外界因素可能危及裂解炉的安全。其安全技术要点是：

① 在高温(高压)下进行反应，装置内物料温度一般超过其自燃点，若漏出，会立即引起火灾甚至爆炸。

② 引风机故障的预防。引风机是不断排除炉内烟气的装置。在裂解炉正常运行中，如果由于断电或引风机机械故障而使引风机突然停转，则炉膛内很快变成正压，会从窥视孔或烧嘴等处向外喷火，严重时会引起炉膛爆炸。为此，必须设置联锁装置，一旦引风机故障停车，则裂解炉自动停止进料并切断燃料供应。但应继续供应稀释蒸汽，以带走炉膛内的余热。

③ 燃料气压力降低的控制。裂解炉正常运行中，如燃料系统大幅度波动，燃料气压力过低，则可能造成裂解炉烧嘴回火，使烧嘴烧坏，甚至会引起爆炸。

裂解炉采用燃料油作燃料时，如燃料油的压力降低，也会使油嘴回火。因此，当燃料油压降低时应自动切断燃料油的供应，同时停止进料。

当裂解炉同时用油和气为燃料时，如果油压降低，则在切断燃料油的同时，将燃料气切入烧嘴，裂解炉可继续维持运转。

④ 其他公用工程故障的防范。裂解炉其他公用工程(如锅炉给水)中断，则废热锅炉汽包液面迅速下降，如不及时停炉，必然会使废热锅炉炉管、裂解炉对流段锅炉给水预热管损坏。此外，水、电、蒸汽出现故障，均能使裂解炉发生事故。在此情况下，裂解炉应能自动停车。有的裂解工艺产生的单体会自聚或爆炸，需要向生产的单体中加阻聚剂或稀释剂等。

3.2.7　聚合反应

1. 聚合反应及其分类

将若干个分子结合为一个较大的、组成成分相同而相对分子质量较大的分子的过程称为聚合反应。因此，聚合物就是由一种单体经聚合反应而成的产物。例如，三聚甲醛是甲醛的聚合物，聚氯乙烯是氯乙烯的聚合物等。因为聚合过程中易发生剧烈反应，而聚合物单体大多数是易燃易爆物质，聚合反应又是放热反应，加上有些聚合反应是在高压条件下进行，所以更加剧了反应过程的危险性，若果反应条件控制不好，极易发生事故。聚合反应的类型很多，按聚合物和单体元素组成和结构的不同，可分成加聚反应和缩聚反应两大类。

单体加成而聚合起来的反应称为加聚反应。氯乙烯聚合成聚氯乙烯就是加聚反应。加聚反应产物的元素组成与原料单体相同，仅结构不同，其分子量是单体相对分子质量的整数倍。

另外一类聚合反应中，除了生成聚合物外，同时还有低分子副产物产生，这类聚合反应称为缩聚反应。如己二胺和己二酸反应生成尼龙-66的缩聚反应。缩聚反应的单体分子中都有官能团，根据单体官能团的不同，低分子副产物可能是水、醇、氨、氯化氢等。由于副产物的析出，缩聚物结构单元要比单体少若干原子，缩聚物的分子量不是单体分子量的整数倍。

按照聚合方式聚合反应又可分为以下5种：

（1）本体聚合。本体聚合是在没有其他介质的情况下（如乙烯的高压聚合、甲醛的聚合等），用浸在冷却剂中的管式聚合釜（或在聚合釜中设盘管、列管冷却）进行的一种聚合方法。这种聚合方法往往由于聚合热不易传导散出而导致危险。例如在高压聚乙烯生产中，每聚合1kg乙烯会放出3.8MJ的热量，倘若这些热量未能及时移去，则每聚合1%的乙烯，即可使釜内温度升高12~13℃，待升高到一定温度时，就会使乙烯分解，强烈放热，有发生爆聚的危险。一旦发生爆聚，则设备堵塞，压力骤增，极易发生爆炸。

（2）溶液聚合。溶液聚合是选择一种溶剂，使单体溶成均相体系，加入催化剂或引发剂后，生成聚合物的一种聚合方法。这种聚合方法在聚合和分离过程中，易燃溶剂容易挥发和产生静电火花。

（3）悬浮聚合。悬浮聚合是用水作分散介质的聚合方法。它是利用有机分散剂或无机分散剂，把不溶于水的液态单体，连同溶在单体中的引发剂经过强烈搅拌，打碎成小珠状，分散在水中成为悬浮液，在极细的单位小珠液滴（直径为0.1μm）中进行聚合，因此又叫珠状聚合。这种聚合方法在整个聚合过程中，如果没有严格控制工艺条件，致使设备运转不正常，则易出现溢料，如若溢料，则水分蒸发后未聚合的单体和引发剂遇火源极易引发着火或爆炸事故。

（4）乳液聚合。乳液聚合是在机械强烈搅拌或超声波振动下，利用乳化剂使液态单体分散在水中（珠滴直径0.001~0.01μm），引发剂则溶在水里而进行聚合的一种方法。这种聚合方法常用无机过氧化物（如过氧化氢）作引发剂，如若过氧化物在介质（水）中配比不当，温度太高，反应速度过快，会发生冲料，同时在聚合过程中还会产生可燃气体。

（5）缩合聚合。缩合聚合也称缩聚反应，是具有两个或两个以上功能团的单体相互缩合，并析出小分子副产物而形成聚合物的聚合反应。缩合聚合是吸热反应，但如果温度过高，也会导致系统的压力增加，甚至引起爆裂，泄漏出易燃易爆的单体。

2. 聚合反应过程安全技术

由于聚合物的单体大多数都是易燃、易爆物质，聚合反应多在高压下进行，反应本身又是放热过程，如果反应条件控制不当，很容易出事故。聚合反应过程中安全技术的要点有：

（1）严格控制单体在压缩过程中或在高压系统中的泄漏，尤其链增长阶段是剧烈放热反应，如控制不当，就会发生火灾爆炸。

（2）聚合反应中加入的引发剂都是化学活泼性很强的过氧化物且接触的都是有毒有害的物质（氯乙烯、氯气、二氯乙烷等），应严格控制配料比例，防止因热量爆聚引起的反应器压力骤增，一旦泄漏或操作失控，将会发生火灾爆炸和人员中毒事故。

（3）防止因聚合反应热未能及时导出，如搅拌发生故障、停电、停水，由于反应釜内聚合物黏壁作用，使反应热不能导出，造成局部过热或反应釜飞温，发生爆炸。聚合物黏壁和间歇操作是造成聚合岗位毒物危害的最大因素。

（4）针对上述不安全因素，应设置可燃气体检测报警器，一旦发现设备、管道有可燃气体泄漏，将自动停车。

（5）对催化剂、引发剂等要加强储存、运输、调配、注入等工序的严格管理。反应釜的搅拌和温度应有检测和联锁，发现异常能自动停止进料。高压分离系统应设置爆破片、导爆管，并有良好的静电接地系统，一旦出现异常，及时泄压。

3. 高压下乙烯聚合安全技术

乙烯聚合采用轻柴油裂制取高纯度乙烯装置，产品从氢气、甲烷、乙烯到裂解汽油、渣油等，都是可燃性气体或液体，炉区的最高温度达 1000℃，而分离冷冻系统温度低到 -169℃。反应过程以有机过氧化物作为催化剂，乙烯属高压液化气体，爆炸范围较宽，操作又是在高温、超高压下进行，而超高压节流减压又会引起温度升高。高压聚乙烯反应一般在 130~300MPa、150~300℃下进行。反应过程流体的流速很快，停留于聚合装置中的时间仅为 10s 至数分钟，在该温度和高压下，乙烯是不稳定的，能分解成碳、甲烷、氢气等。一旦发生裂解，所产生的热量可以使裂解过程进一步加速直到爆炸。例如，聚合反应器温度异常升高，分离器超压而发生火灾、压缩机爆炸、反应器管路中安全阀喷火而后发生爆炸等事故。因此，严格控制反应条件是十分重要的。

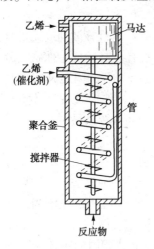

图 3-1 高压聚合反应釜

采用管式聚合装置(图 3-1)的最大问题是反应后的聚乙烯产物黏挂管壁发生堵塞。由于堵管引起管内压力与温度变化，甚至因局部过热引起乙烯裂解成为爆炸事故的诱因。解决这个问题有三种方法：①采用温度反馈(温度超过界限时逐渐降低压力的作用)方法来调节管式聚合装置的压力和温度；②采用涂防黏剂的方法；③采用振动器使聚合装置内的固定压力按一定周期加以变动，使装置内压力很快下降 7~10MPa，然后再逐渐恢复到原来压力，用此法使流体产生脉冲，可将黏附在管壁上的聚乙烯除掉，使管壁保持洁净。

在这一反应系统中，必须严格控制催化剂用量并设联锁系统。为了防止因乙烯裂解发生爆炸事故，可采用控制有效直径的方法，调节气体流速，在聚合管开始部分插入具有调节作用的调节杆，避免初期反应的突然爆发。

由于乙烯的聚合反应热较大，较大型聚合反应器夹套冷却或器内蛇管(器内加蛇管很容易引起聚合物黏附)的冷却方法是不够的。清除反应热较好的方法是采用单体或溶剂汽化回流，利用它们的蒸发潜热把反应热量带出。蒸发了的气体再经冷凝器或压缩机进行冷却冷凝后返回聚合釜再用。

高压聚乙烯的聚合反应在开始阶段或聚合反应阶段都会发生爆聚反应，应添加反应抑制剂或设备安装安全阀(放到闪蒸槽中去)。在紧急停车时，聚合物可能固化，停车再开车时，要检查管内是否堵塞。高压部分应有两重、三重防护措施，要求远距离操作。由压缩机出来的油严禁混入反应系统，因为油中含有空气，进入聚合系统会形成爆炸性混合物。

4. 氯乙烯聚合安全技术

氯乙烯聚合属于联锁聚合反应，联锁反应的过程可分为三个阶段，即链的开始、链的增长和链的终止。氯乙烯聚合所用的原料除氯乙烯单体外，还有分散剂和引发剂。

聚合反应中链的引发阶段是吸热过程，所以需加热。在链的增长阶段又放热，需要将釜内的热量及时移走，将反应温度控制在规定值。这两个过程分别向夹套通入加热蒸汽和冷却水。聚合釜形状为一长形圆柱体，壁侧有加热蒸汽和冷却水的进出管。大型聚合釜配置双层三叶搅拌器和半管夹套，采取有效措施除去反应热，搅拌器有顶伸式和底伸式。为了防止气体泄漏，搅拌轴穿出釜外部分一般采用具有水封的填料函或机械密封。

氯乙烯聚合过程间歇操作及聚合物黏壁是造成聚合岗位毒性危害的最大问题，过去采用人工定期清理的办法来解决，劳动强度大，浪费时间，釜壁易受损。目前国内外悬浮聚合采用加水相阻聚剂或单体水相溶解抑制方法减少聚合物的粘壁作用。采用高效涂釜剂和自动清釜装置，减少清釜的次数。

由于聚氯乙烯聚合是采用分批间歇式进行的，反应时主要调节聚合温度，因此聚合釜的温度自动控制十分重要。在反应釜的侧面设置加热蒸汽管和冷却水管，可以根据反应釜内的温度分别向夹套内通入加热蒸汽或冷却水，温度控制采用串级调节系统。为了移走反应热，还应设置可靠的搅拌系统。按照釜内温度情况自动调节冷水和蒸汽流量，以控制聚合温度，并根据冷却水温度的变化和因结垢影响传热系数的变化，以及由此引起的反应加速情况做相应的自动调节控制，确保聚合反应在受控状态下进行。

5. 丁二烯聚合安全技术

丁二烯聚合的过程需要使用酒精、丁二烯、金属钠等危险物质。酒精和丁二烯与空气混合能形成有爆炸危险的混合物。金属钠遇水、空气剧烈燃烧并会爆炸，因此不能暴露于空气中，应储存于煤油中。

为了控制剧烈反应，应有适当的冷却系统，并需严格地控制反应温度。冷却系统应保证密闭良好，特别在使用金属钠的聚合反应中，最好采用不与金属钠反应的十氢化萘或四氢化萘作为冷却剂。如用冷水作冷却剂，应在微负压下输送，这样可减少水进入聚合釜的机会，避免可能发生的爆炸危险。

丁二烯聚合釜上应装爆破片和安全阀。在连接管上先装爆破片，在其后再连接一个安全阀。这样可以防止安全阀堵塞，又能防止爆破片爆破时大量可燃气逸出而引起二次爆炸。爆破片必须用铜或铝制作，不宜用铸铁，避免在爆破时铸铁产生火花引起二次爆炸事故。

聚合生产应配有氮气保护系统，所用氮气经过精制，用铜屑除氧，用硅胶或三氯化铝干燥，纯度保持在99.5%以上。生产开停车或间断操作过程都应该用氮气置换整个系统。如果生产过程中发生故障、温度升高或局部过热时，则将气体抽出，立即向设备充入氮气加以保护。

丁二烯聚合釜应符合压力容器的安全要求。聚合物卸出、催化剂更换，都应采用机械化操作，以利于安全生产。在每次加新料之前必须清理设备的内壁。管道内积存热聚物是很危险的。因此，当管内气流的阻力增大时，应将气体抽出，并以惰性气体吹洗。设置可靠的密封装置，一般采用具有水封的填料函密封和机械密封装置。对于聚合釜的维修，在施工前应对检修装置进行彻底置换，经分析检测合格后，方可进行施工作业。

3.2.8 磺化、烷基化和重氮化反应

1. 磺化

磺化是在有机化合物分子中引入磺（酸）基（$-SO_3H$）的反应。常用的磺化剂有发烟硫酸、亚硫酸钠、亚硫酸钾、三氧化硫等。如用硝基苯与发烟硫酸生产间氨基苯磺酸钠，卤代烷与亚硫酸钠在高温加压条件下生成磺酸盐等均属磺化反应。磺化过程危险性有：

（1）三氧化硫是氧化剂，遇到比硝基苯易燃的物质时会很快引起着火，三氧化硫的腐蚀性很弱，但遇水则生成硫酸，同时会放出大量的热，使反应温度升高，不仅会造成沸溢或使磺化反应导致燃烧反应而起火或爆炸，还会因硫酸具有很强的腐蚀性，增加了对设备的腐蚀破坏。

（2）由于生产所用原料苯、硝基苯、氯苯等都是可燃物，而磺化剂浓硫酸、发烟硫酸（三氧化硫）、氯磺酸（列入剧毒化学品名录）都是氧化性物质，且有的是强氧化剂，所以二者相互作用的条件下进行磺化反应是十分危险的，因为已经具备了可燃物与氧化剂作用发生放热反应的燃烧条件。这种磺化反应若投料顺序颠倒、投料速度过快、搅拌不良、冷却效果不佳等，都有可能造成反应温度升高，使磺化反应变为燃烧反应，引起着火或爆炸事故。

（3）磺化反应是放热反应，若在反应过程中得不到有效的冷却和良好的搅拌，都有可能引起反应温度超高，以至发生燃烧反应，造成爆炸或起火事故。

磺化反应操作时应注意以下几点：

（1）有效冷却。磺化反应中应采取有效的冷却手段，及时移出反应放出的大量热，保证反应在正常温度下进行，避免温度失控。但应注意，冷却水不能渗入反应器，以免与浓硫酸等作用，放出大量的热，导致温度失控，保证缓慢均匀加热磺化器的有效冷却。

（2）保证良好的搅拌。磺化反应必须保证良好的搅拌，使反应均匀，避免局部反应剧烈，导致温度失控。

（3）严格控制加料速度。磺化反应时磺化剂应缓慢加入，不得过快、过多，以防反应过快，热量不能及时移出，导致温度失控。

（4）控制原料纯度。应控制原料中的含水量，水与浓硫酸等作用会放出大量热导致温度失控。

（5）设置防爆装置。由于磺化反应过程的危险性，为防止爆炸事故的发生，系统应设置安全防爆装置和紧急放料装置。一旦温度失控，立即紧急放料，并进行紧急冷却处理。

（6）放料安全。反应结束后，要等降至一定温度后再放料。此时物料中硫酸的浓度依然很高，因此要注意安全，避免进水，避免泄漏、飞溅等造成腐蚀伤害，设置大容量事故储罐。

（7）设备冷却部件应采用耐酸材料制造，磺化器应安装向反应物中均匀添加磺化剂的设备，安装温度自动调节器和自动联锁系统。

2. 烷基化

烷基化（亦称烃化），是在有机化合物中的氮、氧、碳等原子上引入烷基（—R）的化学反应。引入的烷基有甲基（—CH$_3$）、乙基（—C$_2$H$_5$）、丙基（—C$_3$H$_7$）、丁基（—C$_4$H$_9$）等。烷基化常用烯烃、卤代烃、醇等能在有机化合物分子中的碳、氧、氮等原子上引入烷基的物质作烷基化剂。如苯胺和甲醇作用制取二甲基苯胺。烷基化反应在精细有机合成中应用广泛，经其合成的产品涉及诸多领域。利用该反应所合成的苯乙烯、乙苯、异丙苯等烃基苯，是塑料、医药、溶剂、合成洗涤剂的重要原料。

烷基化过程的安全技术要点是：

（1）被烷基化的物质大都是低沸点、易挥发、易燃易爆的有机化学品。因此要求车间禁止明火且不得抽烟，更不能动火，电机、开关照明要防爆。如苯是甲类液体，闪点-11℃，爆炸极限 1.5%~9.5%；苯胺是丙类液体，闪点71℃，爆炸极限 1.3%~4.2%。

（2）烷基化剂一般比被烷基化物质的火灾危险性要大。如丙烯是易燃气体，爆炸极限 2%~11%；甲醇是甲类液体，爆炸极限 6%~36.5%；十二烯是乙类液体，闪点35℃，自燃点220℃。

（3）烷基化过程所用的催化剂反应活性强且具有强腐蚀性，不能逸散出来，要经常检查存储容器、反应器和管件等的完好性，发现腐蚀锈灼时，应及时更换。如三氯化铝是忌湿物品，有强烈的腐蚀性，遇水或水蒸气分解放热，放出氯化氢气体，有时能引起爆炸，若接触可燃物，则易着火；三氯化磷是腐蚀性忌湿液体，遇水或乙醇剧烈分解，放出大量的热和氯化氢气体，有极强的腐蚀性和刺激性，有毒，遇水及酸(主要是硝酸、醋酸)发热、冒烟，有发生起火爆炸的危险。

(4) 烷基化反应都是在加热条件下进行的，如果原料、催化剂、烷基化剂等加料次序颠倒、速度过快或者搅拌中断停止，就会发生剧烈反应，引起跑料，造成着火或爆炸事故。

(5) 烷基化的产品亦有一定的火灾危险。如异丙苯是乙类液体，闪点 35.5℃，自燃点 434℃，爆炸极限 0.68%~4.2%；二甲基苯胺是丙类液体，闪点 61℃，自燃点 371℃；烷基苯是丙类液体，闪点 127℃。

3. 重氮化

重氮化反应一般是指一级胺与亚硝酸在低温下作用生成重氮盐的反应。通常是把含芳胺的有机化合物在酸性介质中与亚硝酸钠作用，使其中的氨基(—NH_2)转变为重氮基(—$N \equiv N$—)的化学反应。如二硝基重氮酚的制取等。重氮化反应的机理是首先由一级胺与重氮化试剂结合，然后通过一系列质子转移，最后生成重氮盐。

重氮化过程中的安全技术要点是：

(1) 重氮化反应的主要火灾危险性在于所产生的重氮盐，如重氮盐酸盐($C_6H_5N_2Cl$)、重氮硫酸盐($C_6H_5N_2HSO_4$)，特别是含有硝基的重氮盐，如重氮二硝基苯酚[(NO_2)$_2N_2C_6H_2OH$]等，它们在温度稍高或光的作用下，极易分解，有的甚至在室温时亦能分解。一般每升高 10℃，分解速度加快 2 倍。在干燥状态下，有些重氮盐不稳定，活力大，受热或摩擦、撞击能分解爆炸。含重氮盐的溶液若洒落在地上、蒸汽管道上，干燥后亦能引起着火或爆炸。在酸性介质中，有些金属如铁、铜、锌等能促使重氮化合物激烈地分解，甚至引起爆炸。

(2) 作为重氮剂的芳胺化合物都是可燃有机物质，在一定条件下也有着火和爆炸的危险。

(3) 重氮化生产过程中所使用的亚硝酸钠是无机氧化剂，于 175℃时分解，能与有机物反应发生着火或爆炸。亚硝酸钠并非氧化剂，所以当遇到比其氧化性强的氧化剂时，又具有还原性，故遇到氯酸钾、高锰酸钾、硝酸铵等强氧化剂时，有发生着火或爆炸的可能。

(4) 在重氮化的生产过程中，若反应温度过高、亚硝酸钠的投料过快或过量，均会增加亚硝酸的浓度，加速物料的分解，产生大量的氧化氮气体，有引起着火爆炸的危险。

(5) 重氮盐性质活泼，受热、撞击、摩擦易发生爆炸，且对光和热都极不稳定，因此必须防止其受热和强光照射，设备要有良好的传热措施并保持生产环境的潮湿。

3.2.9 电解反应

电流通过电解质溶液或熔融电解质时，在两个极上所引起的化学变化称为电解。电解过程中能量变化的特征是电能转变为电解产物蕴藏的化学能。电解反应在工业上有着广泛的作用，许多有色金属(钠、钾、镁、铅等)和稀有金属(锆、铪等)冶炼，金属铜、锌、铝等的精炼；许多基本化学工业产品(氢、氧、氯、烧碱、氯酸钾、过氧化氢等)的制备，以及电镀、电抛光、阳极氧化等，都是通过电解来实现的。食盐溶液电解是化学工业中最典型的电解反应例子之一，食盐电解可以制得苛性钠、氯气、氢气等产品。

1. 食盐水电解生产过程

电解食盐的简要工艺流程如图 3-2 所示。首先溶化食盐，精制盐水，除去杂质，送电

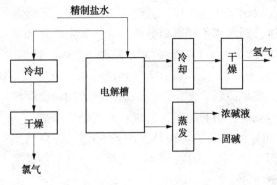

图 3-2   食盐水电解生产工艺流程图

解工段。在向电解槽送电前，应先将电解槽按规定的液面高度注入盐水，此时盐水液面超过阴极室高度，整个阴极室浸在盐水中。通直流电后，带有负电荷的氯离子向石墨阳极运动，在阳极上放电后成为不带电荷的氯原子，并结合成为氯分子从盐水液面逸出而聚集于盐水上方的槽盖内，由氯气排出管排出，送往氯气干燥、压缩工段，带有正电荷的氢离子向铁丝网袋阴极运动，通过附在阴极网袋上的隔膜，在阴极铁丝网上放电后，成为不带电荷的氢原子，并结合成为氢分子而聚集于阴极空腔内，氢气由氢气排出管引出，送往氢气干燥、压缩工段。

立式隔膜电解槽生产的碱液约含碱 11%，而且含有氯化钠和大量的水。为此要经过蒸发浓缩工段将水分和食盐除掉，生成的浓碱液再经过熬制即得到固碱或加工成片碱。水银法生产的碱液浓度为 45% 左右，可直接通往固碱工段。将浓熔融烧碱再进行电解可得到金属钠。

电解产生的氢气和氯气，由于含有大量的饱和水蒸气和氯化氢气体，对设备的腐蚀性很强，所以氯气要通往干燥工段经浓硫酸洗涤，除掉水分，然后送入氯气液化工段，以提高氯气的纯度，氢气经固碱干燥，压缩后送往使用单位。

2. 食盐水电解过程安全技术

食盐水电解过程中的安全技术要点是：

（1）盐水应保证质量

盐水中如含有铁杂质，能够产生第二阴极而放出氢气；盐水中带入铵盐，在适宜的条件下（pH<4.5 时），铵盐和氯作用可生成氯化铵，氯作用于浓氯化铵溶液还可生成黄色油状的三氯化氮：

$$3Cl_2+NH_4Cl \longrightarrow 4HCl+NCl_3$$

三氯化氮是一种爆炸性物质，与许多有机物接触或加热至 90℃ 以上以及被撞击，即发生剧烈地分解爆炸。爆炸分解式如下：

$$2NCl_3 \longrightarrow N_2+3Cl_2$$

因此盐水配制必须严格控制质量，尤其是铁、钙、镁和无机铵盐的含量。一般要求 $Mg^{2+}<2mg/L$、$Ca^{2+}<6mg/L$、$SO_4^{2-}<5mg/L$。应尽可能采取盐水纯度自动分析装置，这样可以观察盐水成分的变化，随时调节碳酸钠、苛性钠、氯化钡或丙烯酰胺的用量。

（2）盐水添加高度应适当

在操作中向电解槽的阳极室内添加盐水，如盐水液面过低，氢气有可能通过阴极网渗入到阳极室内与氯气混合；若电解槽盐水装得过满，在压力下盐水会上涨，因此，盐水添加不可过少或过多，应保持一定的安全高度。采用盐水供料器应间断供给盐水，以避免电流的损失，防止盐水导管被电流腐蚀（目前多采用胶管）。

（3）防止氢气与氯气混合

氢气是极易燃烧的气体，氯气是氧化性很强的有毒气体，一旦两种气体混合极易发生爆炸；当氯气中含氢量达到 5% 以上，则随时可能在光照或受热情况下发生爆炸。造成氢气和氯气混合的原因主要是：阳极室内盐水液面过低；电解槽氢气出口堵塞，引起阴极室压力升高；电解槽的隔膜吸附质量差；石棉绒质量不好，在安装电解槽时碰坏隔膜，造成隔膜局部脱落或者送电前注入的盐水量过大将隔膜冲坏，以及阴极室中的压力等于或超过阳极室的压力时，就可能使氢气进入阳极室等，这些都可能引起氯气中含氢量增高。此时应对电解槽进行全面检查，将单槽氯含氢浓度控制在2%以下，总管氯含氢浓度控制在0.4%以下。

（4）严格电解设备的安装要求

由于在电解过程中氢气存在，故有着火爆炸的危险，所以电解槽应安装在自然通风良好的单层建筑物内，厂房应有足够的防爆泄压面积。

（5）掌握正确的应急处理方法

在生产中当遇到突然停电或其他原因突然停车时，高压阀不能立即关闭，以免电解槽中氯气倒流而发生爆炸。应在电解槽后安装放空管，以及时减压，并在高压阀门上安装单向阀，以有效地防止跑氯，避免污染环境和带来火灾危险。

3.2.10 其他反应

1. 光气及光气化工艺

工业上通常采用一氧化碳（CO）与氯气（Cl_2）反应制光气（$COCl_2$）。这是一个强烈的放热反应，装有活性炭的合成器应有水冷却套，控制反应温度在200℃左右。为了获得高质量的光气，减少设备的腐蚀，经过彻底干燥的一氧化碳在与氯气混合时，应保持适当过量。将混合气从合成器上部通入，经过活性炭层后，很快转化为光气。光气及光气化工艺的危险性有：

① 光气为剧毒气体，在储运、使用过程中发生泄漏后，易造成大面积污染、中毒事故；

② 反应介质具有燃爆危险性；

③ 副产物氯化氢具有腐蚀性，易造成设备和管线泄漏使人员发生中毒事故。

2. 合成氨工艺

合成氨工艺是氮和氢两种组分按一定比例（1：3）组成的气体（合成气），在高温、高压下（一般为400～500℃，15～30MPa）经催化反应生成氨的工艺过程。具体工艺流程见图3-3。

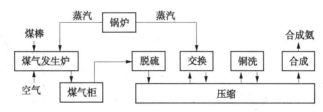

图3-3 合成氨生产工艺流程示意

合成氨工艺的危险性有：

① 高温、高压使可燃气体爆炸极限扩宽，气体物料一旦过氧（亦称透氧），极易在设备和管道内发生爆炸；

② 高温、高压气体物料从设备管线泄漏时会迅速膨胀与空气混合形成爆炸性混合物，遇到明火或因高流速物料与裂（喷）口处摩擦产生静电火花引起着火和空间爆炸；

③ 气体压缩机等转动设备在高温下运行会使润滑油挥发裂解，在附近管道内造成积炭，

可导致积炭燃烧或爆炸；

④ 高温、高压可加速设备金属材料发生蠕变、改变金相组织，还会加剧氢气、氮气对钢材的氢蚀及渗氮，加剧设备的疲劳腐蚀，使其机械强度减弱，引发物理爆炸；

⑤ 液氨大规模事故性泄漏会形成低温云团引起大范围人群中毒，遇明火还会发生空间爆炸。

3. 氟化反应

氟化反应是采用氟、卤族氟化物、惰性元素氟化物、氟化氢、氟化钾等氟化剂，向有机化合物分子中引入氟的反应。涉及氟化反应的工艺过程称为氟化工艺。氟与有机化合物作用是强放热反应，放出大量的热可使反应物分子结构遭到破坏，甚至着火爆炸。氟化剂通常为氟气、卤族氟化物、惰性元素氟化物、高价金属氟化物、氟化氢、氟化钾等。

（1）氟化反应工艺危险性

① 氟化反应物料具有燃爆危险性；

② 氟化反应过程中放出大量的热量，如不及时排除，易导致超温超压，引发设备爆炸事故；

③ 多数氟化剂毒性大、腐蚀性强、剧毒，在生产、储存、运输和使用等过程中易因泄漏、操作不当、误接触以及其他意外而造成危险。

（2）氟化反应安全操作措施

氟化反应操作中，要严格控制氟化物浓度、投料配比、进料速度和反应温度等。必要时应设置自动比例调节装置和自动联锁控制装置。

将氟化反应釜内温度、压力与釜内搅拌、氟化物流量、氟化反应釜夹套冷却水进水阀形成联锁控制，在氟化反应釜处设立紧急停车系统，当氟化反应釜内温度或压力超标或搅拌系统发生故障时自动停止加料并紧急停车，开启安全泄放系统。

4. 过氧化工艺

向有机化合物分子中引入过氧基（—O—O—）的反应称为过氧化反应，得到的产物为过氧化物的工艺过程称为过氧化工艺。典型的过氧化工艺有：双氧水的生产；乙酸在硫酸存在下与双氧水作用，制备过氧乙酸水溶液；酸酐与双氧水作用直接制备过氧化二酸；苯甲酰氯与双氧水的碱性溶液作用制备过氧化苯甲酰；异丙苯经空气氧化生产过氧化氢异丙苯等。

过氧化过程的危险性有：

① 过氧化物都含有过氧基（—O—O—），属含能物质，由于过氧键结合力弱，断裂时所需的能量不大，对热、振动、冲击或摩擦等都极为敏感，极易分解甚至热爆炸；

② 过氧化物与有机物、纤维接触时易发生氧化反应，导致火灾；

③ 反应气相组成容易达到爆炸极限，具有燃爆危险。

过氧化过程的安全技术要点是：

① 要严格控制以下工艺参数：过氧化反应釜内温度、pH 值、过氧化反应釜内搅拌速率、（过）氧化剂流量、参加反应物质的配料比、过氧化物浓度和气相氧保量等；

② 要具备以下报警或联锁装置：反应釜温度和压力的报警和联锁、反应物料的比例控制和联锁及紧急切断动力系统、紧急断料系统、紧急冷却系统、紧急送入惰性气体的系统、气相氧含量监测报警和联锁、紧急停车系统、安全泄放系统、可燃和有毒气体检测报警装置等；

③ 将过氧化反应釜内温度与釜内搅拌电流、过氧化物流量、过氧化反应釜夹套冷却水

进水阀形成联锁关系，设置紧急停车系统；

④ 过氧化反应系统应设置泄爆管和安全泄放系统。

3.3 化工工艺参数安全控制

在化学工业生产中，工艺参数主要是指温度、压力、液位、流量、物料配比等。工艺参数失控，不但破坏了平稳的生产过程，还常常会导致火灾、爆炸事故。所以，严格将工艺参数控制在安全限度以内，是实现安全生产的基本保证。

3.3.1 温度控制

温度是化工生产的主要控制参数之一。各种化学反应都有其最适宜的温度范围；各种机械、电气、仪表设备都有使用的最高和最低允许温度；各种原材料、助剂等都有储存使用的温度范围。原油加工、蒸馏、精馏过程中不同的控制温度更是直接决定着不同馏分产物的组成。在化工工艺过程中，如果温度过高，反应物有可能分解起火，造成压力过高，甚至导致爆炸；也可能因温度过高而产生副反应，生成危险的副产物或过氧化反应物。升温过快、过高或冷却装置发生故障，都可能引起剧烈反应，乃至冲料或爆炸。温度过低会造成反应速度减慢或停滞，温度一旦恢复正常，往往会因为未反应物料过多而使反应加剧，有可能引起爆炸；温度过低还会使某些物料冻结，造成管道堵塞或破裂，致使易燃物料泄漏引发火灾或爆炸。

温度对岗位操作的影响是最直接的。生产过程的温度控制手段力求完善，操作要力求准确。反应温度的安全控制措施主要有：

1. 移出反应热

化学反应总是伴随着热效应，放出或吸收一定热量。大多数反应，如各种有机物质的氧化反应、卤化反应、水合反应、缩合反应等都是放热反应。为了使反应在一定的温度下进行，必须从反应系统中移出一定的热量，以免因过热而引起爆炸。

温度的控制可以靠传热介质的流动移出反应热来实现。移出反应热的方法有夹套冷却，内蛇管冷却，或两者兼有，还有稀释剂回流冷却，惰性气体循环冷却等。还可以采用一些特殊结构的反应器或在工艺上采取一些措施，达到移出反应热控制温度的目的。例如：合成甲醇是强放热反应，必须及时移出反应热以控制反应温度，同时对废热加以利用。可在反应器内装配热交换器，混合合成气分两路，其中一路控制流量以控制反应温度。目前，强放热反应的大型反应器，其中普遍装有废热锅炉，依靠废热蒸汽带走反应热，同时废热蒸汽作为加热源可以再利用。

加入其他介质，如通入水蒸气带走部分反应热，也是常用的方法。乙醇氧化制取乙醛就是将乙醇蒸气、空气和水蒸气的混合气体送入氧化炉，在催化剂作用下生成乙醛。利用水蒸气的吸热作用将多余的反应热带走。

2. 选择合适的传热介质

传热介质，即热载体，常用的有水、水蒸气、碳氢化合物、熔盐和熔融金属、烟道气等。充分了解传热介质的性质，选择合适的传热介质，对传热过程安全十分重要。

(1) 避免使用性质与反应物料相抵触的介质。如环氧乙烷很容易与水剧烈反应，即使极微量的水分渗入到液态环氧乙烷中，也会引发自聚放热并产生爆炸。

（2）防止传热介质结垢。在化学工业中，设备传热面结垢是普遍现象。传热面结垢不仅会影响传热效率，更危险的是在结垢处易形成局部过热点，造成物料分解而引发爆炸。换热器内传热流体宜采用较高流速，这样既可以提高传热效率，又可以减少污垢在传热表面的沉积。

（3）传热介质使用安全。传热介质在使用安全中处于高温状态，安全问题十分重要。高温传热介质，如联苯混合物(73.5%联苯醚和26.5%联苯)在使用过程中要防止低沸点液体(如水或其他液体)进入。低沸点液体进入高温系统，会立即气化超压而引起爆炸。传热介质运行系统在水压试验后，一定要有可靠的脱水措施，在运行前应进行干燥吹扫处理。

3. 防止搅拌中断

搅拌可以加速反应物料混合以及热传导。生产过程如果搅拌中断，可能会造成局部反应加剧和散热不良而引起爆炸。对因搅拌中断可能引起事故的装置，应采取防止搅拌中断的措施，例如采用双路供电、自动停止加料及有效的降温措施等。

3.3.2 压力控制

有些反应过程要产生气态副产物，再加上系统自身的压力，如果尾气系统排压不畅，就会使整个反应系统憋压，影响系统的压力控制，严重时会引起事故。如某化工厂乙苯绝热脱气炉在冬季开车时由于脱氢反应系统尾气放空阻火器被凝结水冻堵，排压不畅，导致绝热脱氢炉系统憋压。如果反应系统的增压与尾气凝结水(液)的冻堵连在一起，其危害更大，所以更应引起高度重视。

3.3.3 液位控制

生产过程的液位控制主要是不超装、超储、超投料，液面要真实。假液面是生产过程中影响液位控制的常见问题。形成假液面的原因主要有：

（1）液位计(及液位计管)冻堵；

（2）密度不同的液体混合操作时，由于液位计管和容器内的液体密度不同，造成液位计液面与容器实际液面不一致；

（3）液位计阀门关闭或堵塞；

（4）液位计管、阀门被凝胶、自聚物、过氧化物等堵塞，许多液位计管(板)是透明的，容易暴露在阳光下，所以在液位计处很容易形成自聚物和过氧化物；

（5）储槽排水(排液)不及时；

（6）液位计与容器气相不连通，造成气阻；

（7）容器内液体汽化，造成气液相界面不稳；

（8）接送料操作中液面不稳定。

消除假液面首先要稳定操作，认真进行岗位巡回检查。另外还应注意液位计的选型和结构的改进。

3.3.4 加料控制

加料控制主要是指对加料配比、加料速度、加料顺序及加料量的控制。

1. 加料配比

在化工生产中，物料配比不仅决定反应进程和产品质量，而且对安全也有着重要影响。

如用乙烯和氧生产环氧乙烷的反应，其浓度接近爆炸范围，尤其是在开车时催化剂活性较低，容易造成反应器出口氧浓度过高，为保证安全，应设置联锁装置，经常检查循环气的组成。

催化剂对化学反应速率影响极大，如果催化剂过量，就有可能发生危险。可燃或易燃物料与氧化剂反应，要严格控制氧化剂的加料速率和加料量。对于能形成爆炸性混合物的生产，物料配比应严格控制在爆炸极限以外。如果工艺条件允许，可以添加水蒸气、氮气等惰性气体稀释。

2. 加料速率控制

对于放热反应，加料速率不能超过设备的传热能力，否则，物料温度将会急剧升高，引起物料的分解、突沸，造成事故。加料时如果温度过低，往往造成物料的积累、过量。一旦温度升高，反应加剧，此时热量往往不能及时导出，温度和压力都会超过正常指标，导致事故。

加料速率的控制操作应注意以下几个方面：

（1）选择合适的计量设备。要根据实际加入量选择计量槽和计量泵的大小。如果计量泵、计量槽选择过大，会降低计量调节精度，使操作难以控制。

（2）简化计量系统工艺配管，提高自动化控制水平。尽量减少物料在系统的滞留量，一方面可以缩短计量环节的反应时间，另一方面可减少物料在计量系统停留时的凝结、结晶、沉淀。特别是间歇聚合的生产过程，堵塞液位计和加料管线是冬季生产的常见问题。

（3）准确计量、核准配方量。

（4）精心操作准确计量。认真检查计量设备，及时消除假液面。DCS 控制系统要注意核对计量前后的液面变化，防止计算机控制的误动作或假动作。

3. 加料顺序

在加料过程中，值得注意的是加料顺序的问题。例如，氯化氢合成应先加氢后加氯；三氯化磷合成应先加磷后加氯等。反之就有可能发生爆炸。

4. 加料量的控制

化工反应设备或储罐都有一定的安全容积，带有搅拌的反应设备要考虑搅拌开动时的液面升高；储罐、气瓶要考虑温度升高后液面或压力的升高；若加料过多，超过安全容积系统，往往会引起溢料或超压。加料过少，可能使温度计接触不到液面，温度显示出现假象，导致判断错误而发生事故。

3.3.5　成分控制

在普通化学反应和高分子聚合反应中，原料（或反应物）中的杂质虽然量小，但影响很大。如在聚合反应过程中，有些杂质会终止聚合反应活性，降低反应速度；有些杂质会破坏乳化液、悬浮液等反应系统的稳定性，造成反应器内凝聚结块、堵塞设备；有些杂质会使高分子链发生歧化和交联，影响聚合产品质量等。在许多化学反应过程中杂质的存在会引发副反应。原料中的杂质可能直接导致生产和储运过程发生事故。如丁二烯中过氧化物含量增多，就有可能发生因过氧化物受热或受振动分解引起的爆炸事故。

对于化工原料和产品，纯度和成分是质量要求的重要指标，对生产和管理安全也有着重要影响。反应原料气中，如果其中含有的有害气体不清除干净，在物料循环过程中会不断积累，最终会导致燃烧或爆炸等事故的发生。清除有害气体，可以采用吸收的方法，也可以在工艺上采取措施，使之无法积累。例如高压法合成甲醇，在甲醇分离器之后的气体管道上设置放空管，通过控制放空量以保证系统中有用气体的比例。这种将部分反应气体放空或进行处理的方法也可以用来防止其他爆炸性介质的积累。

在化工操作中，对原材料或反应物杂质的控制有：①按规定进行使用前的取样分析，不合格的不能使用；②注意观察原材料、助剂的外观，如丁二烯过氧化物为乳白黏稠状的，许多阻聚杂质会使原料变为黄色或棕色等；③加强原料、助剂投入反应后的操作监控，及时根据反应异常现象判断原材料助剂中杂质的影响，有针对性地采取措施，保证生产的安全稳定。

3.3.6 自动控制与安全保护装置

1. 自动控制

化工自动化生产中，大多是对连续变化的参数进行自动调节。对于在生产控制中要求一组机构按一定的时间间隔做周期性动作，如合成氨生产中原料气的制造，要求一组阀门按一定的要求作周期性切换，就可采用自动程序控制系统来实现。它主要是由程序控制器按一定时间间隔发出信号，驱动执行机构动作。

2. 安全保护装置

（1）信号报警装置

化工生产中，在出现危险状态时信号报警装置可以警告操作者，及时采取措施消除隐患。发出信号的形式一般为声、光等，通常都与测量仪表相联系。需要说明的是，信号报警装置只能提醒操作者注意已发生的不正常情况或故障，但不能自动排除故障。

（2）保险装置

保险装置在发生危险状况时，则能自动消除不正常状况。如锅炉、压力容器上装设的安全阀和防爆片等安全装置。

（3）安全联锁装置

所谓联锁就是利用机械或电气控制依次接通各个仪器及设备，并使之彼此发生联系，达到安全生产的目的。

安全联锁装置是对操作顺序有特定安全要求、防止误操作的一种安全装置，有机械联锁和电气联锁。例如，需要经常打开的带压反应器，开启前必须将器内压力排除，经常连续操作容易出现疏忽，因此可将打开孔盖与排除器内压力的阀门进行联锁。

化工生产中，常见的安全联锁装置有以下几种情况：

① 同时或依次放两种液体或气体时；

② 在反应终止需要惰性气体保护时；

③ 打开设备前预先解除压力或需要降温时；

④ 当两个或多个部件、设备、机器由于操作错误容易引起事故时；

⑤ 当工艺控制参数达到某极限值，开启处理装置时；

⑥ 某危险区域或部位禁止人员入内时。

例如，在硫酸与水的混合操作中，必须首先往设备中注入水再注入硫酸，否则将会发生喷溅和灼伤事故。将注水阀门和注酸阀门依次联锁起来，就可达到此目的。

复习思考题

1. 举例简述氧化反应过程安全控制的主要因素及对策。
2. 举一常见还原反应过程，列出生产中应注意的安全因素。
3. 硝化过程防爆的主要关键点是什么？
4. 试制定液氯蒸发装置的安全防范措施。
5. 催化反应过程中，哪些部件容易发生安全事故，有何对策？
6. 试从工艺操作的角度提出安全技术要求。
7. 试收集电解生产中发生的事故，并分析其产生原因。
8. 控制反应温度的主要措施有哪些？

案例分析

【案例1】 2017年7月2日17时，江西省九江市某化工厂一高压反应釜发生爆炸，事故造成3人死亡，3人受伤。由于企业涉及胺化反应(18种重点监管危险化工工艺之一)，反应物料具有燃爆危险性，事故发生时冷却失效，且安全联锁装置被企业违规停用，大量反应热无法通过冷却介质移除，体系温度不断升高，超过了200℃；反应产物对硝基苯胺为热不稳定物质，在高温下易发生分解，导致体系温度、压力极速升高造成爆炸。

【案例2】 2017年6月9日凌晨2时16分，位于杭州湾上虞经济技术开发区的某化工公司在中试生产一种农药新产品过程中发生一起爆燃事故，造成3人死亡、1人受伤。该公司试验的新产品涉及中间体[1,4,5]氧二氮杂庚烷，该中间体是一种不稳定的化学物质，在40℃以下已开始缓慢分解，随温度升高分解速度加快，至130℃时剧烈分解。该公司在不掌握新产品及中间产品理化性质和反应风险的情况下，利用已停产的工业化设备进行新产品中试，在反应釜中进行水汽蒸馏操作时，夹套蒸汽加热造成局部高温，中间产品大量分解导致体系温度、压力急剧升高，最终发生爆燃事故。

【案例3】 1996年6月26日，天津某化工厂发生爆炸事故，造成19人死亡，14人受伤，直接经济损失120多万元。事发前几日持续高温，厂房房顶为石棉瓦，隔热性差，高温促进了氧化剂的燃烧过程。氧化剂氯酸钠和有机物发生氧化反应放热，热量又加速了其氧化反应，该循环最终导致有机物和可燃物燃烧。救火过程中泼向强氧化剂(高氯酸钠)的酸性水，加速了氧化剂的氧化分解过程，产生大量氯酸。氯酸及高氯酸钠混合物爆炸产生的高温高压气体引起了2,4-二硝基苯胺的爆炸。

【案例4】 2014年7月1日，宁夏某公司啶虫脒生产车间 N-(6-氯-3-吡啶甲基)甲胺储罐发生爆炸，造成4人死亡，1人受伤，直接经济损失约500万元。事故的直接原因是储罐内的 N-(6-氯-3-吡啶甲基)甲胺长时间处于保温状态，发生了缩聚反应，产生的大量热量和气体不能及时排出，导致容器超压发生爆炸。

4　化工单元操作安全技术

本章学习目的和要求 ◢◣

　　1. 熟悉化工单元操作类型和基本特点；
　　2. 掌握常见的加热方式及其安全技术措施；
　　3. 掌握冷却、冷凝与冷冻的基本定义及其安全操作技术措施；
　　4. 掌握筛分、过滤操作的特点及其安全操作技术措施；
　　5. 掌握粉碎、混合操作的特点及其安全操作技术措施；
　　6. 掌握熔融、干燥操作的特点及其安全操作技术措施；
　　7. 掌握蒸发、蒸馏操作的特点及其安全操作技术措施；
　　8. 掌握吸收操作的特点及其安全操作技术措施；
　　9. 掌握萃取操作的特点及其安全操作技术措施；
　　10. 了解常见化工单元设备的安全技术要求。

　　化工单元操作是在化工生产中具有共同的物理变化特点的基本操作，是由各种化工生产操作概括得来的。基本化工单元操作有：流体流动过程，包括流体输送、过滤、固体流态化等；传热过程，包括热传导、蒸发、冷凝等；传质过程，即物质的传递，包括气体吸收、蒸馏、萃取、吸附、干燥等；热力过程，即温度和压力变化的过程，包括液化、冷冻等；机械过程，包括固体输送、粉碎、筛分等。任何化学产品的生产都离不开化工单元操作，化工单元操作涉及泵、换热器、反应器、压缩机、蒸发器、存储容器和输送管道等一系列设备，它在化工生产中的应用非常普遍。

　　化工单元操作既是能量集聚、传输的过程，也是两类危险源相互作用的过程，控制化工单元操作的危险性是化工安全工程的重点。

4.1　化工单元操作的危险性

　　化工单元操作的危险性主要是由所处理物料的危险性所决定的。其中，处理易燃物料或含有不稳定物质物料的单元操作的危险性最大。在进行危险单元操作过程中，除了要根据物料理化性质，采取必要的安全对策外，还要特别注意以下情况的产生：

　　（1）防止易燃气体物料形成爆炸性混合体系。处理易燃气体物料时要防止与空气或其他氧化剂形成爆炸性混合体系。特别是负压状态下的操作，要防止空气进入系统而形成系统内爆炸性混合体系。同时也要注意在正压状态下操作易燃气体物料的泄漏，与环境空气混合，形成系统外爆炸性混合体系。

　　（2）防止易燃固体或可燃固体物料形成爆炸性粉尘混合体系。在处理易燃固体或可燃固体物料时，要防止形成爆炸性粉尘混合体系。

（3）防止不稳定物质的积聚或浓缩。处理含有不稳定物质的物料时，要防止不稳定物质的积聚或浓缩。在蒸馏、过滤、蒸发、过筛、萃取、结晶、再循环、旋转、回流、凝结、搅拌、升温等单元操作过程中，有可能使不稳定物质发生积聚或浓缩，进而产生危险。

① 不稳定物质减压蒸馏时，若温度超过某一极限值，有可能发生分解爆炸。

② 粉末过筛时容易产生静电，而干燥的不稳定物质过筛时，微细粉末飞扬，可能在某些地区积聚而发生危险。

③ 反应物料循环使用时，可能造成不稳定物质的积聚而使危险性增大。

④ 反应液静置中，以不稳定物质为主的相，可能分离而形成分层积聚。不分层时，所含不稳定的物质也有可能在局部地点相对集中。在搅拌含有有机过氧化物等不稳定物质的反应混合物时，如果搅拌停止而处于静置状态，那么，所含不稳定物质的溶液就附在壁上，若溶剂蒸发了，不稳定物质被浓缩，往往成为自燃的火源。

⑤ 在大型设备里进行反应，如果含有回流操作时，危险物在回流操作中有可能被浓缩。

⑥ 在不稳定物质的合成反应中，搅拌是一个重要因素。在采用间歇式反应操作过程中，化学反应速度很快。大多数情况下，加料速度与设备的冷却能力是相适应的，这时反应是扩散控制，应使加入的物料马上反应掉，如果搅拌能力差，反应速度慢，加进的原料过剩，未反应的部分积蓄在反应系统中，若再强力搅拌，所积存的物料会一起反应，使体系的温度上升，往往造成反应无法控制。一般的原则是搅拌停止的时候应停止加料。

⑦ 在对含不稳定物质的物料升温时，控制不当有可能引起突发性反应或热爆炸。如果在低温下将两种能发生放热反应的液体混合，然后再升温而引起反应，这将是特别危险的。在生产过程中，一般将一种液体保持在能起反应的温度下，边搅拌边加入另一种物料以进行反应。

4.2 化工单元操作安全技术

最常见的化工单元工艺操作包括物料输送、加热、冷却、冷凝、冷冻、筛分、过滤、粉碎、混合、干燥、蒸发、蒸馏、吸收、萃取等。这些单元操作遍及各种化工企业，其操作的安全技术具有通用性。

4.2.1 物料输送操作安全技术

在化工生产过程中，经常需将各种原材料、中间体、产品以及副产品和废弃物，由前一工序输往后一工序，或由一个车间输往另一个车间，或输往储运地点。在现代化工企业中，这些输送过程是借助于各种输送机械设备实现的。由于所输送的物料形态不同(块状、粉态、液态、气态等)，因而所采用的输送设备也各有所不同，因此保证其安全运行的操作要点及注意事项也就不同。

1. 固体物料的输送

固体物料分为块状物料和粉料，在实际生产中多采用皮带输送机、螺旋输送机、刮板输送机、链斗输送机、斗式提升机以及气力输送(风送)等多种形式进行输送。有时还可以利用位差，采用密闭溜槽等简单方式进行输送。

（1）皮带、刮板、链斗、螺旋输送机、斗式提升机等输送设备

这类输送设备连续往返运转，可连续加料，连续卸载。其存在的危险性主要有设备本身发生故障以及由此造成的人身伤害。

① 传动机构。主要有皮带传动和齿轮传动等。

a. 皮带传动。皮带的规格与形式应根据输送物料的性质、负荷情况进行合理选择，要有足够的强度，皮带胶接应平滑，并要根据负荷调整松紧度。要防止在运行过程中，因高温物料烧坏皮带，或因斜偏刮挡撕裂皮带的事故发生。

皮带同皮带轮接触的部位，对于操作者是极其危险的部位，可造成断肢伤害甚至危及生命安全。在正常生产时，这个部位应安装防护罩。因检修而拆卸下的防护罩，事后应立即恢复。

b. 齿轮传动。齿轮传动的安全运行，在于齿轮同齿轮、齿轮同齿条、链条的良好啮合，以及具有足够的强度。此外，要严密注意负荷的均匀、物料的粒度以及混入其中的杂物。防止因卡料而拉断链条、链板，甚至拉毁整个输送设备机架。

同样，齿轮与齿轮、齿条、链带相啮合的部位，也是极其危险的部位。该处连同它的端面均应采取防护措施，防止发生重大人身伤亡事故。

斗式提升机应有因链带拉断而坠落的防护装置。链式输送机还应注意下料器的操作，防止下料过多、料面过高造成链带拉断。

螺旋输送器，要注意不要在螺旋导叶与壳体间隙混入杂物（如铁筋、铁块等），以防止挤坏螺旋导叶与壳体。

c. 轴、联轴节、联轴器、键及固定螺钉。这些部位表面光滑程度有限，有突起。特别是固定螺钉不准超长，否则在高速旋转中易将人刮倒。这些部位要安装防护罩，不得随意拆卸。

② 输送设备的开、停车。物料输送设备的开、停，在生产中有自动开停和手动开停系统；有因故障而装设的事故自动停车和就地手动事故按钮停车系统；为保证输送设备本身的安全，还应安装超负荷、超行程停车保护装置；紧急事故停车开关应设在操作者经常停留的部位；停车检修时，开关应上锁或撤掉电源。

对于长距离输送系统，应安装开停车联系信号，以及给料、输送、中转系统的自动联锁装置或程序控制系统。

③ 输送设备的日常维护。在输送设备的日常维护中，润滑、加油和清扫工作是操作者致伤的主要原因。减少这类工作的次数就能够减少操作者发生危险的概率。所以，应提倡安装自动注油和清扫装置。

（2）气力输送

气力输送凭借真空泵或风机产生的气流动力将物料吹走以实现物料输送。与其他输送方式相比，气力输送系统密闭性好、物料损失少、构造简单、粉尘少，劳动条件好、输送距离远（达数百米）、易实现自动化。但能量消耗大、管道磨损严重，且不适于输送湿度大、易黏结的物料。

从安全技术考虑，气力输送系统除设备本身因故障损坏外，最大的问题是系统的堵塞和由静电引起的粉尘爆炸。

① 堵塞。以下几种情况易发生堵塞：

a. 具有黏性或湿度过高的物料较易在供料处、转弯处黏附管壁，最终造成管路堵塞；

b. 管道连接不同心时，有错偏或焊渣突起等障碍处易堵塞；

c. 大管径长距离输送管比小管径短距离输送管更易发生堵塞；

d. 输料管径突然扩大，或物料在输送状态中突然停车时，易造成堵塞。

最易堵塞的部位是弯管和供料处附近的加速段，由水平向垂直过渡的弯管也易堵塞。为避免堵塞，设计时应确定合适的输送速度，选择管系的合理结构和布置形式，尽量减少弯管的数量。

输料管壁厚通常为3~8mm。输送磨削性较强的物料时，应采用管壁较厚的管道，管内表面要求光滑，不准有褶皱或凸起。

此外，气力输送系统应保持良好的严密性。否则，吸送式系统的漏风会导致管道堵塞。而压送式系统漏风，会将物料带出，污染环境。

② 静电。粉料在气力输送系统中，会同管壁发生摩擦而使系统产生静电，这是导致粉尘爆炸的重要原因之一。因此，必须采取下列措施加以消除。

a. 输送粉料的管道应选用导电性较好的材料，并应良好地接地。若采用绝缘材料管道，且能产生静电时，管外应采取可靠的接地措施。

b. 输送管道直径要尽量大些。管路弯曲和变径应平缓，弯曲和变径处要少。管内壁应平滑，不许装设网格之类的部件。

c. 管道内风速不应超过规定值，输送量应平稳，不应有急剧的变化。

d. 为防止粉料堆积在管内，要定期使用空气进行管壁清扫。

（1）防止人身伤害

① 在物料输送设备的日常维护中，润滑、加油和清扫工作是操作者遭受伤害的主要环节。在设备没有安装自动注油和清扫装置的情况下，一律要停车进行维护操作。

② 要特别关注设备对操作者可能产生严重伤害的部位。

③ 注意链斗输送机下料器的摇把反转伤人，不得随意拆卸设备突起部位的防护罩，避免设备设备高速运转时突起部分将人刮倒。

（2）防止设备事故

① 防止高温物料烧坏皮带或斜偏刮挡撕裂皮带发生事故。

② 严密注意齿轮负荷的均匀，物料的粒度以及混入其中的杂物。防止因为齿轮卡料，拉断链条、链板，甚至拉毁整个输送设备的机架。

③ 防止链斗输送机下料器下料过多，料面过高，造成链带被拉断。

2. 液态物料的输送

在化工生产中，液态物料可用管道输送，且高处的物料可以自流至低处。而液态物料由低处输往高处，或由一地输往另一地（水平输送），或由低压处输往高压处，以及为保证一定流量克服阻力所需要的压头，都要依靠泵来完成。

化工生产中输送的液体物料种类繁多、性质各异（有高黏度溶液、悬浮液、腐蚀性溶液等），且温度、压强又有高低之分，因此，所用泵的种类较多。生产中常用的有往复泵、离心泵、旋转泵、流体作用泵等四类，其中最常用的是往复泵和离心泵。

（1）往复泵

往复泵使用时应注意以下几个方面：

① 泄漏。活塞、套缸的磨损、缺少润滑油，以及吸液管处法兰松动等，都会造成物料泄漏，引发事故。因此注油处油壶要保证有液位，要经常检查法兰是否松动。

② 开车空气排空。开车时内缸中空气如果不排空，液体物料中混入空气会引发事故。因此，开车时应将内缸充满水或所输送的液体，排除缸中空气，若出口有阀门，应打开阀门。

③ 流量调节误操作。往复泵操作严禁用出口阀门调节流量，否则可能造成缸内压力急剧变化，引发事故。

（2）离心泵

离心泵的使用应注意以下几个方面的问题：

① 振动造成泄漏。离心泵在运转时会产生机械振动，如果安装基础不坚固，由于振动会造成法兰连接处松动和管路焊接处破裂，从而引发物料泄漏事故。因此，安装离心泵要有坚固的基础，并且要经常检查泵与基础连接的地脚螺丝是否松动。

② 静电引起燃烧。管内液体流动与管壁摩擦会产生静电，引起事故。因此管道应有可靠的接地措施。

③ 入口吸入位置不对。如果泵吸入位置不当，会在吸入口产生负压吸入空气，引起事故。一般泵入口应设在容器底部或将吸入口深入液体深处。为防止杂物进入泵体引起机械事故，吸入口应加设滤网。

④ 联轴器绞伤。由于电机的高速运转，联轴器处易引发人员被绞伤事故。因此泵与电机的联轴器处应安装防护罩。

（1）避免物料泄漏引发事故

① 保证泵的安装基础坚固，避免因运转时产生机械振动造成法兰连接处松动和管路焊接处破裂，从而引起物料泄漏。

② 操作前及时压紧填料函(松紧适度)，以防止物料泄漏。

（2）避免空气吸入导致爆炸

① 开动离心泵前，必须向泵壳充满被输送的液体，保证泵壳和吸入管内无空气积存，同时避免气缚现象。

② 吸入口的位置应适当，避免空气进入系统导致爆炸或抽瘪设备。一般情况下泵入口设在容器底部或液体深处。

（3）防止静电引起燃烧

① 在输送可燃液体时，管内流速不应大于安全流速。

② 管道应有可靠的接地设施。

（4）避免轴承过热引起燃烧

① 填料函的松紧适度，不能过紧，以免轴承过热。

② 保证运行系统有良好的润滑，避免泵超负荷运行。

（5）防止绞伤

由于电机的高速运转，泵和电机的联轴节处容易发生对人员的绞伤。因此，联轴节处应安装防护罩。

3. 气体物料的输送

输送可燃气体，采用液环泵比较安全。抽送或压送可燃性气体时，进气吸入口应该经常保持一定余压，以免造成负压吸入空气形成爆炸性混合物(雾化的润滑油或其分解产物与压缩空气混合，同样会产生爆炸性混合物)。

为避免压缩机气缸、储气罐以及输送管路因压力增高而引起爆炸，要求这些部分要有足够的强度。此外，要安装经校验过的压力表和安全阀（或爆破片）。安全阀泄压应将其危险气体导至安全的地方。还可安装压力超高报警器、自动调节装置或压力超高自动停车装置。

压缩机在运行中，冷却水不能进入气缸，以免发生水锤。氧压机严禁与油类接触，一般采用含 10%以下甘油的蒸馏水作为润滑剂。其中水的含量应以气缸壁充分润滑而不产生水锤为准（约 80~100 滴/分）。

气体抽送和压缩设备上的垫圈易损坏漏气，应经常检查，及时修换。

对于特殊压缩机，应根据压送气体物料的化学性质的不同，而有不同的安全要求。如乙炔压缩机中，同乙炔接触的部件不允许用铜来制造，以防产生比较危险的乙炔铜等。

可燃气体的输送管道，应经常保持正压，并根据实际需要安装逆止阀、水封和阻火器等安全装置。

易燃气体、液体管道不允许同电缆一起敷设。可燃气体管道同氧气管一同敷设时，氧气管道应设在旁边，并保持 250mm 的净距。

管内可燃气体流速不应过高。管道应良好接地，以防止静电引起事故。

对于易燃、易爆气体或蒸气的抽送、压缩设备的电机部分，应全部采用防爆型。否则，应穿墙隔离设置。

（1）在使用通风机或鼓风机的过程中，应注意保持转动部件的防护罩完好，必要时安装消音装置，避免人体伤害事故。

（2）在化工生产中，对于压缩机的使用要保证散热良好，严防泄漏，严禁空气与易燃性气体在压缩机内形成爆炸性混合物，防止静电，预防禁忌物的接触，避免操作失误引发事故。

（3）真空泵的安全运行要严格密封，输送易燃气体时尽可能采用液环式真空泵。

4.2.2 加热操作安全技术

温度是化工生产中最常见的需控制的条件之一。加热是控制温度，促进化学反应和物料蒸发、蒸馏的必要手段，其操作的关键是按规定严格控制温度的范围和升温速度。温度过高会使化学反应速率加快，若是放热反应，则放热量增加，一旦散热不及时，温度失控，就会发生冲料，甚至引起燃烧和爆炸。加热的方法一般有直接火加热、水蒸气或热水加热、载体加热以及电加热等。

1. 加热剂与加热方法

（1）直接火加热是采用直接火焰或烟道气进行加热的方法，其加热温度可达到 1030℃。主要以天然气、煤气、燃料油、煤炭等作燃料，采用的设备有反应器、管式加热炉等。在加热处理易燃易爆物质时，危险性非常大，温度不易控制，可能造成局部过热烧坏设备。由于加热不均匀引起易燃液体蒸气的燃烧爆炸，所以在处理易燃易爆物质时，一般不采用此方法，但由于生产工艺的需要亦可能采用，操作时必须注意安全。

（2）蒸汽、热水加热。蒸汽是最常用的加热剂，常用饱和水蒸气。蒸汽加热的方法有两种：直接蒸汽加热和间接蒸汽加热。直接蒸汽加热是水蒸气直接进入被加热的介质中并与其混合来提升温度，适用于被加热介质和水能混合的场合。间接蒸汽加热是通过换热器的间壁传递热量。加热过程中要防止超温、超压、水蒸气爆炸、烫伤等危险。热水加热一般用于100℃以下的场合，主要来源于制造热水、锅炉热水、蒸发器或换热器的冷凝水。禁止热水外漏，对于 50℃以上的热水要考虑采取防烫伤措施。对于易燃易爆物质，采用蒸汽或热水来加热，温度容易控制，比较安全。在处理与水会发生反应的物料时，不宜用蒸汽或热水。

（3）高温有机物。被加热物料控制在400℃以下的范围内，使用的加热剂为液态或气态高温有机物。常用的有机物加热剂有甘油、乙二醇、萘、联苯与二苯醚的混合物、二甲苯基甲烷、矿物油和有机硅液体等。

高温有机物由于具有燃烧爆炸危险、高温结焦和积炭危险，在运行过程中应密闭并严格控制温度。另外二苯混合物的渗透性较高，应选择非浸油性密封件，禁止外漏。

（4）无机熔盐。当需要加热到550℃时，可用无机熔盐作为加热剂。熔盐加热装置应具有高度的气密性，并用惰性气体保护。此外，工业生产中还利用液体金属、烟道气和电等来加热。其中，液体金属可加热到300~800℃，烟道气可加热到1100℃，电加热最高可达到3000℃。

（5）电加热。电加热即采用电炉或电感进行加热，是比较安全的一种加热方式，一旦发生事故，尚可迅速切断电源。

2. 加热过程的安全技术

（1）吸热反应、高温反应需要加热，加热反应必须严格控制温度。一般情况下，随着温度升高，反应速度加快，有时会导致剧烈反应，容易发生冲料，易燃品大量汽化，聚集在车间内与空气形成爆炸性混合物，可能会引起燃烧、爆炸等危险。所以，应明确规定和严格控制升温上限和升温速度。

（2）如果反应是放热反应且反应液沸点低于40℃，或者是反应剧烈、温度容易猛升并有冲料危险的化学反应，反应设备应该有冷却装置和紧急放料装置。紧急放料装置需设爆破泄压片，而且周围要禁止火源。

（3）加热温度如果接近或超过物料的自燃点，应采用氮气保护。

（4）采用硝酸盐、亚硝酸盐等无机盐作加热载体时，要预防与有机可燃物接触，因为无机盐的混合物具有强氧化性，与有机物接触后会发生强烈的氧化还原反应，从而引起燃烧或爆炸。

（5）与水会发生反应的物料，不宜采用水蒸气或热水加热。采用水蒸气或热水加热时，应定期检查蒸汽夹套和管道的耐压强度，并应安装压力表和安全阀。

（6）采用充油夹套加热时，需用砖墙将加热炉门与反应设备隔绝，或将加热炉设于车间外面。油循环系统应严格密闭，防止热油泄漏。

（7）电加热器安全措施。加热易燃物质以及受热能挥发可燃性气体或蒸气的物质，应采用密闭式电加热器。电加热器不能安装在易燃物质附近。导线的负荷能力应满足加热器的要求。为了提高电加热设备的安全可靠性，可采用防潮、防腐蚀、耐高温的绝缘层，增加绝缘层的厚度，添加绝缘保护层等措施。电感应线圈应密封起来，防止与可燃物接触。电加热器的电炉丝与被加热设备的器壁之间应有良好的绝缘，以防短路引起电火花，将器壁击穿，使设备内的易燃物质或漏出的气体和蒸汽发生燃烧或爆炸。

4.2.3 冷却、冷凝、冷冻操作安全技术

1. 冷却与冷凝

冷却与冷凝过程广泛应用于化工生产中反应产物的后处理和分离过程。二者主要区别在于被冷却的物料是否发生相的改变。若发生相变(如气相变为液相)则称为冷凝，否则，无相变只是温度降低则称为冷却。

（1）冷却与冷凝方法

根据冷却与冷凝所用的设备，可分为直接冷却与间接冷却两类。

① 直接冷却法

直接冷却法，可直接向所需冷却的物料加入冷水或冰，也可将物料置入敞口槽中或喷洒于空气中，使之自然汽化而达到冷却的目的（这种冷却方法也称为自然冷却）。该方法最简便有效迅速，但只能在不至于引起化学变化或不影响物料品质时使用。在直接冷却中常用的冷却剂为水。直接冷却法的缺点是物料被稀释。

② 间接冷却法

间接冷却是将物料放在容器中，其热能经过器壁向周围介质自然散热，通常是在具有间壁式的换热器中进行的。壁的一边为低温载体，如冷水、盐水、冷冻混合物以及固体二氧化碳等；而壁的另一边为所需冷却的物料。一般，冷却水所达到的冷却效果不能低于0℃。20%浓度的盐水，其冷却效果可达0~-15℃；冷冻混合物（以压碎的冰或雪与盐类混合制成），依其成分不同，冷却效果可达0~-45℃。间接冷却法在生产中使用较为广泛。

（2）冷却与冷凝设备器

冷却、冷凝所使用的设备统称为冷却、冷凝器。冷却器、冷凝器就其实质而言均属换热器，依其传热面形状和结构可分为：

① 管式冷凝、冷却器。常用的有蛇管式、套管式和列管式等。

② 板式冷凝、冷却器。常用的有夹套式、螺旋式、平板式、翼片式等。

③ 混合式冷凝、冷却设备。包括：填充塔、喷淋式冷却塔、泡沫冷却塔、文丘里冷却器、瀑布式混合冷凝器。混合式冷凝器又可分为干式、湿式、并流式、逆流式、高位式、低位式等。

按冷凝、冷却器材质还有金属与非金属材料之分。

（3）冷凝、冷却的安全技术

冷凝、冷却的操作在化工生产中容易被忽视。而实际上它很重要，它不仅涉及原材料定额消耗和产品收率，而且会严重地影响安全生产。

① 根据被冷却物料的温度、压力、理化性质以及所要求冷却的工艺条件，正确选用冷却设备和冷却剂。

② 对于腐蚀性物料的冷却，最好选用耐腐蚀材料的冷却设备，如石墨冷却器、塑料冷却器，以及用高硅铁管、陶瓷管制成的套管冷却器和钛材冷却器等。

③ 严格注意冷却设备的密闭性，不允许物料窜入冷却剂中，也不允许冷却剂窜入被冷却的物料中（特别是酸性气体）。

④ 一方面，冷却设备所用的冷却水不能中断，否则，反应热不能及时导出，致使反应异常，系统压力增高，甚至产生爆炸。另一方面，冷凝、冷却器若断水，会使后部系统温度增高，未冷凝的危险气体外逸排空，并有可能导致燃烧或爆炸。

⑤ 开车前首先清除冷凝器中的积液，再打开冷却水，然后通入高温物料。

⑥ 为保证不凝可燃气体排空安全，可进行充氮保护。

⑦ 检修冷凝、冷却器，应彻底清洗、置换，切勿带料焊接。

2. 冷冻

在某些化工生产过程中，如蒸汽、气体的液化，某些组分的低温分离，以及某些物品的输送、储藏等，常需将物料降到比水或周围空气更低的温度，这种操作称为冷冻或制冷。

冷冻操作其实质是不断地由低温物体取出热量并传给高温物质(水或空气),以使被冷冻的物料温度降低。热量由低温物体到高温物体这一传递过程是借助于冷冻剂实现的。适当选择冷冻剂及其操作过程,可以获得由零度至接近于绝对零度的任何程度的冷冻。一般来说,冷冻程度与冷冻操作的技术有关,凡冷冻范围在-100℃以内的称冷冻,而在-100~-210℃或更低的温度,则称为深度冷炼或简称深冷。

(1) 冷冻方法

生产中常用的冷冻方法有以下几种:

① 低沸点液体的蒸发。如液氨在 0.2MPa 压力下蒸发,可以获得-15℃的低温,若在 0.04119MPa 压力下蒸发,则可达-50℃。液态乙烷在 0.05354MPa 压力下蒸发可达-100℃,液态氮蒸发可达-210℃等。

② 冷冻剂于膨胀机中膨胀,气体对外做功,使内能减少而获取低温。该法主要用于那些难以液化气体(空气、氢等)的液化过程。

③ 利用气体或蒸汽在节流时所产生的温度降而获取低温的方法。

(2) 冷冻剂

冷冻剂的种类较多。但目前尚无一种理想的冷冻剂能够满足所有的条件。冷冻剂对冷冻机的大小、结构和材质有着密切关系。冷冻剂的选择一般考虑如下因素:

① 冷冻剂的汽化潜热应尽可能大,以便在固定冷冻能力下,尽量减少冷冻剂的循环量。

② 冷冻剂在蒸发温度下的比容以及与该比容相应的压强均不宜太大,以降低动能的消耗。同时,在冷凝器中与冷凝温度相应的压强亦不应太大,否则将增加设备费用。

③ 冷冻剂需具有一定的化学稳定性,同时应尽可能减小对循环所经过的设备的腐蚀破坏作用。此外,还应选择无毒(或无刺激性)或低毒的冷冻剂,以免因泄漏而使操作者受害。

④ 冷冻剂最好不燃或不爆。

⑤ 冷冻剂应价廉,易于购得。

目前广泛使用的冷冻剂是氨。在石油化学工业中,常用石油裂解产品乙烯、丙烯作冷冻剂。丙烯的制冷程度与氨接近,但蒸发潜热小,危险性较氨大。乙烯的沸点为-103.7℃,在常压下蒸发即可得到-70~100℃的低温。乙烯的临界温度为 9.5℃。

氨在大气压下沸点为-33.4℃,冷凝压力不高。它的汽化潜热和单位重要冷冻能力均远超过其他冷冻剂,所需氨的循环量少。它的操作压力同其他冷冻剂相比也不高。即使冷却水温较高时,在冷凝器中压力也不会超过 1.6MPa。而当蒸发器温度低至-34℃时,其压力也不会低于 0.1MPa。因此,空气不会漏入而影响冷冻机正常操作。

氨几乎不溶于油,但易溶于水,1 个体积的水可溶解 700 个体积的氨。所以在氨系统内无冰塞现象。

氨对于铁、铜不起反应,但若氨中含水时,则对铜及铜的合金具有强烈的腐蚀作用。因此,在氨压缩机中不能使用铜及其合金的零件。

氨有强烈的刺激性臭味,若空气中超过 $30mg/m^3$,长期作业会对人体产生危害。氨属易燃、易爆物质,其爆炸下限为 15.5%。氨于 130℃开始明显分解,至 890℃时全部分解。

(3) 冷载体

冷冻机中产生的冷效应,通常不用冷冻剂直接作用于被冷物体。而是以一种盐类的水溶液作冷载体传给被冷物。此冷载体往返于冷冻机和被冷物之间,不断从被冷物取走热量,不断向冷冻剂放出热量。

常用的冷载体有氯化钠、氯化钙、氯化镁等溶液。对于一定浓度的冷冻盐水，有一定的冻结温度。所以在一定的冷冻条件下，所用冷冻盐水的浓度应较所需的浓度大，否则会产生冻结现象，使蒸发器蛇管外壁结冰，严重影响冷冻机操作。

盐水对金属有较大的腐蚀作用，在空气存在下，其腐蚀作用更强。因此，一般均采用密闭式的盐水系统，并在盐水中加入缓蚀剂。

（4）冷冻机

常用的压缩冷冻机由压缩机、冷凝器、蒸发器与膨胀阀等四个基本部分组成。冷冻设备所用的压缩机以氨压缩机为多见，在使用氨冷冻压缩机时应注意：

① 采用不发生火花的电气设备。

② 在压缩机出口方向，应于气缸与排气阀间设一个能使氨通到吸入管的安全装置，以防压力超高。为避免管路爆裂，在旁通管路上不装任何阻气设施。

③ 易于污染空气的油分离器应设于室外。压缩机要采用低温不冻结，且不与氨发生化学反应的润滑油。

④ 制冷系统压缩机、冷凝器、蒸发器以及管路系统，应注意其耐压程度和气密性，防止设备和管路裂纹、泄漏。同时要加强安全阀、压力表等安全装置的检查、维护。

⑤ 制冷系统因发生事故或停电而紧急停车，应注意其被冷物料的排空处理。

⑥ 装有冷料的设备及容器，应注意其低温材质的选择，防止低温脆裂。

4.2.4 筛分、过滤操作安全技术

1. 筛分

在生产中为满足生产工艺要求，常将固体原材料、产品进行颗粒分级。而这种分级一般是通过筛选办法实现的。通常筛选将其固体颗粒度（块度）分级，选取符合工艺要求的粒度，这一操作过程称为筛分。

筛分分为人工筛分和机械筛分。人工筛分劳动强度大，操作者直接接触粉尘，对呼吸器官及皮肤有很大危害；而机械筛分，大大减轻了体力劳动，减少与粉尘接触机会，如能很好密闭，实现自动控制，操作者将摆脱粉尘危害。

筛分所采用的设备是筛子，筛子分固定筛及运动筛两类。若按筛网形状又可分为转筒式和平板式两类。在转筒式运动筛中又有圆盘、滚筒式和链式等等；在平板式运动筛中，则有摇动式和簸动式。

物料粒度是通过筛网孔跟尺寸控制的。在筛分过程中，有的是筛余物符合工艺要求；有的是筛下部分符合工艺要求的。根据工艺要求还可进行多次筛分，去掉颗粒较大和较小部分而留取中间部分。

从安全角度出发，筛分要注意以下方面：

（1）在筛分操作过程中，粉尘如具有可燃性，应注意因碰撞和静电而引起粉尘燃烧、爆炸。如粉尘具有毒性、吸水性或腐蚀性，要注意呼吸器官及皮肤的保护，以防引起中毒或皮肤伤害。

（2）筛分操作是大量扬尘过程，在不妨碍操作、检查的前提下，应将其筛分设备最大限度地进行密闭。

（3）要加强检查，注意筛网的磨损和筛孔堵塞、卡料，以防筛网损坏和混料。

（4）筛分设备的运转部分要加防护罩以防绞伤人体。

（5）振动筛会产生大量噪声，应采用隔离等消声措施。

2. 过滤

在生产中欲将悬浮液中的液体与悬浮固体微粒有效的分离，一般采取过滤的方法。过滤操作是使悬浮液中的液体在重力、真空、加压及离心力的作用下，通过多细孔物体，而将固体悬浮微粒截留，进行分离的操作。

（1）过滤方法

过滤操作过程一般包括悬浮液的过滤、滤饼洗涤、滤饼干燥和卸料等四个组成部分。按操作方法可分为间歇过滤和连续过滤。过滤依其推动力可分为：

① 重力过滤。重力过滤是依靠悬浮液本身的液柱压差进行过滤。

② 加压过滤。加压过滤是在悬浮液上面施加压力进行过滤。

③ 真空过滤。真空过滤是在过滤介质下面抽真空进行过滤。

④ 离心过滤。离心过滤是借悬浮液高速旋转所产生的离心力进行过滤。

悬浮液的化学性质对过滤有很大影响。如液体有强腐蚀性，则滤布与过滤设备的各部件要选择耐腐蚀的材料制造。如果滤液的挥发性很强，或其蒸汽具有毒性，则整个过滤系统必须密闭。

重力过滤的速度不快，一般仅用于处理固体含量少而易于过滤的悬浮液。真空过滤其推动力较重力过滤强，能适应很多过滤过程的要求，因而应用较广。但它要受到大气压力与溶液沸点的限制，且需要设置专门的真空装置。加压过滤可提高推动力，但对设备的强度和严密性有较高的要求。其所加压力要受到滤布强度、堵塞、滤饼可压缩性以及对滤液清洁度要求程度的限制。离心过滤效率高、占地面积小，因而在生产中得到广泛应用。

（2）过滤材料介质的选择

生产上所用的过滤介质需具备下列基本条件：

① 必须具有多孔性、使滤液易通过，且孔隙的大小应能截留悬浮液粒；

② 必须具有化学稳定性。如耐腐蚀性、耐热性等；

③ 具有足够的机械强度。

根据上述条件对过滤介质进行选择。常用的过滤介质种类比较多，一般可归纳为粒状介质(如细砂、石砾、玻璃碴、木炭、骨灰、酸性白土等，适于过滤固相含量极少的悬浮液)、织物介质(可由金属或非金属丝织成)、多孔性固体介质(如多孔陶瓷板及管、多孔玻璃、多孔塑料等)。

（3）过滤过程安全技术

过滤机按操作方法分为间歇式和连续式。也可按照过滤推动力的不同分为重力过滤机、真空过滤机、加压过滤机和离心过滤机。

从操作方式看来，连续过滤较间歇式过滤安全。连续式过滤机循环周期短，能自动洗涤和自动卸料，其过滤速度较间歇式过滤机更高，且操作人员脱离与有毒物料接触，因而比较安全。

间歇式过滤机由于需要重复进行卸料、装合过滤机、加料等各项辅助操作，所以与连续式过滤相比，周期长，劳动强度大，直接接触毒物，且需要人工操作，因此不安全。

对于加压过滤机，当过滤中能散发有害的或有爆炸性气体时，不能采用敞开式过滤机操作，而要采用密闭式过滤机，并以压缩空气或惰性气体保持压力。在取滤渣时，应先放压力，否则会发生事故。

对于离心过滤机，应注意其选材和焊接质量，并应限制其转鼓直径与转速，以防止转鼓承受高压而引起爆炸。因此，在有爆炸危险的生产中，最好不使用离心机而采用转鼓式、带式等真空过滤机。

离心机超负荷运转、时间过长、转鼓磨损或腐蚀、启动速度过高均有可能导致事故的发生。对于上悬式离心机，当负荷不均匀时运转时，会发生剧烈振动，不仅磨损轴承，且会导致转鼓撞击外壳而发生事故。转鼓高速运转，物料也可能由外壳飞出，造成重大事故。

当离心机无盖或防护装置不良时，工具或其他杂物有可能落入其中，并以很大速度飞出伤人。即使杂物留在转鼓边缘，也可能引起转鼓振动，造成其他危险。

不停车或未停稳而清理器壁时，铲勺会从手中脱飞，使人致伤。在开停离心机时，不要用手帮忙以防发生事故。

当处理具有腐蚀性物料时，不应使用铜质转鼓，而应采用钢质衬铅或衬硬橡胶的转鼓。并应经常检查衬里有无裂缝，以防腐蚀性物料由裂缝腐蚀转鼓。镀锌、陶瓷或铝制转鼓，只能用于速度较慢、负荷较低的情况下，为安全起见，还应有特殊的外壳保护。此外，操作过程中加料不均匀，也会导致剧烈振动，应引起注意。

因此，离心机的安全操作应注意：

① 转鼓、盖子、外壳及底座应用韧性金属制造。对于轻负荷转鼓（50kg以内），可用铜制造，并要符合质量要求。

② 处理腐蚀性物料，转鼓需有耐腐衬里。

③ 盖子应与离心机启动联锁，运转中处理物料时，可先减速，然后在盖上开孔处处理。

④ 应有限速装置，在有爆炸危险厂房中，其限速装置不得因摩擦、撞击而发热或产生火花。同时，注意不要选择临界速度操作；

⑤ 离心机开关应安装在近旁，并应有锁闭装置。

⑥ 在楼上安装离心机时，要用工字钢或槽钢做成金属骨架，在其上要有减振装置，并注意其内、外壁间隙，转鼓与刮刀间隙，同时，应防止离心机与建筑物产生谐振。

⑦ 应定期进行检查离心机的内、外部及负荷。

4.2.5 粉碎、混合操作安全技术

1. 粉碎

在化工生产中，根据生产工艺的要求，需要把固体物料粉碎或研磨成粉末以增加其表面积，进而缩短化学反应的时间。将大块物料变成小块物料的操作称为粉碎或破碎；而将小块物料变成粉末的操作称为研磨。

（1）粉碎方法

粉碎分为湿法与干法粉碎。干法粉碎是最常用的方法，按粉碎物料的颗粒直径大小分为粗碎（直径40～1500mm）、中碎（直径5～50mm）和细碎（磨碎或研磨）（直径<5mm）。

按实际操作时的作用力形式，粉碎方法分为挤压、撞击、研磨、劈裂等。在化工生产中，一般对于特别坚硬的物料，挤压和撞击粉碎较为有效；对于韧性物料，用研磨或剪力粉碎较好；而对脆性物料以劈裂粉碎为宜。

（2）粉碎过程安全技术

粉碎的危险性主要由机械故障、机械及其所在的建筑物内的粉尘爆炸、精细粉料处理时

伴生的毒性以及高速旋转元件的断裂引起危险。

机械粉碎可以预见的误操作危险有内部危险和外部危险。内部危险通过设计安全余量和设备内部系统来控制消除，外部危险应加强防护。物质经过研磨时温度的升高可以测定出来，一般约40℃，但局部热点的温度很高，可以起火源的作用。静电的产生和轴承的过热也是问题。内部的粉尘爆炸在一定的条件下会引起二次爆炸。粉碎过程中，关键设备是粉碎机，选择的安全条件如下：①加料、出料最好是连续化、自动化；②具有防止破碎机损坏的安全装置；③产生粉末应尽可能少；④发生事故时能迅速停车；⑤必须有紧急制动装置，必要时可迅速停车。

（3）粉碎机械的一般安全设计

① 运转中的破碎机严禁检查、清理和检修。如果破碎机加料口与地面平齐，或低于地面不到1m，应设安全格子。

② 破碎装置周围的过道宽度必须大于1m。

③ 如果破碎机安装在操作台上，则操作台与地面之间高度应在1.5~2.0m。操作台必须坚固，沿台周边应设高1m的安全护栏。

④ 为防止金属物件落入破碎装置，必须装设磁性分离器。

⑤ 圆锥式破碎面应装设防护板，以防固体物料飞出伤人。还要注意加入破碎机的物料块度不应大于其破碎性能。

⑥ 球磨机必须具有一个带抽风管的严密外壳。如研磨具有爆炸性的物质时，则内部需衬以橡皮或其他柔性材料。

⑦ 对于各类粉碎、研磨设备要密闭，操作室要有良好通风，以减少空气中粉尘含量。必要时，室内可装设喷淋设备。

⑧ 对于能产生可燃粉尘的研磨设备，要有可靠的接地装置和爆破片。要注意设备润滑，防止摩擦发热。对于研磨易燃、易爆物质的设备，要通入惰性气体进行保护。为确保安全，初次研磨的物料，应事先在研钵中进行试验，以了解是否黏结、着火。然后正式进行机械研磨。可燃物料研磨后，应先行冷却，然后装桶，以防止发热引起燃烧。

⑨ 粉末输送管道应消除粉末沉积的可能，输送管道与水平方向夹角不得小于45°。

⑩ 加料斗需用耐磨材料制成，应严密。在粉碎时料斗不得卸空，盖子要盖严。

当发现粉碎系统中的粉末燃烧时，必须立即停止送料，并采取措施断绝空气来源，必要时充入氮气、二氧化碳以及水蒸气等惰性气体。但不宜使用加压水流或泡沫，以免可燃粉尘飞扬，使事故扩大。

2. 混合

凡使两种以上物料相互分散，而达到温度、浓度以及组成一致的操作，均称为混合。混合分液态与液态物料的混合、固态与液态物料的混合和固态与固态物料的混合。固体混合又分为粉末、散粒的混合。此外，还有糊状物料的捏合。混合操作是用机械搅拌、气流搅拌以及其他混合方法完成的。

（1）混合设备

① 液体混合设备。液体混合设备分机械搅拌（桨式搅拌器、螺旋桨式搅拌器、涡轮式搅拌器、特种搅拌器）与气流搅拌（是用压缩空气或蒸汽以及氮气通入液体介质中进行鼓泡，以达到混合目的的一种装置）。

② 固体、糊状物混合设备。固体介质的混合包括固体粉末和与糊状物的捏和。此类设

备有捏和机、螺旋混合器、干粉混合器等。

（2）混合过程安全技术

混合是加工制造业广泛应用的操作，依据不同的相及其固有的性质，有着特殊的危险，还有与动力机械相关的普通机械危险。因此，要根据物料性质(如腐蚀性、易燃易爆性、粒度、黏度等)正确选用设备。

对于利用机械搅拌进行混合的操作过程，其桨叶的强度是非常重要的。首先桨叶制造要符合强度要求，安装要牢固，不允许产生摆动。在修理或改造桨叶时，应重新计算其坚牢度。特别是在加长桨叶的情况下，尤其应该注意。因为桨叶消耗能量与其长度的5次方成正比。不注意这一点，可能会导致电机超负荷以及桨叶折断等事故发生。

搅拌器不可随意提高转速，尤其对于搅拌非常黏稠的物质，在这种情况下也可造成电机超负荷、桨叶断裂以及物料飞溅等。对于搅拌黏稠物料，最好采用推进式及透平式搅拌机。

为防止超负荷造成事故，应安装超负荷停车装置。对于混合操作的加、出料，应实现机械化、自动化。对于混合能产生易燃、易爆或有毒物质，混合设备应很好密闭，并充入惰性气体加以保护。当搅拌过程中物料产生热量时，若因故停止搅拌，将会导致物料局部过热。因此，在安装机械搅拌的同时，还要辅以气流搅拌，或增设冷却装置。对于有危险的气流搅拌，尾气需要回收处理。

对于混合可燃粉料，设备应很好接地以消除静电，并应在设备上安装爆破片。混合设备不允许落入金属物件。进入大型机械搅拌设备检修时，应切断设备电源或开关加锁，绝对不允许任意启动。

① 液-液混合

液-液混合一般是在有电动搅拌的敞开或封闭容器中进行。应依据液体的黏度和所进行的过程，如分散、反应、除热、溶解或多个过程的组合，设计搅拌。还需要有仪表测量和报警装置强化的工作保证系统。装料时就应开启搅拌，否则，反应物分层或偶尔结一层外皮会引起危险反应。为使夹套或蛇管有效除热，必须开启搅拌的情形，在设计中应充分估计到机械、电气和动力故障的影响以及与过程有关的危险。

对于低黏度液体的混合，一般采用静止混合器或某种类型的高速混合器，除去与旋转机械有关的普通危险外，没有特殊的危险。对于高黏度流体，一般是在搅拌机或碾压机中处理，必须排除混入的固体，否则会构成对人员和机械的伤害。对于爆炸混合物的处理，需要应用软墙或隔板隔开，远程操作。

② 气-液混合

有时应用喷雾器把气体喷入容器或塔内，借助机械搅拌实现气体的分配。很显然，如果液体是易燃的，而喷入的是空气，则可在气-液界面之上形成易燃蒸气-空气的混合物、易燃烟雾或易燃泡沫。需要采取适当的防护措施，如整个流线的低流速或低压报警、自动断路、防止静电产生等，才能使混合顺利进行。如果是液体在气体中分散，则可能会形成毒性或易燃性悬浮微粒。

③ 固-液混合

固-液混合可在搅拌容器或重型设备中进行。如果是重质混合，必须移除一切坚硬的无关的物质。在搅拌容器内固体分散或溶解操作中，必须考虑固体在器壁的结垢和出口管线的堵塞。

④ 固–固混合

固–固混合用的是重型设备，这个操作最突出的特点是机械危险。如果固体是可燃的，必须采取防护措施把粉尘爆炸危险降至最低程度，如在惰性气氛中操作，需采用爆炸卸荷防护墙设施，消除火源，要特别注意静电的产生或轴承的过热等。应该采用筛分、磁分离、手工分类等移除杂金属或过硬固体等。

⑤ 气–气混合

无须机械搅拌，只要简单接触就能达到充分混合。易燃混合物和爆炸混合物需要采用惯常的防护措施。

4.2.6 熔融、干燥操作安全技术

1. 熔融

在化工生产中，常常需将某些固体物料（如苛性钠、苛性钾、萘、磺酸钠等）熔融之后进行化学反应。

熔融操作的主要危险来源于被熔融物料的化学性质、熔融时的黏度、熔融过程中副产物的生成、熔融设备、加热方式以及物料的破碎等方面。

（1）熔融物料的性质

被熔固体物料本身的危险特性对操作安全有很大的影响。例如，碱熔过程中的碱，可使蛋白质变为一种胶状化合物，又可使脂肪变为胶状的物质。碱比酸具有更强的渗透能力，且渗入组织较快，因此碱对皮肤的灼伤要比酸更为严重。尤其是固碱粉碎、熔融过程中，碱屑或碱液飞溅至眼部，其危险性更大，不仅使眼角膜、结膜立即坏死糜烂，同时向深部渗入，损坏眼球内部，致使视力严重减退甚至失明。

（2）熔融物中的杂质

熔融物中的杂质种类和数量对安全操作产生很大的影响。例如，在碱熔过程中，碱和磺酸盐的纯度是该过程中影响安全的最重要因素之一。若碱和磺酸盐中含有无机盐杂质，应尽量除去。否则，其中的无机盐杂质不熔融，并且呈块状残留于反应物内。块状杂质的存在，妨碍反应物的混合，并能使其局部过热、烧焦，致使熔融物喷出，烧伤操作人员。因此必须经常清除锅垢。

（3）物料的黏度

能否安全进行熔融，与反应设备中物料的黏度有密切关系。反应物料流动性越好，熔融过程就越安全。

为使熔融物具有较大的流动性，可用水将其适当稀释。当苛性钠或苛性钾有水存在时，其熔点就会显著降低，从而使熔融过程可以在危险性较小的低温状态下进行。

在化学反应中，使用40%~50%的碱液代替固碱较为合理。这样可以免去固碱粉碎及熔融过程。在必须用固碱时，也最好使用片碱。

（4）碱熔设备

碱熔设备一般分为常压操作与加压操作两种。常压操作一般采用铸铁锅，加压操作一般采用钢制设备。

为了加热均匀，避免局部过热，熔融是在搅拌下进行的。对液体熔融物（如苯磺酸钠）可用桨式搅拌。对于非常黏稠的糊状熔融物可采用锚式搅拌。

熔融过程在150~350℃下进行时，一般采用烟道气加热，也可采用油浴或金属浴加热。

使用煤气加热时，应注意防止煤气泄漏而引起的爆炸或中毒。

对于加压熔融的操作设备，应安装压力表、安全阀和排放装置。

2. 干燥

化工生产中的固体物料，含有不同程度的湿分（水或其他液体），不利于加工、使用、运输和储存，有必要除去其中的湿分。一般除去湿分的方法有多种，例如机械去湿、吸附去湿、加热去湿，其中用加热的方法使固体物料中的湿分气化并除去的方法称为干燥，干燥能将湿分去除得比较彻底。

1）干燥的分类

干燥按操作压强可分为常压干燥和减压干燥。其中减压干燥主要用于处理热敏性、易氧化或要求干燥产品中湿分含量很低的物料；按操作方式可分为间歇干燥与连续干燥，间歇干燥用于小批量、多品种或要求干燥时间很长的场合；按干燥介质类别可划分为空气、烟道气或其他介质的干燥；按干燥介质与物料流动方式可分为并流、逆流和错流干燥。按加热量供给方式可分为对流干燥、辐射干燥和电加热干燥。

2）干燥过程安全技术

（1）干燥过程影响因素

干燥过程中影响干燥效果的有以下几个因素：

① 物料的性质和形状。在干燥第一阶段，尽管物料的性质对干燥速率影响很小，但物料的形状、大小、物料层的厚薄等将影响物料的临界含水量。在干燥第二阶段，物料的性质和形状对干燥度有决定性的影响。

② 物料的湿度。干燥过程中，物料的湿度越高，干燥速率越大。另外物料的湿度与干燥介质的温度和湿度有关。

③ 物料的含水量。物料的最初、最终和临界含水量决定了各阶段的干燥时间。

④ 干燥介质的温度和湿度。干燥介质温度越高、湿度越低，则干燥第一阶段的干燥速率越大，但应以不损坏物料为原则，特别是对热敏性物料，更应注意控制干燥介质的温度。有些干燥设备采用分段中间加热的方式，可以避免介质温度过高。

⑤ 干燥介质的流速和流向。在干燥第一阶段，提高气速可以提高干燥速率。介质的流动方向垂直于物料表面时的干燥速率比平行时要大。在干燥第二阶段，气速和流向对干燥速率影响较小。

（2）安全运行操作条件

正确选择干燥器，确定最佳的工艺条件，进行安全控制和调节，才能保障干燥的正常运行。

工业生产中的对流干燥，干燥介质不统一，干燥的物料多种多样，干燥设备类型多，干燥机理复杂。因此，目前仍以实验手段和经验来确定干燥过程的最佳条件。

通常对于一个特定的干燥过程，干燥器、干燥介质、湿物料的含水量、水分性质、温度以及干燥产品质量确定后，仍需确定干燥介质的流量 L、进出干燥器的温度 t_1 和 t_2、出干燥器时废气的湿度 H_2 等最佳操作条件。但这四个参数是相互关联和影响的，当任意规定其中的两个参数时，另外两个参数也就确定了。例如，在对流干燥操作中，只有两个参数可以作为自变量而加以调节。在实际操作中，主要调节的参数是进入干燥器的干燥介质温度 t_1 和流量 L。

① 干燥介质进口温度调节

为提高干燥经济性，干燥介质的进口温度应尽量高一些，但要防止物料发生质变。同一物料在不同类型的干燥器中干燥时，允许的介质进口温度也不同。例如，在箱式干燥器中，干燥介质的进口温度不宜过高，原因是物料静止，只与物料表面直接接触，容易过热。而在转筒、沸腾、气流等干燥器中，干燥介质的进口温度可高些，原因是物料在不断翻动，表面更新快，干燥过程均匀、速率快、时间短。

② 干燥介质出口温度调节

提高干燥介质的出口温度，废气带走的热量多，热损失大。如果介质的出口温度太低，废气可能在出口处或排气设备中析出水滴（达到露点），破坏正常的干燥操作。例如气流干燥器，要求干燥介质的出口温度较物料的出口温度高 10~30℃ 或较其进口时的绝热饱和温度高 20~50℃，否则，可能会导致干燥产品返潮，并造成设备的堵塞和腐蚀。

③ 干燥介质流量调节

增加空气的流量可以增加干燥过程的推动力，提高干燥速率。但空气流量的增加，会造成热损失增加，热量利用率下降，同时还会使动力消耗增加。而气速的增加，会导致产品回收负荷增加。生产中，要综合考虑温度和流量的影响，合理选择干燥介质流量。

④ 干燥介质出口相对湿度调节

干燥介质出口的相对湿度增加，可使一定量的干燥介质带走的水汽量增加，降低操作费用，同时会导致过程推动力减小、干燥时间增加或干燥器尺寸增大，从而使总费用增加，因此，必须综合考虑。例如，气流干燥器物料停留时间短，增大推动力有利于提高干燥速率，一般控制出口干燥介质中的水汽分压小于出口物料表面水汽分压的 50%。对转筒干燥器，出口干燥介质中的水汽分压为出口物料表面水汽分压的 50%~80%。

⑤ 干燥介质出口温度与相对湿度的调节关系

对于一台干燥设备，干燥介质的最佳出口温度和湿度一般通过实验来确定，主要通过控制、调节干燥介质的进口温度和流量来实现。例如，对同样的干燥任务，提高干燥介质的流量或进口温度，可使干燥介质的相对湿度降低，出口温度上升。

在有废气循环使用的干燥装置中，通常将循环的废气与新鲜空气混合后进入预热器加热，再送入干燥器，以提高传热、传质系数及热能的利用率。如果循环废气量大，进入干燥器的干燥介质湿度增加，将使过程的传质推动力下降。因此，在保证产品质量和产量的前提下，选择合适的循环比。

干燥操作的目的是使物料中的含水量降至规定的指标之下，且无龟裂、焦化、变色、氧化和分解等变化；干燥过程的经济性主要取决于热能消耗及热能的利用率。因此，在化工生产中，要综合考虑，选择适宜的操作条件，实现优质、高产、低耗的目标。

4.2.7 蒸发、蒸馏操作安全技术

1. 蒸发

蒸发是通过加热使溶液中的溶剂不断汽化并被移除，以提高溶液中溶质浓度，或使溶质析出的物理过程。如制糖工业中蔗糖水、甜菜水的浓缩，氯碱工业中的碱液提浓以及海水制盐等均采用蒸发的办法。

蒸发的溶液都具有一定的特性，如溶质在浓缩过程中若有结晶、沉淀和污染产生，这样会导致传热效率降低，并且产生局部过热，因此，对加热部分需经常清洗。

对具有腐蚀性溶液的蒸发，需要考虑设备的腐蚀问题，为了防腐，有的设备需要用特种钢材来制造。

热敏性溶液应控制蒸发温度。溶液的蒸发会产生不稳定的结晶和沉淀物，局部过热会使其分解变质或燃烧、爆炸，需严格控制蒸发温度。为防止热敏性物质分解，可采用真空蒸发的方法，降低蒸发温度，缩短停留时间和与加热面接触的时间，例如采用单程循环、快速蒸发等。

2. 蒸馏

蒸馏是借液体混合物各组分挥发度的不同，使其分离为纯组分操作。蒸馏操作可分为间歇蒸馏和连续蒸馏；按压力分为常压、减压和加压(高压)蒸馏。此外还有特殊蒸馏。如蒸汽蒸馏、萃取蒸馏、恒沸蒸馏和分子蒸馏等。

一般应根据物料性质、工艺要求，正确选择蒸馏方法和蒸馏设备。选择蒸馏方法时，还应考虑操作压力及操作过程，操作压力的改变可直接导致液体沸点的改变，即改变液体的蒸馏温度。因此，需要根据加热方式、物料性质等采取相应的安全措施。

一般难挥发的物料(在常压下沸点150℃以上)应采用真空蒸馏。这样可以降低蒸馏温度，防止物料在高温下变质、分解、聚合和局部过热现象的产生。中等挥发性物料(沸点为100℃左右)采用常压蒸馏分离较为合适，若采用真空蒸馏，反而会增加冷却的困难。常压下沸点低于30℃的物料，则应采用加压蒸馏，但是应注意系统密闭和压力设备的安全。

(1)常压蒸馏

在常压蒸馏中，对于易燃液体的蒸馏禁止采用明火作为热源，一般采用蒸气或过热水蒸气加热较为安全。对于腐蚀性液体的蒸馏，应选择防腐耐温高强度材料，以防止塔壁、塔盘腐蚀泄漏，导致燃烧、爆炸、灼伤等危险。对于自燃点很低的液体蒸馏，应注意蒸馏系统的密闭，防止因高温泄漏遇空气自燃。

蒸馏高沸点物料时，应防止产生自燃点很低的树脂油状物遇空气而自燃。同时应防止蒸馏，使残渣转化为结垢，从而引起局部过热而燃烧、爆炸。应经常清除油焦和残渣。

对于高温的蒸馏系统，需防止因设备损坏而使冷却水进塔，水迅速汽化，导致塔内压力突然增高，将物料冲出或发生爆炸。故在开车前应对换热器试压并将塔内和管道内的水放尽。

冷凝器中的冷却水或冷冻盐水不能中断，否则会超温、超压，未冷凝的易燃蒸气逸出，引起燃烧、爆炸等危险。在常压蒸馏系统中，还应注意防止凝固点较高的物质凝结堵塞管道，导致塔内压力增高而引起危险。

(2)减压蒸馏(真空蒸馏)

真空蒸馏是一种较安全的蒸馏方法。对于沸点较高、高温易分解、易爆炸或易聚合的物质，采用真空蒸馏分离较为合适。例如，在高温下苯乙烯易聚合、硝基甲苯易分解爆炸，通常采用真空蒸馏的方法。

真空蒸馏系统的密闭性是非常重要的，否则吸入空气，与塔内易燃气混合形成爆炸性混合物，就有引起爆炸或者燃烧的危险。当易燃易爆物质蒸馏完毕，应充入氮气后，再停止真空泵，以防止空气进入系统，引起燃烧或爆炸危险。真空泵应安装单向阀，以防止突然停泵而使空气倒入设备。

真空蒸馏应注意其操作程序：先开冷却器进水阀，然后开真空进气阀，最后打开蒸汽阀门。否则，物料会被吸入真空泵，并引起冲料，使设备受压甚至产生爆炸。真空蒸馏易燃物质的排气管应连接排气系统或室外高空排放，管道上要安装阻火器。

（3）加压蒸馏

在加压蒸馏中，气体或蒸汽容易泄漏造成燃烧、中毒的事故。因此，设备应严格进行气密性和耐压试验，并安装安全阀和温度、压力的调节控制装置，严格控制蒸馏温度与压力。在石油产品的蒸馏中，应将安全阀的排气管与火炬系统相接，安全阀起跳时，即可将物料排入火炬系统烧掉。

在蒸馏易燃液体时，应注意系统的静电消除。特别是苯、丙酮、汽油等不易导电液体的蒸馏，更应将蒸馏设备、管道良好接地。室外蒸馏塔应安装可靠的避雷装置。

蒸馏设备应经常检查、维修，认真搞好开车前、停车后的系统清洗、置换工作，避免发生事故。对易燃易爆物质的蒸馏，厂房要符合防爆要求，有足够的泄压面积，室内电机、照明等电气设备均应采用防爆产品。

4.2.8 吸收操作安全技术

吸收是指气体混合物在溶剂中选择性溶解，实现气体混合物组分分离的过程。如在污染控制中常见的，溶质的浓度很低，这时就称为"洗气"。有时，少量的气体的断续排放，可用插入容器中液体的喷管简单鼓泡完成吸收。需要监测溶剂的补充和溢流以及防止气体回吸。为了安全，容器中的液面应自动控制和易于检查。对于毒性气体，必须有低液位报警。

最常用于吸收的是喷雾塔、填料塔或板式塔，气体和溶剂逆流。为了安全操作，需要做以下考虑：

（1）控制溶剂的流量和组成，如洗涤酸气的溶液的碱性。如果吸收剂是用来排除气流中的毒性气体，而不是向大气排放，如用碱溶液洗涤氯气，用水排除氨气，液流的失控会造成严重事故。

（2）在设计限度内控制入口气流，检测其组成。

（3）控制出口气的组成。

（4）适当选择适于与溶质和溶剂的混合物接触的结构材料。

（5）在进口气流速、组成、温度和压力的设计条件下操作。

（6）避免潮气转移至出口气流中，如应用严密筛网或填充床除雾器等。

（7）由于吸收操作处理的是气体混合物，为防止气体逸出造成燃烧、爆炸和中毒等事故，设备必须保证有很好的密闭性。

（8）吸收操作中有很多吸收剂具有腐蚀性等危险特性，在使用时应按化学危险物质使用注意事项操作，避免造成伤害性事故。

一旦出现控制变量不正常的情况，应能自动启动报警装置。控制仪表和操作程序应能防止气相中溶质载荷的突增以及液体流速的波动。

4.2.9 萃取操作安全技术

萃取是指在欲分离的液体混合物中加入一种合适的溶剂，使其形成两相，利用液体混合物中各组分分配系数差异的性质，易溶组分较多地进入溶剂相中，从而实现混合液分离的过程。液-液萃取也称溶剂萃取。在萃取过程中，混合液体为原料液，原料液中欲分离的组分称为溶质，其余组分称为稀释剂。所用的溶剂称为萃取剂，由萃取剂和溶质组成的溶液为萃取相，剩余的溶液称为萃余相。萃余相主要成分是稀释剂、残余的溶质等组分。萃取过程具有常温操作、无相变的特点，如果吸收剂选择适当，可以获得较好的分离效果，技术经济效益显著。萃取操作是分离液体混合物的常用化工单元操作之一，在石油化工、精细化工、原子能化工等方面被广泛应用。

萃取操作过程由混合、分层、萃取相分离、萃余相分离等一系列过程及设备完成。工业生产中所采用的萃取主要有单极和多极之分。单极萃取过程应特别注意产生的静电积累，若是搪瓷反应釜，液体表层积累的静电很难被消除，会在物料放出时产生放电火花。

对于萃取过程有许多易燃性介质，相混合、相分离以及泵输送等操作，都应考虑采取消除静电的措施。对于放射性化学物质的处理，可采用无须机械密封的脉冲塔。在需要最小持液量和非常有效的相分离的情况下，则应该采用离心式萃取器。

4.3 化工单元设备安全技术

化工单元操作涉及的主要设备有：泵、换热器、反应器、搅拌器、蒸发器以及存储容器等。这些设备的运行状态直接影响系统安全。

4.3.1 泵的安全运行

泵是化工单元中的主要流体机械。泵的安全运行涉及流体的平衡、压力的平衡和物系的正常流动。表4-1为常用的化工泵。

表4-1　泵的类型

类别\指标	叶片式			容积式	
	离心式	轴流式	旋涡式	活塞式	转子式
液体排出状态	流率均匀			有脉冲	流率均匀
液体品质	均一液体(或含固体液体)	均一液体	均一液体	均一液体	均一液体
允许吸上真空高度/m	4~8		2.5~7	4~5	4~5
扬程(或排出压力)	范围大，10~600m(多级)	低，2~20m	较高，单级可达100m以上	范围大，排出压力0.3~6.0MPa	
体积流量/(m³/h)	范围大5~30000	大约6000	较小0.4~20	范围较大1~600	
流量与扬程关系	流量减小，扬程增大；反之，流量增大，扬程降低	同离心式	同离心式，但增率和降率较大(即曲线较陡)	流量增减排出压力不变，压力增减流量近似为定值(电动机恒速)	同离心式泵
构造特点	转速高，体积小，运转平稳，基础小，设备维修较易		与离心式基本相同，翼轮较离心式叶片结构简单，制造成本低	转速低，能力小，设备形体庞大，基础大，与电动机联接复杂	同离心式泵
流量与轴功率关系	依泵比转数而定，当流量减少，轴功率减少	依泵比转数而定，当流量减少轴功率增加	流量减少，轴功率增加	当排出压力定值时，流量减少，轴功率减少	

1. 泵的安全选择

（1）选择合适的流量和扬程。泵的流量应按最大流量或正常流量的 1.1~1.2 倍确定。扬程依据管网系统的安装和操作条件而定。所选泵的扬程值应大于所需的扬程值。

（2）选择适用的类型。根据现有系列产品、介质物性和工艺要求初选泵的类型，再根据样本选出泵的型号。

一般溶液可选用任何类型泵输送；悬浮液可选用隔膜式往复泵或离心泵输送；黏度大的液体、胶体溶液、膏状物和糊状物时可选用齿轮泵、螺杆泵和高黏度泵，这几种泵在高聚物生产中广泛应用；毒性或腐蚀性较强的可选用屏蔽泵；输送易燃易爆的有机液体可选用的防爆型电机驱动的离心式油泵等。

对于流量均匀性没有一定要求的间歇操作可用任何一类的泵；对于流量要求均匀的连续操作以选用离心泵为宜；扬程大而流量小的操作可选用往复泵；扬程不大而流量大时选用离心泵合适；流量很小但要求精确控制流量时可用比例泵，例如输送催化剂和助剂的场所。

此外，还需要考虑设置泵的客观条件，如动力种类(电、蒸汽、压缩空气等)、厂房空间大小、防火、防爆等级等。

因离心泵结构简单，输液无脉动，流量调节简单，因此，除离心泵难以胜任的场合外，应尽可能选用离心泵。

（3）选择合适的工艺参数和材质。泵的类型确定后，可以根据工艺装置参数和介质特性选择泵的系列和材料；根据泵的样本及有关资料确定其具体型号；按工艺要求核算泵的性能；确定泵的几何安装高度，确保泵在指定的操作条件下不发生汽蚀；计算泵的轴功率；确定泵的台数。

2. 泵的安全运行与故障处理

（1）泵的安全运行

保证泵的安全运行的关键是加强日常检查，包括：定时检查各部轴承温度；定时检查各出口阀压力、温度；定时检查润滑油压力，定期检验润滑油油质；检查填料密封泄漏情况，适当调整填料压盖螺栓松紧；检查各传动部件应无松动和异常声音；检查各连接部件紧固情况，防止松动；泵在正常运行中不得有异常振动声响，各密封部位无滴漏，压力表、安全阀灵活好用。

（2）泵的故障与处理

见表 4-2。

表 4-2　泵的故障与处理

序号	故障现象	故障原因	处理方法
1	流量不足或输出压力太低	吸入管道阀门稍有关闭或阻塞，过滤器堵塞 阀接触面损坏或间面上有杂物使阀面密合不严 柱塞填料泄漏	打开阀门、检查吸入管和过滤器 检查门的严密性，必要时更换阀门 更换填料或拧紧填料压盖
2	阀门有剧烈敲击声	阀的升程过高	检查并清洗阀门升程高度
3	压力波动	安全阀导向阀工作不正常 管道系统漏气	调节安全阀，检查、清理导向阀 处理漏点

序号	故障现象	故障原因	处理方法
4	异常响声或振动	原轴与驱动机同心度不好 轴弯曲 轴承损坏或间隙过大 地脚螺栓松动	重新找正 校直轴或更换轴 更换轴承 紧固地脚螺栓
5	轴承温度过高	轴承内有杂物 润滑油质量或油量不符合要求 轴承装配质量不好 与驱动机对中不好	清除杂物 更换润滑油、调整油量 重新装配 重新找正
6	密封泄漏	填料磨损严重 填料老化 柱塞磨损	更换填料 更换填料 更换柱塞

3. 离心泵的安全运行

离心泵的结构如图4-1所示，叶轮与泵轴连在一起，可以与轴一起旋转，泵壳上有两个接口，一个在轴向，接吸入管，一个在切向，接排出管。通常，在吸入管口装有一个单向底阀，在排出口装有一调节阀，用来调节流量。

离心泵安装高度不能太高，应小于允许安装高度。安装空心泵时，混凝土基础需稳固，且基础不应与墙壁、设备或房柱基础相连接，以免产生共振，引起物料泄漏。尽量设法减小吸入管路的阻力，以减少发生汽蚀的可能性。离心泵吸入管路应短而直；吸入管路的直径可以稍大；减少吸入管路不必要的管件和阀门，调节阀应装于出口管路。

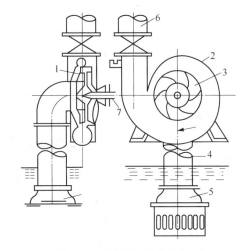

图4-1 离心泵的构造和装置
1—叶轮；2—泵；3—叶片；4—吸入导管；
5—底间；6—压出导管；7—泵轴

离心泵安全运行要点如下：

（1）开泵前，检查泵的进排出阀门的开关情况，泵的冷却和润滑情况，压力表、温度计流量表等是否灵敏，安全防护装置是否齐全。

（2）盘车数周，检查是否有异常声响或阻滞现象。

（3）离心泵启动前应灌泵，并排气。应在出口阀关闭的情况下启动泵，使启动功率最小，以保护电动机。泵体和吸入管必须用液体充满，如在吸液管的一侧装单向阀门，使泵在停止工作时泵内液体不致流空，或将泵置于吸入液面之下，或采用自灌式离心泵都可将泵内空气排空。如果是输送易燃、易爆、易中毒介质的泵，在灌注、排气时，应特别注意勿使介质从排气阀内喷出。如果是易腐蚀介质，勿使介质喷到电机或其他设备上。

（4）为防止杂物进入泵体，吸入口应加过滤网。泵与电机的联轴节应加防护罩以防绞伤。应检查泵及管路的密封情况。

（5）启动泵后，检查泵的转动方向是否正确。当泵达到额定转数时，检查空负荷电流是否超高。当泵内压力达到工艺要求后，立即缓慢打开出口阀。泵开启后，关闭出口阀的时间不能超过 3min。因为泵在关闭排出阀运转时，叶轮所产生的全部能量都变成热能使泵变热，时间一长有可能把泵的摩擦部位烧毁。

（6）停泵前先关闭出口阀，以免泵进入空转，损坏叶轮，然后停下原动机，关闭泵入口阀。

（7）在输送可燃性液体时，管内流速不能大于安全流速，且管道应有可靠的接地措施以防静电。同时要避免吸入口产生负压，使空气进入系统导致爆炸。泵运转中应定时检查、维修等，特别要经常检查轴封的泄漏和发热情况；经常检查轴承是否过热；注意润滑。

（8）如果遇到泵突然发出异声、振动、压力下降、流量减小或电流增大等不正常情况时，应停泵检查，找出原因后再重新开泵。

（9）结构复杂的离心泵必须按制造厂家的要求进行启动、停泵和维护。

4.3.2 换热器的安全运行

换热器是用于两种不同温度介质进行传热即热量交换的设备，又称"热交换器"。可使一种介质降温而另一种介质升温，以满足各自的需要。

1. 按换热器的用途分类

（1）加热器。加热器用于把流体加热到所需的温度，被加热流体在加热过程中不发生相变。

（2）预热器。预热器用于流体的预热，以提高整套工艺装置的效率，

（3）过热器。过热器用于加热饱和蒸汽，使其达到过热状态。

（4）蒸发器。蒸发器用于加热液体，使之蒸发汽化。

（5）再沸器。再沸器用于加热已冷凝的液体，使之再受热汽化。

（6）冷却器。冷却器用于冷却流体，使之达到所需要的温度。

（7）冷凝器。冷凝器用于冷凝饱和蒸汽，使之放出潜热而凝结液化。

2. 按换热器传热面形状和结构分类

（1）管式换热器。管式换热器通过管子壁面进行传热，按传热管的结构不同，可分为列管式换热管、套管式换热器、蛇管式换热器和翅片管式换热器等几种。其中管式换热器应用最广。

（2）板式换热器。板式换热器通过板面进行传热，按传热板的结构形式，可分为平板式换热器、螺旋板式换热器、板翅式换热器和热板式换热器。

（3）特殊形式换热器。这类换热器是指根据工艺特殊的要求而设计的具有特殊结构的换热器。如回转式换热器、热管式换热器等。

3. 按换热器所用材料分类

（1）金属材料换热器。金属材料换热器是由金属材料制成，常用金属材料有碳钢、合金钢、铜及铜合金、铝及铝合金、铁及铁合金等。由于金属材料的热导率较大，故该类换热器的传热效率较高，生产中用到的主要是金属材料换热器。

（2）非金属材料换热器。非金属材料换热器由非金属材料制成，常用非金属材料有石墨、玻璃、塑料以及陶瓷等。该类换热器主要用于具有腐蚀性的物料。由于非金属材料的热导率较小，所以其传热效率较低。

化工生产中常用的间壁式换热器，是通过将两种流体隔开的固体壁面进行传热的换热器，主要有管壁传热式换热器和板壁传热式换热器两种，其主要特征见表4-3。

表 4-3　间壁式换热器主要特征

传热形式	操作压力	设备形式	适宜使用范围		构造	流体的污浊程度	备注
			传热面积	流量			
管壁传热	低压至高压均可使用	列管式	小~大	小~大	固定管板型	壳程大管程小	(1) 壳程污浊程度小时，采用三角排列，污浊程度大则采用正方形排列； (2) 壳程一侧传热系数小，可以采用加挡板和螺旋翅板来提高传热效果
					浮头型	壳程大管程小	
					U形管式	壳程大管程小	
		套管式	小	小	可以清扫结构	大	(1) 用于传热面积小和流量小的场所； (2) 成本低(趋于大型时成本增高)； (3) 外管侧若传热系数小，可加翅片来加强传热效果
					不能清扫结构	小	
		蛇管	小	小~中		管外大管内小	管外侧传热系数小可加搅拌加快传热
板壁式传热	低至中压用	平板	小~中	小~中	凹凸板型	中	压力损失小，流速大，传热系数大
		螺旋板	小~大	小~大	翅片板型	小	(1) 适用于液体有部分发生状态变化的场合； (2) 压力损失小；流速大，传热系数大
						大	

换热器一般也是压力容器，除了承受压力载荷外，还有温度载荷(产生热应力)，并常伴随有振动和特殊环境的腐蚀发生。

换热器的运行中涉及工艺过程中的热量交换、热量传递和热量变化，过程中如果热量积累，造成超温就会发生事故。

4. 换热器的安全选择

选择换热器形式时，要根据热负荷、流量的大小，流体的流动特性和污浊程度，操作压力和温度，允许的压力损失等因素，结合各种换热器的特征与使用场所的客观条件来合理选择。其要点是：

(1) 确定基本信息。如流体流量，进、出口温度，操作压力，流体的腐蚀情况等。

(2) 确定定性温度下流体的物性数据，如动力黏度、密度、比热容、热导率等。

(3) 根据设计任务计算热负荷与加热剂(或冷却剂)用量。

(4) 根据工艺条件确定换热器类型，并确定走管程、壳程的流体。

(5) 计算传热面积，选换热器型号，确定换热器的基本结构参数(所选的换热器的传热面积应为计算面积的 1.15~1.25 倍)。

5. 换热器的安全运行与故障处理

(1) 选择适当的换热方式

正确选择夹套、内冷、外冷、冷却剂是换热装置的安全运行的关键。

① 夹套具有结构简单，不影响釜内流型等优点，但换热面积较小，传热系数不大。近年来采用了夹套内加螺旋板、安装喷嘴等方法来增加传热系数。

② 内冷管。当需要较大传热面积而夹套传热面积不足时，可在釜内增设列管、盘管、烛形换热管(插套式)等。但对容易粘壁、结疤的物料，釜内尽量不加或少加内冷管。

③ 外冷装置。通常有两种方式：物料外循环——将物料引出釜外经换热后又重新返回釜内，反复循环以调节釜温。对于低温粘壁、结块的物料不宜使用这种方法，以防止堵塞管道；溶剂蒸发回流——溶剂或反应物在反应温度下汽化吸收热量，蒸汽在釜外冷凝器中冷凝回流。若蒸汽中夹带有惰性气体应当排除。

④ 冷却剂。通过冷却剂(或稀释剂或反应物)来吸收热量从而达到调温的目的。使用冷料来达到反应釜内自冷却，还有助于克服高黏度物料传热不易的困难。但是，冷却剂会使反应物浓度降低，导致设备生产能力减小而溶剂回收费用增加，所以此法只适用于特殊情况。

上述各种方法的选择决定于：传热面积是否容易被沾染而需要清洗；所需传热面积的大小；传热介质泄漏可能造成的损害；传热介质的温度和压力。

（2）换热器的安全运行

化工生产中对物料进行加热(沸腾)、冷却(冷凝)，由于加热剂、冷却剂等的不同，换热器具体的安全运行要点也有所不同。

① 蒸汽加热必须不断排除冷凝水，否则积于换热器中，部分或全部变为无相变传热，传热速率下降。同时还必须及时排放不凝性气体。因为不凝性气体的存在使蒸汽冷凝的给热系数大大降低。

② 热水加热，一般温度不高，加热速度慢，操作稳定，只要定期排放不凝性气体，就能保证正常操作。

③ 烟道气一般用于生产蒸汽或加热、汽化液体，烟道气的温度较高，且温度不易调节，在操作过程中，必须时时注意被加热物料的液位、流量和蒸汽产量，还必须做到定期排污。

④ 导热油加热的特点是温度高(可达400℃)、黏度较大、热稳定性差、易燃、温度调节困难，操作时必须严格控制进出口温度，定期检查进出管口及介质流道是否结垢，做到定期排污，定期放空，过滤或更换导热油。

⑤ 水和空气冷却操作时，应注意根据季节变化调节水和空气的用量，用水冷却时，还要注意定期清洗。

⑥ 冷冻盐水冷却操作时，温度低，腐蚀性较大，在操作时应严格控制进出口的温度防止结晶堵塞介质通道，要定期放空和排污。

⑦ 冷凝操作需要注意的是，定期排放蒸汽侧的不凝性气体，特别是减压条件下不凝性气体的排放。

（3）换热器的常见故障与维修方法

① 列管换热器的维护和保养

a. 保持设备外部整洁，保温层和油漆完好。

b. 保持压力表、温度计、安全阀和液位计等仪表和附件的齐全、灵敏和准确。

c. 发现阀门和法兰连接处渗漏时，应及时处理。

d. 开停换热器时，不要将阀门开得太猛，否则容易造成管子和壳体受到冲击，以及局部骤然胀缩，产生热应力，使局部焊缝开裂或管子连接口松弛。

e. 尽可能减少换热器的开停次数，停止使用时，应将换热器内的液体清洗放净，防止冻裂和腐蚀。

f. 定期测量换热器的壳体厚度，一般两年一次。

列管换热器的常见故障及其处理方法见表4-4。

表4-4 列管换热器的常见故障与处理方法

故障	产生原因	处理方法
传热效率下降	(1) 列管结垢 (2) 壳体内不凝汽或冷凝液增多 (3) 列管、管路或阀门堵塞	(1) 清洗管子 (2) 排放不凝汽和冷凝液 (3) 检查清理
振动	(1) 壳程介质流动过快 (2) 管路振动所致 (3) 管束与折流板的结构不合理 (4) 机座刚度不够	(1) 调节流量 (2) 加固管路 (3) 改进设计 (4) 加固机座
管板与壳体连接处开裂	(1) 焊接质量不好 (2) 外壳歪斜，连接管线拉力或推力过大 (3) 腐蚀严重，外壳壁厚减薄	(1) 清除补焊 (2) 重新调整找正 (3) 鉴定后修补
管束、胀口渗漏	(1) 管子被折流板磨破 (2) 壳体和管束温差过大 (3) 管口腐蚀或胀(焊)接质量差	(1) 堵管或换管 (2) 补胀或焊接 (3) 换管或补胀(焊)

② 板式换热器的维护和保养

a. 保持设备整洁、油漆完好，紧固螺栓的螺纹部分应涂防锈油并加外罩，防止生锈和黏结灰尘。

b. 保持压力表、温度计灵敏、准确、阀门和法兰无渗漏。

c. 定期清理和切换过滤器，预防换热器堵塞。

d. 组装板式换热器时，螺栓的拧紧要对称进行，松紧适宜。

板式换热器的主要故障和处理方法见表4-5。

表4-5 板式换热器常见故障和处理方法

故障	产生原因	处理方法
密封处渗漏	(1) 胶垫未放正或扭曲 (2) 螺栓紧固力不均匀或紧固不够 (3) 胶垫老化或有损伤	(1) 重新组装 (2) 检查螺栓紧固度 (3) 更换新垫
内部介质渗漏	(1) 板片有裂缝 (2) 进出口胶垫不严密 (3) 侧面压板腐蚀	(1) 检查更新 (2) 检查修理 (3) 补焊、加工
传热效率下降	(1) 板片结垢严重 (2) 过滤器或管路堵塞	(1) 解体清理 (2) 清理

4.3.3 精馏设备的安全运行

精馏过程涉及热源加热、液体沸腾、气-液分离、冷却冷凝等过程，热平衡安全问题和相态变化安全问题是精馏过程安全的关键。

精馏设备包括精馏塔、再沸器和冷凝塔等设备。精馏设备的安全运行主要决定于精馏过程的加热载体、热量平衡、气-液平衡、压力平衡以及被分离物料的热稳定性以及填料选择的安全性。

1. 精馏塔的安全运行

其中主要设备是精馏塔，其基本功能是为气、液相提供充分接触的机会，使传热和传质过程迅速而有效地进行，并且使接触后的气、液两相及时分开。根据塔内气、液接触部件的结构形式，精馏塔可分为板式塔和填料塔两类。板式塔又有筛板塔、浮阀塔、泡罩塔、浮动喷射塔等多种形式，而填料塔也有多种填料。在精馏设备选型时应满足生产能力大，分离效率高，体积小，可靠性高，结构简单，塔板压力降小的要求。

上述要求在实际中很难同时满足，应根据塔设备在工艺流程中的地位和特点，在设计选型时应满足主要要求。表4-6中列出了各类塔板的性能。

表4-6　各类塔板性能比较

项目	溢流板									穿流板			备注
	F形浮阀	十字架形浮阀	条形浮阀	筛板	舌形板	浮动喷射塔板	圆形泡罩	条形泡罩	S形泡罩	栅板	筛孔板	波纹板	
液体和气体负荷高	4	4	4	4	4	4	2	1	3	4	4	4	符号说明 0—不好 1—尚好 2—合适 3—较满意 4—很好 5—最好
液体和气体负荷低	5	5	5	2	3	3	3	3	3	2	3	3	
弹性(稳定操作范围)	5	5	5	3	3	4	4	3	4	1	1	2	
压力降	2	3	3	3	2	4	0	0	0	4	3	3	
雾沫夹带量	3	3	4	3	4	3	1	1	2	4	4	4	
分离效率	5	5	4	4	4	3	4	3	4	4	4	4	
单位设备体积的处理量	4	4	4	4	4	4	2	1	3	4	4	4	
制造费用	3	3	4	4	4	3	2	1	3	5	5	3	
材料消耗	4	4	4	4	5	4	2	1	3	5	5	3	
安装和拆装	4	3	4	4	4	3	2	1	3	5	5	3	
维修	3	3	3	3	3	3	2	1	3	5	5	4	
污垢物料对操作的影响	2	3	2	1	2	3	1	0	0	4	4	4	

由于工艺要求不同，精馏塔的塔型和操作条件也不同。因此，保证精馏过程的安全操作控制也是各不相同的。通常应注意的是：

（1）精馏操作前应检查仪器、仪表、阀门等是否齐全、正确、灵活，做好启动前的准备。

（2）预进料时，应先打开放空阀，充氮置换系统中的空气，以防在进料时出现事故，当压力达到规定的指标后停止，再打开进料阀，打入指定液位高度的料液后停止。

（3）再沸器投入使用时，应打开塔顶冷凝器的冷却水（或其他介质），对再沸器通蒸汽加热。

（4）在全回流情况下继续加热，直到塔温、塔压均达到规定指标。

（5）进料与出产品时，应打开进料阀进料，同时从塔顶和塔釜采出产品，调节到指定的回流比。

（6）控制调节精馏塔。控制与调节的实质是控制塔内气、液相负荷大小，以保持塔设备良好的质热传递，获得合格的产品。但气、液相负荷是无法直接控制的，生产中主要通过控制温度、压力、进料量和回流比来实现。运行中，要注意各参数的变化，及时调整。

（7）停车时，应先停止进料，再停再沸器，停产品采出（如果对产品要求高也可先停），降温降压后再停冷却水。

2. 精馏辅助设备的安全运行

精馏装置的辅助设备主要是各种形式的换热器，包括塔底溶液再沸器、塔顶蒸汽冷凝器、料液预热器、产品冷却器等，另外还需管线以及流体输送设备等。其中再沸器和冷凝器是保证精馏过程能连续进行稳定操作所必不可少的两个换热设备。

再沸器的作用是将塔内最下面的一块塔板流下的液体进行加热，使其中一部分液体发生汽化变成蒸汽而重新回流至塔内，以提供塔内上升的气流，从而保证塔板上气、液两相的稳定传质。

冷凝器的作用是将塔顶上升的蒸汽进行冷凝，使其成为液体，之后将一部分冷凝液从塔顶回流入塔，以使塔内下降的液流与上升气流进行逆流传质接触。

再沸器和冷凝器在安装时，应根据塔的大小及操作是否方便而确定其安装位置。对于小塔，冷凝器一般安装在塔顶，这样冷凝液可以利用位差而回流至塔内；再沸器则可安装在塔底。对于大塔（处理量大或塔板数较多时），冷凝器若安装在塔顶部则不便于安装、检修和清理，此时可将冷凝器安装在较低的位置，回流液则用泵输送至塔中，再沸器一般安装在塔底外部。

安装于塔顶或塔底的冷凝器、再沸器均可用夹套式或内装蛇管、列管的间壁式换热器，而安装在塔外的再沸器、冷凝器则多为卧式列管换热器。

4.3.4　反应器的安全运行

1. 反应器的类型及操作方式

反应器是实现反应过程的设备（表4-7）。常用的反应器类型有：

表4-7　化工生产中常见的反应器

类型	反应过程	反应器举例
单相反应器	气相	管式反应器，喷射反应器，燃烧炉
	液相	釜式反应器，喷射反应器，管式反应器
	固相	回转窑
多相反应器	气-固	固定床反应器，流化床反应器，移动床反应器
	气-液	鼓泡塔，鼓泡搅拌釜，填充塔，板式塔，喷射反应器，曝气池
	液-液	釜式反应器，喷射反应器，填充塔
	液-固	固定床反应器，流化床反应器，移动床反应器
	气-液-固	涓流床反应器，浆态反应器
	固-固	搅拌釜，回转窑，反射炉

（1）管式反应器。由长径比较大的空管或填充管构成，可用于实现气相反应和液相反应。

（2）釜式反应器。由长径比较小的圆筒形容器构成，常装有机械搅拌或气流搅拌装置，可用于液相单相反应过程和液-液相、气-液相、气-液-固相等多相反应过程。用于气-液相反应过程的称为鼓泡搅拌釜；用于气-液-固相反应过程的称为搅拌釜式浆态反应器。

（3）有固体颗粒床层的反应器。气体或液体通过固定的或运动的固体颗粒床层以实现多相反应过程，包括固定床反应器、流化床反应器、移动床反应器、涓流床反应器等。

（4）塔式反应器。用于实现气-液相或液-液相反应过程的塔式设备，包括填充塔、板式塔、鼓泡塔等。

（5）喷射反应器。利用喷射器进行混合，实现气相或液相单相反应过程和气-液相、液-液相等多相反应过程的设备。

（6）其他多种非典型反应器。如回转窑，曝气池等。

反应器的操作方式分间歇式、连续式和半连续式 3 种。间歇操作反应器是将原料按一定配比，一次加入反应器，待反应达到一定要求后，一次卸出物料。连续操作反应器是连续加入原料，连续排出反应产物。当操作达到定态时，反应器内任何位置上物料的组成、温度等状态参数不随时间而变化。而半连续操作反应器也称为半间歇操作反应器，介于上述两者之间，通常是将一种反应物一次加入，然后连续加入另一种反应物。反应达到一定要求后，停止操作并卸出物料。

大规模生产应尽可能采用连续反应器。连续反应器的优点是产品质量稳定，易于操作控制。其缺点是连续反应器中都存在不同程度的返混，这对大多数反应皆为不利因素，应通过反应器合理选型和结构设计加以抑制。

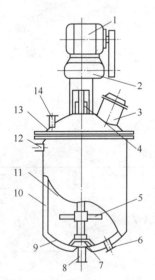

图 4-2　反应釜的基本结构

1—电动机；2—传动装置；3—人孔；
4—密封装置；5—搅拌器；6、12—夹套直管；
7—搅拌器轴承；8—出料管；9—釜底；
10—夹套；11—釜体；13—顶盖；14—加料管

反应器加料方式，须根据反应过程的特征决定。对有两种以上原料的连续反应器，物料流向可采用并流或逆流。对几个反应器组成级联的设备，还可采用错流加料，即一种原料依次通过各个反应器，另一种原料分别加入各反应器。除流向外，还有原料是从反应器的一端（或两端）加入和分段加入之分。分段加入指一种原料由一端加入，另一种原料分成几段从反应器的不同位置加入，错流也可看成一种分段加料方式。

2. 反应器的安全运行

典型的釜式反应器主要由釜体及封头、搅拌器、换热部件及轴密封装置组成，见图 4-2。

（1）釜体及封头的安全

釜体及封头提供足够的反应体积以保证反应物达到规定转化率所需的时间。釜体及封头应有足够的强度、刚度和稳定性及耐腐蚀能力以保证运行可靠。

（2）搅拌器的安全

搅拌器的安全可靠是许多放热反应、聚合过程等安全运行的必要条件。搅拌器选择不当，可能发生中断或突然失效，造成物料反应停滞、分层、局部过热等，以至发生各种事故。

（3）轴密封装置

防止反应釜的跑、冒、滴、漏，特别是防止有毒害、易燃介质的泄漏，选择合理的密封装置非常重要。密封填料若选择错误，将可能与反应物反应导致反应器爆炸；机械密封由于安装缺陷，大量溶剂泄漏也会发生爆炸。密封装置主要有如下两种：

① 填料密封。优点是结构简单，填料拆装方便，造价低。但使用寿命短，密封可靠性差。

② 机械密封。优点是密封可靠（其泄漏量仅为填料密封的1%），使用寿命长，适用范围广、功率消耗少。但其造价高，安装精度要求高。

4.3.5　过滤器的安全运行

1. 过滤器分类

过滤器的作用是把流体中的固体颗粒分离出来，过滤器可以分为带滤筒过滤器、袋式过滤器、深床过滤器、压力过滤器和旋转真空过滤器等五种。在此主要介绍一下带滤筒过滤器和袋式过滤器。

（1）带滤筒过滤器。带滤筒过滤器常见的是外面有个压力容器的外壳，里面装有过滤筒。过滤筒可以是金属过滤网、多孔的金属薄片或纤维做成。根据过滤筒的材料和构造，有的可以过滤掉小于 $1\mu m$ 的颗粒。带滤筒过滤器可以用于过滤液体/固体，或者气体/固体。大部分滤筒过滤器不能自己进行清洗，需要定期更换过滤筒。所以只能用在滤介质含有固体颗粒、浓度不高的场合。

（2）袋式过滤器。袋式过滤器有很多种不同的结构。最常用的是如图4-3所示的带有脉冲空气喷嘴的袋式过滤器。过滤器用板分开上下两格。过滤袋挂在空中，上格风道和一个引风机相接，造成过滤器负压。气体通过过滤袋往上流向干净气体风道，固体颗粒积聚在过滤袋的外表面。随着过滤袋表面固体颗粒积聚的增多，气体通过过滤袋的压降会增加。当压降达到预定值时，通常设定压降为294Pa，袋式过滤器需要从生产线上切断下来，进行清理。用脉冲压缩空气过滤袋分排进行反冲，振荡过滤袋，使积聚在过滤袋表面的粉尘固体颗粒从过滤袋表面分离下来。被过滤下来的粉尘颗粒从过滤袋掉到袋式过滤器底部的锥形料斗，通过螺旋输送器把滤下的粉尘颗粒从料斗排出。

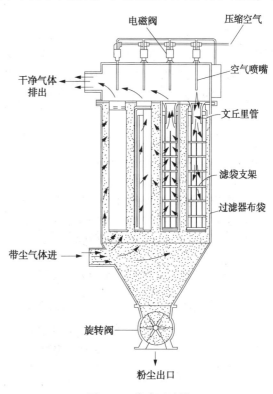

电磁阀　　压缩空气
干净气体排出
空气喷嘴
文丘里管
滤袋支架
过滤器布袋
带尘气体进
旋转阀
粉尘出口

图4-3　袋式过滤器

2. 过滤器的安全运行

（1）带滤筒过滤器

带滤筒过滤器外壳大多是压力容器，需按压力容器规范的要求设置安全阀。

（2）袋式过滤器

通常袋式过滤器设有下列警报：

① 袋式过滤器下料斗的粉尘高位报警；

② 低螺旋输送机停止转动报警；

③ 低反吹空气压力报警。

若袋式过滤器处理的是可燃或爆炸性粉尘，袋式过滤器需要设置在户外，安装消防系统或者防爆系统。消防系统可以是由热敏感元件控制的水喷淋系统、蒸汽灭火系统或者水消防系统。当系统启动时，系统会自动关闭袋式过滤器的进料和出料阀门，切断排风机的电源，并有声音警报。工厂的设计必须考虑消防系统投入使用时地面的排水。在严寒地区，冬天温度可能低到结冰时，需要考虑采用干式喷淋系统或惰性气体系统消防。防爆系统可以是往系统充入惰性气体抑制爆炸产生或者在壳上设置爆破膜泄压。

（3）深床过滤器

若深床过滤器是有压工作，需要根据压力容器规范设置安全阀。

（4）压滤机

由于压滤机需要打开取出滤饼，并且板间可能有泄漏，压滤机不宜用于处理有危险性的介质。压滤机系统通常设置下列报警及停车：

① 浆液进料罐的高低液位报警；

② 脏过滤液罐和干净过滤液罐的高低液位报警；

③ 浆液储罐低液位报警及联锁，切断进料罐的搅拌器和浆液进料泵；

④ 脏过滤液罐和清洁过滤液罐高液位报警；

⑤ 压滤机低入口流量或高入口压力报警。

（5）旋转真空过滤机

对旋转真空过滤机，需要设置下列警报和联锁：

① 浆液储罐的高低液位报警；

② 过滤液罐和洗液罐的高低液位报警；

③ 浆液储罐低液位联锁，切断浆液给料储罐的搅拌器和浆液给料泵；

④ 滤液罐和洗液罐的高液位报警；

⑤ 滤液罐和洗液罐的高液位联锁，切断真空鼓风机(若液体有可能进入鼓风机的话)。

4.3.6　压缩机的安全运行

压缩机按结构形式可分为往复式压缩机、离心式压缩机和轴流式压缩机三个基本类型。往复式压缩机依靠活塞的往复运动达到对气体压缩的目的。离心式压缩机由蜗壳、叶轮、机座等组成，依靠离心力的作用压缩气体，达到输送气体的目的。轴流式压缩机也称作轴流风机，是通过旋转的叶片对气体产生推升力，使气体沿着轴向流动，产生压力，达到输送气体的目的。

压缩机按润滑形式可分为无油压缩机、油润滑压缩机、喷油回转压缩机。

1. 压缩机操作危险性分析

（1）机械伤害

所有对人有危险的转动件和往复件应安装防护装置。防护装置应便于拆卸和安装，应有足够的刚度承受变形，并能防止因人体接触而引起运动件和防护装置的摩擦。

（2）着火

压缩机润滑系统中的故障可能导致温度升高，若继续运转，温度会不断升高，润滑油有着火的危险。在任何情况下，都不应使用易燃液体清洗阀、过滤器、冷却器的气道、气腔、空气管道或正常工作条件下与压缩空气接触的其他零件。

油润滑压缩机压力系统由于积炭可发生着火事故。影响积炭形成有四个因素：

① 给油量。供油过度助长积炭的形成。

② 空气过滤。随空气吸入的尘粒使油变稠，使油通过排气系统热部件的通道时间延长，增加了油氧化反应的时间，因而加速了积炭形成的速度。

③ 温度。氧化的起始温度与使用油的品级和种类有关。带有水冷却气缸的压缩机，推荐采用处理过的或去除矿物质的水，以防止水道结垢。公认的起火原因之一是冷却水中断，引起排气温度急剧上升，超过压缩机的正常温度，当热区内的积炭层增加到足够厚时，产生起火。阀的损坏，同样也能升高排气温度，引起事故的发生。

④ 存在催化剂，例如氧化铁。

（3）爆炸

曲轴箱爆炸是由于润滑油和空气的易燃混合物引燃的结果。随着有限密闭空间的燃烧，燃烧产生的压力常常超过曲轴箱的强度，从而产生破坏性事故。引火源一般是过热的零部件。装设压力释放装置可防止压力超过曲轴箱的强度。释放装置可采用弹簧加载盖板或具有阻焰器的特殊设计的阀门。

（4）噪声危害

压缩机在运转时会产生很强的噪声。在压缩机房的墙壁、顶篷上采用吸音材料并设置减噪和防止驻波形成的挡板，可以改进压缩机房的传声环境，使总的噪声声级降低。操作人员和维修人员在噪声超过规定值的压缩机房内停留时，应带护耳器。

2. 压缩机操作安全要求

压缩机操作应遵守下列原则：

（1）压缩机装置应尽可能保持清洁、无尘垢。经常检查润滑系统，使之通畅、良好。只使用压缩机和空气过滤器的制造厂推荐或允许使用的润滑油。缺油是压缩机发生事故的常见原因，压缩机发生故障前常出现油耗量增加的现象。因此，定时测定油耗量能帮助操作人员及时发现故障。采用循环油泵供油的，应注意油箱的油压和油位；采用注油泵自动注油的，则应注意各注油点的注油量。

（2）压缩机初次开车、改变电力接头或换向装置后，应检查电动机的转向，以保证其按正确方向运转。开车前，应排除空气压缩机和原动机的进气管道及冷凝收集器和汽缸中的冷凝液。压缩机开车前必须盘车。压缩可燃气体的压缩机开车前必须进行置换，分析合格后方可开车。

（3）压缩机运转时，时刻注意压缩机的压力、温度等各项工艺指标是否符合要求。注意压缩机的各运动部件的工作状况，如不正常的声音、局部过热、异常气味等。定期检查爆破片是否有疲劳裂纹、腐蚀或其他损坏的迹象。如果不能准确判断原因，应紧急停车处理。

（4）气体在压缩过程中会产生热量，这些热量是靠冷却器和汽缸夹套中的冷却水带走的。必须保证冷却器和水夹套的水畅通，不得有堵塞现象。冷却器和水夹套必须定期清洗，冷却水温度不应超过40℃。如果压缩机运转时，冷却水突然中断，应立即关闭冷却水入口阀，而后停机使其自然冷却，以防设备很热时，放进冷却水使设备骤冷发生炸裂。

（5）应随时注意压缩机各级出入口的温度。如果压缩机某段温度升高，则有可能是压缩比过大、活门坏、活塞环坏、活塞托瓦磨损、冷却或润滑不良等原因造成的。应立即查明原因，作相应的处理。如不能立即确定原因，则应停机全面检查。

（6）应定时（每30min）把分离器、冷却器、缓冲器分离下来的油水排掉。如果油水积蓄太多，就会带入下一级气缸。少量带入会污染气缸、破坏润滑，加速活塞托瓦、活塞环、气缸的磨损；大量带入则会造成液击，毁坏设备。

（7）如果气缸盖、活门盖、管道连接法兰、阀门法兰等部位漏气，需停机卸掉压力后再行处理。严禁带压松紧螺栓，以防受力不均、负荷较大导致螺栓断裂。

（8）在寒冷季节，压缩机停车后，必须把气缸水夹套和冷却器中的水排净或使水在系统中强制循环，以防气缸、设备和管线冻裂。

4.3.7　蒸发设备的安全运行

蒸发设备的选型主要应考虑被蒸发溶液的性质，如黏度、发泡性、腐蚀性、热敏性和是否容易结晶或析出结晶等因素。

为了保证蒸发设备的安全，应注意：

（1）蒸发热敏性物料时，应选用膜式蒸发器，以防止物料分解；

（2）蒸发黏度大的溶液时，为保证物料流速，应选用强制循环回转薄膜式或降膜式蒸发器；

（3）蒸发易结垢或析出结晶的物料时，可采用标准式或悬筐式蒸发器或管外沸腾式和强制循环型蒸发器；

（4）蒸发发泡性溶液时，应选用强制循环型和长管薄膜式蒸发器；

（5）蒸发腐蚀性物料时，应考虑设备用材；如蒸发废酸等物料应选用浸没燃烧蒸发器；

（6）对处理量小的或采用间歇操作时，可选用夹套或锅炉蒸发器。

4.3.8　存储设备的安全运行

化工生产中需要存储的有原料、中间产品、成品、副产品以及废液和废气等。常见的存储设备有罐、桶、池等。有敞开的也有密封的；有常压的也有高压的；可以根据存储物的性质、数量和工艺要求选用。

1. 存储设备的选择

一般固体物料，不受天气影响的，可以露天存放；有些固体产品和分装液体产品都可以包装、封箱、装袋或灌装后直接存储于仓库，也可运销于厂外。但有一些液态或气态原料、中间产品或成品需要存储于设备之中，按其性质或特点选用不同的存储容器。大量液体的存储一般使用圆形或球形储罐；易挥发的液体，为防物料挥发损失，而选用浮顶储罐；蒸气压高于大气压的液体，要视其蒸气压大小专门设计储罐；可燃液体的存储，要在存储设备的开口处设置防火装置；容易液化的气体，一般经过加压液化后存储于压力储罐或高压钢瓶中；难于液化的气体，大多数经过加压后存储于气柜高压球形储罐或柱形容器中；易受空气和湿度影响的物料应存储于密闭的容器内。

2. 安全存储量的确定

原料的存量要保证生产正常进行，主要根据原料市场供应情况和供应周期而定，一般以1~3个月的生产用量为宜；当货源充足，运输周期又短，则存量可以更少些，以减少存储设备容积，节约投资。中间产品的存量主要考虑在生产过程中因某一前道工段临时停产仍能维持后续工段的正常生产，所以，一般要比原料的存量少得多；对于连续化生产，视情况存储几小时至几天的用量，而对于间歇生产过程，至少要存储一个班的生产用量。对于成品的存储主要考虑工厂短期停产后仍能保证满足市场需求为主。

3. 存储容器适宜容积的确定

主要依据总存量和存储容器的适宜容积确定存储容器的台数。这里存储容器的适宜容积要根据容器形式、存储物料的特性、容器的占地面积，以及加工能力等因素进行综合考虑确定。

一般存放气体的容器的装料系数为1。而存放液体的容器装料系数一般为0.8。液化气体的储料按照液化气体的装料系数确定。

经过上述考虑后便可以具体计算存储容器的主要尺寸，如直径、高度及壁厚等。

复习思考题

1. 化工单元操作包括的内容和代表性的设备是什么？

2. 化工单元操作基本安全注意事项是什么？

3. 液体物料常用的输送设备是什么？

4. 简述加热过程危险性分析。

5. 简述换热器的工艺安全技术。

6. 简述冷冻机的安全技术。

7. 蒸发过程的危险性是什么？

8. 加压蒸馏过程的危险性是什么？

9. 简述吸收过程的危险性安全注意事项。

10. 简述真空干燥过程的危险性。

11. 简述萃取操作的危险性。

12. 简述气液混合过程的危险性及安全控制技术。

13. 简述熔融物料的危险性。

14. 简述粉碎过程的危险性与安全控制技术。

15. 简述化工物料储存时的危险性及安全注意事项。

案例分析

【案例1】 1995年11月4日，某市造漆厂树脂车间工段B反应釜加料口突然发生爆炸，并喷出火焰，烧着了加料口的帆布套，并迅速引燃堆放在加料口旁的2176kg松香。松香被火熔化后，向四周及一楼流散，使火势顷刻间扩大。当班工人一边用灭火器灭火，一边向消防部门报警。市消防队于22时10分接警后迅速出动，经过消防官兵的奋战，于23时

30 分将大火扑灭。这起火灾烧毁厂房 756m²，仪器仪表 240 台，化工原料 186t 以及设备、管道，造成直接经济损失达 120.1 万元。

【案例 2】 2004 年 9 月 9 日凌晨 7 点半左右，江苏省某化工厂四车间蒸发岗位，由于蒸汽压力波动，导致造料喷头堵塞。当班车间值班主任王某迅速调集维修工 4 人上塔处理。操作工李某看到将到 8 点下班交班时间，手里拿一套防氨过滤式防毒面具，来到 64m 高的造粒塔上，查看检修进度。维修工们用撬杠撬离喷头，李某站在维修工们的身后仔细观察。当法兰刚撬开一个缝时，一股滚烫的氨液突然直喷出来，维修工们眼尖腿快迅速躲闪跑开。李某躲闪不及，氨液喷了他满脸半身，当即昏倒在地，并造成裸露在外面的脸、脖颈、手臂受到严重烫伤。

【案例 3】 河南某制药厂一分厂的最终产品是面粉改良剂，过氧化苯甲酰是主要配入药品。这种药品属化学危险物品，遇过热、摩擦、撞击等会引起爆炸，为避免外购运输中发生危险，故自己生产。1991 年 12 月 4 日，工艺车间干燥第 5 批过氧化苯甲酰 105kg，按工艺要求，需干燥 8h，至下午停机。由化验室取样化验分析，因含量不合格，需再次干燥。次日 9 时，将干燥不合格的过氧化苯甲酰装入干燥器。恰遇 5 日停电，一天没开机。6 日上午 8 时，当班干燥工马某对干燥器进行检查后，由干燥工苗某和化验员胡某二人去锅炉房通知锅炉工杨某送蒸汽，又到制冷房通知王某开真空，在停抽真空 15min 左右，干燥器内的干燥物过氧化苯甲酰发生化学爆炸，共炸毁车间上下两层 5 间、粉碎机 1 台、干燥器 1 台、干燥器内蒸汽排管在屋内向南移动约 3m，外壳撞到北墙飞出 8.5m 左右，楼房倒塌，造成重大人员伤亡。死亡 4 人，重伤 1 人，轻伤 2 人，直接经济损失 15 万元。

【案例 4】 2000 年 7 月 17 日，河南省某化肥厂合成车间净化工段一台蒸汽混合器系统运行压力正常，系统中一台蒸汽混合器突然发生爆炸，设备本体倾倒在其附近的另一设备上，上筒节一块 900mm×1630mm 拼板连同撕裂下的封头部分母材被炸飞至 60m 外与设备相对高差 15m 多的车间房顶上，被砸下的房顶碎块将一职工手臂砸成轻伤。此次事故被迫停产 20 多个小时，造成一人轻伤，直接经济损失 11.5 万元。

5 压力容器安全技术

本章学习目的和要求 ◢

1. 了解压力容器的分类和相关标准;
2. 掌握压力容器的监察标准与体系;
3. 了解压力容器检验的内容与要求;
4. 了解压力容器使用期间的管理范围、要求及相关制度;
5. 了解锅炉的分类及相关标准;
6. 了解气瓶的分类、安全附件及颜色标识;掌握气瓶的使用要求与检验方法。

压力容器被广泛应用于化工、石油化工、核能、冶金、机械、航空、航天及海洋石油等工业部门,在国民经济中占有重要地位。在化学工业和石化企业中,几乎每一个工艺过程都离不开压力容器,其是化工生产中的主要设备。

在化工生产过程中,压力容器使用数量多,运行环境恶劣,工作条件复杂,一般承受高温、高压,工作介质往往具有易燃、易爆、有毒及腐蚀性强等特点,一旦发生事故,还会由于内部介质向外扩散而引起化学爆炸、着火燃烧或恶性中毒等连锁反应,造成更严重的破坏,因此压力容器状况的好坏对实现化工安全生产至关重要。为了防止压力容器发生事故,保证其安全运行,保障国家和人民生命财产的安全,必须加强对压力容器的安全管理。

5.1 压力容器概述

5.1.1 压力容器的定义

根据《特种设备安全监察条例》(中华人民共和国国务院令第549号)规定,压力容器是指盛装气体或者液体,承载一定压力的密闭设备,其范围规定为最高工作压力大于或者等于0.1MPa(表压),且压力与容积的乘积大于或者等于2.5MPa·L的气体、液化气体和最高工作温度高于或者等于标准沸点的液体的固定式容器和移动式容器;盛装公称工作压力大于或者等于0.2MPa(表压),且压力与容积的乘积大于或者等于1.0MPa·L的气体、液化气体和标准沸点等于或者低于60℃液体的气瓶;医用氧舱等。

根据TS G21—2016《固定式压力容器安全技术监察规程》规定,简单压力容器应同时满足以下条件:①压力容器由筒体和平盖、凸形封头(不包括球冠形封头),或者由两个凸形封头组成;②筒体、封头和接管等主要受压元件的材料为碳素钢、奥氏体不锈钢或者Q345R;③设计压力小于或者等于1.6MPa;④容积小于或者等于1m³;⑤工作压力与容积的乘积小于或者等于1MPa·m³;⑥介质为空气、氮气、二氧化碳、惰性气体、医用蒸馏水蒸发而成的蒸汽或者上述气（汽）体的混和气体；允许介质中含有不足以改变介质特性的油等成分，并且不影响介质与材料的相容性；⑦设计温度大于或者等于-20℃，最高工作温度小于或者等于150℃；⑧非直接受火焰加热的焊接压力容器（当内直径小于或者等于550mm时允许采用平盖螺栓连接）。

根据 TSG 21—2016《固定式压力容器安全技术监察规程》规定，固定式压力容器是指安装在固定位置，或者仅在使用单位内部区域使用的压力容器，应同时具备下列条件：

① 最高工作压力大于或者等于 0.1MPa（表压，不含液体静压力）；

② 容积大于或者等于 0.03m³ 并且内直径（非圆形截面指截面内边界最大几何尺寸）大于或者等于 150mm；

③ 盛装介质为气体、液化气体以及最高工作温度高于或者等于标准沸点的液体。

5.1.2 压力容器的分类

根据不同的要求，压力容器可以有多种分类方法。例如，按容器壁厚可分为薄壁容器和厚壁容器；按壳体承压的方式可分为内压容器和外压容器；按容器的工作壁温可分为高温容器、常温容器和低温容器；按壳体的几何形状可分为球形容器、圆筒形容器等；按容器的制造方法可分为焊接容器、锻造容器、铸造容器、有色金属容器和非金属容器等。

从压力容器的使用特点和安全管理方面考虑，压力容器一般分为固定式和移动式两大类（图5-1）。这两类容器由于使用方法不同，对它们的技术管理要求也不完全一样。

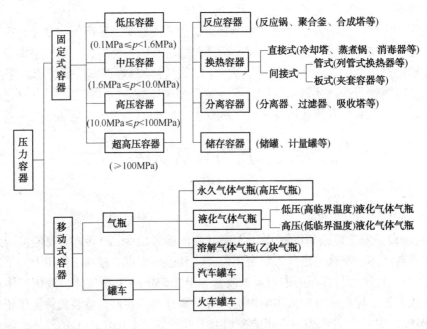

图 5-1　压力容器的分类

1. 固定式

固定式容器是指除了用于运输储存气体的盛装容器以外的所有容器。这类容器有固定的安装和使用地点，工艺条件和使用操作人员也比较固定，容器一般不是单独装设，而是用管道与其他设备相连接。固定式容器还可以按它的压力和用途进行分类。

（1）按压力等级分类，压力是压力容器最主要的一个工作参数。从安全角度考虑，容器的工作压力越大，发生爆炸事故时的危害也越大。因此，必须对其设计压力进行分级，以便对压力容器进行分级管理与监督。根据现行《压力容器安全技术监察规程》，按压力容器的设计压力(p)可划分为低压、中压、高压、超高压四个等级，具体的划分标准如下：

① 低压（代号 L）　　　　0.1MPa$\leq p<$1.6MPa

② 中压（代号 M）　　　　1.6MPa$\leq p<$10MPa

③ 高压（代号 H）　　　　10MPa$\leq p<$100MPa

④ 超高压（代号 U）　　　100MPa$\leq p<$1000MPa

压力容器的设计压力在以上四个压力等级范围内的分别称作低压容器、中压容器、高压容器、超高压容器。

（2）按压力容器在生产工艺过程中的作用原理，分为反应压力容器、换热压力容器、分离压力容器、储存压力容器。具体划分如下：

① 反应容器（代号 R）：主要用来完成物料的化学转化，为工作介质提供一个进行化学反应的密闭空间。容器内的压力有的是从器外产生的，这种反应容器多数是因为介质的反应需要在较高压力的情况才能很好完成，或者是需要通过增大压力来加速化学反应，提高生产效率和设备利用率，因而要在器内维持一定的压力。这种反应容器的工艺过程一般是连续的，压力比较稳定，没有频繁的压力或温度的周期性变动。也有的反应容器，工作介质在器内发生体积增大的化学反应或放热反应，这样的反应容器有间歇式或半间歇式的，因此容器的压力和温度都有较频繁的周期性变动。

常用的反应压力容器如反应器、发生器、聚合釜、合成塔等。

② 换热容器（代号 E）：主要用来完成物料和介质间的热量交换。换热容器的形式很多，就传热方式来分，可以有蓄热式、直接式和间接式三种。

蓄热式换热器内装有热容量较大的填充物，高温介质与低温介质交替从容器内通过，热由高温介质传给器内的填充物，再由填充物传给低温介质。这种换热器效率很低，在压力容器中应用较少。

直接式换热器是将两种换热的介质在器内直接接触，热由高温介质直接传给低温介质，使其中的一种介质被加热，和另一种介质被冷却。这种换热器的效率一般较高，但只适用于两种介质不会互相混合或允许相互掺和的场合。

间接式换热器是参与换热的两种介质在容器内被分隔开而不能相互接触，热量的交换是通过它们之间的隔离壁间接进行。按传热壁的结构，可分为两大类，即管式换热器和板式换热器。管式换热器有蛇管式、列管式、排管淋洒式等。列管式换热器是使用得最普遍的一种换热压力容器。

常用的换热压力容器如热交换器、冷却器、加热器等。

③ 分离容器（代号 S）：主要用来完成物料的流体压力平衡和气体净化分离等。这种容器是通过降低流速、改变流动方向或用其他物料吸收、溶解等方法来分离出气体中的混合物，来净化气体或提取回收杂质中的有用物料。在分离容器中，主要介质不参与化学反应，压力都是来自器外。这种容器的名称较多，一般是按它们在各个生产工艺过程中的目的，或所用的净化分离方法来命名。按容器的作用命名，可以有分离器净化塔、回收塔等；按所用的分离方法命名，有吸收塔、过滤器、洗涤塔等。

④ 储运容器（代号 C，其中球罐代号 B）：主要用来完成流体物料的盛装、储存或运输。由于工作介质在器内一般不发生化学或物理性质的变化，不需要装设供传热或传质用的内部

工艺装置，一般只有一个壳体和出入口接管以及外部一些必要的附件(如支座、扶梯等)构成，如储罐和罐车等。

(3) 按危险性和危害性分类。为有利于安全技术管理和监督，压力容器可以根据容器的压力等级、介质毒性危害程度以及在生产过程中的作用分为三类：

① 一类压力容器。非易燃或无毒介质的低压容器。易燃或有毒介质的低压分离容器和换热容器。

② 二类压力容器。任何介质的中压容器；易燃介质或毒性程度为中度危害介质的低压反应容器和储存容器；毒性程度为极度和高度危害介质的低压容器；低压管壳式余热锅炉；搪瓷玻璃压力容器。

③ 三类压力容器。毒性程度为极度和高度危害介质的中压容器和 pV(设计压力×容积) $\geqslant 0.2MPa \cdot m^3$ 的低压容器；易燃或毒性程度为中度危害介质且 $pV \geqslant 0.5MPa \cdot m^3$ 的中压反应容器；$pV \geqslant 10MPa \cdot m^3$ 的中压储存容器；高压、中压管壳式余热锅炉；高压容器。

2. 移动式

移动式压力容器属于储运容器，它与储存容器的区别在于移动式压力容器没有固定的使用地点，一般也没有专职的使用操作人员，使用环境经常变换，不确定因素较多，管理复杂，因此容易发生事故。它的主要用途是盛装或运送有压力的气体或液化气体。容器在气体制造厂充气，然后运送到用气单位。移动式压力容器按其容积大小及结构形状可以分为气瓶和槽

(罐)车两大类。

(1) 气瓶是使用得最为普遍的一种移动式容器。它的容积较小，一般都在 200L 以下，常用的约为 40L。气瓶的两端不相对称，分头部和底部，头部缩颈收口装阀，整体形状如瓶，因此得名。另一种是桶状，两端封头，一般都相互对称，形状如桶，其容积稍大，约为 200~1000L。

按气瓶盛装气体的特性、用途或结构形式分为永久气体气瓶、液化气体气瓶、溶解气体气瓶和其他气瓶(混合气体的无缝、焊接气瓶和特种气瓶)等。根据气温情况和实际使用情况，我国的《气瓶安全监察规程》规定的气瓶适用条件为正常环境温度为 -40~60℃，公称工作压力为 1.0~30MPa，公称容积为 0.4~3000L。

① 永久气体气瓶。旧称压缩气体气瓶，一般都是以较高的压力充装气体。目的是为了增加气体的单位容积装气量，提高气瓶的利用率和运输效率。常用的充装压力为 15MPa 和 12.5MPa，也有充装 20MPa 和 30MPa 的。所装的气体有氧、氮、空气、氢、甲烷、一氧化碳、一氧化氮及氦、氖、氩、氪等惰性气体。

② 液化气体气瓶。它在充装时都是以低温液态灌装，但有些液化气体因临界温度较低，装入瓶后会受环境温度的影响而全部汽化，成为压缩气体储存于瓶内；而有些液化气体的临界温度较高，瓶内介质在常温下始终保持一定饱和蒸气压力下的气、液两相平衡状态。根据所装液化气体的这种特性，液化气体气瓶又有低临界温度液化气体气瓶和高临界温度液化气体气瓶之分。前一种由于在充装后瓶内介质全部汽化，因此它的工作压力取决于气体充装量。为了提高气瓶单位容积的装气量，一般都用较高的压力来充装(按气瓶工作压力系列分有 20MPa、15MPa、12.5MPa、8.0MPa 四种，常用的是 15MPa 和 12.5MPa)，所以这类低临界温度液化气体气瓶又称高压液化气体气瓶。后一种因为瓶内保持气、液两相平衡状态，因此它的最高工作压力就是所装气体在最高工作温度下的饱和蒸气压力。根据我国的规定，气

瓶最高工作温度应不高于60℃。所有临界温度的液化气体，在60℃时的饱和蒸气压力都不超过5.0MPa，此类气瓶也称低压液化气体气瓶。高压液化气体气瓶所充装的气体常见有二氧化碳、乙烯、乙烷、氯化氢等；低压液化气体气瓶所装气体种类较多，最常用的是硫化氢、氨、氯、液化石油气、丙烷、丁烷等。

③ 溶解气体气瓶。主要指专供盛装乙炔气的气瓶。由于乙炔气体极不稳定，不能像其他气体那样以压缩状态装入瓶内，而必须把它溶解在溶剂(常用的是丙酮)中。这种气瓶的内部装满了多孔性物质，用以吸收溶剂。充装时将乙炔气体加压灌装入瓶内，乙炔即被溶剂所溶解储存在瓶中。一般情况下，溶解气体气瓶的最高工作压力 $p \leqslant 3.0$ MPa。

④ 其他气瓶。指气瓶所盛装的气体介质的特性、制造工艺、结构形式、使用要求等不同于上述三类的气瓶。这类气瓶的产品技术要求因介质而异，它的主要类型有混合气体的无缝、焊接气瓶，低温绝热气瓶，纤维缠绕气瓶和非重复充装气瓶等。其中，最常用的是空分行业中的低温、超低温液化气体的气瓶，它的外壳包裹着绝热夹套或绝热保温层。此外，液氧、液氮瓶(罐)等均属于此类。

(2) 槽(罐)车或称罐车，是固定安装在流动的车架上的一种卧式储槽(罐)，有火车槽车和汽车槽车两种。它的容积较大，常达数十立方米。槽车的主要功能是运输液化气体。它的直径很大，一般不宜承受太高的压力，所以它在常温下限于充装低压液化气体，或在外壳加绝热层的低温条件下充装在常温区属于高压液化气体的介质。

5.1.3 压力容器的结构

压力容器一般是由壳体(又称筒体)、封头(又称端盖)、法兰、支座、接口管、人孔、密封元件和安全附件等组成，见图5-2。

压力容器的形状主要有圆筒形、球形、方形和组合型，最常用的是球形和圆筒形容器。

(1) 球形容器

球形容器的本体就是一个圆球壳，一般都是焊接结构。球形容器的直径一般都比较大，难以整体或半球体压制成形，所以它大多数是由许多块按一定的尺寸预先压制成形的球面板组焊而成。球形容器的相对面积小，容器的单

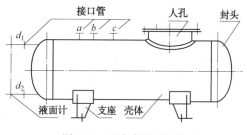

图5-2 压力容器的结构

位容积所使用的板材也少，再加上需要的壁厚较薄，因而制造同样容积的容器比圆筒形容器省材。

球形容器也存在一些缺点。首先，球形容器制造比较困难，工时成本较高，大型容器需要采用热压或冷压方法预制成球面板，然后才组焊成球壳。球面板的成形和组焊都比圆筒形的卷制和焊接困难得多。其次，球形容器的组装焊接质量一般难以保证。因为大型球罐都必须在使用场地上组焊，否则成品无法运输。现场组焊的焊接环境和焊接方式条件都比较差，焊接质量不容易保证。再有，如果作为反应传质或传热用压力容器，球体不便于在内部安放工艺过程所必需的附件装置，也不利于内部相互作用介质的流动。

由于球形容器的上述特点，因而被广泛用作储存容器，如液化石油气储罐、液氨储罐等。球形容器的表面积小，不但可以节省钢材，而对于需要与周围环境隔热、避免器内液态介质受其影响而温度升高造成饱和蒸气压力增大的液化气体储罐，还可以节省隔热保温材料

或减少热量的传递。有些用蒸汽直接加热物料的容器，为了减少热量散失，有时也采用球形容器。

（2）圆筒形容器

圆筒形容器是应用最为普遍的一种压力容器。圆筒体的应力分布比较均匀，不会由于形状突变而引起较大的附加应力。而圆筒形容器比球形容器易于制造，又便于在内部装设工艺附件装置和便于相互作用的两种工作介质在内部相对流动。因而被广泛用作反应、换热和分离容器。圆筒形容器一般都是焊接而成，直径小的焊接筒体只有一条纵焊缝，直径大的可以有多条纵缝。

5.1.4　压力容器安全运行基本条件

压力容器是在特殊条件下运行的特种设备，其安全可靠性是设计、制造中的关键。为了使压力容器能在确保安全的前提下长期有效地运行，因此压力容器应满足以下几个方面的要求。

（1）强度。强度是指容器在外力作用下不失效和不被破坏的能力。压力容器的受压元件都应有足够的强度，以保证在压力、温度和其他外载荷作用下不发生塑性变形、破裂或爆炸等事故。

（2）刚度。刚度是指容器在外力作用下保持原来形状的能力。与强度不同，容器或容器的部件往往不会由丁强度不足发生破裂，但会由丁过大的变形而丧失正常的工作能力，如容器及管道的法兰，由于刚度不足产生翘曲变形而发生密封泄漏，使密封失效。

（3）稳定性。稳定性是容器在外力作用下保持其几何形状不发生突然改变的性能，如外压薄壁圆筒可能会突然压瘪而失稳。

（4）密封。压力容器往往盛装一些易燃、易爆或有毒的介质，一旦泄漏，不仅会对环境带来污染，还可能引起财产的损失和人员伤亡，因而对其密封性能的要求至关重要，如搅拌反应釜搅拌轴处的轴封。

（5）使用寿命。压力容器的设计使用年限一般为 10~15 年，对于高压容器等重要的容器，设计使用年限可为 20 年。容器的设计使用年限与其实际使用年限是不同的，如果操作使用得当，检验维修得好，则实际使用年限可能会比设计使用年限长得多。压力容器的使用年限主要取决于容器的腐蚀、疲劳和磨损等。

（6）制造与维修。压力容器的结构应便于制造、安装和检查，以保证容器安全运行。例如，采用标准化的零部件、设置尺寸适宜的人孔和检查孔。此外，容器的外形和尺寸上还应考虑运输的方便。

5.2　压力容器的设计、制造、使用与定期检验

5.2.1　压力容器的破坏形式

压力容器或其承压部件在使用过程中，其尺寸、形状或材料性能会发生改变而完全失去或不能良好实现原定的功能，或在继续使用过程中失去可靠性和安全性，因而需要立即停用进行修理或更换，称为压力容器或其承压部件的失效。压力容器最常见的失效形式是破裂失效。破裂有韧性破裂、脆性破裂、疲劳破裂、应力腐蚀破裂、压力冲击破裂和蠕变破裂。

（1）韧性破裂

韧性破裂是容器在压力作用下，器壁上产生的应力达到材料的强度极限，使壳体产生较大的塑性变形，最终导致破裂。

韧性破裂的特征主要表现在：

① 破裂容器器壁有明显的伸长变形

塑性变形是金属在经过大量的塑性变形后发生的。表现在容器的周长增大和器壁减薄。所以具有明显的外形变化是压力容器塑性破裂的主要特征。

② 断口呈暗灰色纤维状，断口不齐平

碳钢或低合金钢韧性断裂时，由于显微空洞的形成、长大和聚集，所以最后成为锯齿形的纤维状断口。这种断裂形式多数属于穿晶断裂，即裂纹发展所取的途径是穿过晶粒的，因此，断口没有闪烁的金属光泽而呈暗灰色。由于这种断裂是先滑移而后断裂，所以它的断裂方式一般是切断，即断裂的宏观表面平行于最大切应力方向而与拉应力成 45°角。圆筒形容器纵向裂开时，其破裂面常与半径方向成一角度，即裂口是斜断的。

③ 一般不产生碎片，而只是在中部裂开一个形状为"〕〔"的口

韧性破裂的容器，破裂方式一般不是碎裂，即不产生碎片，而只是裂开一个口。壁厚比较均匀的圆筒形容器，常常是在中部裂开一个形状为"工"的口。至于裂口的大小则与容器爆破时所释放的能量有关。储装一般液体（例如水）时，则因液体膨胀能量较小，容器破裂的缝口也较窄，最大的开裂宽度一般也不会超过容器的半径。储装气体时，则因压缩气体的膨胀能量较大，裂口也较宽。特别是装液化气体的容器，破裂以后由于器内压力瞬时下降，液化气体迅即蒸发，产生大量蒸气，使容器的裂口不断扩大。

（2）脆性破裂

脆性破裂是容器在没有明显的塑性变形的情况下突然破裂，根据破裂时的压力计算，器壁的平均应力远远低于材料的强度极限，有的甚至还低于屈服极限。

脆性破裂的特征有：

① 容器器壁没有明显的伸长变形

脆性破裂的容器一般都没有明显的伸长变形，许多在水压试验时脆裂的容器，其试验压力与容积增量的关系在破裂前基本还是线性关系，即容器的容积变形还是处于弹性状态。有些脆裂成多块的容器，其周长往往与原有的周长相同或变化甚微，容器的壁厚一般也没有减薄。

② 裂口齐平、断口呈金属光泽的结晶状

脆性断裂一般是正应力引起的解理断裂，所以裂口齐平，并与主应力方向垂直。容器脆断的纵缝，裂口与器壁表面垂直，环向脆断时，裂口与容器的中心线相垂直。又因为脆断往往是晶界断裂，所以断口形貌呈闪烁金属光泽的结晶状。

③ 容器常破裂成碎块

由于脆性破裂的容器材料韧性较差，而且脆断的过程又是裂纹迅速扩展的过程，破裂往往都是在一瞬间发生，容器内的压力难以通过一个小裂口释放，所以脆性破裂的容器常裂成碎块，且常有碎片飞出。即使在水压试验时爆破，器内液体的膨胀能量并不大，也经常要产生碎片。

④ 破裂事故多数在温度较低的情况下发生

发生脆性破裂的主要原因是低温、材料韧性差。或者由于容器本身存在的缺陷，造成局

部压力过高所致。

（3）疲劳破裂

疲劳破裂是压力容器在交变载荷的作用下，出现金属疲劳而产生的裂纹。疲劳裂纹的扩展也可以分为两个阶段。第一阶段，裂纹通常从金属表面上的驻留滑移带或非金属夹杂物等处开始，沿最大切应力方向（和主应力方向近似45°）的晶面向内扩展，由于各晶粒的位向不同以及晶界的阻碍作用，裂纹的方向逐渐转向和主应力垂直，这一阶段的扩展速率是很慢的。裂纹扩展方向和主应力方向相垂直的一段为扩展的第二阶段。这一阶段扩展的途径是穿晶的。扩展的速率也较快。

金属疲劳破裂的主要条件有：

① 存在较高的应力集中

在压力容器的接管、开孔、转角以及其他几何形状不连续的地方，在焊缝附近，以及在钢材存有缺陷的区域内都有程度不同的应力集中。有些区域的局部应力往往要比设计应力大好几倍，可能达到甚至超过材料的屈服极限。这些较高的局部应力如果仅仅是几次的反复作用，也并不会造成容器的破裂。但是如果频繁地加载和卸载，就会使受力最大的晶粒由产生塑性变形而逐渐发展成微小的裂纹，随着应力的周期变化，裂纹两端即逐步扩展，最后导致容器的破裂。

② 存在交变的载荷

压力容器器壁上的反复应力主要是在以下的情况中产生：间歇操作的容器经常进行反复的加压和卸压；容器在运行过程中压力在较大幅度的范围内变化和波动；容器的操作温度发生周期性的较大幅度的变化，引起器壁温度应力的反复变化；容器有较大的强迫振动并由此而产生较大的局部应力；容器部件受到周期性的外载荷的作用。

（4）应力腐蚀破裂

压力容器的腐蚀破裂是指容器壳体由于受到腐蚀介质的腐蚀而产生的一种破裂形式，是在腐蚀介质和拉伸应力的共同作用下产生的。

引起应力腐蚀的应力必须是拉伸力，且应力可大可小，极低的应力水平也可能导致应力腐蚀破坏。纯金属不发生应力腐蚀，但几乎所有的合金在特定的腐蚀环境中都会产生应力腐蚀裂纹。极少量的合金或杂质都会使材料产生应力腐蚀。各种工程材料几乎都有应力腐蚀敏感性。应力腐蚀是一个电化学腐蚀过程，包括应力腐蚀裂纹萌生、稳定扩展、失稳扩展等阶段，失稳扩展即造成应力腐蚀破裂。

（5）压力冲击破裂

压力冲击破裂是指压力由于各种原因而急剧升高，使壳体受到高压力的突然冲击而造成的破裂爆炸。常见类型有：可燃气体与助燃气体的反应爆炸，聚合釜内"爆聚"，器内反应失控，液化气体"爆沸"。

压力冲击断裂特征有壳体碎裂，壳体内壁常附有化学反应产物或痕迹，断裂时常伴有高温产生，断口形貌类似脆性断裂，容器释放的能量较大。

（6）蠕变破裂

蠕变是指金属材料在应力和高温的双重作用下产生的缓慢而连续的塑性变形。承压部件长期在能导致金属蠕变的高温下工作，壁厚会减薄，材料的强度有所降低，严重时会导致压力容器的高温部件发生蠕变破裂。

蠕变破裂有明显的塑性变形，断口无金属光泽呈粗糙颗粒状，表面有高温氧化层或腐蚀物。

导致蠕变破裂的原因有选材不当，结构不合理，操作不正常、维护不当，致使容器部件局部过热造成蠕变破裂。

5.2.2 压力容器设计、制造和安装

1. 压力容器的设计

压力容器的正确设计是保证容器安全运行的第一个环节。压力容器的设计单位，必须持有省级以上（含省级）主管部门批准，同级劳动部门备案的压力容器设计单位批准书。超高压容器的设计单位，应持有经国务院主管部门批准，并报劳动部锅炉压力容器安全监察机构备案的超高压容器设计单位批准书，否则，不得设计压力容器。在压力容器设计过程中，壁厚的确定、材料的选用、合理的结构是直接影响容器安全运行的三个方面。

（1）强度确定。要保证压力容器安全运行，必须要求它的承压部件具有足够的强度，以抵抗外力的破坏。如果壁厚太薄，会使容器在压力作用下产生过度的弹性变形和塑性变形而导致容器破裂。容器在运行中承受着压力载荷、温度载荷、风载荷和地震载荷，这些载荷都会使容器的器壁、整体或局部产生变形，并由此而产生的应力则是确定壁厚的主要因素，对直立设备（如塔器）则应分析计算各种载荷作用下产生的应力弯矩，最后确定壁厚。

（2）材料选用。压力容器的受压元件大多是钢制的，钢材的选用是否合适是设计中的一个关键问题。如果选材不当，即使容器具有足够的壁厚，也可能在使用条件下，或者由于材料韧性降低而发生脆性断裂，或者由于工作介质对材料产生腐蚀而导致腐蚀破裂等。压力容器受压元件所采用的钢材应符合 GB 150—2011《压力容器》的规定，凡与受压元件相焊接的非受压元件用钢，必须为可焊性良好的钢材。含碳量大于 0.25% 的材料，不得用于焊制容器。以下为几种常用材料的使用范围。

① Q235-A（A3）：含硅量多，脱氧完全，因而质量较好。限定的使用范围为：设计压力 ≤1.0MPa，设计温度 0～350℃，用于制造壳体时，钢板厚度不得大于 16mm。不得用于盛装液化石油气体、毒性程度为极度、高度危害介质及直接受火焰加热的压力容器。

② 20g：20g 锅炉钢板与一般 20 号优质钢相同，含硫量比 Q235-A 钢低，具有较高的强度，强度极限 $\delta_b \geqslant 402MPa$，屈服极限 $\delta_s = 225～255MPa$，使用温度范围为-20～475℃，常用于制造温度较高的中压容器。

③ 16MnR：16MnR 普通低合金容器钢板，含碳量 0.12%～0.20%，含锰量为 1.2%～1.6%，$\delta_b = 470～510MPa$，$\delta_s = 284～343MPa$，用这种钢制造中、低压容器可减轻温度较高的容器重量，16MnR 钢使用温度范围为-20～475℃。

④ 低温容器材料：主要是要求在低温（低于-20℃）条件下有较好的韧性以防脆裂，一般以在使用温度下的冲击值 α_k 作为依据，除了深冷容器用高合金钢或有色金属外，一般低温容器用钢多采用锰钒钢（16MnR、09Mn2VR）。

⑤ 高温容器用钢：温度小于 400℃ 可用普通碳钢（沸腾钢为 250℃）；使用温度 400～500℃，可用 15MnVR、14MnMoVg；使用温度 500～600℃ 可采用 15CrMo、12Cr2Mo1；使用温度 600～700℃ 应采用 0Cr13Ni9、1Cr18Ni9Ti 等高合金钢。

（3）合理的结构。不合理的结构可以使容器某些部件产生过高的局部应力，并最后导致容器的疲劳破裂或脆性破裂。要防止因结构不合理而引起的破坏事故，压力容器受压元件的结构设计应符合以下原则。

① 防止结构上的形状突变。压力容器由于壳体几何形状的突变或其他结构上的不连续，都会产生较高的局部应力，因此要尽量避免。对于难以避免的结构不连续，必须采取平滑过攘的结构形式，防止突变。例如在容器结构上禁止采用平板封头或锥角过大的锥形封头；封头与筒体连接的过渡区要有较大的转角半径；壳体上应避免有凸台；两个厚度不同的零件(如封头与筒体)对焊时，应将较厚的部分削薄成一定的坡度，使厚度的变化逐步过渡等。

② 避免局部应力叠加。在受压元件中总是不可避免地存在一些局部应力集中或部件强度受到削弱的结构，如开孔、转角、焊缝等部位。设计时应使这些结构在位置上相互错开，以防局部应力叠加，产生更高的应力。例如壳体的开孔不要布置在焊缝上；在封头转角等局部应力的部位不要开孔或布置焊缝；筒节与筒节、筒节与封头的焊缝应错开，并具有一定的间隔距离等。

③ 避免产生过大焊接应力或附加应力的刚性结构。刚性的结构，既可能因焊接时胀缩受到约束而引起较大的焊接应力，也可能使壳体在压力或温度变化时，因变形受到过分约束而产生附加弯曲应力，设计受压元件时应采取措施，避免刚性过大的结构。

④ 对开孔的形状、大小及位置的限制。受压壳体(包括筒体与封头)上的开孔应为圆形、椭圆形或长圆形；开孔直径或长短径之比要符合设计规定；开孔的位置应避开焊缝和凸形封头的过渡区，筒体上两个或两个以上开孔中心一般不应在同一轴线上；为了减小开孔对筒体强度的削弱，椭圆形或长圆形孔的短径一般应设计在筒体的轴向；为了降低壳体开孔边缘的局部应力，在开孔处应进行补强；为了便于对容器内外部检验，设计时要考虑到人孔、观察孔的设置。

2. 压力容器的制造

压力容器由于制造质量低劣而发生事故比较常见。为了确保压力容器制造质量，国家规定凡制造和现场组焊压力容器的单位，必须持有省级以上(含省级)劳动部门颁发的制造许可证。超高压容器的制造单位，必须持有劳动部颁发的制造许可证。制造单位必须按批准的范围(即允许制造或组焊一类、二类或三类)制造或组焊。无制造许可证的单位，不得制造或组焊压力容器。

压力容器制造质量的优劣，主要取决于材料质量、焊接质量和检验质量三个方面。

材料的质量直接影响压力容器的安全使用和寿命。制造压力容器的材料必须具有质量合格证书，制造单位应根据设计要求对材料的力学性能和化学成分进行必要的复验。如果由于种种原因制造单位需改变结构或材料时，必须征得原设计单位的同意，并在图纸上附上设计单位的证明文件。

压力容器的制造质量除钢材本身质量外，主要取决于焊接质量。这是因为焊缝及其热影响区的缺陷处往往是容器破裂的断裂源。为保证焊接质量，必须做好焊工的培训考试工作，保证良好的焊接环境，认真进行焊接工艺评定，严格焊前预热和焊后热处理。

容器制成后必须进行压力试验。压力试验是指耐压试验和气密性试验，耐压试验包括被压试验和气压试验。除设计图样要求用气体代替液体进行耐压试验外，不得采用气压试验。需要进行气密性试验的容器，要在液压试验合格后进行。压力试验要严格按照试验的安全规定进行，防止试验中发生事故。

压力容器出厂时，制造单位必须按照《压力容器安全监察规程》的规定向订货单位提供有关技术资料。

3. 压力容器的安装

压力容器安装质量的好坏直接影响容器使用的安全。压力容器的专业安装单位必须经劳动部门审核批准才可以从事承压设备的安装工作。安装作业必须执行国家有关安装的规范。安装过程中应对安装质量实行分段验收和总体验收。验收由使用单位和安装单位共同进行，总体验收时，应有上级主管部门参加。压力容器安装竣工后，施工单位应将竣工图、安装及复验记录等技术资料及安装质量证明书等移交给使用单位。

5.2.3 压力容器的安全使用管理

1. 压力容器的使用管理

为了确保压力容器的安全运行，必须加强对压力容器的安全管理，消除弊端，防患于未然，不断提高其安全可靠性。

（1）压力容器的安全技术管理

要做好压力容器的安全技术管理工作，首先要从组织上保证。这就要求企业要有专门的机构，并配备专业人员，即具有压力容器专业知识的工程技术人员负责压力容器的技术管理及安全监察工作。

压力容器的技术管理工作内容主要有：贯彻执行有关压力容器的安全技术规程；编制压力容器的安全管理规章制度，依据生产工艺要求和容器的技术性能制定容器的安全操作规程；参与压力容器的入厂检验、竣工验收及试车；检查压力容器的运行、维修和压力附件校验情况；压力容器的校验、修理、改造和报废等技术审查；编制压力容器的年度定期检修计划，并负责组织实施；向主管部门和当地劳动部门报送当年的压力容器的数量和变动情况统计报表、压力容器定期检验的实施情况及存在的主要问题；压力容器的事故调查分析和报告、检验、焊接和操作人员的安全技术培训管理和压力容器使用登记及技术资料管理。

（2）建立压力容器的安全技术档案

压力容器的技术档案是正确使用容器的主要依据，它可以使我们全面掌握容器的情况，摸清容器的使用规律，防止发生事故。容器调入或调出时，其技术档案必须随同容器一起调入或调出。对技术资料不齐全的容器，使用单位应对其所缺项目进行补充。

压力容器的技术档案应包括：压力容器的产品合格证，质量证明书，登记卡片，设计、制造、安装技术等原始的技术文件和资料，检查鉴定记录，验收单，检修方案及实际检修情况记录，运行累计时间表，年运行记录，理化检验报告，竣工图以及中高压反应容器和储运容器的主要受压元件强度计算书等。

（3）对压力容器使用单位及人员的要求

压力容器的使用单位，在压力容器投入使用前，应按劳动部颁布的《压力容器使用登记管理规则》的要求，向地、市劳动部门锅炉压力容器安全监察机构申报和办理使用登记手续。

压力容器使用单位，应在工艺操作规程中明确提出压力容器安全操作要求。其主要内容有：操作工艺指标(含介质状况、最高工作压力、最高或最低工作温度)；岗位操作法(含开、停车操作程序和注意事项)；运行中应重点检查的项目和部位，可能出现的异常现象和防止措施，紧急情况的处理、报告程序等。

压力容器使用单位应对其操作人员进行安全教育和考核，操作人员应持安全操作证上岗操作。

压力容器发生下列异常现象之一时，操作人员应立即采取紧急措施，并按规定程序报告本单位有关部门。

① 工作压力、介质急剧变化、介质温度或壁温超过许用值，采取措施仍不能得到有效控制；

② 主要受压元件发生裂缝、鼓包、变形、泄漏等危及安全的缺陷；

③ 安全附件失效；

④ 接管、紧固件损坏，难以保证安全运行；

⑤ 发生火灾直接威胁到压力容器安全运行；

⑥ 过量充装；

⑦ 液位失去控制；

⑧ 压力容器与管道严重振动，危及安全运行等。

压力容器内部有压力时，不得进行任何修理或紧固工作。对于特殊的生产过程，需在开车升（降）温过程中带压、带温紧固螺栓的，必须按设计要求制定有效的操作和防护措施，并经使用单位技术负责人批准，在实际操作时，单位安全部门应派人进行现场监督。

以水为介质产生蒸汽的压力容器，必须做好水质管理和监测，没有可靠的水处理措施，不应投入运行。

2. 压力容器的安全操作

严格按照岗位安全操作规程的规定，精心操作和正确使用压力容器，科学而精心地维护保养是保证压力容器安全运行的重要措施，即使压力容器的设计尽善尽美、科学合理，制造和安装质量优良，如果操作不当同样会发生重大事故。

（1）压力容器的安全操作

操作压力容器时要集中精力，勤于监察和调节。操作动作应平稳，应缓慢操作避免温度、压力的骤升骤降，防止压力容器的疲劳破坏。阀门的开启要谨慎，开停车时各阀门的开关状态以及开关的顺序不能搞错。要防止憋压闷烧、防止高压窜入低压系统，防止性质相抵触的物料相混以及防止液体和高温物料相遇。

操作时，操作人员应严格控制各种工艺指数，严禁超压、超温、超负荷运行，严禁冒险性、试探性试验，并且要在压力容器运行过程中定时、定点、定线地进行巡回检查，认真、准时、准确的记录原始数据。主要检查操作温度、压力、流量、液位等工艺指标是否正常；着重检查容器法兰等部位有无泄漏，容器防腐层是否完好，有无变形、鼓包、腐蚀等缺陷和可疑迹象，容器及连接管道有无振动、磨损；检查安全阀、爆破片、压力表、液位计、紧急切断阀以及安全联锁、报警装置等安全附件是否齐全、完好、灵敏、可靠。

若容器在运行中发生故障，出现下列情况之一，操作人员应立即采取措施停止运行，并尽快向有关领导汇报。

① 容器的压力或壁温超过操作规程规定的最高允许值，采取措施后仍不能使压力或壁温降下来，并有继续恶化的趋势；

② 容器的主要承压元件产生裂纹、鼓包或泄漏等缺陷，危及容器安全；

③ 安全附件失灵、接管断裂、紧固件损坏，难以保证容器安全运行；

④ 发生火灾，直接影响容器的安全操作。

停止容器运行的操作，一般应切断进料，卸放器内介质，使压力降下来。对于连续生产的容器，紧急停止运行前必须与前后有关工段做好联系工作。

（2）压力容器的维护保养

压力容器的维护保养工作一般包括防止腐蚀，消除"跑、冒、滴、漏"和做好停运期间的保养。

化工压力容器内部受工作介质的腐蚀，外部受大气、水或土壤的腐蚀。目前大多数容器采用防腐层来防止腐蚀，如金属涂层、无机涂层、有机涂层、金属内衬和搪瓷玻璃等。检查和维护防腐层的完好，是防止容器腐蚀的关键。如果容器的防腐层自行脱落或受碰撞而损坏，腐蚀介质和材料直接接触，则很快会发生腐蚀。因此，在巡检时应及时清除积附在容器、管道及阀门上面的灰尘、油污、潮湿和有腐蚀性的物质，经常保持容器外表面的洁净和干燥。

生产设备的"跑、冒、滴、漏"不仅浪费化工原料和能源，污染环境，而且往往造成容器、管道、阀门和安全附件的腐蚀。因此要做好日常的维护保养和检修工作，正确选用连接方式、垫片材料、填料等，消除振动和摩擦，维护保养好压力容器和安全附件。

另外，还要注意压力容器在停运期间的保养。容器停用时，要将内部的介质排空放净。尤其是腐蚀性介质，要经排放、置换或中和、清洗等技术处理。根据停运时间的长短以及设备和环境的具体情况，有的在容器内、外表面涂刷油漆等保护层；有的在容器内用专用器皿盛放吸潮剂。对停运容器要定期检查，及时更换失效的吸潮剂。发现油漆等保护层脱落时，应及时补上，使保护层经常保持完好无损。

5.2.4　压力容器的定期检验

压力容器的定期检验是指在压力容器使用的过程中，每隔一定期限采用各种适当而有效的方法，对容器的各个承压部件和安全装置进行检查和必要的试验。通过检验，发现容器存在的缺陷，使它们在还没有危及容器安全之前即被消除或采取适当措施进行特殊监护，以防压力容器在运行中发生事故。

压力容器在生产中不仅长期承受压力，而且还受到介质的腐蚀或高温流体的冲刷磨损，以及操作压力、温度波动的影响。因此，在使用过程中会产生缺陷。有些压力容器在设计、制造和安装过程中存在着一些原有缺陷，这些缺陷将会在使用中进一步扩展。

显然，无论是原有缺陷，还是在使用过程中产生的缺陷，如果不能及早发现或消除，任其发展扩大，势必在使用过程中导致严重爆炸事故。

压力容器实行定期检验、评定安全状况和办理注册登记，是及时发现缺陷，消除隐患，保证压力容器安全运行的重要的必不可少的措施。压力容器的使用单位，必须认真安排压力容器的定期检验工作。

（1）压力容器定期检验单位及检验人员应取得省级或国家安全监察机构的资格认可和经资格鉴定考核合格并接受当地安全监察机构监督，严格按照批准与授权的检验范围从事检验工作。检验单位及检验人员应对压力容器定期检验的结果负责。

（2）压力容器的使用单位及其主管部门，必须及时安排压力容器的定期检验工作，并将压力容器年度检验计划报当地安全监察机构及检验单位。安全监察机构负责监督检查，检验单位应负责完成检验任务。

（3）在用压力容器，按照 TSG R7001—2013《压力容器定期检验规范》、TSG R5002—2013《压力容器使用管理规则》和 TSG G5004—2014《锅炉使用管理规则》的规定，进行定期检验、评定安全状况和办理注册登记。

1. 压力容器的定期检验

（1）压力容器的定期检验分为：全面检验和耐压试验。

① 全面检验是指压力容器停机时的检验。全面检验应当由检验机构进行，其检验周期为：

a. 安全状况等级为1级、2级的，一般每6年一次；

b. 安全状况等级为3级的，一般3~6年一次；

c. 安全状况等级为4级的，其检验周期由检验机构确定。

② 耐压试验是指压力容器全面检验合格后，所进行的超过最高工作压力的液压试验或者气压试验。每两次全面检验期间内，原则上应当进行一次耐压试验。

当全面检验、耐压试验和年度检查在同一年度进行时，应当依次进行全面检验、耐压试验和年度检查，其中全面检验已经进行的项目，年度检查时不再重复进行。

（2）压力容器一般应当于投用满3年时进行首次全面检验。

① 有以下情况之一的压力容器，全面检验周期应当适当缩短：

a. 介质对压力容器材料的腐蚀情况不明或者介质对材料的腐蚀速率每年大于0.25mm/a，以及设计者所确定的腐蚀数据与实际不符的；

b. 材料表面质量差或者内部有缺陷的；

c. 使用条件恶劣或者使用中发现应力腐蚀现象的；

d. 使用超过20年，经过技术鉴定或者由检验人员确认按正常检验周期不能保证安全使用的；

e. 停止使用时间超过2年的；

f. 改变使用介质并且可能造成腐蚀现象恶化的；

g. 设计图样注明无法进行耐压试验的；

h. 检验中对其他影响安全的因素有怀疑的；

i. 介质为液化石油气且有应力腐蚀现象的，每年或根据需要进行全面检验；

j. 搪玻璃设备。

② 安全状况等级为1级、2级的压力容器符合以下条件之一时，全面检验周期可以适当延长：

a. 非金属衬里层完好，其检验周期最长可以延长至9年；

b. 介质对材料腐蚀速率每年低于0.1mm/a（实测数据）、有可靠的耐腐蚀金属衬里（复合钢板）或者热喷涂金属（铝粉或者不锈钢粉）涂层，通过1~2次全面检验确认腐蚀轻微或者衬里完好的，其检验周期最长可以延长至12年；

c. 装有催化剂的反应容器以及装有充填物的大型压力容器，其检验周期根据设计图样和实际使用情况由使用单位、设计单位和检验机构协商确定，报办理《使用登记证》的质量技术监督部门备案。

（3）安全状况等级为4级的压力容器，其累积监控使用的时间不得超过3年。在监控使用期间，应当对缺陷进行处理提高其安全状况等级，否则不得继续使用。

（4）有以下情况之一的压力容器，全面检验合格后必须进行耐压试验：

① 用焊接方法更换受压元件的；

② 受压元件焊补深度大于1/2壁厚的；

③ 改变使用条件，超过原设计参数并且经过强度校核合格的；

④ 需要更换衬里的(耐压试验应当于更换衬里前进行);

⑤ 停止使用 2 年后重新使用的;

⑥ 从外单位移装或者本单位移装的;

⑦ 使用单位或者检验机构对压力容器的安全状况有怀疑的。

(5) 使用单位必须于检验有效期满 30 日前申报压力容器的定期检验,同时将压力容器检验申报表报检验机构和发证机构。检验机构应当按检验计划完成检验任务。

(6) 使用单位应当与检验机构密切配合,做好停机后的技术性处理和检验前的安全检查,确认符合检验工作要求后,方可进行检验,并在检验现场做好配合工作。

(7) 压力容器安全状况等级的划分,按照 TSG R7001—2013《压力容器定期检验规则》执行,主要是根据受压元件的材质、结构、缺陷、损伤等方面的检验结果评定的,共分为 1~5 级。

2. 压力容器年度检查

年度检查,是指为了确保压力容器在检验周期内的安全而实施的运行过程中的在线检查,每年至少一次。固定式压力容器的年度检查可以由使用单位的压力容器专业人员进行,也可以由国家质量监督检验检疫总局核准的检验检测机构持证的压力容器检验人员进行。

(1) 压力容器年度检查包括使用单位压力容器安全管理情况检查、压力容器本体及运行状况检查和压力容器安全附件检查等。

检查方法以宏观检查为主,必要时进行测厚、壁温检查和腐蚀介质含量测定、真空度测试等。

(2) 年度检查前,使用单位应当做好以下各项准备工作:

① 压力容器外表面和环境的清理;

② 根据现场检查的需要,做好现场照明、登高防护、局部拆除保温层等配合工作,必要时配备合格的防噪声、防尘、防有毒有害气体等防护用品;

③ 准备好压力容器技术档案资料、运行记录、使用介质中有害杂质记录;

④ 准备好压力容器安全管理规章制度和安全操作规范,操作人员的资格证;

⑤ 检查时,使用单位压力容器管理人员和相关人员到场配合,协助检查工作,及时提供检查人员需要的其他资料。

(3) 检查前检查人员应当首先全面了解被检压力容器的使用情况、管理情况,认真查阅压力容器技术档案资料和管理资料,做好有关记录。压力容器安全管理情况检查的主要内容如下:

① 压力容器的安全管理规章制度和安全操作规程,运行记录是否齐全、真实,查阅压力容器台账与实际是否相符;

② 压力容器图样、使用登记证、产品质量证明书、使用说明书、监督检验证书、历年检验报告以及维修、改造资料等建档资料是否齐全并且符合要求;

③ 压力容器作业人员是否持证上岗;

④ 上次检验、检查报告中所提的问题是否解决。

5.3　压力容器的安全附件

压力容器的安全附件,又称为安全装置,是指为使压力容器能够安全运行而装设在设备上的附属装置。压力容器的安全附件按使用性能或用途来分，一般包括以下四大类型：①联锁装置，为防止操作失误而设置的控制机构，如联锁开关、联动阀等；②警报装置，指压力容器在运行中出现不安全因素致使容器处于危险状态时能自动发出音响或其他明显警报信号的仪器，如压力警报器、水位监测仪等；③计量装置，指能自动显示压力容器运行中与安全有关的工艺参数的仪表，如压力表、温度计等；④泄压装置。指能自动、迅速排出容器内的介质，使容器内压力不超过它的最高需用压力的装置。压力容器常见的安全附件有以下几种。

1. 安全泄压装置

压力容器的安全泄压装置是一种超压保护装置。容器在正常的工作压力下运行时，安全泄压装置处于严密不漏状态；当压力容器内部压力超过规定值时，安全泄压装置能够自动、迅速、足够量地把压力容器内部的气体排出，使容器内的压力始终保持在最高许可压力范围以内。同时，它还有自动报警的作用，促使操作人员采取相应措施。

常用的安全泄压装置有安全阀、爆破片和防爆帽、易熔塞、组合装置等几种。

（1）安全阀。安全阀的特点是它仅仅排泄压力容器内高于规定部分的压力，而一旦容器内的压力降至正常操作压力时，它即自动关闭。它可避免容器因出现超压就得把全部气体排出而造成浪费和生产中断，因而被广泛应用。其缺点是：密封性能较差，由于弹簧等的惯性作用，阀的开放常有滞后作用；用于一些不洁净的气体时，阀口有被堵塞或阀瓣有被粘住的可能。安全阀的选用应根据压力容器的工作压力、温度、介质特性来确定。

安全阀主要有弹簧式和杠杆式两大类，见图5-3和图5-4。弹簧式安全间主要是依靠弹簧的作用力来工作，可分为封闭式和不封闭式两种结构，一般易燃、易爆和有毒的介质选用封闭式，蒸汽或惰性气体等可选用不封闭式，在弹簧式安全阀中还有带扳手和不带扳手的，扳手的作用主要是检查阀座的灵活程度，有时也可作为临时紧急泄压用。杠杆式安全阀主要依靠杠杆重锤的作用力工作，但由于杠杆式安全阀体积庞大而限制了使用范围。温度较高时选用带散热器的安全阀。

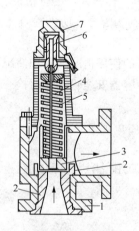

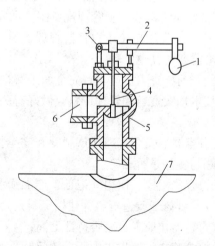

图5-3　弹簧式安全阀装置结构示意
1—阀体；2—阀座；
3—阀芯；4—阀杆；
5—弹簧；6—螺帽；7—阀盖

图5-4　杠杆式安全阀装置结构示意
1—重锤；2—杠杆；3—杠杆支点；
4—阀芯；5—阀座；
6—排出管；7—容器或设备

安全阀的安装应注意以下几点：

① 新装安全阀应附有产品合格证。安装前，应由安装单位负责进行复校，加以铅封并出具安全阀校验报告。

② 安全阀应铅直地安装，并应装设在容器或管道气相界面位置上。

③ 安全阀的出口应无阻力或避免产生背压现象。若装设排泄管，其内径应大于安全阀的出口通径，安全阀排出口应注意防冻，对充装易燃或有毒、剧毒介质的容器，排泄管应直通室外安全地点或进行妥善处理。排泄管上不准安装任何阀门。

④ 压力容器与安全阀之间不得装有任何阀门。对充装易燃、易爆、有毒或黏性介质的容器，为便于更换、清洗，可装截止阀，其结构和通径尺寸应不妨碍安全阀的正常运行。正常运行时，截止阀必须全开并加铅封。

⑤ 安全阀与锅炉压力容器之间的连接短管的截面积，不得小于安全阀流通截面。数个安全阀同时装在一个接管上，其接管截面积应不小于安全阀流通截面积总和的 1.25 倍。注意，选用安全阀及对其进行校验时，安全阀的排气压力不得超过容器设计压力。

安全阀应加强日常的维护保养，保持洁净，防止腐蚀和油垢、脏物的堵塞，经常检查铅封，防止他人随意移动杠杆式安全阀的重锤或拧动弹簧式安全阀的调节螺丝。为防止阀芯和阀座粘牢，根据压力容器的实际情况制定定期手拉（或手抬）排放制度，如蒸汽锅炉锅筒安全阀一般应每天人为排放一次，排放时的压力最好在规定最高工作压力的 80% 以上，发现泄漏时应及时调换或检修，严禁用加大载荷（如杠杆式安全阀将重锤外移或弹簧式安全阀过分拧紧调节螺丝）的办法来消除泄漏。

安全阀每年至少作一次定期检验。定期检验内容一般包括动态检查和解体检查。如果安全阀在运行中已发现泄漏等异常情况，或动态检查不合格，则应作解体检查。解体后，对阀芯、阀座、阀杆、弹簧、调节螺丝、锁紧螺母、阀体等逐一仔细检查，主要检查有无裂纹、伤痕、腐蚀、磨损、变形等缺陷。根据缺陷的大小、损坏程度，或修复，或更换零部件，然后组装进行动态检查。动态检查时使用的介质根据安全阀用于何种压力容器来决定。用于蒸汽系统的安全阀采用饱和蒸汽，用于其他压缩气体的则用空气，用于液体的选用水。用于蒸汽系统的安全阀因条件所限，用空气作动态检查后装到运行系统上仍需作热态的调压试验。动态检查结束应当场将合格的安全阀铅封，检验人员、监督人员填写检验记录并签字。

（2）爆破片和防爆帽。其共同特点是密封性能较好，泄压反应较快以及气体内所含的污物对它的影响较小等，但是由于在完成泄压作用以后即不能继续使用，而且容器也得停止运行，所以一般只被用于超压可能性较小而且又不宜装设阀型安全泄压装置的容器中，图 5-5 为爆破片示意图。

爆破片一般使用在以下几种场合：中、低压容器；存在爆燃或异常反应使压力瞬间急剧上升的场合，这种场合弹簧式安全阀由于惯性而不相适应；不允许介质有任何泄漏的场合，各种形式的安全阀一般总有微量的泄漏；运行产生大量沉淀或黏附物，妨碍安全阀正常动作的场合。爆破片的爆破压力的选定，一般为容器最高工作压力的 1.15～1.3 倍。压力波动幅度

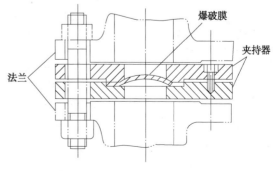

图 5-5　爆破片示意图

较大的容器，其比值还可增大。但任何情况下，爆破片的爆破压力均应小于压力容器的设计压力。爆破片安装、维护、检验要可靠，夹持器和垫片表面不得有油污，夹紧螺栓应上紧，防止膜片受压后滑脱，运行中应经常检查法兰连接处有无泄漏，由于特殊要求在爆破片和容器之间装设有切断阀者，要检查阀的开闭状态，并有措施保证在运行中此阀处于全开位置，爆破片排放管的要求可以参照安全阀。通常，爆破片满 6 个月或 12 个月更换一次。此外，容器超压后未破裂的爆破片以及正常运行中有明显变形的爆破片应立即更换。更换下来的爆破片应进行爆破试验，并记录、积累和分析、整理试验数据以供设计时参考。

防爆帽又称爆破帽，样式较多。其主要元件是一个一端封闭，中间具有一薄弱断面的厚壁短管。当容器内的压力超过规定，导致其薄弱断面上的拉伸应力达到材料的强度极限时，防爆帽即从此处断裂，气体即由管孔中排出。为了防止防爆帽断裂后飞出伤人，在它的外面常装有套管式保护装置。防爆帽适用于超高压容器，因超高压容器的安全泄压装置不需要很大的泄放面积，且爆破压力较高，防爆帽的薄弱断面可有较大的厚度，使它易于制造。并且防爆帽还具有结构简单、爆破压力误差较小、比较易于控制等特点。

（3）易熔塞。通过易熔合金的熔化使容器内的气体从原来填充有易熔合金的孔中排出，从而泄放压力。主要用于防止容器由于温度升高而发生的超压。一般多用于液化气体气瓶。

（4）组合装置。常见的有弹簧安全阀和爆破片的组合型。这种类型的安全泄压装置同时具有安全阀和爆破片的优点。它既可以防止安全阀的泄漏，又可以在排放过高的压力后使容器能继续运行。

2. 压力表。

测量容器内压力的压力表，普遍所用的是由无缝磷铜管（氨压表则用无缝钢管）制成的弹簧椭圆形弯管式。弯管一端连通介质，另一端是自由端，与连杆相接，再由扇形齿轮、小齿轮（上、下游丝）及指针显示（图 5-6）。压力表的种类较多，按它的作用原理和结构，可分为液柱式、弹性元件式、活塞式和电量式四大类。压力容器大多使用弹性元件式的单弹簧管压力表。

应根据被测压力的大小、安装位置的高低、介质的性质（如温度、腐蚀性等）来选择压力表的精度等级、最大量程、表盘大小以及隔离装置。

装在压力容器上的压力表，其表盘刻度极限值应为容器最高工作压力的 1.5～3 倍，最好为 2 倍。压力表量程越大，允许误差的绝对值也越大，视觉误差也越大。按容器的压力等级要求，低压容器一般不低于 2.5 级，中压及高压容器不应低于 1.5 级。为便于操作人员能清楚准确地看出压力指示，压力表盘直径不能太小。在一般情况下，表盘直径不应小于 100mm。如果压力表距离观察地点远，表盘直径应增大：距离超过 2m 时，表盘直径最好不小于 150mm；距离超过 5m 时，不要小于 250mm。超高压容器压力表的表盘直径应不小于 150mm。

压力表应装在照明充足、便于观察、没有震动、不受高温辐射和低温冰冻的地方。介质为高温或具有强腐性时，应采用隔离装置。在压力表刻度盘上划以红线，作为警戒。但不准将红线划在表盘玻璃上，以免因玻璃位置的转动产生误判断而导致事故。运行中应保持压力表洁净，表面玻璃清晰，进行定期吹洗，以防堵塞，一

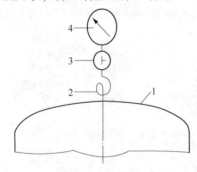

图 5-6 压力表安装示意图
1—承压设备；2—存水弯管；
3—三通旋塞；4—压力表

般应半年进行一次校验，合格的应加封印。若无压时出现指针不到零位或表面玻璃破碎、表盘刻度模糊、封印损坏、超期未检验、表内漏气或指针跳动等，发生上述情况之一者，均应停用、修理或更换新表。

3. 液位计

一般压力容器的液位显示多用玻璃板液位计。石油化工装置的压力容器，如各类石油气体的储存压力容器，选用各种不同作用原理、构造和性能的液位指示仪表。介质为粉体物料的压力容器，多数选用放射性同位素料位仪表，指示粉体的料位高度。但不论选用何种类型的液位计或仪表，均应符合有关的安全规定和要求，主要有以下几个方面。

（1）应根据压力容器的介质、最高工作压力和温度正确选用。

（2）在安装使用前，低、中压容器用液位计，应进行 1.5 倍液位计公称压力的液压试验；高压容器的液位计，应进行 1.25 倍液位计公称压力的液压试验。

（3）盛装 0℃ 以下介质的压力容器，应选用防霜液位计。

（4）寒冷地区室外使用的液位计，应选用夹套型或保温型结构的液位计。

（5）用于易燃、毒性程度为极度或高度危害介质的液化气体压力容器上时，应采用板式或自动液位指示计，并应有防止泄漏的保护装置。

（6）要求液面指示平稳的，不应采用浮子式液位计。

（7）液位计应安装在便于观察的位置。如液位计的安装位置不便于观察，则应增加其他辅助设施。大型压力容器还应有集中控制的设施和警报装置。液位计的最高和最低安全液位，应做出明显的标记。

（8）压力容器操作人员，应加强对液位计的维护管理，经常保持完好和清晰。使用单位应对液位计实行定期检修制度，可根据运行实际情况，规定检修周期，但不应超过压力容器内外部检验周期。

表 5-1 为液位计的分类及其适用范围。

表 5-1　液位计的分类与选用

类别	适用范围	类别	适用范围
玻璃管式	适宜装置高度在 3m 以上，不适宜易燃、有毒的液化气体容器	玻璃板式	适宜装置高度在 3m 以下的容器
浮子式	适宜低压容器，不适宜液面波动较大的容器	浮标式	适宜装置高度在 3m 以上，不适宜液面波动较大的容器
压差式	适宜液面波动较小的容器		

5.4　工业锅炉安全技术

锅炉是工业生产的常用设备，应用十分广泛。它是使燃烧产生的热能把水加热或变成蒸汽的热力设备，尽管锅炉的种类繁多，结构各异，但都是由"锅"和"炉"以及为保证"锅"和"炉"正常运行所必需的附件、仪表及附属设备三大类（部分）组成。

"锅"是指锅炉中盛放水和蒸汽的密封受压部分，是锅炉的吸热部分，主要包括汽包、对流管、水冷壁、联箱、过热器、省煤器等。"锅"再加上给水设备就组成锅炉的汽水系统。

"炉"是指锅炉中燃料进行燃烧、放出热能的部分，是锅炉的放热部分，主要包括燃烧设备、炉墙、炉拱、钢架和烟道及排烟除尘设备等。

锅炉的附件和仪表很多，如安全阀、压力表、水位表及高低水位报警器、排污装置、汽水管道及阀门、燃烧自动调节装置、测温仪表等。

锅炉的附属设备也很多，一般包括给水系统的设备（如水处理装置、给水泵）；燃料供给及制备系统的设备（如给煤、磨粉、供油、供气等装置）；通风系统设备（如鼓、引风机）和除灰排渣系统设备（除尘器、出渣机、出灰机）。

锅炉是一个复杂的组合体。尤其在化工企业中使用的大、中容量锅炉，除了锅炉本体庞大、复杂外，还有众多的辅机、附件和仪表，运行时需要各个部分、各个环节密切协调，任何一个环节发生了故障，都会影响锅炉的安全运行。所以，作为特种设备的锅炉的安全监督应特别予以重视。

5.4.1 锅炉的分类

锅炉设备是利用燃料燃烧时放出的热量加热工质水，生产具有一定压力和温度的蒸汽或热水。锅炉作为生产蒸汽的热力设备，在动力、热能和工艺用汽的供应中，发挥着重要作用。

锅炉的种类很多，其分类方法如下：

① 按用途不同，可以分为电站锅炉、工业锅炉、机车船舶锅炉、生活锅炉等。

② 按蒸汽压力可以分为低压锅炉（$p \leq 2.5MPa$）、中压锅炉（$2.5MPa < p \leq 5.9MPa$）、高压锅炉（$p = 9.8MPa$）、超高压锅炉（$p = 13.7MPa$）、亚临界锅炉（$p = 16.7MPa$）和超临界锅炉（$p > 22MPa$）。

③ 按容量的大小，可以分为大型锅炉、中型锅炉和小型锅炉。

④ 按燃料和能源种类不同，可以分为燃煤锅炉、燃油锅炉、燃气锅炉、原子能锅炉、废热锅炉等。

⑤ 按锅炉结构形式不同，可以分为锅壳锅炉（火管锅炉）、水管锅炉和水火管锅炉。

⑥ 按燃料在锅炉中的燃烧方式不同，可以分为层燃炉、沸腾炉、室燃室。

⑦ 按工质在蒸发系统的流动方式不同，可以分为自然循环锅炉、强制循环锅炉、直流锅炉等。

锅炉的分类见表5-2。

表 5-2　锅炉类型

分类方式		锅炉类型
按锅炉结构形式	锅壳式	立式横水管、立式弯水管、立式直水管、立式横火管、卧式内燃回火管等
	水　管	单锅筒纵置式、单锅筒横置式、双锅筒纵置式、双锅筒横置式、纵横锅筒式、强制循环式等
	水火管	卧式快装
按燃烧设备		固定炉排、活动手摇炉排、链条炉排、抛煤机、振动炉排、沸腾炉等
按燃料种类		无烟煤、贫煤、烟煤、劣质烟煤、褐煤、油、气等
按出厂形式		快装、组装、散装
按供热工质		蒸汽、热水及其他工质

5.4.2 锅炉常见事故

锅炉是一种在工业生产中广泛应用的特殊压力容器，由于它在运行中的特点以及事故的多发性和危害性，许多国家都成立了专门机构，负责锅炉的安全监察工作。

1. 锅炉运行中的事故分类

（1）爆炸事故

爆炸事故是常导致设备、厂房损坏和人身伤亡，造成重大损失的事故。锅炉中的锅筒、集箱、炉胆、管板等主要承压部件发生破裂爆炸的事故。

（2）重大事故

重大事故不像锅炉爆炸事故那样严重，但也常常造成锅炉无法正常运行而被迫停炉的事故，导致用汽部门局部或全部停工停产，造成严重的经济损失。重大事故主要有缺水事故、满水事故、汽水共腾、炉管爆破、过热器管损坏、省煤汽管损坏、水击、炉膛爆炸、二次燃烧等事故。

（3）一般事故

一般事故是在运行中可以排除的事故或经过短暂停炉即可排除的事故，其影响和损失较小。

2. 锅炉常见事故及预防措施

锅炉常见事故主要有爆炸事故、爆管事故、严重缺水事故、严重满水事故、汽水共腾事故、水击事故、炉膛及尾部烟道爆炸事故。80%以上的锅炉事故都是由于使用管理不当引起的，其中判断或操作失误、水质管理不善、无证操作是这些事故的主要原因，另外设计不合理也有可能导致锅炉发生事故。

（1）锅炉严重缺水事故是指当锅炉水位已远远低于水位表最低可见边缘而造成的事故。严重缺水事故可能造成受热面变形，胀口泄漏等后果，如果判断不准或错误，在严重缺水时会造成锅炉爆炸。

（2）锅炉严重满水事故。是指锅炉内水位超过了水位表最高可见水位的事故。严重时蒸汽管道内会发出水冲击声，这会造成过热器结垢而爆管，蒸汽大量带水，发电锅炉则会因蒸汽带水损坏汽轮机。

（3）汽水共腾事故是指锅炉内蒸汽和炉水共同升腾产生泡沫，汽水界面模糊不清，使蒸汽大量带水的现象，此时蒸汽品质急剧恶化，使过热器积盐垢而爆管。

（4）锅炉受热面的爆管事故是指锅炉水冷壁、过热器、省煤器、空气预热器等受热面管子破损造成的事故。锅炉爆管是锅炉运行中性质严重的事故。一旦发生爆管，会损坏临近管壁，冲塌炉墙，并且在很短时间内造成锅炉严重缺水，使事故进一步扩大。

（5）水击事故。是指由于蒸汽或水突然产生的冲击力，使锅炉或管道发生音响和变动的一种现象。水击多数发生在锅筒、省煤器和水汽管道内，如不及时处理，会损坏设备，影响锅炉正常运行。

（6）炉膛及尾部烟道爆炸事故。是指积聚炉膛或烟道内一定数量的、因燃烧不完全等原因残留的可燃物与空气混合，当达到爆炸极限范围时，遇明火或高温瞬间全部起燃爆炸的事故，多发生于燃油、燃气和煤粉锅炉。烟气爆炸会造成炉膛、烟道和炉墙损坏，被迫停产，严重时会使炉墙炸毁倒塌，造成重大人员伤亡。

5.4.3 锅炉运行的安全管理

1. 锅炉启动的安全要点

由于锅炉是一个复杂的装置，包含着一系列部件、辅机，锅炉的正常运行包含着燃烧、传热、工质流动等过程，因而启动一台锅炉要进行多项操作，要用较长的时间、各个环节协同运作，逐步达到正常工作状态。

锅炉启动过程中，其部件、附件等由冷态(常温或室温)变为受热状态，由不承压转变为承压，其物理形态、受力情况等产生很大变化，最易产生各种事故。据统计，锅炉事故约有半数是在启动过程中发生的。因而对锅炉启动必须进行认真的准备。

(1) 全面检查。锅炉启动之前一定要进行全面检查，符合启动要求后才能进行下一步的操作。启动前的检查应按照锅炉运行规程的规定，逐项进行。主要内容有：检查汽水系统、燃烧系统、风烟系统、锅炉本体和辅机是否完好；检查人孔、手孔、看火门、防爆门及各类阀门、接板是否正常；检查安全附件是否齐全、完好并使之处于启动所要求的位置；检查各种测量仪表是否完好等。

(2) 上水。为防止产生过大热应力，上水水温最高不应超过 $90 \sim 100℃$；上水速度要缓慢，全部上水时间在夏季不小于 1h，在冬季不小于 2h。冷炉上水至最低安全水位时应停止上水，以防受热膨胀后水位过高。

(3) 烘炉和煮炉。新装、大修或长期停用的锅炉，其炉膛和烟道的墙壁非常潮湿，一旦骤然接触高温烟气，就会产生裂纹、变形甚至发生倒塌事故。为了防止这种情况，锅炉在上水后启动前要进行烘炉。

烘炉就是在炉膛中用文火缓慢加热锅炉，使炉墙中的水分逐渐蒸发掉。

烘炉应根据事先制定的烘炉升温曲线进行，整个烘炉时间根据锅炉大小、型号不同而定，一般为 $3 \sim 14$ 天。烘炉后期可以同时进行煮炉。

煮炉的目的是清除锅炉蒸发受热面中的铁锈、油污和其他污物，减少受热面腐蚀，提高锅水和蒸汽的品质。

煮炉时，在锅水中加入碱性药剂，如 $NaOH$、Na_3PO_4 或 Na_2CO_3 等。步骤为：上水至最高水位；加入适量药剂($2 \sim 4kg/t$)，燃烧加热锅水至沸腾但不升压(开启空气阀或抬起安全阀排汽)，维持 $10 \sim 12h$；减弱燃烧，排污之后适当放水；加强燃烧并使锅炉升压到 $25\% \sim 100\%$ 工作压力，运行 $12 \sim 24h$；停炉冷却，排除锅水并清洗受热面。

烘炉和煮炉虽不是正常启动，但锅炉的燃烧系统和汽水系统已经部分或大部分处于工作状态，锅炉已经开始承受温度和压力，所以必须认真进行。

(4) 点火与升压。一般锅炉上水后即可点火升压；进行烘炉煮炉的锅炉，待煮炉完毕、排水清洗后再重新上水，然后点火升压。

从锅炉点火到锅炉蒸汽压力上升到工作压力，这是锅炉启动中的关键环节，需要注意以下问题。

① 防止炉膛内爆炸。即点火前应开动引风机数分钟给炉膛通风，分析炉膛内可燃物的含量，低于爆炸下限时，才可点火。

② 防止热应力和热膨胀造成破坏。为了防止产生过大的热应力，锅炉的升压过程一定要缓慢进行。如：水管锅炉在夏季点火升压需要 $2 \sim 4h$，在冬季点火升压需要 $2 \sim 6h$；立式锅

壳锅炉和快装锅炉需要时间较短，为1~2h。

③ 监视和调整各种变化。点火升压过程中，锅炉的蒸汽参数、水位及各部件的工作状况在不断变化。为了防止异常情况及事故出现，要严密监视各种仪表指示的变化。另外，也要注意观察被受热面，使各部位冷热交换温度变化均匀，防止局部过热，烧坏设备。

（5）暖管与并汽。所谓暖管，即用蒸汽缓慢加热管道三阀门、法兰等元件，使其温度缓慢上升，避免向冷态或较低温度的管道突然供入蒸汽，以防止热应力过大而损坏管道、阀门等元件。同时将管道中的冷凝水驱出，防止在供汽时发生水击。冷态蒸汽管道的暖管时间一般不少于2h，热态蒸汽管道的暖管一般为0.5~1h。

并汽也叫并炉、并列，即投入运行的锅炉向共用的蒸汽总管供汽。并汽时应燃烧稳定、运行正常、蒸汽品质合格以及蒸汽压力稍低于蒸汽总管内气压(低压锅炉低0.02~0.05MPa；中压锅炉低0.1~0.2MPa)。

2. 锅炉运行中的安全要点

（1）锅炉运行中，保护装置与联锁不得停用。需要检验或维修时，应经有关主要领导批准。

（2）锅炉运行中，安全阀每天人为排汽试验一次。电磁安全阀电气回路试验每月应进行一次。安全阀排汽试验后，其起座压力、回座压力、阀瓣开启高度应符合规定，并做记录。

（3）锅炉运行中，应定期进行排污试验。

3. 锅炉停炉时的安全要点

锅炉停炉分正常停炉和紧急停炉(事故停炉)两种。

（1）正常停炉

正常停炉是计划内停炉。停炉中应注意的主要问题是：防止降压降温过快，以避免锅炉元件因降温收缩不均匀而产生过大的热应力。停炉操作应按规定的次序进行。锅炉正常停炉时先停燃料供应，随之停止送风，降低引风。与此同时，逐渐降低锅炉负荷，相应地减少锅炉上水，但应维持锅炉水位稍高于正常水位。锅炉停止供汽后，应隔绝与蒸汽总管的连接，排汽降压。待锅内无气压时，开启空气阀，以免锅内因降温形成真空。为防止锅炉降温过快，在正常停炉的4~6h内，应紧闭炉门和烟道接板。之后打开烟道接板，缓慢加强通风，适当放水。停炉18~24h，在锅水温度降至70℃以下时，方可全部放水。

（2）紧急停炉

锅炉运行中出现：水位低于水位表的下部可见边缘；不断加大向锅炉给水及采取其他措施，但水位仍继续下降；水位超过最高可见水位(满水)，经放水仍不能见到水位；给水泵全部失效或给水系统故障，不能向锅炉进水；水位表或安全阀全部失效；炉元件损坏等严重威胁锅炉安全运行的情况，则应立即停炉。

紧急停炉的操作次序是，立即停止添加燃料和送风，减弱引风。与此同时，设法熄灭炉膛内的燃料，对于一般层燃炉可以用砂土或湿灰灭火，链条炉可以开快挡使炉排快速运转，把红火送入灰坑。灭火后即把炉门、灰门及烟道接板打开，以加强通风冷却。锅内可以较快降压并更换锅水，锅水冷却至70℃左右允许排水。但因缺水紧急停炉时，严禁给炉上水，并不得开启空气阀及安全阀快速降压。

5.4.4　锅炉的主要安全附件

锅炉的安全附件和仪表包括安全阀、压力表、水位表、测量温度的仪表、排污及放水装置、保护装置，这些装置和仪表在保证锅炉正常运行中起着重要的作用。

1. 安全阀

安全阀是锅炉设备中的重要安全附件之一，它能自动开启排汽以防止锅炉压力超过规定限度。安全阀通常应该具有的功能是：当锅炉中介质压力超过允许压力时，安全阀自动开启，排汽降压，同时发出呜呜声向工作人员报警；当介质压力降到允许工作压力之后，自动"回座"关闭，使锅炉能够维持运行；在锅炉正常运行中，安全阀保持密闭不漏。

安全阀应该在什么压力之下开启排汽，是根据锅炉受压元件的承压能力人为规定的。一般说来，在锅炉正常工作压力下安全阀应处于闭合状态，在锅炉压力超过正常工作压力时安全阀才应开启排汽。但安全阀的开启压力不允许超过锅炉正常工作压力太多，以保证锅炉受压元件有足够的安全裕度，安全阀的开启压力也不应太接近锅炉正常工作压力，以免安全阀频繁开启，损伤安全阀并影响锅炉的正常运行。

安全阀必须有足够的排放能力，在开启排汽后才能起到降压作用。否则，即使安全阀排汽，锅炉内的压力仍会继续不断上升。因此，为保证在锅炉用汽单位全部停用蒸汽时也不致锅炉超压，锅炉上所有安全阀的总排汽量，必须大于锅炉的最大连续蒸发量。

安全阀应该垂直地装在汽包、联箱的最高位置。在安全阀和汽包、安全阀和联箱之间应装设取用蒸汽的出汽管和阀门。并且安装安全阀时应该装设排汽管，防止排汽时伤人。排汽管应尽量直通室外，并有足够的截面积，以减少阻力，保证排汽畅通。安全阀排汽管底部应该接到地面的泄水管，在排汽管和泄水管上都不允许装设阀门。安全阀每年至少做一次定期检验。

2. 压力表

压力表是测量和显示锅炉汽水系统压力大小的仪表。严密监视锅炉各受压元件实际承受的压力，将它控制在安全限度之内，是锅炉实现安全运行的基本条件和基本要求，因而压力表是运行操作人员必不可少的耳目。锅炉没有压力表、压力表损坏或压力表的装设不符合要求，都不得投入运行或继续运行。

锅炉中应用得最为广泛的压力表是弹簧管式压力表，它具有结构简单、使用方便，准确可靠、测量范围大等优点。

压力表的量程应与锅炉工作压力相适应，通常为锅炉工作压力的 1.5~3 倍，最好为 2 倍。压力表度盘上应该画红线，指出最高允许工作压力。压力表每半年至少应校验一次，校验后应该铅封。压力表的连接管不应有漏汽现象，否则会降低压力指示值。

压力表应该装设在便于观察和吹洗的位置，应防止受到高温、冰冻和震动的影响。为避免蒸汽直接进入弹簧弯管影响其弹性，压力表下边应该装设存水弯管。

3. 水位表

水位表是用来显示汽包内水位高低的仪表。操作人员可以通过水位表观察和调节水位，防止发生锅炉缺水或满水事故，保证锅炉安全运行。

水位表是按照连通器内液柱高度相等的原理装设的。水位表的水连管和拽连管分别与汽包的水空间和汽空间相连，水位表和汽包构成连通器，水位表显示的水位即是汽包内的水位。

锅炉上常用的水位表，有玻璃管式和玻璃板式两种。玻璃管式水位表结构简单，价格低廉，在低压小型锅炉上应用得十分广泛；但玻璃管的耐压能力有限，使用工作压力不宜超过1.6MPa。为防止玻璃管破碎喷水伤人，玻璃管外通常装设有耐热的玻璃防护罩。玻璃板水位表比起玻璃管式水位表，能耐更高的压力和温度，不易泄漏，但结构较为复杂，多用于高压锅炉。

水位表应装在便于观察、冲洗的位置，并有充足的照明；水连接管和汽连接管应水平布置，以防止造成假水位，连接管的内径不得小于18mm，连接管应尽可能地短；如长度超过500mm或有弯曲时，内径应适当放大；汽水连接管上应避免装设阀门，如装有阀门，则在正常运行时必须将阀门全开；水位表应有放水旋塞和接到安全地点放水管，其汽旋塞、水旋塞、放水旋塞的内径，以及水位表玻璃管的内径，不得小于8mm。水位表应有指示最高、最低安全水位的明显标志。水位表玻璃板（管）的最低可见边缘应比最低安全水位低25mm，最高可见边缘应比最高安全水位高5mm。

水位报警器用于在锅炉水位异常（高于最高安全水位或低于最低安全水位）时发出警报，提醒运行人员采取措施，消除险情。额定蒸发量≥2t/h的锅炉，必须装设高低水位报警器，警报信号应能区分高低水位。

5.4.5 锅炉的定期检验

为确保及时发现在用锅炉的不安全隐患并采取措施，防止事故的发生，锅炉安全技术监察规程明确规定对锅炉必须进行定期检验。锅炉定期检验工作包括外部检验、内部检验和水压试验三种。外部检验是在锅炉运行状态下对锅炉安全状况进行的检验；内部检验是在锅炉停炉状态下对锅炉安全状况进行的检验；水压试验是指锅炉以水为介质，以规定的试验压力对锅炉受压部件强度和严密性进行的检验。

对锅炉进行定期检验时，必须注意以下安全措施：

① 提前停炉，放净锅炉内的水，打开锅炉上的人孔、头孔、手孔、检查孔和灰门等一切门孔装置，使锅炉内部得到充分冷却，并通风换气；

② 采取可靠措施隔断受检锅炉与热力系统相连的蒸汽、给水、排污等管道及烟、风道并切断电源，对于燃油、燃气的锅炉还需可靠地隔断油、气来源并进行通风置换；

③ 排除妨碍检查的汽水挡板、分离装置及给水、排污装置等锅筒内件，并准备好用于照明的安全电源；

④ 对于需要登高检验作业的部位，应搭设脚手架；

⑤ 进入锅筒、炉膛、烟道等进行检验时，应有可靠通风和专人监护。

5.5 气瓶安全技术

气瓶是指在正常环境下（-40~60℃）可重复充气使用的，公称工作压力（表压，下同）为0.2~35MPa，公称容积为0.4~3000L的盛装压缩气体、高（低）压液化气体、低温液化气体、溶解气体、吸附气体、标准沸点等于或者低于60℃的液体以及混合（两种或者两种以上气体）的移动式压力容器。

5.5.1 气瓶的分类

1. 按充装介质的性质分类

(1) 压缩气体气瓶压缩气体(压缩气体)因其临界温度小于-10℃,常温下呈气态,所以称为压缩气体,如氢、氧、氮、空气、煤气及氩、氦、氖、氙等。这类气瓶一般都以较高的压力充装气体,目的是增加气瓶的单位容积充气量,提高气瓶利用率和运输效率。常见的充装压力为15MPa,也有充装20~30MPa的。

(2) 液化气体气瓶。液化气体气瓶充装时都以低温液态灌装。有些液化气体的临界温度较低,装入瓶内后受环境温度的影响而全部汽化。有些液化气体的临界温度较高,装瓶后在瓶内始终保持气-液平衡状态,因此可分为高压液化气体和低压液化气体。高压液化气体临界温度大于或等于-109℃,且小于或等于70℃。常见的有乙烯、乙烷、二氧化碳、氧化亚氮、六氟化硫、氯化氢、三氟氯甲烷、三氟甲烷、六氟乙烷、氟己烯等。常见的充装压力有15MPa和12.5MPa等。

低压液化气体临界温度大于70℃。如溴化氢、硫化氢、氨、丙烷、丙烯、异丁烯、1,3-丁二烯、1-丁烯、环氧乙烷、液化石油气等。《气瓶安全监察规程》规定,液化气体气瓶的最高工作温度为60℃。低压液化气体在60℃时的饱和蒸气压都在10MPa以下,所以这类气体的充装压力都不高于10MPa。

(3) 溶解气体气瓶是专门用于盛装乙炔的气瓶。由于乙炔气体极不稳定,故必须把它溶解在溶剂(常见的为丙酮)中。气瓶内装满多孔性材料,以吸收溶剂。乙炔瓶充装乙炔气,一般要求分两次进行,第一次充气后静置8h以上,再第二次充气。

2. 按制造方法分类

(1) 钢制无缝气瓶以钢坯为原料,经冲压拉伸制造,或以无缝钢管为材料,经热旋压收口收底制造的钢瓶。瓶体材料为采用碱性平炉、电炉或吹氧碱性转炉冶炼的镇静钢,如优质碳钢、锰钢、铬钼钢或其他合金钢。这类气瓶用于盛装压缩气体和高压液化气体。

(2) 钢制焊接气瓶。以钢板为原料,经冲压卷焊制造的钢瓶。瓶体及受压元件材料为采用平炉、电炉或氧化转炉冶炼的镇静钢,要求有良好的冲压和焊接性能。这类气瓶用于盛装低压液化气体。

(3) 缠绕玻璃纤维气瓶。它是以玻璃纤维加黏结剂缠绕或碳纤维制造的气瓶。一般有一个铝制内筒,其作用是保证气瓶的气密性,承压强度则依靠玻璃纤维缠绕的外筒。这类气瓶由于绝热性能好、重量轻,多用于盛装呼吸用压缩空气,供消防、毒区或缺氧区域作业人员随身背挎并配以面罩使用。一般容积较小(1~10L),充气压力多为15~30MPa。

3. 按公称工作压力和公称容积分类

气瓶按照公称工作压力分为高压气瓶和低压气瓶:

① 高压气瓶是指公称工作压力大于或者等于10MPa的气瓶;

② 低压气瓶是指公称工作压力小于10MPa的气瓶。

气瓶按照公称容积分为小容积、中容积、大容积气瓶:

① 小容积气瓶是指公称容积小于或者等于12L的气瓶;

② 中容积气瓶是指公称容积大于12L并且小于或者等于150L的气瓶;

③ 大容积气瓶是指公称容积大于150L的气瓶。

气瓶品种、品种代号及相应的产品标准见表5-3,钢瓶公称容积和公称直径见表5-4。

表 5-3 气瓶品种、品种代号及相应的产品标准

结构	气瓶品种	品种代号①	产品标准②
无缝气瓶	钢质无缝气瓶、消防灭火器用无缝气瓶、汽车用压缩天然气钢瓶	1	GB/T 5099《钢质无缝气瓶》、GB/T 11640《铝合金无缝气瓶》、GB/T 17258《汽车用压缩无缝气钢瓶》
	铝合金无缝气瓶	B1 2	GB/T 11640《铝合金无缝气瓶》
	不锈钢无缝气瓶	3	不锈钢无缝气瓶
	长管拖车、管束式集装箱用大容积钢质无缝气瓶	4	大容积钢质无缝气瓶
焊接气瓶	钢质焊接气瓶、消防灭火器用焊接气瓶、不锈钢焊接气瓶	1	GB/T 5100《钢质焊接气瓶》、不锈钢焊接气瓶
	工业用非重复充装焊接钢瓶	B2 2	GB/T 17268《工业用非重复充满焊接气瓶》
	液化石油气钢瓶、液化二甲醚钢瓶、车用液化石油气钢瓶、车用液化二甲醚钢瓶	3	GB/T 28053《呼吸器用复合气瓶》、铝合金内胆玻璃纤维缠绕气瓶、铝合金内胆玻璃纤维环向缠绕气瓶
缠绕气瓶	小容积金属内胆纤维缠绕气瓶	1	GB/T 28053《呼吸器用复合气瓶》、铝合金内胆玻璃纤维缠绕气瓶、铝合金内胆玻璃纤维环向缠绕气瓶
	金属内胆纤维环缠绕气瓶(含车用)	B3 2	GB/T 24160《车用压缩天然气钢质内胆环向缠绕气瓶》
	金属内胆纤维全缠绕气瓶(含车用)	3	车用压缩天然气铝合金内胆碳纤维全缠绕气瓶、车用压缩氢气铝合金内胆碳纤维全缠绕气瓶
	长管拖车用金属内胆纤维缠绕气瓶	4	长管拖车用钢质内胆玻璃纤维环向缠绕气瓶
绝热气瓶	焊接绝热气瓶	1	GB/T 24159《焊接绝热气瓶》
	车用液化天然气焊接绝热气瓶	B4 2	车用液化天然气焊接绝热气瓶
内装填料气瓶	溶解乙炔气瓶、吸附气体气瓶	B5	GB/T 11638《溶解乙炔气瓶》、吸附式天然气焊接钢瓶

注:① 主要气瓶品种按其用途一般分为工业气体气瓶、医用气瓶、液化石油气气瓶、液化二甲醚气瓶、溶解乙炔(或者吸附气体)瓶、车用气瓶、长管拖车及管束式集装箱用大容积气瓶、呼吸器用气瓶、消防灭火器用气瓶、非重复充装气瓶、低温液化气体气瓶、混合气体气瓶等。品种代号用于对气瓶品种分组,以区分气瓶产品标准对试验能力或者制造能力的不同需求,例如,B1 表示相应气瓶产品标准对同组的钢质无缝气瓶、消防灭火器用无缝气瓶、铝合金无缝气瓶、不锈钢无缝气瓶等产品的试验能力要求基本相同或者相近;B11 表示相应气瓶产品标准对同组的钢质无缝气瓶、消防灭火器用无缝气瓶、汽车用压缩天然气钢瓶产品的制造能力要求基本相同或者相近,适用于气瓶型式试验机构、气瓶制造单位或者相关单位对气瓶品种及结构的区分。

② 所列产品标准为已实施的产品标准,未列标准号的,目前尚无国家标准,本规程颁布时的标准状态为经气瓶标准化机构评审的企业标准。对本表中未包括的新品种,应当由气瓶标准化机构明确品种代号。

表 5-4 钢瓶公称容积和公称直径

公称容积 VG/L	10	16	25	40	50	60	80	100	150	120	400	600	800	1000
公称直径 DN/mm		200			250			300		400		600		800

5.5.2 气瓶的颜色和标记

GB/T 7144—2016《气瓶颜色标志》对气瓶的颜色和标志做了明确的规定 TSGR0006—2014《气瓶安全技术监察规程》对气瓶的颜色和标志的应用又做了进一步的规定。主要规定如下：

（1）气瓶的钢印标记是识别气瓶的依据。钢印标记必须准确、清晰、完整，以永久标记的形式打印在瓶肩或不可卸附件上。应尽量采用机械方法打印钢印标记。钢印的位置和内容，应符合 TSG R0006—2014《气瓶安全技术监察规程》附件 B"气瓶标志"的规定（焊接气瓶中的工业用非重复充装焊接钢瓶除外）。特殊原因不能在规定位置上打钢印的，必须按锅炉压力容器安全监察局核准的方法和内容进行标注。

（2）气瓶外表面的颜色、字样和色环，必须符合 GB/T 7144—2016《气瓶颜色标志》的规定，并在瓶体上以明显字样注明产权单位和充装单位。盛装未列入国家标准规定的气体和混合气体的气瓶，其外表面的颜色、字样和色环均必须符合锅炉压力容器安全监察局核准的方案。

（3）气瓶警示标签的字样、制作方法及应用应符合 GB/T 16804—2011《气瓶警示标签》的规定。

（4）气瓶必须专用。只允许充装与钢印标记一致的介质，不得改装使用。

（5）进口气瓶检验合格后，由检验单位逐只打检验钢印，涂检验色标。气瓶表面的颜色、字样和色环应符合国家标准 GB/T 7144—2016《气瓶颜色标记》的规定（表5-5）。

表 5-5 常见气瓶的颜色（GB/T 7144—2016《气瓶颜色标记》）

序号	气瓶名称	化学式	外表面颜色	字样	字样颜色	色环	
1	氢	H_2	深绿	氢	大红	$p=20MPa$ 淡黄色单环	
						$p=30MPa$ 淡黄色双环	
2	氧	O_2	淡（酞）兰	氧	黑	$p=20MPa$ 白色单环	
						$p=30MPa$ 白色双环	
3	氨	NH_3	黄	液氨	黑		
4	氯	Cl_2	深绿	液氯	白		
5	空气		黑	空气	白		
6	氮	N_2	黑	氮	淡黄	$p=20MPa$ 白色单环	
						$p=30MPa$ 白色双环	
7	二氧化碳	CO_2	铝白	液化二氧化碳	黑	$p=20MPa$ 黑色单环	
8	乙烯	C_2H_4	棕	液化乙烯	淡黄	$p=15MPa$ 白色单道	
						$p=20MPa$ 白色双环	

5.5.3 气瓶的安全附件

1. 安全泄压装置

气瓶的安全泄压装置，是为了防止气瓶在遇到火灾等高温时，瓶内气体受热膨胀而发生破裂爆炸。

气瓶常见的泄压附件有爆破片和易熔塞。

爆破片装在瓶阀上，其爆破压力略高于瓶内气体的最高温升压力。爆破片多用于高压气瓶上，有的气瓶不装爆破片。《气瓶安全监察规程》对是否必须装设爆破片，未做明确规定。气瓶装设爆破片有利有弊，一些国家的气瓶不采用爆破片这种安全泄压装置。

易熔塞一般装在低压气瓶的瓶肩上，当周围环境温度超过气瓶的最高使用温度时，易熔塞的易熔合金熔化，瓶内气体排出，避免气瓶爆炸。

盛装毒性程度为有毒或剧毒的气体的气瓶上，禁止装配熔合金塞、爆破片及其他泄压装置。

2. 其他附件(防震圈、瓶帽、瓶阀)

气瓶装有两个防震圈是气瓶瓶体的保护装置。气瓶在充装、使用、搬运过程中，常常会因滚动、震动、碰撞而损伤瓶壁，以致发生脆性破坏。这是气瓶发生爆炸事故常见的一种直接原因。

瓶帽是瓶阀的防护装置，它可避免气瓶在搬运过程中因碰撞而损坏瓶阀，保护出气口螺纹不被损坏，防止灰尘、水分或油脂等杂物落入阀内。

瓶阀是控制气体出入的装置，一般是用黄铜或钢制造。充装可燃气体的钢瓶的瓶阀，其出气口螺纹为左旋，盛装助燃气体的气瓶，其出气口螺纹为右旋。瓶阀的多种结构可有效地防止可燃气体与非可燃气体的错装。

5.5.4　气瓶安全管理

1. 充装安全

为了保证气瓶在使用或充装过程中不因环境温度升高而处于超压状态，必须对气瓶的充装量严格控制。确定压缩气体及高压液化气体气瓶的充装量时，要求瓶内气体在最高使用温度(60℃)下的压力，不超过气瓶的最高许用压力。对低压液化气体气瓶，则要求瓶内液体在最高使用温度下，不会膨胀至瓶内满液，即要求瓶内始终保留有一定气相空间。

(1) 气瓶充装过量。这是气瓶破裂爆炸的常见原因之一。因此必须加强管理，严格执行《气瓶安全监察规程》的安全要求，防止充装过量。充装压缩气体的气瓶，要按不同温度下的最高允许充装压力进行充装，防止气瓶在最高使用温度下的压力超过气瓶的最高许用压力。充装液化气体的气瓶，必须严格按规定的充装系数充装，不得超量，如发现超装时，应设法将超装量卸出。

(2) 防止不同性质气体混装。气体混装是指在同一气瓶内灌装两种气体(或液体)。如果这两种介质在瓶内发生化学反应，将会造成气瓶爆炸事故。如原来装过可燃气体(如氢气等)的气瓶，未经置换、清洗等处理，甚至瓶内还有一定量余气，又灌装氧气，结果瓶内氢气与氧气发生化学反应，产生大量反应热，瓶内压力急剧升高，气瓶爆炸，酿成严重事故。

(3) 盛装永久气体(含低温液化气体)、液化气体、溶解乙炔气等气瓶充装单位充装作业人员要按 TSG R6004—2006《气瓶充装人员考核大纲》进行考核，并经考核合格后才能从事气瓶充装作业。

因此，气瓶充装前，充装单位应有专业人员对气瓶进行检查，检查的内容包括以下几点。

① 气瓶的漆色是否完好，所漆的颜色是否与所装气体的气瓶规定漆色相符(各种气体气瓶的漆色按《气瓶安全监察规程》的规定涂敷)；

② 气瓶是否留有余气，如果对气瓶原来所装气体有怀疑，应取样化验；

③ 认真检查气瓶瓶阀上进气口侧的螺纹，一般盛装可燃气体的气瓶瓶阀螺纹是左旋的；

④ 气瓶上的安全装置是否配备齐全；

⑤ 新投入使用的气瓶是否有出厂合格证，已使用过的气瓶是否在规定的检验期内；

⑥ 气瓶有无鼓包、凹陷或其他外伤等情况。

属下列情况之一的，应先进行处理，否则严禁充装。

① 钢印标记、颜色标记不符规定及无法判定瓶内气体的；

② 改装不符合规定或用户自行改装的；

③ 附件不全、损坏或不符合规定的；

④ 瓶内无剩余压力的；

⑤ 超过检验期的；

⑥ 外观检查存在明显损伤，需进一步进行检查的；

⑦ 氧化或强氧化性气体气瓶沾有油脂的；

⑧ 易燃气体气瓶的首次充装，事先未经置换和抽空的。

另外，气瓶改装也是国内气瓶爆炸事故的主要原因，必须慎重对待。气瓶改装是指原来盛装某一种气体的气瓶改变充装别种气体。

（1）对气瓶改装的规定

气瓶的使用单位不得擅自更改气瓶的颜色标记、换装别种气体。确实需要更换气瓶盛装气体的种类时，应提出申请，由气瓶检验单位负责对气瓶进行改装。气瓶改装后，负责改装的单位，应将气瓶改装情况通知气瓶所有单位，记入气瓶档案。

（2）改装气瓶注意事项

负责改装的单位应根据气瓶制造钢印标记和安全状况，确定气瓶是否适合于所换装的气体。包括气瓶的材料与所换装的气体的相容性、气瓶的许用压力是否符合要求等。气瓶改装时，应根据原来所装气体的特性，采用适当的方法对气瓶内部进行彻底清理、检验；打检验钢印和涂检验色标；换装相应的附件；并按 GB/T 7144—2016《气瓶颜色标记》的规定，更改换装气体的字样、色环和颜色标记。

2. 运输安全

（1）运输时防止气瓶受到剧烈震动或碰撞冲击。运载气瓶的工具应具有明显的安全标志；在车上的气瓶要妥善固定，防止气瓶跳动或滚落；气瓶的瓶帽及防震圈应装配齐全；装卸气瓶时应轻装轻卸，不得采用抛装、滑放或滚动的方法；不得用电磁起重机和链绳吊装气瓶。

（2）防止气瓶受热或着火。气瓶运输时不得长时间在烈日下暴晒，夏季运输要有遮阳设施，并应避免白天在城市繁华地区运输气瓶；易燃气体气瓶或其他易燃品、油脂和沾有油脂的物品，不得与氧气瓶同车运输；两种介质互相接触后能引起燃烧等剧烈反应的气瓶也不得同车运输；装气瓶的车上应严禁烟火，运输可燃气体或有毒气体的气瓶时，车上应分别备有灭火器材或防毒用具。

3. 储存安全

（1）气瓶的储存应有专人负责管理。管理人员、操作人员、消防人员应经安全技术培训，了解气瓶、气体的安全知识。

（2）气瓶的储存，空瓶、实瓶应分开（分室储存）。如氧气瓶、液化石油气瓶，乙炔瓶与氧气瓶、氯气瓶不能同储一室。

（3）气瓶库（储存间）应符合《建筑设计防火规范》，应采用二级以上防火建筑。与明火或其他建筑物应有符合规定的安全距离。易燃、易爆、有毒、腐蚀性气体气瓶库的安全距离不得小于15m。

（4）气瓶库应通风、干燥，防止雨（雪）淋、水浸，避免阳光直射，要有便于装卸、运输的设施。库内不得有暖气、水、煤气等管道通过，也不准有地下管道或暗沟。照明灯具及电气设备应是防爆的。

（5）地下室或半地下室不能储存气瓶。

（6）瓶库有明显的"禁止烟火""当心爆炸"等各类必要的安全标志。

（7）瓶库应有运输和消防通道，设置消防栓和消防水池。在固定地点备有专用灭火器、灭火工具和防毒用具。

（8）储气的气瓶应戴好瓶帽，最好戴固定瓶帽。

（9）实瓶一般应立放储存。卧放时，应防止滚动，瓶头（有阀端）应朝向一方。垛放不得超过5层，并妥善固定。气瓶排放应整齐，固定牢靠。数量、号位的标志要明显。要留有通道。

（10）实瓶的储存数量应有限制，在满足当天使用量和周转量的情况下，应尽量减少储存量。容易起聚合反应的气体的气瓶，必须规定储存期限。

（11）瓶库账目清楚，数量准确，按时盘点，账物相符。

（12）建立并执行气瓶进出库制度。

4. 使用安全

气瓶使用不当或维护不良可以直接或间接造成爆炸、着火燃烧或中毒伤亡事故。

在使用中将气瓶置于烈日下长时间的曝晒，或将气瓶靠近高温热源，是气瓶爆炸常见的直接原因。特别是充装低压液化气体的气瓶，如果充装过量，再加上烈日曝晒最容易发生爆炸事故。所以这种事故常常发生在夏季，而且总是在运输或使用过程中受烈日曝晒的情况下。有时候，气瓶只局部受热，虽然不至于发生爆炸事故，但也会使气瓶上的安全泄压装置开放泄气，致使瓶内的可燃气体或有毒气体喷出，造成着火或中毒事故。例如某化工厂在1970年和1974年先后发生过两次由于用蒸汽吹喷加热气瓶（目的是想加快液化气体的蒸发），使瓶上的易熔塞熔化，大量氯气冒出伤人的事故。

气瓶操作不当常会发生着火或烧坏气瓶附件等事故。例如开启气瓶瓶阀时开得太快，使减压器或管道中的压力迅速增大，温度也剧烈升高，严重时会使橡胶垫圈等附件烧毁，国内曾发生过多起这样的事故。此外，充装可燃气体气瓶瓶阀的泄漏，氧气瓶瓶阀或其他附件沾有油脂等也常常会引起着火燃烧事故。

为了预防气瓶因使用不当而发生事故，在使用气瓶时必须严格做到：

（1）气瓶使用前要按TSG R5001—2005《气瓶使用登记管理规则》到直辖市或者设区的市质量技术监督部门或其委托的下一级质量技术监督部门办理气瓶使用登记。使用气瓶者应学习气体与气瓶的安全技术知识，在技术熟练人员的指导监督下进行操作练习，合格后才能独立使用。

（2）使用前应对气瓶进行检查，确认气瓶和瓶内气体质量完好，方可使用。如发现气瓶颜色、钢印等辨别不清，检验超期，气瓶损伤（变形、划伤、腐蚀），气体质量与标准规定不符等现象，应拒绝使用并做妥善处理。

（3）按照规定，正确、可靠地连接调压器、回火防止器、输气橡胶软管、缓冲器、汽化器、焊割炬等，检查、确认没有漏气现象。连接上述器具前，应微开瓶阀吹除瓶阀出口的灰尘、杂物。

(4) 气瓶使用时，一般应立放(溶解乙炔瓶严禁卧放使用，以防溶剂流出)，不得靠近热源。与明火、可燃与助燃气体气瓶之间的距离不得小于10m。

(5) 使用易起聚合反应的气体的气瓶，应远离射线、电磁波、振动源。

(6) 防止日光暴晒、雨淋、水浸。

(7) 移动气瓶应手扳瓶肩转动瓶底，移动距离较远时可用轻便小车运送，严禁抛、滚、滑、翻和肩扛、脚踹。

(8) 禁止敲击、碰撞气瓶。绝对禁止在气瓶上焊接、引弧。不准用气瓶作支架和铁砧。

(9) 注意操作顺序。开启瓶阀应轻缓，操作者应站在阀出口的侧后；关闭瓶阀应轻而严，不能用力过大，避免关得太紧、太死。

(10) 瓶阀冻结时，不准用火烤。可把瓶移入室内或温度较高的地方或用40℃以下的温水浇淋解冻。

(11) 注意保持气瓶及附件清洁、干燥，禁止沾染油脂、腐蚀性介质、灰尘等。

(12) 瓶内气体不得用尽，应留有剩余压力(余压)。余压不应低于0.05MPa。

(13) 保护瓶外油漆防护层，既可防止瓶体腐蚀，也是识别标记，可以防止误用和混装。瓶帽、防震圈、瓶阀等附件都要妥善维护、合理使用。

(14) 气瓶使用完毕，要送回瓶库或妥善保管。

5. 气瓶的检验

各种气瓶必须定期进行技术检验。盛装惰性气体的气瓶，每5年检验1次；盛装一般性气体的气瓶，每3年检验1次；盛装腐蚀性气体的气瓶、潜水气瓶以及常与海水接触的气瓶每2年检验1次；液化石油气钢瓶，按GB/T 8334的规定；低温绝热气瓶，每3年检验一次；车用液化石油气瓶；每5年检验一次；车用压缩天然气钢瓶，每3年检验1次。汽车报废时，车用气瓶同时报废。气瓶在检验过程中，发现有严重腐蚀或损伤时，应提前进行检验。对于盛装剧毒性介质的气瓶，在按照《气瓶安全监察规程》进行定期技术检验的同时，还应进行气密性试验。

气瓶的定期检验，应由取得检验资格的专门单位负责进行。未取得资格的单位和个人，不得从事气瓶的定期检验。检验项目和检验方法参见表5-6。

表5-6　气瓶定期检验项目

项 目	检验重点	方 法
外表面检查	外伤、划痕、裂纹、变形	采用宏观、锤击、量具检验
内表面检查	内划痕、腐蚀	采用宏观、锤击、量具检验
水压实验	严密性、强度	实验压力为设计压力的1.5倍，方法见表下说明
壁厚测量	腐蚀、强度	超声波等测厚

注：盛装剧毒或高毒的气瓶，除按本表进行定期检验外，还应进行气密性试验。有以下情况的气瓶应测定气瓶最小壁厚。

1. 高压气瓶的容积残余变形率>6%；

2. 大于12L的高压气瓶，瓶的质量损失超过5%；

3. 气瓶有严重腐蚀或有其他影响强度的缺陷时。

5.6 压力容器法律法规、标准体系

目前，我国建立了包括压力容器在内的特种设备法律法规、标准体系，由"法律—行政法规—部门规章—安全技术规范—引用标准"五个层次构成。

（1）法律

法律是由全国人民代表大会讨论通过，中华人民共和国主席批准发布。中国现行与特种设备有关的法律主要有：《安全生产法》《劳动法》《产品质量法》和《商品检验法》。

（2）行政法规

行政法规包括国务院颁布的行政法规和国务院部委以令的形式颁布的与特种设备相关的部门行政规章。

2001年4月1日颁布施行的《国务院关于特大安全事故行政责任追究的规定》，是与特种设备安全密切相关的另一部重要的行政法规。该部行政法规明确规定了如发生特大安全事故，将追究行政首长的责任。压力容器、锅炉、压力管道等安全事故被列入了七类特大安全事故。

《特种设备安全监察条例》是2003年3月11日公布的第373号国务院令，自2003年6月1日起施行，依《国务院关于修改〈特种设备安全监察条例〉的决定》（国务院令第549号）修订，修订版于2009年1月24日公布，自2009年5月1日起施行。这是一部全面规范锅炉、压力容器、压力管道、电梯、客运索道、游乐设施、起重机械等特种设备的生产(含设计、制造、安装、改造、维修)、使用、检验检测及其安全监察的专门法规。这部条例对于加强特种设备的安全管理，防止和减少事故，保障人民群众生命、财产安全发挥了重要作用。

（3）部门规章

部门规章是指以国家质量监督检验检疫总局局长令形式发布的办法、规定、规则。例如《特种设备事故处理规定》《锅炉压力容器制造监督管理办法》《锅炉压力容器使用管理办法》《气瓶安全监察规定》等。

（4）安全技术规范

安全技术规范是指以国家安全生产监督管理总局领导签署或授权签署，以国家安全生产监督管理总局名义公布的技术规范和管理规范。管理类规范包括各种管理规则、核准规则、考核规则和程序等；技术类规范包括各种安全技术监察规程、检验规则、评定细则、考核大纲等。

安全技术规范是对特种设备全方位、全过程、全覆盖的基本安全要求。体现在对单位(机构)、人员、设备、方法等方面全方位的管理和技术要求；体现在对设计、制造、安装、改造维修、使用、检验、监察等环节全过程的管理和技术要求；体现在对锅炉、压力容器等特种设备全覆盖的管理和技术要求。

（5）技术标准

技术标准是指由行业或技术团体提出经有关管理部门批准的技术文件，有国家标准、行业标准和企业标准之分，国家鼓励优先采用国家标准。

经过压力容器标准化工作者的几十年的不懈努力，我国已经颁布并实施了以GB 150—2011《压力容器》、GB/T 12337—2014《钢制球形储罐》、GB/T 151—2014《热交换器》、NB/T

47014—2011（JB/T 4708）《承压设备焊接工艺评定》、NB/T 47015—2011《压力容器焊接规程》等一系列压力容器产品标准、基础标准和零部件标准，并以此构成了压力容器标准体系的基本框架。

我国的压力容器标准化体系是随着压力容器行业的逐步发展而形成的，从总体上体现了当前压力容器行业的技术水平和管理水平，它们对我国压力容器产品的质量控制和安全使用起到了极为关键的作用。

1. 何谓压力容器？
2. 压力容器是如何分类的？
3. 压力容器的验收工作内容是什么？
4. 简述锅炉的概念及分类？
5. 工业锅炉的主要受压部件有哪些？
6. 简述气瓶的概念及分类？
7. 气瓶的颜色和标记是如何规定的？
8. 我国压力容器有哪些法律法规和标准体系？

案 例 分 析

【案例1】 2003 年徐州某化工厂供热的一台锅炉在夜班运行中出现危险，主要原因是当班工人睡岗，水位不断下降，水位至下限时报警铃仍不能惊醒锅炉操作工人，后续工段操作温度下降并难以调节，生产岗位的工人将情况报告给调度。在这危险关头调度和值班长迅速冲到锅炉车间操作室，叫醒操作工紧急停车，进行熄火降温处理，没有向锅炉补水，避免了一场恶性事故的发生，造成临时停车经济损失近 10 万元。事后进行了调查分析并上报，对违反安全操作制度的工人进行了处罚。

【案例2】 2006 年 5 月，某氧气厂制氧车间内，西组充装排的氧气瓶充装完毕，操作工将氧气主管道西组的分配阀关闭，开启东组充装排的分配阀，开始充装东组的氧气瓶。而后，操作工开始关闭西组的氧气瓶阀，卸下充装卡具，从西往东逐只进行。当关到西组倒数第 3 只气瓶时，充装卡具的金属软管瞬间变成了一条红线，接着"嘭"的一声，在靠近气瓶 1/3 处，高压金属软管燃爆断裂，随后一股黑烟中突出的火星溅到这位操作工胸前的作业服上，在其工作服上留下了许多燃烧后的小黑洞。由于处理得当，没有人员伤亡，仅是高压软管断裂、报废。

6 电气与静电安全技术

本章学习目的和要求

1. 熟悉触电事故的种类及触电事故的分布规律；
2. 掌握触电急救的原则及程序；
3. 掌握直接接触触电防护、间接接触触电防护及其他触电防护技术；
4. 掌握电气防火防爆的综合措施；
5. 了解静电的产生及静电的类型；
6. 熟悉静电消失的方式及静电的危害；
7. 掌握消减静电的措施；
8. 了解雷电的形成及雷电的分类；
9. 熟悉雷电的危害，掌握防雷措施。

在现代社会中，电能已被广泛应用于工农业生产和人民生活等各个领域。在化工生产中，电能除了作为动力、照明、加热等能源之外，还广泛地应用于生产自动控制和指挥系统。

在现代化的大型石油化工生产中，简单的电气故障也可能给生产带来甚至超过电气设备本身价值数万倍的经济损失。电气火灾和爆炸事故在化工生产事故中占有很大比例，而在火灾和爆炸事故中，由电气引起的占有相当大的比例，仅次于由其他明火引起的事故，居整个火灾爆炸事故的第二位。由此可见，电气安全在化工生产中的重要性。

6.1 电气安全工程基础

6.1.1 电(能)的基本知识

1. 电能

电是能的一种形式，包括负电和正电两类，它们分别由电子和质子组成，也可能由电子和正电子组成，从摩擦生电物体的吸引和排斥上可以观察到它的存在，在一定自然现象中(如雷电等)也能观察到它，通常以电流的形式得到利用。

电能是一种重要的能源，可以发光、发热、产生动力等，广泛应用于动力、照明、冶金、化学、纺织、通信、广播等各个领域，是科学技术发展、国民经济飞跃的主要动力。但是使用不当就会酿成灾祸。电能是表示电流做多少功的物理量，指电以各种形式做功的能力。分为直流电能、交流电能，这两种电能可相互转换。

人类使用的电能主要来自其他形式能量的转换，包括水能(水力发电)、内能(俗称热能、火力发电)、原子能(原子能发电)、风能(风力发电)、化学能(电池)及光能(光电池、太阳能电池等)等。电能也可转换成其他所需能量形式。它可以以有线或无线的形式作远距离的传输。

电的发现和应用在给人类带来巨大利益和便利的同时，也给人类带来无数血的安全教训。电能只有在人们的有效控制下有序的流动，才能为人们服务。否则，电能失去控制而无序流动，就会造成因电能意外释放而产生各种电能伤害。

因此，在日常生活和生产过程中，在电能使用的同时，也存在着电能意外释放的各种危险性。

2. 电能的意外释放

电能的应用是从电力生产开始，通过变换、传输、变换、传输、用电设备，到完成某一做功目的而结束。这里只讨论电能以有线的方式传输(无线传输将涉及电磁辐射及危害问题)，在这一过程中，根据使用的目的，通过相关的控制手段，电能沿着特定的路线进行流动，最终通过用电设备而实现某一生产目的。

如果电流在流动中，因流动路线的问题、控制问题、用电设备问题、人为因素等问题，而使电流未按规定的程序流动，这就是电能的意外释放。电能的意外释放是造成电气安全事故的本质原因，电能意外释放的危险性与电能在不同的流动环节密切相关。

电能意外释放的原因主要有：

(1) 线路及用电设备自身的绝缘问题等，不能满足电流流动的安全需求；

(2) 线路的短路，包括人体直接接触的短路；

(3) 控制系统故障；

(4) 接触不良；

(5) 屏护失效，包括屏障防护失效、安全防护间距不足、接地保护失效等；

(6) 过负荷运行；

(7) 电气工具存在的问题；

(8) 工作环境问题；

(9) 电气安全管理等问题。

3. 电能意外释放的危险性

电能的意外释放将会产生各种危险性，给安全生产带来严重的威胁。其主要危险性表现在：

(1) 人员的触电危险性(一次危险性)；

(2) 设备损坏的危险性(一次危险性)；

(3) 影响安全控制系统的危险性(一次危险性)；

(4) 引发火灾的危险性(二次危险性)；

(5) 引发爆炸的危险性(二次危险性)；

(6) 引发危险物质泄漏的危险性(二次危险性)；

(7) 引发其他的危险性(二次危险性)。

6.1.2　电气事故的特点与分类

在用电的同时，如果对电能可能产生的危害认识不足，控制和管理不当，防护措施不利，在电能的传递和转换过程中，将会发生异常情况，造成电气事故。

在化工生产中发生的电气事故，可以归纳为两个方面：① 人身触电的伤亡事故；② 由于电气系统故障及损坏引起的火灾爆炸等事故。

1. 触电事故

（1）电击。这是电流通过人体，刺激机体组织，使肌肉非自主地发生痉挛性收缩而造成的伤害，严重时会破坏人的心脏、肺部、神经系统的正常工作，形成危及生命的伤害。

电击对人体的效应是由通过的电流决定的，而电流对人体的伤害程度与通过人体电流的强度、种类、持续时间、通过途径及人体状况等多种因素有关。

按照人体触及带电体的方式，电击可分为以下几种情况：

① 单相触电。这是指人体接触到地面或其他接地导体的同时，人体另一部位触及某一相带电体所引起的电击，如图 6-1(a) 所示。发生电击时，所触及的带电体为正常运行的带电体时，称为直接接触电击。而当电气设备发生事故(例如绝缘损坏，造成设备外壳意外带电的情况下)，人体触及意外带电体所发生的电击称为间接接触电击。根据国内外的统计资料，单相触电事故占全部触电事故的 70% 以上。因此，防止触电事故的技术措施应将单相触电作为重点。

② 两相触电。这是指人体的两个部位同时触及两相带电体所引起的电击，如图 6-1(b) 所示。在此情况下，人体所承受的电压为三相系统中的线电压，因电压相对较大，其危险性也较大。

③ 跨步电压触电。这是指站立或行走的人体，受到出现于人体两脚之间的电压，即跨步电压作用所引起的电击，如图 6-1(c) 所示。跨步电压是当带电体接地，电流自接地的带电体流入地下时，在接地点周围的土壤中产生的电压降形成的。

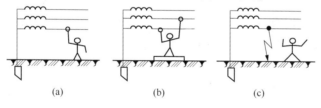

图 6-1　电击的种类

（2）电伤。这是电流的热效应、化学效应、机械效应等对人体所造成的伤害。此伤害多见于机体的外部，往往在机体表面留下伤痕。能够形成电伤的电流通常比较大。电伤属于局部伤害，其危险程度决定于受伤面积、受伤深度、受伤部位等。

电伤包括电烧伤、电烙印、皮肤金属化、机械损伤、电光眼等多种伤害。

① 电烧伤是最为常见的电伤，大部分触电事故都含有电烧伤成分。电烧伤可分为电流灼伤和电弧烧伤。

a. 电流灼伤是人体同带电体接触，电流通过人体时，因电能转换成热能而引起的伤害。由于人体与带电体的接触面积一般都不大，且皮肤电阻又比较高，因而产生在皮肤与带电体接触部位的热量就较多，因此，使皮肤受到比体内严重得多的灼伤。电流愈大、通电时间愈长、电流途径上的电阻愈大，则电流灼伤愈严重。由于接近高压带电体时会发生击穿放电，因此，电流灼伤一般发生在低压电气设备上。因电压较低，形成电流灼伤的电流不太大。但数百毫安的电流即可造成灼伤，数安的电流则会形成严重的灼伤。在高频电流下，因皮肤电

155

容的旁路作用，有可能发生皮肤仅有轻度灼伤而内部组织却被严重灼伤的情况。

b. 电弧烧伤是由弧光放电造成的烧伤。电弧发生在带电体与人体之间，有电流通过人体的烧伤称为直接电弧烧伤；电弧发生在人体附近，对人体形成的烧伤以及被熔化金属溅落的烫伤称为间接电弧烧伤。弧光放电时电流很大，能量也很大，电弧温度高达数千摄氏度，可造成大面积的深度烧伤，严重时能将机体组织烘干、烧焦。电弧烧伤既可以发生在高压系统，也可以发生在低压系统。在低压系统，当负荷（尤其是感性负荷）拉开裸露的闸刀开关时，产生的电弧会烧伤操作者的手部和面部；当线路发生短路，开启式熔断器熔断时，炽热的金属微粒飞溅出来会造成灼伤；因误操作引起短路也会导致电弧烧伤等。在高压系统，由于误操作，会产生强烈的电弧，造成严重的烧伤；人体过分接近带电体，其间距小于放电距离时，直接产生强烈的电弧，造成电弧烧伤，严重时会因电弧烧伤而死亡。

全部电烧伤的事故中，大部分事故发生在电气维修人员身上。

② 电烙印是电流通过人体后，在皮肤表面接触部位留下与接触带电体形状相似的斑痕，如同烙印。斑痕处皮肤呈现硬变，表层坏死，失去知觉。皮肤金属化是由于高温电弧使周围金属熔化、蒸发并飞溅渗透到皮肤表层内部所造成的。

③ 机械损伤多数是由于电流作用于人体，使肌肉产生非自主的剧烈收缩所造成的。其损伤包括肌腱、皮肤、血管、神经组织断裂以及关节脱位乃至骨折等。

④ 电光眼表现为角膜和结膜发炎。弧光放电时辐射的红外线、可见光、紫外线都会损伤眼睛。在短暂照射的情况下，引起电光眼的主要原因是紫外线。

2. 电气系统故障危害

电气系统故障危害是由于电能在输送、分配、转换过程中失去控制而产生的。断线、短路、异常接地、漏电、误合闸、误掉闸、电气设备或电气元件损坏、电子设备受电磁干扰而发生误动作等都属于电路故障。系统中电气线路或电气设备的故障也会导致人员伤亡及重大财产损失。电气系统故障危害主要体现在以下几方面：

① 引起火灾和爆炸。线路、开关、熔断器、插座、照明器具、电热器具、电动机等均可能引起火灾和爆炸；电力变压器、多油断路器等电气设备不仅有较大的火灾危险，还有爆炸的危险。在火灾和爆炸事故中，电气火灾和爆炸事故占有很大的比例。

② 异常带电。电气系统中，原本不带电的部分因电路故障而异常带电，可导致触电事故发生。例如：电气设备因绝缘不良产生漏电，使其金属外壳带电；高压电路故障接地时，在接地处附近呈现出较高的跨步电压，形成触电的危险条件。

③ 异常停电。在某些特定场合，异常停电会造成设备损坏和人身伤亡。如排放有毒气体的风机因异常停电而停转，致使有毒气体超过允许浓度而危及人身安全等。

6.2 电气安全防护技术

虽然化工生产中所使用的物料多为易燃易爆、易导电及腐蚀性强的物质，且生产环境较差，对安全用电造成较大威胁，易引发电气事故。但是，只要企业能从管理和技术上做好电气安全管理工作，很多电气事故在现有的条件下是可以避免的。

6.2.1 电气安全的管理措施

电气安全管理措施内容很多，主要的有以下几个方面：

（1）企业必须建立电气副总工程师负责制的电气安全管理体系

为保证企业的电气安全，全厂应设置一名电气副总工程师（或副总动力师），负责企业全面电气管理工作，特别应对企业供电可靠性，电气设备使用安全和更新改造等一系列重大问题进行决策，并对全厂电气管理的归口部门进行电气安全工作的指导。

（2）建立健全规章制度

健全的规章制度是保证安全、促进生产的有效手段。安全操作规程、运行管理规程、电气安装规程等规章制度都与整个企业的安全运转有直接关系。

企业必须执行国家、主管部门和所在地区制定的标准、规程和规范，并根据这些标准、规程和规范制定本部门、本企业、本单位的标准、规程、规范及实施细则。

应根据不同工种的特点，建立相应的安全操作规程。非电工工种的安全操作规程中，不能忽略电气方面的内容，应根据企业性质和环境特点，建立相适应的电气设备运行管理规程和电气设备安装规程。

对于重要设备，应建立专人管理的责任制。对控制范围较宽或控制回路多元化的开关、设备、临时线路和临时性设备等比较容易发生事故的设备，都应建立专人管理的责任制。特别是临时线路和临时性设备，应当结合具体情况，明确地规定其允许长度、使用期限、安装要求等项目。

为了保证检修工作，特别是高压检修工作的安全，必须坚持执行必要的安全工作制度，如工作票制度、工作监护制度、工作许可制度等。

化工企业应坚持长期实施"三三、二五制"，即三图（操作系统模拟图、设备状况指示图、二次结线图）；三票（运行操作票、检修工作票、临时用电票）；三定（定期检修、定期清扫、定期试验）。五规程（运行规程、检修规程、试验规程、事故处理规程、安全工作规程）；五记录（运行记录、检修记录、试验记录、事故记录、设备缺陷记录）。

（3）安全检查

应坚持定期群众性的电气安全检查，发现问题及时解决。特别是应该注意雨季前和雨季中的电气安全检查。电气安全检查的内容包括：电气设备的绝缘是否老化、是否受潮或破损，绝缘电阻是否合格；电气设备裸露带电部分是否有防护，屏护装置是否符合安全要求；安全间距是否足够；保护接地或保护接零是否正确和可靠；保护装置是否符合安全要求；携带式照明灯和局部照明灯是否采用了安全电压或其他安全措施；安全用具和防火器材是否齐全；电气设备选型是否正确，安装是否合格，安装位置是否合理；电气连接部位是否完好；电气设备和电气线路温度是否适宜；熔断器熔体的选用及其他过流保护的整定值是否正确；各项维修制度和管理制度是否健全；电工是否经过专业培训等。

对变压器等重要的电气设备应建立巡视检查制度，坚持巡视检查，并做好必要的记录。

对于使用中的电气设备，应定期测定其绝缘电阻；对于各种接地装置，应定期测定其接地电阻；对于安全用具、避雷器、变压器油及其他一些保护电气，也应定期检查、测定或进行耐压试验。对于新安装的电气设备，特别是自制的电气设备的验收工作更应坚持原则，一丝不苟。

（4）教育和培训

安全教育和培训主要是为了使工作人员懂得电的基本知识，认识安全用电的重要性，掌握安全用电的基本方法，从而能安全地、有效地进行工作。

新入厂的工作人员应接受厂、车间、生产班组等三级的安全教育。对普通职工，应当要求懂得关于电和安全用电的一般知识；对于使用电气设备的生产工人，除应懂得一般性知识外，还应当懂得与安全用电相关联的安全规程；对于独立工作的电气专业工作人员，更应当懂得电气装置在安装、使用、维护、检修过程中的安全要求，应当熟知电气安全操作规程及其他相关联的规程，应当学会触电急救和电气灭火的方法，并通过培训和考试，取得操作合格证。

新参加电气工作的人员、实习人员和临时参加劳动的人员，都必须经过安全知识教育后方可到现场随同参加指定的工作，不得单独工作。特别应当注意加强对合同工和临时工的安全教育。

(5) 组织事故分析

一旦发生电气事故，应组织有关人员对事故进行分析，找出发生事故的原因和防止事故再次发生的对策，从中吸取教训。

6.2.2 电气安全的技术措施

1. 触电防护技术

1) 直接接触触电的防护

直接接触触电即为直接接触电击，它是指人体直接触及设备和线路正常运行时的带电体发生的电击，也称为正常状态下的电击。直接接触触电的防护措施有采用安全电压、绝缘、屏护与间距、电气安全用具等。

(1) 采用安全电压

根据生产和作业场所的特点，采用相应等级的安全电压，是防止发生触电伤亡事故的根本性措施。我国安全电压额定值的等级为 42V、36V、24V、12V 和 6V，应根据作业场所、操作员条件、使用方式、供电方式、线路状况等因素选用。安全电压有一定的局限性、适用于小型电气设备，如手持电动工具等。

采用安全电压的电气设备、用电电气应根据使用环境、使用方式和人员等因素，选用国标规定的不同等级的安全电压额定值。如手提式照明灯、安全灯、危险环境的携带式电动工具，在特殊安全结构和安全措施情况下，应采用 36V 安全电压；在金属容器内、隧道内、矿井内等工作地点，以及较狭窄、有金属导体管板或金属壳体、粉尘多和潮湿的环境，应采用 24V 或 12V 安全电压。

(2) 绝缘

绝缘是指利用绝缘材料对带电体进行封闭和隔离。长久以来，绝缘一直是作为防止触电事故的重要措施，良好的绝缘也是保证电气系统正常运行的基本条件。

绝缘材料又称为电介质，其导电能力很小，但并非绝对不导电。工程上应用的绝缘材料的电阻率一般都不低于 $1 \times 10^7 \Omega \cdot m$。绝缘材料的主要作用是用于对带电的或不同电位的导体进行隔离，使电流按照确定线路流动。绝缘材料的品种很多，一般分为：①气体绝缘材料，常用的有空气、氮、氢、二氧化碳和六氟化硫等；②液体绝缘材料，常用的有绝缘矿物油，十二烷基苯、聚丁二烯、硅油和三氯联苯等合成油以及蓖麻油；③固体绝缘材料，常用的有树脂绝缘漆，纸、纸板等绝缘纤维制品，漆布、漆管和绑扎带等绝缘浸渍纤维制品，绝缘云母制品，电工用薄膜、复合制品和胶带，电工用层压制品，电工用塑料和橡胶、玻璃、陶瓷等。

在电气设备的运行过程中，绝缘材料会由于电场、热、化学、机械、生物等因素的作用，使绝缘性能发生劣化，造成绝缘破坏。绝缘破坏有三种形式：①绝缘击穿；②绝缘老化；③绝缘损坏。

为了避免绝缘遭受破坏，保证电气设备安全运行和防止人体触电，应尽量做到：①避开有腐蚀性物质和外界高温的场所；②正确使用和安装电气设备和线路，过流保护装置和过热保护装置完好；③严禁乱拉乱扯电线，防止机械性损伤绝缘物；④应采取防止小动物损伤绝缘的措施。

（3）屏护

屏护是一种对电击危险因素进行隔离的手段，即采用遮栏、护罩、护盖、箱匣等把危险的带电体同外界隔离开来，以防止人体触及或接近带电体所引起的触电事故。屏护还起到防止电弧伤人、防止弧光短路或便于检修工作的作用。

屏护可分为屏蔽和障碍（或称阻挡物），两者的区别在于后者只能防止人体无意识触及或接近带电体，而不能防止有意识移开、绕过或翻越该障碍而触及或接近带电体。从这点来说，前者属于一种完全的防护，而后者是一种不完全的防护。

屏护装置有永久性屏护装置和临时性屏护装置之分，前者如配电装置的遮栏、开关的罩盖等；后者如检修工作中使用的临时屏护装置和临时设备的屏护装置等。屏护装置还可分为固定屏护装置和移动屏护装置，如母线的护网就属于固定屏护装置，而跟随天车移动的天车滑线屏护装置就属于移动屏护装置。

屏护装置主要用于电气设备不便于绝缘或绝缘不足以保证安全的场合。如电气开关的可动部分一般不能包以绝缘，因此需要屏护。对于高压设备，由于全部绝缘往往有困难，因此，不论高压设备是否有绝缘，均要求加装屏护装置。室内外安装的变压器和变配电装置应装有完善的屏护装置。当作业场所临近带电体时，在作业人员与带电体之间、过道、入口等处均应装设可移动的临时性屏护装置。

尽管屏护装置是简单装置，但为了保证其有效性，须满足如下的条件：

①屏护装置所用材料应有足够的机械强度和良好的耐火性能。为防止因意外带电而造成触电事故，对金属材料制成的屏护装置必须实行可靠的接地或接零。

②屏护装置应有足够的尺寸，与带电体之间应保持必要的距离。遮栏高度不应低于1.7m，下部边缘离地不应超过0.1m。遮栏的高度户内不应小于1.2m，户外不应小于1.5m，栏条间距离不应大于0.2m。对于低压设备，遮栏与裸导体之间的距离不应小于0.8m。户外变配电装置围墙的高度一般不应小于2.5m。

③遮栏、栅栏等屏护装置上应有"止步，高压危险！"等标志。

④必要时应配合采用声光报警信号和联锁装置。

（4）间距

间距是将可能触及的带电体置于可能触及的范围之外。为了防止人体及其他物品接触或过分接近带电体、防止火灾、防止过电压放电和各种短路事故，在带电体与地面之间、带电体与其他设备设施之间、带电体与带电体之间均须保持一定的安全距离。如架空线路与地面、水面的距离，架空线路与有火灾爆炸危险厂房的距离，用电设备间距及检修间距等。安全距离的大小取决于电压的高低、设备的类型、安装的方式等因素。

（5）电工安全用具

电工安全用具是防止触电、坠落、灼伤等工伤事故，保障工作人员安全的各种电工安全用具。它主要包括起绝缘作用的绝缘安全用具、起验电或测量作用的携带式电压和电流指示器、防止坠落的登高安全用具、检修工作中的临时接地线、遮栏和标志牌等。

电工安全用具使用前必须检查其有无损坏，操作时应按规定正确使用，不用时也应经常和定期检查和试验。

① 分类

安全用具按电压等级可分为 1kV 以上和 1kV 以下两类，按用途则可分为基本安全用具和辅助安全用具。电工安全用具的使用电压等级规格应符合相关规定。

a. 基本安全用具。凡可以直接接触带电部分，能够长时间可靠地承受设备工作电压的用具，称为基本安全用具。基本安全用具主要有绝缘棒、绝缘钳、电压指示器等。

b. 辅助安全用具。用来进一步加强基本安全用具的可靠性和防止接触电压及跨步电压的危险的用具称为辅助安全用具，如绝缘垫、绝缘站台等。

② 绝缘安全用具

a. 绝缘杆和绝缘钳。由工作部分（钩或钳口）、绝缘部分和握手部分组成。握手部分与绝缘部分之间有护环分开。绝缘杆和绝缘钳的尺寸、绝缘强度和机械强度均应符合要求。绝缘杆主要用来操作高压隔离开关、操作跌落式保险器、安装和拆卸临时接地线等。绝缘钳主要用来拆卸和安装熔断器等。

b. 绝缘手套和绝缘靴。二者一般都作为辅助安全用具。但绝缘手套可作为低压工作的基本安全用具，绝缘靴可作为防止跨步电压的基本安全用具。

c. 绝缘垫和绝缘站台。绝缘垫常用橡胶制成。绝缘站台常用木材制成。其尺寸和绝缘强度应符合要求，应方便工作人员站立和行走。二者都只用作辅助安全用具。

③ 携带式电压和电流指示器

a. 携带式电压指示器（验电器）。携带式电压指示器是用来检查设备是否带电的用具。当电力设备在断开电源后要进行清扫检修时，在操作之前，一定要用验电器检验设备是否确实无电。验电器分高压和低压两种。

低压验电器俗称试电笔，用来检查低压设备上是否带电。使用高压验电器（1000V 以上）应注意：只能适当地靠近带电部分，到灯亮为止，不要直接接触带电部分，并且在室内使用验电器时，应戴绝缘手套，在室外还要穿绝缘鞋。

注意，在使用验电器之前，先要在确实带电的设备上检验验电器是否完好。

b. 携带式电流指示器。携带式电流指示器通常叫作钳形电流表，可用来测量交流电路中的电流。在使用钳形电流表时，应注意保持人体与带电体之间的足够距离。测量裸导线上的电流时，要特别注意防止由于测量引起的相间短路或接地短路。

④ 临时接地线

临时接地线一般装设在被检修区段两端的电源线路上。装设临时接地线的原因：a. 防止突然来电；b. 消除邻近高压线路所产生的感应电；c. 用来释放线路或设备上可能残存的静电。

装设临时接地线时，应先接接地端，后接线路设备端，拆下时顺序则相反。

160

⑤ 其他电工安全用具

a. 登高安全用具。包括脚扣、安全带、梯子、高凳等安全用具，用于登高作业，均应有足够的机械强度。

b. 遮栏和标示牌。遮栏用以防止检修人员触及或过分接近带电部位；标示牌用以给有关人员明显指出工作中应注意的关键问题。

2）间接接触触电的防护

间接接触触电是触及正常状态下不带电，而当设备或线路故障时意外带电的导体发生的电击（如触及漏电设备的外壳发生的电击），也称为故障状态下的电击。

间接接触触电的防护措施有保护接地、保护接零、工作接地和重复接地等。

（1）保护接地

保护接地是将正常运行的电气设备不带电的金属部分和大地紧密连接起来。其原理是通过接地把漏电设备的对地电压限制在安全范围内，防止触电事故。保护接地适用于中性点不接地的电网中，电压高于 1kV 的高压电网中的电气装置外壳，也应采取保护接地。

当电气设备由于种种原因造成绝缘损坏时就会产生漏电，或是带电导线触碰机壳时，都会使本不带电的金属外壳带电，具有相当高或等于电源电压的电位。若金属外壳未实施接地，则操作人员碰触时便会发生触电，如果实行了保护接地，此时就会因金属外壳已与大地有了可靠而良好的连接，便能让绝大部分电流通过接地体流散到地下。

（2）保护接零

保护接零在 380V/220V 三相四线制供电系统中，把用电设备在正常情况下不带电的金属外壳与电网中的零线紧密连接起来。其原理是在设备漏电时，电流经过设备的外壳和零线形成单相短路，短路电流烧断保险丝或使自动开关跳闸，从而切断电源，消除触电危险。适用于电网中性点接地的低压系统中。与保护接地相比，能在更多的情况下保证人身安全，防止触电事故。

在实施上述保护接零的低压系统中，如果电气设备发生了漏电故障，便形成了一个单相短路回路。因该回路内不包含工作接地电阻与保护接地电阻，整个回路的阻抗就很小，因此故障电流必将很大，就足以能保证在最短的时间内使熔丝熔断、保护装置或自动开关跳闸，从而切断电源，保障了人身安全。

显然，采取保护接零方式后，便可扩大安全保护的范围，同时也克服了保护接地方式的局限性。保护接零能有效地防止触电事故。但是在具体实施过程中，如果稍有疏忽，仍然会有触电的危险。在应用中应注意以下几点：

① 三相四线制低压电源的中性点必须良好接地，工作接地电阻值应符合要求。

② 在采用接零保护方式的同时，还应装设足够的重复接地装置。

③ 同一低压电网中（指同一台配电变压器的供电范围内），在选择采用保护接零方式后，便不允许再（对其中任一设备）采用保护接地方式。

④ 零线上不准装设开关和熔断器。零线的敷设要求与相线一样，以免出现零线断线故障。

⑤ 零线截面应保证在低压电网内任何一处短路时，能够承受大于熔断器额定电流 2.5~4 倍及自动开关额定电流 1.25~2.5 倍的短路电流，且不小于相线载流量的 1/2。

必须指出，在实行保护接零的低压配电系统中，电气设备的金属外壳在正常情况下有时也会带电。

（3）工作接地和重复接地

① 工作接地。在电网中低压中性点进行的接地称为工作接地，如变压器低压侧中性点接地。工作接地的作用是稳定低压电网的电位，减轻电网一相故障接地和高压窜入低压等过电压故障的危险。工作接地电阻一般不超过 4Ω。在接地电阻符合要求的前提下，变压器外的高压保护接地、避雷器的接地可与工作接地共用接地装置。

② 重复接地。除工作接地以外，在零线上其他点设置的接地称为重复接地。重复接地的主要作用是：减轻零线断线的危险；降低漏电设备可能出现的对地电压，以提高保护接零的可靠性。重复接地还有利于改善架空线路的防雷性能，缩短电气设备碰壳短路持续的时间。重复接地电阻一般不应超过 10Ω。低压配电线进户处、低压线路末端、架空线路每隔 1km 处、分支线长度超过 200m 的分支处，均应装设重复接地。

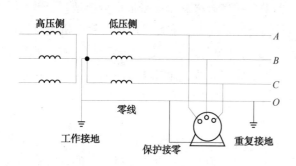

图 6-2　保护接零、工作接地和重复接地示意图

保护接零、工作接地和重复接地原理如图 6-2 所示。

（4）化工设备接地的要求

① 罐、容器等固定设备的接地

a. 室外的罐、塔、容器一般已设有防雷接地，可不必单独安装静电接地。但应按照静电接地的要求进行检查，对大于 50m 或直径在 2.5m 以上的容器、罐、塔，接地部分不得少于 2 处，接地点应对称布置，其间距小于 30m。

b. 罐、塔等设备原则上要求在每个部件上进行重复接地，接地线的位置应远离物料的进出口处。

c. 塔、罐、容器内外的各金属部件及进入罐内的工具部件，均应保证有可靠的防静电接地。

② 管网系统的接地

a. 输送易燃可燃的液体、气体、粉体及其混合物的管道系统，应在管道的始端、末端，通过机泵、油罐等设备有可靠的接地连接。

b. 管网内的过滤器、缓冲器等应设置接地连接点。

c. 管道系统的接地一般采用焊接式通过端子压接的方法，将接地线与接地端子牢固地连接。

3）其他防护技术

（1）漏电保护

漏电保护器用以对低压电网直接触电和间接触电进行有效保护，也可以作为三相电动机的缺相保护。由于其以漏电电流或由此产生的中性点对地电压变化为动作信号，所以不必以用电电流值来整定动作值，所以灵敏度高，动作后能有效地切断电源，保障人身安全。

根据漏电保护器的工作原理，可分为电压型、电流型和脉冲型三种。电压型保护器接于变压器中性点和大地间，当发生触电时中性点偏移，对地产生电压，以此来使保护动作切断电源，但由于它是对整个配变低压网进行保护，不能分级保护，因此停电范围大，动作频繁，所以已被淘汰。脉冲型电流保护器是当发生触电时使三相不平衡漏电流的相位、幅值产生突然变化，以此为动作信号，但也有死区。目前应用广泛的是电流型漏电保护器。

漏电保护装置按以下原则选用。

① 防止人身触电事故。用于直接接触电击防护的漏电保护装置应选用额定动作电流为30mA 及其以下的高灵敏度、快速型漏电保护装置。在触电后，可能导致二次事故的场合，应选用额定动作电流为 6mA 的快速型漏电保护装置。漏电保护装置用于间接接触电击防护时，着眼点在于通过自动切断电源，消除电气设备发生绝缘损坏时因其外露可导电部分持带有危险电压而产生触电的危险。例如，对于固定式的电机设备、室外架空线路等，应选用额定动作电流为 30mA 及其以上的漏电保护装置。

② 防止火灾。对钢筋混凝土类建筑，内装材料为木质时，可选用 200mA 以下的漏电保护装置，内装材料为不燃物时，应区别情况，可选用 200mA 到数安的漏电保护装置。

③ 防止电气设备烧毁。由于作为额定动作电流选择的上限，选择数安的电流一般不会造成电气设备的烧毁，因此，防止电气设备烧毁所考虑的主要是满足电网供电可靠性问题。通常选用 100mA 到数安的漏电保护装置。

（2）电气隔离

所谓电气隔离，就是将电源与用电回路做电气上的隔离，即将用电的分支电路与整个电气系统隔离，使之成为一个在电气上被隔离的、独立的不接地安全系统，以防止在裸露导体故障带电情况下发生间接触电危险。

电气隔离的作用主要是减少两个不同的电路之间的相互干扰。例如，某个实际电路工作的环境较差，容易造成接地等故障。如果不采用电气隔离，直接与供电电源连接，一旦该电路出现接地现象，整个电网就可能受其影响而不能正常工作。采用电气隔离后，该电路接地时就不会影响整个电网的工作，同时还可通过绝缘监测装置检测该电路对地的绝缘状况，一旦该电路发生接地，可以及时发出警报，提醒管理人员及时维修或处理，避免保护装置跳闸停电的现象发生。

（3）加强绝缘

加强绝缘属于 II 类设备的绝缘结构，包括双重绝缘、加强绝缘及另加总体绝缘三种绝缘结构形式。双重绝缘指工作绝缘（基本绝缘）和保护绝缘（附加绝缘）。前者是带电体与不可触及金属件之间的绝缘，是保证电气设备正常工作和防止电击的基本绝缘。后者是不可触及金属件与可触及金属件之间的绝缘，是用于工作绝缘损坏后防止电击的独立绝缘。单一的加强绝缘应具有上述双重绝缘同等的绝缘水平和机械强度。另加总体绝缘是指若干设备在其本身工作绝缘的基础上另外装设的一套防止电击的附加绝缘物。

2. 电气防火防爆技术

电气系统故障危害除了会引起因电路、电气设备异常带电、停电导致触电事故外，还可能引发电气火灾和爆炸事故。

发生电气火灾和爆炸事故，要具有两个必要条件：一是释放源，即可释放出爆炸性气体、粉尘等危险物质的危险场所；二是由于电气原因产生的引燃源。在化工生产、储存和运

163

输过程中，极易形成易燃、易爆的环境，因此在化工设计、生产中，根据危险场所的等级，正确选择防爆电气设备的类型，保证其安全运行，对预防电气火灾及爆炸事故至为重要。

1）电气火灾和爆炸原因

（1）危险物质和危险场所

在生产和生活场所中，广泛存在着易燃易爆易挥发物质，化工企业存在的天然气、煤炭、各种化工原料、中间体、产品等物料以及泄漏在仓库、生产场所的挥发物质、粉尘等形成了爆炸性混合物，构成了危险场所。

① 危险物质的概念

a. 危险物质

指在大气条件下，能与空气混合形成爆炸性混合物的气体、蒸汽、薄雾、粉尘或纤维。

b. 爆炸性混合物

大气条件下，气体、蒸汽、薄雾、粉尘或纤维状的易燃物质与空气混合并点燃后，燃烧将在整个范围内传播的混合物统称为爆炸性混合物。

c. 爆炸危险场所

凡有爆炸性混合物出现或可能有爆炸性混合物出现，且出现的量足以要求对电气设备和电气线路的结构、安装、运行、采取防爆措施的场所称为爆炸危险场所。

对爆炸性气体的分级是根据传爆能力的大小，采用最大试验间隙法（MESG）或者最小点燃电流比法（MICR）进行划分的。

d. 最大试验间隙（MESG）

又叫最大试验安全间隙，就是标准的规定条件下，将试验容器壳内所有浓度的被试验气体或蒸汽与空气的混合物点燃后，通过 25mm 长的接合面，均不能点燃壳外爆炸性气体混合物的外壳和空腔两部分之间的最大间隙。最大试验间隙愈小，要求隔爆性能愈强。

e. 最小点燃电流比（MICR）

最小点燃电流比是以在规定的条件下，能点燃某爆炸性混合物的最小电流与甲烷的最小点燃电流的比值来确定级别的。

对许多气体来说，最大试验间隙和最小点燃电流比这两种分级方法是近似相等的。

② 爆炸性危险物质的分类

根据爆炸性混合物的物理化学性质将其分为三类。

Ⅰ类：矿井甲烷；

Ⅱ类：爆炸性气体、蒸汽、薄雾；

Ⅲ类：爆炸性粉尘、纤维。

第Ⅰ类爆炸性物质专指矿井环境下甲烷及其气体混合物。除此以外，石油化工系统中均为Ⅱ类或Ⅲ类爆炸性物质。

③ 危险物质的分级

a. 按最大试验安全间隙和最小点燃电流比对Ⅱ类分级

对爆炸性气体的分级是根据传爆能力的大小，采用最大试验间隙（*MESG*）法或者最小点燃电流比（*MICR*）法进行划分的。分为 A、B、C 三级，即ⅡA、ⅡB、ⅡC，见表 6-1。

164

表 6-1　爆炸性气体的分类、分级、分组

类和级	最大试验安全间隙（MESG）/mm	最小点燃电流比（MICR）	引燃温度(℃)与组别					
			T_1	T_2	T_3	T_4	T_5	T_6
			$450<t$	$300<t \leqslant 450$	$200<t \leqslant 450$	$135<t \leqslant 200$	$100<t \leqslant 135$	$85<t \leqslant 100$
Ⅰ	$MESG=1.14$	$MICR=1.0$	甲烷					
ⅡA	$0.9 \sim 1.14$	$0.8 \sim 1.0$	乙烷、丙烷、丙酮、氯苯、苯乙烯、氯乙烯、甲苯、苯胺、甲醇、一氧化碳、乙酸乙酯、乙酸、丙烯腈	丁烷、乙醇、丙烯、丁醇、乙酸丁酯、乙酸戊酯、乙酸酐	戊烷、己烷、庚烷、葵烷、辛烷、汽油、硫化氢、环己烷	乙醚、乙醛		亚硝酸乙酯
ⅡB	$0.5 \sim 0.9$	$0.45 \sim 0.8$	二甲醚、民用煤气、环丙烷	环氧乙烷、环氧丙烷、丁二烯、乙烯	异戊二烯			
ⅡC	$\leqslant 0.5$	$\leqslant 0.45$	水煤气、氢气、焦炉煤气	乙炔、乙烷			二硫化碳	硝酸乙酯

b. 按导电性和爆炸性对Ⅲ类分级，即ⅢA、ⅢB，见表6-2。

表 6-2　爆炸性粉尘的分级、分组

类和级	粉尘物质	引燃温度(℃)与组别		
		T_{11}	T_{12}	T_{13}
		$270<t$	$200<t \leqslant 270$	$140<t \leqslant 200$
ⅢA	非导电性可燃纤维	木棉纤维、烟草纤维、纸纤维、亚硫酸盐纤维素、人造毛短纤维、亚麻	木质纤维	
	非导电性爆炸性粉尘	小麦、玉米、砂糖、橡胶、染料、聚乙烯、苯酚树脂	可可、米糠	
ⅢB	导电性爆炸性粉尘	镁、铝、铝青铜、锌、钛、焦炭、炭黑	铝（含油）、铁、煤	
	火炸药粉尘		黑火药 TNT	硝化棉、吸收药、黑索金、特屈儿、泰安

④ 按引燃温度分组

爆炸性物质的分组是按在用标准的试验方法试验时引燃爆炸性混合物的最低温度划分的。常见的物质引燃温度见表6-3。第Ⅱ类爆炸性物质按引燃温度划分为六组。

Ⅰ类：不分组。

Ⅱ类：按引燃温度降低，危险程度升高，分六组。

$$T_1 > 450℃$$
$$T_2 > 300 \sim 450℃$$
$$T_3 > 200 \sim 300℃$$
$$T_4 > 135 \sim 200℃$$
$$T_5 > 100 \sim 135℃$$
$$T_6 > 85 \sim 100℃$$

Ⅲ类：按引燃温度降低，危险程度升高，分三组。

$$T_{11} > 270℃$$
$$T_{12} > 200 \sim 270℃$$
$$T_{13} > 140 \sim 200℃$$

表 6-3　常见物质引燃温度

名称	温度/℃	名称	温度/℃	名称	温度/℃	名称	温度/℃
丙酮	535	乙烷	515	乙烯	435	乙苯	397
一氧化碳	605	甲醇	455	苯	560	甲苯	535
甲烷	537	乙醇	422	氯苯	63.7	二甲苯	528

油库中储存的溶剂汽油、煤油等轻质油品蒸气，均属于Ⅱ类 A 级 T_3 组爆炸气体。

⑤ 电气火灾爆炸危险区域的划分

按发生火灾爆炸危险程度及危险物品状态，将火灾爆炸危险区域划分为三类八区。

a. 第一类(气体、蒸汽爆炸危险环境)

根据爆炸性混合物出现的频繁程度和持续时间划分。

0 区：指正常运行时连续出现或长时间出现爆炸性气体混合物的环境。

1 区：在正常情况下可能出现爆炸性气体混合物的环境。

2 区：在正常情况下不可能出现而在不正常情况下偶尔出现爆炸性气体混合物的环境。

b. 第二类(粉尘、纤维爆炸危险环境)

10 区：指正常运行连续或长时间、短时间连续出现爆炸性粉尘、纤维的环境。

11 区：指正常运行时不出现，仅在不正常运行时偶尔出现爆炸性粉尘、纤维的环境。

c. 第三类(火灾危险环境)

21 区：闪点高于环境温度的可燃液体，并在数量上和配置上能引起火灾的环境。

22 区：具有悬浮、堆积状的可燃粉尘或可燃纤维，虽不能形成爆炸混合物，但在数量和配置上能引起火灾的环境。

23 区：存在固体可燃物质，并在数量和配置上能引起火灾的环境。

（2）引燃源

在生产场所的动力、照明、控制、保护、测量等系统和生活场所中的各种电气设备和线路，在正常工作或事故中常常会产生危险的高温或电弧、火花而成为引燃源。

① 危险温度。电气线路或电气设备过热将可能导致产生危险温度，成为引燃源。常见过热原因有短路、线路或设备长时间过载、接触不良、电气设备铁芯过热和散热不良等。

② 电火花。电火花温度很高，能量集中释放，不仅能引起绝缘物质的燃烧，甚至还可能使导体金属熔化、飞溅，是很危险的引燃源。常见电火花有工作火花、电气设备事故火

花、雷电火花、静电火花、电磁感应火花等。

如果在生产或生活场所中存在着易燃易爆物质，当空气中的含量超过其危险浓度，在电气设备和线路正常或事故状态下产生的火花、电弧或在危险高温的作用下，就会造成电气火灾和爆炸。通过电气火灾和爆炸原因分析，为采取有效措施减小电气火灾和爆炸事故发生的概率提供了依据。

除上述外，电动机转子和定子发生摩擦（扫膛）或风扇与其他部件相碰也都会产生火花，这是由碰撞引起的机械性质的火花。

还应当指出，灯泡破碎时 2000~3000℃ 的灯丝有类似火花的危险作用。

就电气设备着火而言，外界热源也可能引起火灾。如变压器周围堆积杂物、油污，并由外界火源引燃、可能导致变压器喷油燃烧甚至爆炸事故。

2）电气防火防爆措施

防火防爆措施是综合性的措施，包括选用合理的电气设备，保持必要的防火间距，电气设备正常运行并有良好的通风，采用耐火设施，有完善的继电保护装置等技术措施。

（1）正确选用电气设备

① 选用电气设备的基本原则

a. 根据爆炸危险区域的分区、电气设备的种类和防爆结构的要求，应选择相应的电气设备。

b. 选用的防爆电气设备的级别和组别，不应低于该爆炸性气体环境内爆炸性气体混合物的级别和组别。当存在有两种以上易燃物质形成的爆炸性气体混合物时，应按危险程度较高的级别和组别选用防爆电气设备。

c. 爆炸危险区域内的电气设备，应符合周围环境内化学的、机械的、热的、霉菌以及风沙等不同环境条件对电气设备的要求。电气设备结构应满足电气设备在规定的运行条下不降低防爆性能的要求。

d. 除可燃性非导电粉尘和可燃纤维的 11 区环境采用防尘结构（标志为 DP）的粉尘防爆电气设备外，爆炸性粉尘环境 10 区及其他爆炸性粉尘环境 11 区均采用尘密结构（标志为DT）的粉尘防爆电气设备，并按照粉尘的不同引燃温度选择不同引燃温度组别的电气设备。

② 防爆电气设备类型及其结构性能

防爆电气设备依其结构和防爆性能的不同分为以下几种。

a. 隔爆型（d）。具有隔爆外壳的电气设备，是指把能点燃爆炸性混合物的部件封闭在一个外壳内，该外壳能承受内部爆炸性混合物的爆炸压力并阻止向周围的爆炸性混合物传爆的电气设备。设备外壳一般用钢板、铸钢、铝合金、灰铸铁等材料制成，一般能承受 0.78~0.98MPa 的内部压力而不损坏。

b. 增安型（e）。正常运行条件下，不会产生点燃爆炸性混合物的火花或危险温度，并在结构上采取措施，提高其安全程度，以避免在正常和规定过载条件下出现点燃现象的电气设备。

c. 本质安全型（i）。在正常运行或在标准实验条件下所产生的火花或热效应均不能点燃爆炸性混合物的电气设备。按其安全程度分成 i_a 和 i_b 两级。前者是在正常工作，一个故障和两个故障时不能点燃爆炸性气体混合物的电气设备，可用于 0 级区域；后者是在正常工作和一个故障时不能点燃爆炸性气体混合物的电气设备。

d. 正压型（p）。具有保护外壳，且壳内充有保护气体，其压力保持高于周围爆炸性混合

167

物气体的压力，以避免外部爆炸性混合物进入外壳内部的电气设备。按其充气结构可分为通风、充气、气密等三种形式。保护气体可以是空气、氮气或其他非可燃性气体，其外壳内不得有影响安全的通风死角。正常时，其出风口处风压或充气气压不得小于200Pa。

e. 充油型(o)。全部或某些带电部件浸在绝缘油中使之不能点燃油面以上或外壳周围的爆炸性混合物的电气设备。其外壳上应有排气孔，孔内不得有杂物；油量必须足够，最低油面以下深度不得小于25mm且油面应高出发热和可能产生火花部位10mm以上；油面指示必须清晰；油质必须良好；油面温度 $T_1 \sim T_4$ 组不得超过100℃，T_5 组不得超过80℃，T_6 组不得超过70℃。充油型设备应水平安装，其倾斜度不得超过5°；运行中不得移动。

f. 充砂型(q)。外壳内充填细颗粒材料，以便在规定使用条件下，外壳内产生的电弧、火焰传播，壳壁或颗粒材料表现的过热温度均不能够点燃周围的爆炸性混合物的电气设备。其外壳应有足够的机械强度。细粒填充材料应填满外壳内所有空隙，颗粒直径为0.25～1.6mm。填充时，细粒材料含水量不得超过0.1%。

g. 无火花型(n)。在正常运行条件下不产生电弧或火花，也不产生能够点燃周围爆炸性混合物的高温表面或灼热点，且一般不会发生有点燃作用的故障的电气设备。

h. 防爆特殊型(s)。在结构上不属于上述各型，而是采取其他防爆形式的电气设备。例如将可能引起爆炸性混合物爆炸的部分设备装在特殊的隔离室内或在设备外壳内填充石英砂等。

i. 浇封型(m)。它是防爆型的一种。将可能产生点燃爆炸性混合物的电弧、火花或高温的部分浇封在浇封剂中，在正常运行和认可的过载或认可的故障下不能点燃周围的爆炸性混合物的电气设备。

爆炸危险场所电气设备防爆类型选择，见表6-4。

表6-4　爆炸危险场所电气设备防爆类型选择

爆炸危险区域	适用的保护形式	
	电气设备类型	符号
0区	1. 本质安全型(i_a级) 2. 其他为0区设计的电气设备(特殊型)	i_a s
1区	1. 适用于0区的防护类型 2. 隔爆型 3. 增安型 4. 本质安全型(i_b级) 5. 充油型 6. 正压型 7. 充砂型 8. 其他特别为1区设计的电气设备(特殊型)	 d e i_b o p q s
2区	1. 适用于0区和1区的防护型式 2. 无火花型	 n
10区	1. 适用于2区的各种防护型式 2. 尘密型	
11区	1. 适用于10区各种防护型式 2. JP54(用于电机)，IP65(电气仪表)	

③ 防爆设备的标志

防爆设备标志由四部分组成，以字母或数字表示。第一部分表示防爆类型标志，如 e 为增安型；第二部分表示适用的爆炸性混合物的类别；第三部分表示爆炸性混合物的级别；第四部分表示爆炸性混合物的组别。例如，d Ⅱ BT$_3$ 表示隔爆型设备，用于有 Ⅱ B 级、$T_1 \sim T_3$ 组的爆炸性混合物的场所；ep Ⅱ T_4 表示增安型、有正压型部件，用于有 Ⅱ 级、$T_1 \sim T_4$ 组爆炸性混合物的场所等。

火灾危险场所电气设备防护结构的选用、危险场所的电气线路、变(配)电所等其他电气装置的要求，可参阅 GB 50058—2014。

（2）保持防火间距

为防止电火花或危险温度引起火灾，开关、插销、熔断器、电热器具、照明器具、电焊器具、电动机等均应根据需要，适当避开易燃易爆建筑构件。天车滑触线的下方，不应堆放易燃易爆物品。

变、配电站是工业企业的动力枢纽，电气设备较多，而且有些设备工作时产生火花和较高温度，其防火、防爆要求比较严格。室外变、配电装置距堆场、可燃液体储罐和甲、乙类厂房、库房不应小于 25m；距其他建筑物不应小于 10m；距液化石油气罐不应小于 35m。变压器油量越大，防火间距也越大，必要时可加防火墙。石油化工装置的变、配电室还应布置在装置的一侧，并位于爆炸危险区范围以外。

10kV 及以下变、配电室不应设在火灾危险区的正上方或正下方，且变、配电室的门窗应向外开，通向非火灾危险区域。10kV 及以下的架空线路，严禁跨越火灾和爆炸危险场所；当线路与火灾和爆炸危险场所接近时，其水平距离一般不应小于杆柱高度的 1.5 倍。在特殊情况下，采取有效措施后，允许适当减小距离。

（3）保持电气设备正常运行

保持电气设备安全运行除保持电压、电流、温升不超过允许范围外，还包括保持良好的电气绝缘和良好的电气连接等内容。

必须保持电气设备绝缘良好。否则，除可能造成人身事故外，还可能由于泄漏电流、短路火花或短路电流造成火灾或其他设备事故。

在运行中，应保持各导电部分连接可靠、接触良好。活动触头表面要光滑，并要保证足够的触头压力，以保持接触良好；固定触头，特别是铜、铝接头，要接触紧密，保持良好的导电性能。在火灾爆炸危险场所，可拆卸的连接接头处应有防松措施。铜、铝之间的连接应采用铜铝过渡接头(除照明灯具外)；铝导线的连接应采用压接、熔焊或钎焊，而不能采用简单的缠绕接法。

保持设备清洁有利于防火。设备脏污或灰尘堆积既降低设备的绝缘又妨碍通风和冷却。特别是正常时有火花产生的电气设备，很可能由于过分脏污引起火灾。因此，从防火的角度考虑，也要求定期或经常地清扫电气设备，以保持清洁。

此外，爆炸危险场所及其内电气设备的保护装置必须齐全、可靠、整定合理。

在爆炸危险场所，从设备到工具，从电气到仪表，从开关到线路，各单元都必须符合防爆要求，以实现整体防爆。

为了防火防爆，必须采取综合性的安全措施。除上述措施外，还可根据条件采取加强通风、装设危险气体报警装置、采用耐火设施等安全措施。作为临时性措施，还可采用密封的办法。密封有两个含义：一是把危险物质尽量装在密闭容器内，限制爆炸性物质的产生和逸散；二是把电气设备或其中可引爆的部件密封起来，消除引爆的因素。例如，拉线开关正常操作时会产生火花，如将拉线开关浸没在绝缘油里，使油面具有足够的高度，保持油的清洁，并及时换油，即可起到一定的防爆作用。

（4）通风

① 爆炸危险场所的通风

在爆炸危险场所，如有良好的通风装置，能降低爆炸性混合物的浓度，场所危险等级可以考虑降低。例如，对于气流良好的开敞式、局部开敞式建筑物和构筑物或露天区域，如是气体或蒸汽爆炸性混合物的场所，一般可降低一级考虑，但不应划为无爆炸危险的场所。如是粉尘或纤维爆炸性混合物的场所，一般可划为无爆炸危险的场所。又如，当装有经常运转的通风机，能保证场所足够的换气次数和适当的均匀程度，且当其中一台机组故障时，仍有必要的通风量，或能自动接入备用机组的爆炸危险场所，可降低一级考虑。

应当注意，爆炸危险场所内的事故排风用电动机的控制设备，应设在事故情况下便于操作的地方。

② 变压器室的通风

变压器室一般采用自然通风，当采用机械通风时，其送风系统不应与爆炸危险场所的送风系统相连，且供给的空气不应含有爆炸性混合物或其他有害物质。

③ 蓄电池室的通风

蓄电池室可能有氢气排出，故应有良好的通风。室内空气不可再参加循环。

④ 电气设备的通风、充气系统

防爆通风、充气型电气设备的通风、充气系统，应符合下列要求：

a. 通风、充气系统必须采用非燃烧性材料制作，结构应坚固，连接应紧密；

b. 通风、充气系统内不应有阻碍气流的死角；

c. 电气设备与通风、充气系统联锁，运行前必须先通风，而且通过的气体量不小于系统容积的 5 倍时才能接通电气设备的电源；

d. 进入电气设备及其通风、充气系统内的气体不应含有爆炸危险物质或其他有害物质；

e. 通风系统排出的废气，一般不应排入爆炸危险场所；

f. 在运行中，电气设备及其通风、充气系统内的正压应不低于 $20mmH_2O$（$1mmH_2O = 9.80665Pa$），当低于 $10mmH_2O$ 时，应自动断开电气设备的主电源或发出信号；

g. 对于闭路通风的防爆通风型电气设备及其通风系统，应供给清洁气体以补充漏损，并保持系统内的正压；

h. 电气设备外壳及其通风、充气系统的门或盖子上，应有警告标志或联锁装置，以防止运行中错误开启。

（5）接地和接零

爆炸危险场所的接地、接零较一般场所要求高。

① 接地、接零实施范围

除生产上有特殊要求以外，一般场所不要求接地（或接零）的部分仍应接地（或接零）。例如，在不良导电地面处，交流电压 380V 及以下、直流电压上 40V 及以下的电气设备正常时不带电的金属外壳，还有交流电压 127V 及以下、直流电压 110V 及以下的电气设备正常时不带电的金属外壳，再有安装在已接地金属结构上的电气设备，以及敷设有金属外皮且两端已接地的电缆用的金属构架均应接地（或接零）。

② 整体性连接

在爆炸危险场所，必须将所有设备的金属部分、金属管道以及建筑物的金属结构全部接

170

地(或接零)，并连接成连续整体，以保持电流途径不中断；接地(或接零)干线宜在爆炸危险场所不同方向不少于两处与接地体相连，连接要牢靠，以提高可靠性。

③ 保护导线

单相设备的工作零线应与保护零线分开，相线和工作零线均应装设短路保护装置，并装设双极开关，同时操作相线和工作零线。1区、10区的所有电气设备和2区内除照明灯具以外的其他电气设备，应使用专门接地(零)线，而金属管线、电缆的金属外皮等只能作为辅助接地(零)线；2区的照明灯具和2区的所有电气设备，允许利用连接可靠的金属管线或金属构架作为接地(零)线(输送爆炸危险物质的管道除外)。保护导线的最小截面，铜线不得小于4mm²，钢线不得小于6mm²。

④ 保护方式

在不接地电网中，必须装设一相接地时或严重漏电时能自动切断电源的保护装置或能发出声、光双重信号的报警装置。在变压器低压中性点直接接地的电网中，为了提高可靠性，缩短短路故障持续时间，系统的单相短路电流应当大一些。其最小单相短路电流不得小于该段线路熔断器额定电流的5倍，或自动开关瞬时(或短延时)动作过电流脱扣器整定电流的1.5倍。

(6) 电气线路防爆

电气线路故障也可以引起火灾和爆炸事故。确保电气线路的设计和施工质量，是抑制火源产生、防止爆炸和火灾事故的重要措施。

① 电气线路的敷设

电气线路一般应敷设在危险性较小的环境或远离存在易燃、易爆物释放源的地方，或沿建、构筑物的墙外敷设。

② 导线材质

对于爆炸危险环境的配线工程，应采用铜芯绝缘导线或电缆，而不能用铝质的。因为铝线机械强度差，容易折断，需要进行过渡连接而加大接线盒，同时在连接技术上也难于控制以保证连接质量。

③ 电气线路的配线防爆

在爆炸危险环境中，当气体、蒸气密度比空气大时，电气线路应在高处敷设或埋入地下。架空敷设时宜用电缆桥架。电缆沟敷设时沟内应充砂，并宜设置有效的排水措施；当气体、蒸气密度比空气小时，电气线路宜在较低处敷设或用电缆沟敷设。敷设电气线路的沟道、钢管或电缆，在穿过不同区域之间墙或楼板处的孔洞时，应用非燃性材料严密堵塞，以防爆炸性混合物气体或蒸气沿沟道、电缆管道流动。电缆沟通路可填砂切断。另外，为将爆炸性混合物或火焰切断，防止传播到管子的其他部分，引向电气设备接线端子的导线，其穿线钢管宜与接线箱保持45cm。

④ 电气线路的连接

电气线路之间原则上不能直接连接。必须实行连接或封端时，应采用压接、熔爆或钎焊，确保接触良好，防止局部过热。线路与电气设备的连接应采用适当的过渡接头，特别是铜铝相接时更应如此。

⑤ 导线允许载流量

绝缘电线和电缆的允许载流量不应小于熔断器熔体额定电流的1.25倍和自动开关长延时过流脱扣器整定电流的1.25倍。引向电压为1000V以下鼠笼型感应电动机支线的长期允许载流量，不应小于电动机额定电流的1.25倍。只有满足这种配合关系，才能避免过载，防止短路时把电线烧坏或过热时形成火源。

3. 电气火灾的扑救常识

电气火灾对国家和人民生命财产有很大威胁，因此，应贯彻预防为主的方针，防患于未然，同时，还要做好扑救电气火灾的充分准备。用电单位发生电气火灾时，应立即组织人员使用正确方法进行扑救，同时向消防部门报警。

（1）电气火灾的特点

电气火灾与一般火灾相比，有以下两个突出的特点：

① 在一定范围内存在着危险的接触电压和跨步电压，灭火时如不注意或未采取适当的安全措施，会引起触电伤亡事故。

② 有些电气设备本身充有大量的油，例如变压器、开关、电容器等，受热后有可能喷油，甚至爆炸，造成火灾蔓延并危及救火人员的安全。所以，扑灭电气火灾时，应根据起火的场所和电气装置的具体情况，采用特殊灭火方法。

（2）断电灭火

发生电气火灾时，应尽可能先切断电源，而后再灭火，以防人身触电，切断电源应注意以下几点：

① 停电时，应按规程所规定的程序进行操作，防止带负荷拉闸。

② 切断带电线路电源时，切断点应选择在电源侧的支持物附近，以防导线断落后触及人体或短路。

③ 剪断低压线路电源时，应使用绝缘钳等绝缘工具；相线和零线应在不同部位处剪断，防止发生线路短路；剪断电源的位置应适当，防止切断电源后影响扑救工作。

④ 夜间发生电气火灾，切断电源时，应考虑临时照明措施。

（3）带电灭火

发生电气火灾，如果由于情况危急，为争取灭火时机，或因其他原因不允许和无法及时切断电源时，就要带电灭火。为防止人身触电，应注意以下几点：

① 扑救人员与带电部分应保持足够的安全距离。

② 高压电气设备或线路发生接地在室内，扑救人员不得进入故障点 4m 以内的范围；在室外，扑救人员不得进入故障点 8m 以内的范围；进入上述范围的扑救人员必须穿绝缘靴。

③ 应使用不导电的灭火剂，例如二氧化碳和化学干粉灭火剂，因泡沫灭火剂导电，在带电灭火时严禁使用。

④ 如遇带电导线落于地面，要防止跨步电压触电。

（4）充油电气设备的灭火措施

充油电气设备着火时，应立即切断电源，然后扑救灭火。备有事故储油池时，应设法将油放入池内，池内的油火可用干粉扑灭。池内或地面上的油火不得用水喷射，以防油火飘浮水面而蔓延。

6.3 静电防护技术

6.3.1 静电的产生与危害

所谓静电，并非绝对静止的电，而是在宏观范围内暂时失去平衡的相对静止的正电荷和负电荷。静电现象是十分普遍的电现象。人们活动中，特别是生产工艺过程中产生的静电可能引起爆炸及其他危险和危害。

1. 静电的产生

① 接触-分离起电。两种物体接触，其间距小于 $25×10^{-8}$cm 时，由于不同原子得失电子的能力不同，不同原子(包括原子团和分子)外层电子的能级不同，其间就发生电子的转移。因此，两种物质紧密接触，界面两侧会出现大小相等、极性相反的两层电荷。这两层电荷称为双电层，其间的电位差称为接触电位差。接触电位差与物质性质及其表面状况有很大的关系。固体物质的接触电位差只有千分之几至十分之几伏，最大1V左右。

② 破断起电。不论材料破断前其内电荷分布是否均匀，破断后均可能在宏观范围内导致正、负电荷的分离，即产生静电，这种起电称为破断起电。固体粉碎、液体分离过程的起电均属于破断起电。

③ 感应起电。感应起电是导体在静电场的作用下发生的电荷再分布的现象。图6-3所示为一种典型的感应起电过程。当B导体与接地体C相连时，在带电体A的感应下，端部出现正电荷，但B导体对地电位仍然为零；当B导体离开接地体C时，虽然中间不放电，但B导体成为带电体。

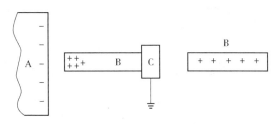

图6-3 感应起电

④ 电荷迁移。当一个带电体与一个非带电体接触时，电荷将重新分配，即发生电荷迁移而使非带电体带电。当带电雾滴或粉尘撞击在导体上时，会产生有力的电荷迁移；当气体离子流射在不带电的物体上时，也会产生电荷迁移。

除上述几种主要的起电方式外，电解、压电、热电等效应也能产生双电层或起电。

2. 生产过程中易产生静电的工艺方式

在化工生产中，根据工艺过程的特点，有的工序和工作较容易产生静电，见表6-5。

表6-5 易产生静电的工序和工作介质状态

工作介质状态	工序
固体或粉体	摩擦、混合、搅拌、洗涤、粉碎、切断、研磨、筛选、切削、振动、过滤、剥离、捕集、液压、倒换、输送、绕卷、开卷、投入、包装、涂布、印刷、皮带输送
液体	流送、注入、充填、倒换、滴流、过滤、搅拌、吸出、洗涤、检尺、取样、飞溅、喷射、摇晃、检温、混入杂质、混入水珠
气体	喷出、泄漏、喷涂、排放、高压洗涤、管内输送

3. 静电的危害

化工生产中，静电的危害主要有三个方面，即引起火灾和爆炸、静电电击和引起生产中各种困难而妨碍生产。

173

（1）火灾和爆炸

静电放电可引起可燃、易燃液体蒸气、可燃气体以及可燃性粉尘的着火、爆炸。在化工生产中，由静电火花引起爆炸和火灾事故是静电最为严重的危害。从已发生的事故实例中，由静电引起的火灾、爆炸事故见于苯、甲苯、汽油等有机溶剂的运输；见于易燃液体的灌注、取样、过滤过程，见于一些可产生静电的原料、成品、半成品的包装、称重过程；见于物料泄漏喷出、摩擦搅拌、液体及粉体物料的输送、橡胶和塑料制品的剥离等。

在化工操作过程中，操作人员在活动时，穿的衣服、鞋以及携带的工具与其他物体摩擦时，就可能产生静电。当携带静电荷的人走近金属管道和其他金属物体时，人的手指或脚趾会释放出电火花，往往酿成静电灾害。

（2）静电电击

橡胶和塑料制品等高分子材料与金属摩擦时，产生的静电荷往往不易泄漏。当人体接近这些带电体时，就会受到意外的电击。这种电击是由于从带电体向人体发生放电，电流流向人体而产生的。同样，当人体带有较多静电电荷时，电流流向接地体，也会发生电击现象。

静电电击不是电流持续通过人体的电击，而是由静电放电造成的瞬间冲击性电击。这种瞬间冲击性电击不至于直接使人死亡，人大多数只是产生痛感和震颤。但是，在生产现场却可造成指尖负伤，或因为屡遭电击后产生恐惧心理，从而使工作效率下降。人体受到静电电击时的反应见表6-6。

表6-6　静电电击时人体的反应

静电电压/kV	人体反应	备注
1.0	无任何感觉	
2.0	手指外侧有感觉但不痛	发生微弱的放电响声
2.5	放电部分有针刺感，有些微颤样的感觉，但不痛	
3.0	有像针刺样的痛感	可看到放电时的发光
4.0	手指有微痛感，好像用针深深地刺一下的痛感	
5.0	手掌至前腕有电击痛感	由指尖延伸放电的发光
6.0	感到手指强烈疼痛，受电击后手腕有沉重感	
7.0	手指、手掌感到强烈疼痛，有麻木感	
8.0	手掌至前腕有麻木感	
9.0	手腕感到强烈疼痛，手麻木而沉重	
10.0	全手感到疼痛和电流流过感	
11.0	手指感到剧烈麻木，全手有强烈的触电感	
12.0	有较强的触电感，全手有被狠打的感觉	

（3）静电妨碍生产

静电对化工生产的影响，主要表现在粉料加工、塑料、橡胶和感光胶片加工工艺过程中。

① 在粉体筛分时，由于静电电场力的作用，筛网吸附了细微的粉末，使筛孔变小降低了生产效率；在气流输送工序，管道的某些部位由于静电作用，积存一些被输送物料，减小了管道的流通面积，使输送效率降低；在球磨工序里，因为钢球带电而吸附了一层粉末，这不但会降低球磨的粉碎效果，而且这一层粉末脱落下来混进产品中，会影响产品细度，降低产品质量；在计量粉体时，由于计量器具吸附粉体，造成计量误差，影响投料或包装重量的正确性；粉体装袋时，因为静电斥力的作用，使粉体四散飞扬，既损失了物料，又污染了环境。

② 在塑料和橡胶行业，由于制品与辊轴的摩擦或制品的挤压或拉伸，会产生较多的静电。因为静电不能迅速消失，会吸附大量灰尘，而为了清扫灰尘要花费很多时间，浪费了工时。塑料薄膜还会因静电作用而缠卷不紧。

③ 在感光胶片行业，由于胶片与辊轴的高速摩擦，胶片静电电压可高达数千至数万伏。如果在暗室发生静电放电的话，胶片将因感光而报废；同时，静电使胶卷基片吸附灰尘或纤维，降低了胶片质量，还会造成涂膜不均匀等。

随着科学技术的现代化，化工生产普遍采用电子计算机，由于静电的存在可能会影响到电子计算机的正常运行，致使系统发生误动作而影响生产。

但静电也有其可被利用的一面。静电技术作为一项先进技术，在工业生产中已得到了越来越广泛的应用。如静电除尘、静电喷漆、静电植绒、静电选矿、静电复印等都是利用静电的特点来进行工作的。它们是利用外加能源来产生高压静电场，与生产工艺过程中产生的有害静电不尽相同。

6.3.2　静电防护措施

防止静电引起火灾爆炸事故是化工静电安全的主要内容。为防止静电引起火灾爆炸所采取的安全防护措施，对防止其他静电危害也同样有效。

静电引起燃烧爆炸的基本条件有四个：一是有产生静电的来源；二是静电得以积累，并达到足以引起火花放电的静电电压；三是静电放电的火花能量达到爆炸性混合物的最小点燃能量；四是静电火花周围有可燃性气体、蒸汽和空气形成的可燃性气体混合物。因此，只要采取适当的措施，消除以上四个基本条件中的任何一个，就能防止静电引起的火灾爆炸。防止静电危害主要有七个措施。

1. 环境危险程度的控制

（1）取代易燃介质。在很多可能产生和积累静电的工艺过程中，要用到有机溶剂和易燃液体，并由此带来爆炸和火灾的危险。在不影响工艺过程的正常运转和产品质量且经济上合理的情况下，用不可燃介质代替易燃介质是防止静电引起的爆炸和火灾的重要措施之一。采用这种措施不但对于防止静电引起的爆炸和火灾是有效的，而且对于防止其他原因引起的爆炸和火灾也是有效的。

例如，用三氯乙烯、四氯化碳、苛性钠或苛性钾代替汽油、煤油作洗涤剂有良好的防爆效果。

（2）降低爆炸性混合物的浓度。在爆炸和火灾危险环境，采用通风装置或抽气装置及时排出爆炸性混合物，使混合物的浓度不超过爆炸下限，可防止静电引起爆炸的危险。

（3）减少氧化剂含量。这种方法实质上是充填氮、二氧化碳或其他不活泼的气体，减少气体、蒸气或粉尘爆炸性混合物中氧的含量，不超过 8%时即不会引起燃烧。

比较常见的是充填氮或二氧化碳降低混合物的含氧量。但是，对于镁、铝、锆、钛等粉尘爆炸性混合物，充填氮或二氧化碳是无效。这时，可充填氩、氦等惰性气体以防止爆炸和火灾。

2. 工艺控制

工艺控制是从工艺上采取适当的措施，限制和避免静电的产生和积累。工艺控制方法很多，应用很广，是消除静电危害的重要方法之一。

(1) 材料的选用。在存在摩擦而且容易产生静电的场合，生产设备宜配备与生产物料相同的材料。在某些情况下，还可以考虑采用位于静电序列中段的金属材料制成生产设备，以减轻静电的危害。选用导电性较好的材料可限制静电的产生和积累。例如，为了减少皮带上的静电，除皮带轮采用导电材料制作外，皮带也宜采用导电性较好的材料制作，或者在皮带上涂以导电性涂料。

根据现场条件，为了有利于静电的泄漏，为了减轻火花放电和感应带电的危险，可采用阻值为 $1\times10^7\sim1\times10^9\Omega$ 的导电性工具。

在有静电危险的场所，工作人员不应穿着丝绸、人造纤维或其他高绝缘衣料制作的衣服，以免产生危险静电。

(2) 限制摩擦速度或流速。降低摩擦速度或流速等工艺参数可限制静电的产生。例如，为了限制产生危险的静电，烃类燃油在管道内流动时，流速与管径应满足以下关系：

$$v^2D\leq0.64$$

允许流速与液体电阻率有着十分密切的关系。当电阻率不超过 $1\times10^5\Omega\cdot m$ 时，允许流速不超过 10m/s；当电阻率在 $1\times10^5\sim1\times10^9\Omega\cdot m$ 之间时，允许流速不超过 5m/s；当电阻率超过 $1\times10^9\Omega\cdot m$ 时，允许流速决定于液体性质、管道直径、管道内壁光滑程度等条件，不可一概而论，但 1.2m/s 的流速一般总是允许的。

油罐装油时，注油管出口应尽可能接近油罐底部，最初流速应限制在 1m/s 左右，待注油管出口被浸没以后，流速可增加至 4.5~6m/s。铁路罐车装油流速应符合下式要求：

$$vD\leq0.8$$

式中　D——装油管直径，m。

当油料体积电阻率大于 $2\times10^{11}\Omega\cdot m$ 时，最大流速不得超过 7m/s。

汽车罐车尽量采用底部装油。装油流速应符合下式要求：

$$vD\leq0.5$$

式中　v——流速，m/s；

　　　D——油管直径，m。

当油料体积电阻率大于 $2\times10^{11}\Omega\cdot m$ 时，最大流速不得超过 7m/s。

(3) 增加静置时间。化工生产中将液体注入容器、储罐时，都会产生一定的静电荷。液体内的电荷将向器壁及液面集中并可慢慢泄漏消散，完成这个过程需要一定的时间。

如向燃料罐注入重柴油，装到 90% 时停泵，液面静电位的峰值常常出现在停泵以后的 5~10s 内，然后电荷就很快衰减掉，这个过程持续时间约为 70~80s。由此可知，刚停泵就进行检测或采样是危险的，容易发生事故。应该静置一定的时间，待静电基本消散后才进行有关的操作。操作人员应自觉遵守安全规定，千万不能操之过急。

静电消散静置时间应根据物料的电阻率、槽罐容积、气象条件等具体情况决定，也可参考表 6-7 的经验数据。

表 6-7　静电消散静置时间　　　　　　　　　　　　　　　　　　min

物料电阻率/Ω·m	物料容积/m³			
	<10	10~50	50~5000	>5000
<10⁶	1	1	1	2
$10^6 \sim 10^{10}$	2	3	10	30
$10^{10} \sim 10^{12}$	4	5	60	120
$>10^{12}$	10	15	120	240

（4）改进灌注方式。为了减少从储罐顶部灌注液体时的冲击而产生的静电，要改变灌注管头的形状、改进灌注方式。经验表明，T 形、锥形、45°斜口形和人字形注管头，有利于降低储罐液面的最高静电电位。

为了避免灌注过程中液体的冲击、喷射和溅射，应将进液管延伸至近底部位，或有利于减轻储藏底部积水和沉淀物搅动的部位。

3. 接地

接地是消除静电危害最常见的措施。在化工生产中，以下工艺设备应采取接地措施。

（1）凡用来加工、输送、储存各种易燃液体、气体和粉体的设备必须接地。如过滤器、混合器、干燥器、升华器、吸附器、反应釜、储槽、储罐、传送胶带、液体和气体等物料管道、取样器、检尺棒等，应该接地。如果管道系绝缘材料制成的，应在管外或管内绕以金属丝、带或网，并将金属丝等接地。

输送可燃物的管道要连接成一个整体，并予以接地。管道的两端和每隔 200~300m 处，均应接地。平行管道相距 10cm 以内时，每隔 20m 应用连接线相互连接起来；管道与管道、管道与其他金属构件交叉时，若间距小于 10cm，也应互相连接起来。

（2）倾注溶剂的漏斗、浮动罐顶、工作站台、磅秤等辅助设备，均应接地。

（3）汽车罐车在装卸之前，应与储存设备跨接并接地；装卸完毕，应先拆除装卸管道，然后拆除跨接线和接地线，如图 6-4 所示。

（4）可能产生和积累静电的固体和粉体作业设备，如压延机、上光机、砂磨机、球磨机、筛分器、捏和机等，均应接地。

静电接地的连接线应保证足够的机械强度和化学稳定性，连接应当可靠，操作人员在巡回检查中，应勤检查接地系统是否良好，不得有中断之处。接地电阻应不超过 100Ω。

（5）采用导电性地面，实质上也是一种接地措施。采用导电性地面不但能泄漏设备上的静电，

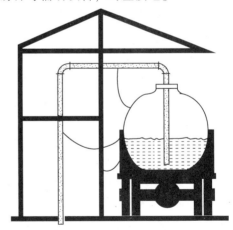

图 6-4　汽车罐车跨接示意图

而且有利于泄漏聚集在人体上的静电。导电性地面是用电阻率为 $1 \times 10^8 \Omega \cdot m$ 以下的材料制成的地面，如混凝土、导电橡胶、导电合成树脂、导电木板、导电水磨石和导电瓷砖等地面。在绝缘板上喷刷导电性涂料，也能起到与导电性地面同样的作用。采用导电性地面或导电性涂料喷刷地面时，地面与大地之间的电阻不应超过 1MΩ，地面与接地导体的接触面积不宜小于 10cm²。

（6）对于产生和积累静电的高绝缘材料，即对于电阻率为 $1 \times 10^9 \Omega \cdot m$ 以上的固体材料

和电阻率为 $1\times10^{10}\Omega\cdot m$ 以上的液体材料，即使与接地导体接触，其上静电变化也不大。这说明一般接地对于消除高绝缘体上的静电效果是不大的。而且，对于产生和积累静电的高绝缘材料，如经导体直接接地，则相当于把大地电位引向带电的绝缘体，有可能反而增加火花放电的危险性。电阻率为 $1\times10^{7}\Omega\cdot m$ 以下的固体材料和电阻率为 $1\times10^{8}\Omega\cdot m$ 以下的液体材料不容易积累静电。因此，为了使绝缘体上的静电较快地泄漏，绝缘体宜通过为 $1\times10^{6}\Omega$ 或稍大一些的电阻接地。

4. 增湿

存在静电危险的场所，在工艺条件许可时，宜安装空调设备、专用增湿器、喷雾器等，以提高场所环境空气的相对湿度，消除静电危害。用增湿法消除静电危害的效果较显著。例如，某粉体筛选过程中，相对湿度低于50%时，测得容器内静电电压为40kV；采取增湿措施后，相对湿度为65%~70%时，静电电压降低为18kV；相对湿度为80%时，静电电压为11kV。从消除静电危害的角度考虑，相对湿度保持在70%以上较为适宜。此时物体表面可形成吸附水膜，表面电阻降低，有利于静电逸散。此外，相对湿度的增加，还能提高爆炸混合物的最小引燃能量。

5. 抗静电剂

抗静电添加剂是化学药剂，具有良好的导电性或较强的吸湿性。因此，在容易产生静电的高绝缘材料中，加入抗静电添加剂之后，能降低材料的体积电阻率或表面电阻率，加速静电的泄漏，消除静电的危险。对于固体，若能将其体积电阻率降低至 $1\times10^{7}\Omega\cdot m$ 以下，或将其表面电阻率降低至 $1\times10^{8}\Omega\cdot m$ 以下，即可消除静电的危险。对于液体，若能将其体积电阻率降低至 $1\times10^{8}\Omega\cdot m$ 以下，即可消除静电的危险。

使用抗静电添加剂是从根本上消除静电危险的办法，但应注意防止某些抗静电添加剂的毒性和腐蚀性造成的危害。这应从工艺状况、生产成本和产品使用条件等方面考虑使用抗静电添加剂的合理性。

在橡胶行业，为了提高橡胶制品的抗静电性能，可采用炭黑、金属粉等添加剂。

在石油行业，可采用油酸盐、环烷酸盐、铬盐、合成脂肪酸盐等作为抗静电添加剂，以提高石油制品的导电性，消除静电危害。例如，某种汽油加入少量以油酸和油酸盐为主的抗静电添加剂以后，即可大大降低石油制品的电阻率，消除静电的危险。这种微量的抗静电添加剂并不影响石油制品的理化性能。

在有粉体作业的行业，也可以采用不同类型的抗静电添加剂。例如，某生产过程中，火药药粉的静电电压高达24000V，加入0.3%的石墨以后，静电电压降低为5400V，而加入0.8%的石墨以后，静电电压降低为500V。

6. 静电消除器

静电消除器是一种能产生电子或离子的装置，借助于产生的电子或离子中和物体上静电，从而达到消除静电危害的目的。静电消除器具有不影响产品质量、使用比较方便等优点。常用的静电消除器有感应式消除器、高压静电消除器、高压离子流静电消除器、放射性辐射静电消除器等几种。

7. 人体的防静电措施

主要是防止带电体向人体放电和人体带静电所造成的危害，具体有以下几个措施：

(1) 采用金属网或金属板等导电性材料遮蔽带电体，以防止带电体向人体放电。操作人员在接触静电带电体时，宜戴用金属线和导电性纤维混纺的手套、穿防静电工作服。

（2）在爆炸危险场所不准穿易产生静电的服装和鞋靴，应穿着防静电工作鞋。防静电工作鞋的电阻应为 $10^5 \sim 10^8\Omega$，穿着后人体所带的静电可通过防静电鞋泄漏掉。

（3）在易燃场所入口处，应安装硬铝或铜等导电金属的接地走道，操作人员从走道经过后，可以导除人体静电。同时，入口门的扶手也可以采用金属结构并接地，当手接触门扶手时，可导除静电。

（4）采用导电性地面是一种接地措施，不但能导走设备上的静电，而且有利于导除积聚在人体上的静电。导电性地面是指用电阻率 $10^6\Omega \cdot cm$ 以下的材料制成的地面。

（5）在有静电危险场所，不得携带与工作无关的金属物品，如钥匙、硬币等，不准使用化纤材料制的拖布或抹布擦洗物体或地面。

6.4 防雷技术

雷电和静电有许多相似之处。例如，雷电和静电都是相对于观察者静止的电荷聚积的结果；雷电放电与静电放电都有一些相同之处；雷电和静电的主要危害都是引起火灾和爆炸等。但雷电与静电电荷产生和聚积的方式不同、存在的空间不同、放电能量相差甚远，其防护措施也有很多不同之处。

6.4.1 雷电形成、分类和危害

1. 雷电形成及放电过程

雷电是一种自然现象，雷击是一种自然灾害。雷击房屋、电力线路、电力设备等设施时，会产生极高的过电压和极大的过电流，在所波及的范围内，可能造成设施或设备的毁坏，可能造成大规模停电，可能造成火灾或爆炸，还可能直接伤及人畜。

雷电形成的前提条件是雷云的产生。当太阳把地面晒得很热时，地面水分部分转化为蒸汽，同时地面空气受热变轻而上升，上升气流中的水蒸气在上空遇冷凝成小水滴。此外，当水平移动的冷暖气流相遇时，冷气团下降，暖气团上升，水汽在高空中凝成水滴并上下沉浮形成宽度达几公里的峰面积云。这种积云易形成较大范围的雷害，当云中悬浮的水滴很多时便成为乌云。乌云起电机理是由于宇宙射线或地面大气层的放射使气体分子游离，在大气中存在着正负两种离子，由于大气空间场的作用，雷云中电荷的分布是不均匀的，从而形成许多堆积中心。

不论是在云中或是在云对地之间，电场强度是不一致的，当云中电荷密集处的电场强度达到 $26 \sim 30kV/cm$ 时，就会由云向地开始先导放电(对于高层建筑，雷电先导可由地面向上发出，称为上行雷)，当先导通道的顶端接近地面时，可诱发迎面先导(通常起自地面的突出部分)，当先导与迎面先导会合时，即形成了从云到地的强烈电离通道，这时即出现极大的电流，这就是雷电的放电。

2. 雷电的分类

按照雷电的危害方式，雷电可以分为以下几种。

（1）直击雷

带电积云与地面目标之间的强烈放电称为直击雷。带电积云接近地面时，在地面凸出物顶部感应出异性电荷，当积云与地面凸出物之间的电场强度达到 $25 \sim 30kV/cm$ 时，即发生由带电积云向大地发展的跳跃式先导放电，持续时间约 $5 \sim 10ms$，平均速度为 $100 \sim 1000km/s$，每次跳跃前进约50m，并停顿30~50μs。当先导放电达到地面凸出物时，即发生从地面凸出物向积云发展的极明亮的主放电，其放电时间仅50~100μs，放电速度约为光速的1/5~1/3，即约为60000~100000km/s。主放电向上发展，至云端即告结束。主放电结束后继续有微弱的余光，持续时间约为30~150ms。

大约50%的直击雷有重复放电的性质。平均每次雷击有三四个冲击，最多能出现几十个冲击。第一个冲击的先导放电是跳跃式先导放电，第二个以后的先导放电是箭形先导放电，其放电时间仅为10ms。一次雷击的全部放电时间一般不超过500ms。

（2）感应雷

感应雷也称为雷电感应或感应过电压。它分为静电感应雷和电磁感应雷。

静电感应雷是由于带电积云接近地面，在架空线路导线或其他导电凸出物顶部感应出大量电荷引起的。在带电积云与其他客体放电后，架空线路导线或导电凸出物顶部的电荷失去束缚，以大电流、高电压冲击波的形式，沿线路导线或导电凸出物极快地传播。近20年来人们的研究表明，放电流柱也会产生强烈的静电感应。

电磁感应雷是由于雷电放电时，巨大的冲击雷电流在周围空间产生迅速变化的强磁场引起的。这种迅速变化的磁场能在邻近的导体上感应出很高的电动势。如系开口环状导体，开口处可能由此引起火花放电；如系闭合导体环路，环路内将产生很大的冲击电流。

（3）球雷

球雷是雷电放电时形成的发红光、橙光、白光或其他颜色光的火球。球雷出现的概率约为雷电放电次数的2%，其直径多为20cm左右，运动速度约为2m/s或更高一些，存在时间为数秒钟到数分钟。球雷是一团处在特殊状态下的带电气体。有人认为，球雷是包有异物的水滴在极高的电场强度作用下形成的。在雷雨季节，球雷可能从门、窗、烟囱等通道侵入室内。

（4）雷电侵入波

直击雷和感应雷在架空线路或空中金属管道上产生的冲击电压沿线路或管道的两个方向迅速传播的雷电波称为雷电侵入波。雷电侵入波的传播速度在架空线路中约为300m/μs，在电缆中约为150m/μs。

3. 雷电的危害

由于雷电具有电流很大、电压很高、冲击性很强等特点，有多方面的破坏作用，且破坏力很大。雷电可造成设备和设施的损坏，可造成大规模停电，造成人员生命财产的损失。就其破坏因素来看，雷电具有电性质、热性质和机械性质等三方面的破坏作用。

（1）电性质的破坏作用

电性质的破坏作用表现为数百万伏乃至更高的冲击电压，可能毁坏发电机、电力变压、断路器、绝缘子等电气设备的绝缘，烧断电线或劈裂电杆，造成大规模停电；绝缘损坏可引起短路，导致火灾或爆炸事故；二次放电的电火花也可能引起火灾或爆炸，二次放电也能造成电击。绝缘损坏后，可能导致高压窜入低压，在大范围内带来触电的危险。数十至百千安的雷电流流入地下，会在雷击点及其连接的金属部分产生极高的对地电压，可能直接导致接触电压电击和跨步电压的触电事故。

常见的电性质破坏作用是浪涌。雷击发生时在电源和通信线路中感应的电流浪涌常常对电子设备造成危害。一方面由于电子设备内部结构高度集成化，设备耐压、耐过电流的水平下降，对雷电(包括感应雷及操作过电压浪涌)的承受能力下降。另一方面由于信号来源路径增多，系统较以前更容易遭受雷电波侵入。浪涌电压可以从电源线或信号线等途径窜入电脑设备。

① 电源浪涌。由于电源浪涌并不仅源于雷击，当电力系统出现短路故障、投切大负荷时都会产生电源浪涌，电网绵延千里，不论是雷击还是线路浪涌发生的几率都很高。当距很远的地方发生了雷击时，雷击浪涌通过电网传输，经过变电站等衰减，到你的电脑等设备时可能仍然有上千伏，这个高压只有几十到几百个微秒，或者不足以烧毁电脑，或者使电脑内部的半导体元件遭到很大的损害。据美国 GE 公司测定一般低压配电线（110V）在 10000h（约 1 年 2 个月）内在线间发生的超出原工作电压 1 倍以上的浪涌电压次数可达到 800 余次，其中超过 1000V 的有 300 余次。

② 信号系统浪涌。信号线电压等级低，且多与敏感设备相连，因此极易受雷电流的冲击。信号系统浪涌电压的主要来源是感应雷击、电磁干扰、无线电干扰和静电干扰。信号线受到干扰信号的影响，会使传播中的数据产生误码，影响传输的准确性和传输速率。

（2）热性质的破坏作用

热性质的破坏作用表现在直击雷放电的高温电弧能直接引燃邻近的可燃物，从而造成火灾。巨大的雷电流通过导体，在极短的时间内转换出大量的热能，可能烧毁导体，并导致燃品的燃烧和金属熔化、飞溅，从而引起火灾或爆炸。

（3）机械性质的破坏作用

机械性质的破坏作用表现为被击物遭到破坏，甚至爆裂成碎片。这是由于巨大的雷电通过被击物时，在被击物缝隙中的气体剧烈膨胀，缝隙中的水分也急剧蒸发为大量气体，致使被击物破坏和爆炸。此外，同性电荷之间的静电斥力、同方向电流或电流转弯处的电磁作用力也有很强的破坏力，雷电时的气浪也有一定的破坏作用。

6.4.2 建筑物的防雷分类

根据 GB/T 50057—2010《建筑物防雷设计规范》，以建筑物的重要性、使用性质、发生雷电事故的可能性和后果，建筑物按防雷要求分为三类，如表 6-8 所示。

表 6-8 防雷建筑物分类标准

分类	标准
第一类防雷建筑物	1. 凡制造、使用或贮存炸药、火药、起爆药、火工品等大量爆炸物质的建筑物，因电火花而引起爆炸，会造成巨大破坏和人身伤亡者； 2. 具有 0 区或 10 区爆炸危险环境的建筑物； 3. 具有 1 区爆炸危险环境的建筑物，因电火花而引起爆炸，会造成巨大破坏和人身伤亡者
第二类防雷建筑物	1. 国家级重点文物保护的建筑物； 2. 国家级的会堂、办公建筑物、大型展览和博览建筑物、大型火车站、国宾馆、国家级档案馆、大型城市的重要给水水泵房等特别重要的建筑物； 3. 国家级计算中心、国际通讯枢纽等对国民经济有重要意义且装有大量电子设备的建筑物； 4. 制造、使用或储存爆炸物质的建筑物，且电火花不易引起爆炸或不致造成巨大破坏和人身伤亡者； 5. 具有 1 区爆炸危险环境的建筑物，且电火花不易引起爆炸或不致造成巨大破坏和人身伤亡者； 6. 具有 2 区或 11 区爆炸危险环境的建筑物； 7. 工业企业内有爆炸危险的露天钢质封闭气罐； 8. 预计雷击次数大于 0.06 次/年的部、省级办公建筑物及其他重要或人员密集的公共建筑物； 9. 预计雷击次数大于 0.3 次/年的住宅、办公楼等一般性民用建筑物

分类	标准
第三类防雷建筑物	1. 省级重点文物保护的建筑物及省级档案馆; 　2. 预计雷击次数大于或等于 0.012 次/年,且小于或等于 0.06 次/年的部、省级办公建筑物及其他重要或人员密集的公共建筑物; 　3. 预计雷击次数大于或等于 0.06 次/年,且小于或等于 0.3 次/年的住宅、办公楼等一般性民用建筑物; 　4. 预计雷击次数大于或等于 0.06 次/年的一般性工业建筑物; 　5. 根据雷击后对工业生产的影响及产生的后果,并结合当地气象、地形、地质及周围环境等因素,确定需要防雷的 21 区、22 区、23 区火灾危险环境; 　6. 在平均雷暴日大于 16 天/年的地区,高度在 16m 及以上的烟囱、水塔等孤立的高耸建筑物;在平均雷暴日小于或等于 16 天/年的地区,高度在 20m 及以上的烟囱、水塔等孤立的高耸建筑物

6.4.3 防雷装置

常用防雷装置主要包括避雷针、避雷线、避雷网、避雷带、保护间隙及避雷器。完整的防雷装置包括接闪器、引下线和接地装置。而上述避雷针、避雷线、避雷网、避雷带及避雷器实际上都只是接闪器。除避雷器外,它们都是利用其高出被保护物的突出地位,把雷电引向自身,然后通过引下线和接地装置把雷电流泄入大地,使被保护物免受雷击。

（1）接闪器

避雷针、避雷线、避雷网和避雷带都可作为接闪器,建筑物的金属屋面可作为第一类工业建筑物以外其他各类建筑物的接闪器。这些接闪器都是利用其高出被保护物的突出地位,把雷电引向自身,然后通过引下线和接地装置,把雷电流泄入大地,以此保护被保护物免受雷击。

接闪器的保护范围可根据模拟实验及运行经验确定。由于雷电放电途径受很多因素的影响,要想保证被保护物绝对不遭受雷击是很困难的,一般只要求保护范围内被击中的概率在0.1%以下即可。接闪器的保护范围有两种计算方法。对于建筑物,接闪器的保护范围按滚球法计算;对于电力装置,接闪器的保护范围按折线法计算。

接闪器所用材料应能满足机械强度和耐腐蚀的要求,还应有足够的热稳定性,以能承受雷电流的热破坏作用。

避雷针主要用来保护露天变配电设备及比较高大的建(构)筑物。它是利用尖端放电原理,避免设置处所遭受直接雷击。

避雷线主要用来保护输电线路,线路上的避雷线也称为架空地线。避雷线可以限制沿线路侵入变电所的雷电冲击波幅值及陡度。

避雷网主要用来保护建(构)筑物。分为明装避雷网和笼式避雷网两大类。沿建筑物上部明装金属网格作为接闪器,沿外墙装引下线接到接地装置上,称为明装避雷网,一般建筑物中常采用这种方法。

避雷带主要用来保护建(构)筑物。该装置包括沿建筑物屋顶四周易受雷击部位明设的金属带、沿外墙安装的引下线及接地装置构成。多用在民用建筑,特别是山区的建筑。

（2）避雷器

避雷器并联在被保护设备或设施上,正常时处在不通的状态。出现雷击过电压时,击穿放电，切断过电压，发挥保护作用。过电压终止后，避雷器迅速恢复不通状态，恢复正常工作。避雷器主要来保护电力设备和电力线路，也用作防止高电压侵入室内的安全措施。避雷器有保护间隙、管型避雷器和阀型避雷器之分，应用最多的是阀型避雷器。

（3）引下线

防雷装置的引下线应满足机械强度、耐腐蚀和热稳定的要求。引下线一般采用圆钢或扁钢，其尺寸和防腐蚀要求与避雷网、避雷带相同。如用钢绞线作引下线，其截面积不得小于26mm²。用有色金属导线做引下线时，应采用截面积不小于16mm²的铜导线。

引下线应沿建筑物外墙敷设，并应避免弯曲，经最短途径接地。建筑艺术要求高者可以暗敷设，但截面积应加大一级。建筑物的金属构件(如消防梯等)可用作引下线，但所有金属构件之间均应连成电气通路，并且连接可靠。

采用多条引下线时，为了便于接地电阻和检查引下线、接地线的连接情况，宜在各引下线距地面高约1.8m处设断接卡。

采用多条引下线时，第一类和第二类防雷建筑物至少应有两条引下线，其间距离分别不得大于12m和18m；第三类防雷建筑物周长超过26m或高度超过40m时也应有两条引下线，其间距不得大于26m。

在易受机械损伤的地方，地面以下0.3m至地面以上1.7m的一段引下线应加角钢或钢管保护。采用角钢或钢管保护时，应与引下线连接起来，以减小雷电流通过时的电抗。引下线截面锈蚀30%以上者应予以更换。

（4）防雷接地装置

接地装置是防雷装置的重要组成部分。接地装置向大地泄放雷电流，限制防雷装置对地电压不致过高。

除独立避雷针外，在接地电阻满足要求的前提下，防雷接地装置可以和其他接地装置共用。

① 防雷接地装置材料。防雷接地装置所用材料应大于一般接地装置的材料。防雷接地装置应作热稳定校验。

② 接地电阻值和冲击换算系数。防雷接地电阻一般指冲击接地电阻，接地电阻值视防雷种类和建筑物类别而定。独立避雷针的冲击接地电阻一般不应大于10Ω；附设接闪器每一引下线的冲击接地电阻一般也不应大于10Ω，但对于不太重要的第三类建筑物可放宽至30Ω。防感应雷装置的工频接地电阻不应大于10Ω。防雷电侵入波的接地电阻，视其类别和防雷级别，冲击接地电阻不应大于6~30Ω，其中，阀型避雷器的接地电阻不应大于6~10Ω。

冲击接地电阻一般不等于工频接地电阻，这是因为极大的雷电流自接地体流入土壤时，接地体附近形成很强的电场，击穿土壤并产生火花，相当于增大了接地体的泄放电流面积，减小了接地电阻。同时，在强电场的作用下，土壤电阻率有所降低，也使接地电阻有减小的趋势。另一方面，由于雷电流陡度很大，有高频特征，使引下线和接地体本身的电抗增大；如接地体较长，其后部泄放电流还将受到影响．使接地电阻有增大的趋势。一般情况下，前一方面影响较大、后一方面影响较小，即冲击接地电阻一般都小于工频接地电阻。土壤电阻率越高，雷电流越大，以及接地体和接地线越短，则冲击接地电阻减小越多。

（5）消雷装置

消雷装置由顶部的电离装置、地下的电荷收集装置和中间的连接线组成。消雷装置与传统避雷针的防雷原理完全不同。后者是利用其突出的位置，把雷电吸向自身，将雷电流泄入大地，以保护其保护范围内的设施免遭雷击。而消雷装置是设法在高空产生大量的正离子和负离子，与带电积云之间形成离子流，缓慢地中和积云电荷，并使带电积云受到屏蔽，消除落雷条件。

除常见的感应式消雷装置外，还有利用半导体材料，或利用放射性元素的消雷装置。地下的电荷收集装置(接地装置)宜采用水平延伸式接地装置，以利于收集电荷。

6.4.4 防雷措施

1. 建(构)筑物的防雷

(1) 第一类建筑物防雷保护。第一类建筑物应装设独立避雷针防止直击雷；对非金属屋面应敷设避雷网，室内一切金属设备和管道，均应良好接地并不得有开口环路，以防止感应过电压；采用低压避雷器和电缆进线，以防雷击时高电压沿低压架空线侵入建筑物内。采用低压电缆与避雷器防止高电位侵入时，电缆首端设低压 FS 型阀型避雷器，与电缆外皮及绝缘子铁脚共同接地；电缆末端外皮一般须与建筑物防感应雷接地电阻相连。当高电位到达电缆首端时，避雷器击穿，电缆外皮与电缆芯连通，由于肌肤效应及芯线与外皮的互感作用，便限制了芯线上的电流通过。当电缆长度在 50m 以上、接地电阻不超过 10Ω 的，绝大部分电流将经电缆外皮及首端接地电阻入地。残余电流经电缆末端电阻入地，其上压降即为侵入建筑物的电位，通常已可降低到原值的 1%~2% 以下。

(2) 第二类建筑物防雷保护。这类建筑物可在建筑物上装避雷针或采用避雷针和避雷带混合保护，以防直击雷。室内一切金属设备和管道，均应良好接地并不得有开口环路，以防感应雷；采用低压避雷器和架空进线，以防高电位沿低压架空线侵入建筑物内。采用低压避雷器与架空进线防止高电位侵入时，必须将 150m 内避线段所有电杆上的绝缘子铁脚都接地；低压避雷器装在入户墙上。当高电位沿架空线侵入时，由于绝缘子表面发生闪络及避雷器击穿，便降低了架空线上的高电位，限制了高电位的侵入。

(3) 第三类建筑物防雷保护。第三类建筑物防止直击雷可在建筑物最易遭受雷击的部位(如屋脊、屋角、山墙等)装设避雷带或避雷针，进行重点保护。若为钢筋混凝土屋面，则可利用其钢筋作为防雷装置；为防止高电位侵入，可在进户线上安装放电间隙或将其绝缘子铁脚接地。

对建(构)筑物防雷装置的要求如下。

① 建(构)筑物接地的导体截面不应小于表 6-9 中所列数值。

表 6-9　建(构)筑物防雷接地装置的导体截面

防雷装置		钢管直径/mm	扁钢截面/mm²	角钢厚度/mm	钢绞线面/mm²	备注
接闪器	避雷针在 1m 及以下时	φ12				镀锌或涂漆，在腐蚀性较大的场所，应增大一级或采取其他防腐蚀措施
	避雷针在 1~2m 时	φ16				
	避雷针装在烟囱顶端	φ20				
	避雷带(网)	φ8	48，厚 4mm			
	避雷带装在烟囱顶端	φ12	100，厚 4mm			
	避雷网				35	

防雷装置		钢管直径/mm	扁钢截面/mm²	角钢厚度/mm	钢绞线面/mm²	备注
引下线	明设	φ8	48，厚4mm			镀锌或涂漆，在腐蚀性较大的场所，应增大一级或采取其他防腐蚀措施
	暗设	φ10	60，厚5mm			
	装在烟囱上时	φ12	100，厚4mm			
接地线	水平埋设	φ12	100，厚4mm			在腐蚀性土壤中应镀锌或加大截面
	垂直埋设	φ50 壁厚3.5		4.0		

② 引下线要沿建筑物外墙以最短路径敷设，不应构成环套或锐角，引下线的一般弯曲点为软弯，且不小于90°；弯曲过大时，必须 $D \geq L/10$ 的要求。D 指弯曲时开口点的垂直长度(m)，L 为弯曲部分的实际长度(m)。若因建筑艺术有专门要求时，也可采取暗敷设方式，但其截面要加大一级。

③ 建(构)筑物的金属构件(如消防梯)等可作为引下线，但所有金属部件之间均应连接成良好的电气道路。

④ 采取多根引下线时，为便于检查接地电阻及检查引下线与接地线的连接状况，宜在各引下线距地面1.8m处设置断续卡。

⑤ 易受机械损伤的地方，在地面上约1.7m至地下0.3m的一段应加保护管。保护管可为竹管、角钢或塑料管。如用钢管则应顺其长度方向开一豁口，以免高频雷电流产生的磁场在其中引起涡流而导致电感量增大，加大了接地阻抗，不利于雷电流入地。

2. 化工设备的防雷

(1) 露天金属封闭气罐和工艺装置的防雷

当这些设施的壁厚大于4mm时，一般不装接闪器，但应接地且接地不应少于两处，两接地点距离不宜大于30m。冲击接地电阻要求不大于30Ω，其放散管和呼吸阀宜在管口或其附近装设避雷针，高出管顶不应小于3m，管口上方1m应在保护范围内。

(2) 露天油罐的防雷

① 易燃液体，闪点低于或等于环境温度的开式储罐和建筑物，正常时有挥发性气体产生，应设独立避雷针。其保护范围按开敞面向外水平距离20m，高3m进行计算。对露天注送站，保护范围按注送口以外20m的空间计算。独立避雷针距开敞面不小于23m，冲击接地电阻不大于10Ω。

② 带有呼吸阀的易燃液体储罐，罐顶钢板厚不小于4mm时，可在罐顶直接安装避雷针，但与呼吸阀的水平距离不得小于3m。保护范围高出呼吸阀不得小于2m，冲击电阻不大于10Ω，罐上接地点不应少于两处，两接地点间距不宜大于24m。

③ 可燃液体储罐，当壁厚不小于4mm时，不装避雷针，只要将其接地即可，接地电阻不大于30Ω。

④ 浮顶油罐、球形液化气储罐，当其壁厚大于4mm时只作接地，浮顶与罐体应用25mm²铜线或铜丝可靠连接。

⑤ 埋地式储罐，覆土在0.5m以上者可不考虑防雷措施。但如有呼吸阀引出地面者，呼吸阀处应作局部防雷处理。

（3）户外架空管道的防雷

① 户外输送可燃气体、易燃或可燃体的管道，可在管道的始端、终端、分支处、转角处以及直线部分每隔100m处接地，每处接地电阻不大于30Ω。

② 当上述管道与爆炸危险厂房平行敷设而间距小于10m时，在接近厂房的一段，其两端及每隔30~40m应接地，接地电阻不大于200Ω。

③ 当上述管道连接点(弯头、阀门、法兰盘等)，不能保持良好的电气接触时，应用金属线跨接。

④ 接地引下线可利用金属支架，若是活动金属支架，在管道与支持物之间必须增设跨接线；若是非金属支架，必须另作引下线。

⑤ 接地装置可利用电气设备保护接地的装置。

3. 人体的防雷

雷电活动时，由于雷云直接对人体放电，产生对地电压或二次反击放电，都可能对人造成电击。因此，应注意必要的安全要求。

（1）雷电活动时，非工作需要，应尽量少在户外或旷野逗留；在户外或野外处最好穿塑料等不浸水的雨衣；如有条件，可进入有宽大金属构架或有防雷设施的建筑物、汽车或船只内；如依靠建筑物屏蔽的街道或高大树木屏蔽的街道躲避时，要注意离开墙壁和树干距离8m以上。

（2）雷电活动时，应尽量离开小山、小丘或隆起的小道，应尽量离开海滨、湖滨、河边、池旁，应尽量离开铁丝网、金属晾衣绳以及旗杆、烟囱、高塔、孤独的树木附近，还应尽量离开没有防雷保护的小建筑物或其他设施。

（3）雷电活动时，在户内应注意雷电侵入波的危险，应离开照明线、动力线、电话线、广播线、收音机电源线、收音机和电视机天线以及与其相连的各种设备，以防止这些线路或设备对人体的二次放电。调查资料说明，户内70%以上的人体二次放电事故发生在相距1m以内的场合，相距1.5m以上的尚未发现死亡事故。由此可见，在发生雷电时，人体最好离开可能传来雷电侵入波的线路和设备1.5m以上。应当注意，仅仅拉开开关防止雷击是不起作用的。雷电活动时，还应注意关闭门窗，防止球形雷进入室内造成危害。

（4）防雷装置在接受雷击时，雷电流通过会产生很高电位，可引起人身伤亡事故。为防止反击发生，应使防雷装置与建筑物金属导体间的绝缘介质网络电压大于反击电压，并划出一定的危险区，人员不得接近。

（5）当雷电流经地面雷击点的接地体流入周围土壤时，会在它周围形成很高的电位，如有人站在接地体附近，就会受到雷电流所造成的跨步电压的危害。

（6）当雷电流经引下线接地装置时，由于引下线本身和接地装置都有阻抗，因而会产生较高的电压降，这时人若接触，就会受接触电压危害，均应引起人们注意。

（7）为了防止跨步电压伤人，防直击雷接地装置距建筑物、构筑物出入口和人行道的距离不应少于3m。当小于3m时，应采取接地体局部深埋、隔以沥青绝缘层、敷设地下均压条等安全措施。

4. 防雷装置的检查

为了使防雷装置具有可靠的保护效果，不仅要有合理的设计和正确的施工，还要建立必要的维护保养制度，进行定期和特殊情况下的检查。

（1）对于重要设施，应在每年雷雨季节以前做定期检查。对于一般性设施，应每2~3

年在雷雨季节前做定期检查。如有特殊情况，还要做临时性的检查。

（2）检查是否由于维修建筑物或建筑物本身变形，使防雷装置的保护情况发生变化。

（3）检查各处明装导体有无因锈蚀或机械损伤而折断的情况，如发现锈蚀在 30% 以上，则必须及时更换。

（4）检查接闪器有无因遭受雷击后而发生熔化或折断，避雷器瓷套有无裂纹、碰伤的情况，并应定期进行预防性试验。

（5）检查接地线在距地面 2m 至地下 0.3m 的保护处有无被破坏的情况。

（6）检查接地装置周围的土壤有无沉陷现象。

（7）测量全部接地装置的接地电阻，如发现接地电阻有很大变化，应对接地系统进行全面检查，必要时设法降低接地电阻。

（8）检查有无因施工挖土、敷设其他管道或种植树木而损坏接地装置的情况。

复习思考题

1. 影响电流对人体伤害程度的主要因素有哪些？

2. 简述单相触电、两相触电和跨步电压触电的特点。

3. 什么是保护接地？试分析保护接地的作用原理。

4. 什么是保护接零？试分析保护接零的作用原理。

5. 保护接地和保护接零的适用范围是什么？

6. 什么叫安全电压？安全电压最高是多少伏？

7. 静电的危害有哪些？

8. 简述静电的消减措施。

9. 简述雷电的种类和特点。

10. 电气防火防爆的基本措施包括哪些方面？

11. 电气线路防火防爆应从哪些方面考虑？

案例分析

【案例 1】 某化工厂韩某与其他 3 名工人从事化工产品的包装作业。班长让韩某去取塑料编织袋，韩某回来时一脚踏在盘在地上的电缆线上，触电摔倒。在场的其他工人急忙拽断电缆线，拉下闸刀，一边在韩某胸部乱按，一边报告领导打 120 急救电话。待急救车赶到开始抢救时，韩某出现昏迷、呼吸困难、脸及嘴唇发紫、血压忽高忽低等症状。现场抢救 20min，待稍有好转后送去医院继续抢救。

从本案例不难看出，现场发生触电事故后，其他工人及时使韩某脱离了电源，同时上报领导打 120 急救电话，使韩某得到了比较及时的抢救，最后脱离危险。如果现场工人掌握了基本的触电人员现场救护措施，事故后果可以进一步减轻。

【案例 2】 1995 年 8 月 4 日，一辆汽车油罐车在某石油公司装油台加 90 号汽油。由于油台电子阀门突然失灵，装油过量造成汽油冒顶外溢。在充装操作工按规定对罐车及地面进行清洗的过程中，汽车驾驶员擅自启动车辆，致使罐顶部汽油又泼到驾驶台与地面。当驾驶员再次启动汽车时发生火灾，2 人烧伤面积达 30%~40%，汽车烧毁报废。

从事故分析报告得知，装油使用的输油管是消防水带。插入罐车顶距罐底尚有 1.19m 就开始放油，油流速度过快，呈喷射状，造成非导电材料消防水带集聚大量静电而引起火灾。

【案例3】 1989 年 8 月 12 日，黄岛油库某站的原油罐因雷击爆炸起火，引发的大火烧了 104h 才扑灭，死亡 19 人，10 辆消防车被烧毁，烧掉原油 36000t，油库区沦为一片废墟。直接和间接损失达 7000 万元。

【案例4】 1993 年 7 月 16 日，美国某化学公司有机过氧化物厂的火灾破坏了两个冷却产品储存建筑和邻近的原料仓库。事故原因是雷雨中的闪电击中了附近两个冷藏仓库，闪电损坏了冷冻装置和电监视系统，并关闭了喷水系统。

7 化工安全设计

本章学习目的和要求

1. 掌握厂址选择的基本安全要求；
2. 掌握化工装置布局的基本原则和要求；
3. 掌握建筑物的安全设计内容；
4. 掌握工艺过程的安全设计内容；
5. 了解公用工程设施安全。

化工设计是将一个系统（如一个工厂、一个车间、一套装置等）全部用工程制图的方法，描绘成图、表格及文字，也就是把工艺流程、技术装备转化为工程语言的过程。它是设计人员运用各种手段，通过大脑的创造性劳动，将人们的要求变为现实生产的第一步。它属于科学技术，是生产力的一部分。

随着化学工业的快速发展，化工产品已经无所不在，因此化工设计的任务越来越重。其一，在化工生产中，通过运用化工设计方面的知识和方法，可以实现对化工厂（车间）的改建和扩建，对单元操作设备或整个装置进行生产能力标定和技术经济指标评定；对工艺流程进行评价；发现薄弱环节和不合理现象以及挖掘生产潜力等。其二，在科学研究中，从小型试验到中试，再到投入工业生产，都离不开设计。其三，在基本建设中，设计是基本建设的首要环节，是现场施工的依据。从单个设备到全套装置，从一个小型化工厂（车间）到大型石油化工企业，它们在建设施工之前都必须先搞好工程设计。要想建成一个质量优良、水平先进的化工装置，重要的先决条件是要有一个高质量、高水平的设计。提高设计的质量和速度对基本建设事业的发展起着关键性的促进作用。

化工安全设计是化工设计的一个重要组成部分，它包括企业厂址选择与总平面布局、化工过程安全设计、安全装置及控制系统安全设计、化工公用工程安全设计等方面内容。

安全设计应事前充分审查与各个化工设计阶段相关的安全性，制定必要的安全措施；另外，通常在设计阶段，各技术专业也要同时进行研究，对安全设计一定要进行特别慎重的审查，完全消除考虑不周和缺陷，例如，对于设备，在进入制造阶段以后就难以发现问题，即使万一发现问题，也很难采取完备的改善措施。在安全设计方面一般要求附加下列内容：

（1）各技术专业都要进行安全审查，制定检查表就是其方法之一。

（2）审查部门或设计部门在设计结束阶段进行综合审查，在综合审查中要征求技术管理、安全、运转、设备、电控、保全等专业人员的意见，提高安全性、可靠性的设计条件。

7.1 厂址选择与总平面布置

7.1.1 厂址的安全选择

正确选择厂址是保障生产安全的重要前提。化工厂的建设应根据城市规划和工业区规划的要求，按已批准的设计计划任务书指定的地理位置选择厂址。选择厂址应综合分析并权衡与地形条件有关的自然和经济情况，进行多方案的技术经济、安全可行性比较，做到选择合理、安全可靠。

1. 选择厂址的基本安全要求

（1）有良好的工程地质条件。厂址不应设置在有滑坡、断层、泥石流、严重流沙、淤泥溶洞、地下水位过高以及地基土承载力低的地域。

（2）在沿江河、海岸布置时，应位于临江河、城镇和重要桥梁、港区、船厂、水源地等重要建筑物的下游。

（3）避开爆破危险区、采矿崩落区及有洪水威胁的地域。在位于坝址下游方向时，不应设在当水坝发生意外事故时，有受水冲毁危险的地段。

（4）有良好的水文气象条件，避开不良气象地段及饮用水源区，并考虑季节风向、台风强度、雷击及地震的影响危害。

（5）与邻近企业的关系，要趋利避害，既要利用已有的设施进行最大程度的协作，又要避开可能产生的危害。厂址位置应在火源的下风侧，毒性及可燃物质的上风侧。

（6）要便于合理配置供水、排水、供电、运输系统及其他公用设施。

（7）有便利的交通条件，利于原料、燃料供应和产品销售的良好流通以及储运、公用工程和生活设施等方面良好的协作环境。

（8）应避免选择在下列地区：

① 发震断层地区和基本烈度 9 度以上的地震区；

② 厚度较大的Ⅲ级自重湿陷性黄土地区；

③ 有开采价值的矿藏地区；

④ 对机场、电台等使用有影响的地区；

⑤ 国家规定的历史文物、生物保护和风景游览地区；

⑥ 城镇等人口密集的地区。

2. 化工厂厂址选择的影响因素

在选择化工厂厂址时，应该考虑下列各项因素。

（1）原料和市场

厂址应靠近各种原料产地和产品市场，这样可以大大地减少原料的运输及储存费用以及缩短产品运输所需时间及销售费用。

（2）能源

大多数工厂需要大量的蒸汽，而蒸汽通常需由燃料提供，因此，在选择厂址时，燃料是主要影响因素，例如电解工业需要廉价电源，若厂址能靠近大型水电站就很好；对需要大量燃料的工厂来说，厂址靠近这些燃料的供应地点，对提高经济效益是十分有利的。

（3）气候

气候条件也会影响工厂的经济效益。位于寒冷地带的工厂，需要把工艺设备安放在保护性的建筑物中，会增加基建投资；如果气温过高，则可能需要特殊的凉水塔或空调设备，增加日常操作费用和基建投资。因此，选择厂址时应把气候这一因素考虑在内。

（4）运输

水路、铁路和公路是大多数企业常用的运输途径，应当注意当地的运费高低，考虑尽量靠近铁路枢纽以及利用河流、运河、湖泊或海洋进行运输的可能性，公路运输可用作铁路运输和水路运输的补充。另外，供职工使用的交通设施也是选择厂址需要考虑的内容之一。

（5）供水

化工厂需要使用大量的水来产生蒸汽、冷却、洗涤，有时还用水做原料。因此，厂址必须靠近水量充足和水质良好的水源，靠近大的河流或湖泊最好，如无此条件，也可考虑使用深井，这需要以厂址的水文地质资料作为依据。

（6）对环境的影响

选厂址时应注意当地的自然环境条件，对工厂投产后给环境可能造成的影响作出预评价，并应得到当地环保部门的认可。所选的厂址，应该便于妥善地处理三废(废气、废水和废渣)。

（7）劳动力的来源

必须调查厂址附近能够得到的劳动力的种类和数量以及工资水平等。

（8）协作条件

厂址应选择在储运、机修、公用工程(电力、蒸汽)和生活设施等方面具有良好协作条件的地区。

3. 化工厂厂址的安全选择

化工厂厂址的选择还应从国民经济建设计划和城市布局的角度考虑。避免重复建厂，造成以后销售困难和运输费用昂贵的缺陷；在一个城市中，要选在工业区建厂，以利城市的总体发展，便于利用工业区在公用工程供应方面的优越条件，合理配置给水、排水，以及供电、运输系统及其他公用设施；考虑城市和企业未来发展的空间。

根据 GB 50160—2008《石油化工企业防火设计规范》规定，石油化工企业与相邻工厂或设施的防火间距不小于表 7-1 的规定。

表 7-1　石油化工企业与相邻工厂或设施的防火间距

相邻工厂或设施	防火间距/m				
	液化烃罐组(罐外壁)	甲、乙类液体罐组(罐外壁)	可能携带可燃液体的高架火炬(火炬中心)	甲乙类工艺装置或设施(最外侧设备外缘或建筑物的最外轴线)	全厂性或区域性重要设施(最外侧设备外缘或建筑物的最外轴线)
居民区、公共福利设施、村庄	150	100	120	100	25
相邻工厂(围墙或用地边界线)	120	70	120	50	70

相邻工厂或设施		防火间距/m				
		液化烃罐组(罐外壁)	甲、乙类液体罐组(罐外壁)	可能携带可燃液体的高架火炬(火炬中心)	甲乙类工艺装置或设施(最外侧设备外缘或建筑物的最外轴线)	全厂性或区域性重要设施(最外侧设备外缘或建筑物的最外轴线)
厂外铁路	国家铁路线(中心线)	55	45	80	35	—
	厂外企业铁路线(中心线)	45	35	80	30	—
国家或工业区铁路编组站(铁路中心线或建筑物)		55	45	80	35	25
厂外公路	高速公路、一级公路(路边)	35	30	80	30	—
	其他公路(路边)	25	20	60	20	—
变配电站(围墙)		80	50	120	40	25
架空电力线路(中心线)		1.5倍塔杆高度	1.5倍塔杆高度	80	1.5倍塔杆高度	—
Ⅰ、Ⅱ国家架空通信线路(中心线)		50	40	80	40	—
通航江、河、海岸边		25	25	80	20	—
地区埋地输油管道	原油及成品油(管道中心)	30	30	60	30	30
	液化烃(管道中心)	60	60	80	60	60
地区埋地输气管道(管道中心)		30	30	60	30	30
装卸油品码头(码头前沿)		70	60	120	60	60

注：1. 本表中相邻工厂指除石油化工企业和油库以外的工厂；

    2. 括号内指防火间距起止点；

    3. 当相邻设施为港区陆域、重要物品仓库和堆场、军事设施、机场等，对石油化工企业的安全距离有特殊要求时，应按有关规定执行；

    4. 丙类可燃液体罐组的防火距离，可按甲、乙类可燃液体罐组的规定减少25%；

    5. 丙类工艺装置或设施的防火距离，可按甲乙类工艺装置或设施的规定减少25%；

    6. 地面敷设的地区输油(输气)管道的防火距离，可按地区埋地输油(输气)管道的规定增加50%；

    7. 当相邻工厂围墙内为非火灾危险性设施时，其与全厂性或区域性重要设施防火间距最小可为25m；

    8. 表中"—"表示无防火间距要求或执行相关规范。

7.1.2 总平面布置

1. 总平面布置的基本原则

在厂址选定之后，必须在已确定的用地范围内，有计划地、合理地进行建筑物、构筑物及其他工程设施的平面布置，交通运输线路的布置，管线综合布置，以及绿化布置和环境保护措施的布置等。为保障安全，在总平面布置中应遵循以下基本原则：

（1）从全面出发合理布局，正确处理生产与安全、局部与整体、重点与一般、近期与远期的关系，统筹安排生产、安全、卫生、适用、技术、先进、经济合理和尽可能的美观等因素。

（2）总平面布置应符合防火、防爆的基本要求，体现以防为主、以消为辅的方针，并有疏散和灭火的设施。

（3）应满足安全、防火、卫生等设计规范、规定和标准的要求，合理布置间距、朝向及方位。

（4）合理布置交通运输和管网线路，进行绿化布置和环境保护。

（5）合理考虑企业发展和改建、扩建的要求。

2. 总平面布置的基本要求

（1）生产要求。总体布局首先要求保证径直和短捷的生产作业线，尽可能避免交叉和迂回，使各种物料的输送距离为最小，同时将水、电、汽耗量大的车间尽量集中，形成负荷中心，并使其与供应来源靠近，使水、电、汽输送距离为最小。工厂总体布局还应使人流和货流的交通路线径直和短捷，避免交叉和迂回。

（2）安全要求。化工厂具有易燃、易爆、有毒的特点，厂区应充分考虑安全布局、严格遵守防火、卫生等安全规范和标准的有关规定，重点是防止火灾和爆炸的发生。

（3）发展要求。厂区布置要求有较大的弹性，对于工厂的发展变化有较大的适应性。也就是说，随着工厂的不断发展变化，厂区的不断扩大，厂内的生产布局和安全布局仍能保持合理的布置。

3. 厂区功能分区布置

化工企业厂区总平面应根据厂内各生产系统及安全、卫生要求进行功能明确、分区合理的布置，分区内部和相互之间保持一定的通道和间距。为迅速排放可燃有毒气体，防止其弥漫，厂区的长轴与主导风向最好垂直或≥45°夹角，可利用穿堂风，加速气流扩散。根据工厂各组成部分的性质、使用功能、交通运输联系及防火防爆要求，一般可分成以下几部分：

（1）工艺装置区

① 工艺装置是一个易燃、易爆、有毒的特殊危险的地区，为了尽量减少其对工厂外部的影响，一般布置在厂区的中央部分。根据工艺流程的流向和运转的顺序规划机器设备的位置，以不交叉为原则，按照从原料投入到中间制品，再到成品的顺序进行布置规划。

② 工艺装置区宜布置在人员集中场所及明火或散发火花地点的全年最小频率风向的上风侧；在山区或丘陵地区，并应避免布置在窝风地带，以防止火灾、爆炸和毒物对人体的危害。

③ 要求洁净的工艺装置应布置在大气含尘浓度较低、环境清洁的地段，并应位于散发有害气体、烟、雾、粉尘的污染源全年最小频率风向的下风侧。例如，空气分离装置，应布置在空气清洁地段并位于散发乙炔、其他烃类气体、粉尘等场所的全年最小风频风向的下风侧。

④ 不同过程单元间可能会有交互危险性；过程单元间要隔开一定的距离。危险区的火源、大型作业、机器的移动、人员的密集等都是应该特别注意的事项；应与居民区、公路铁路等保持一定的安全距离；当厂区采用阶梯式布置时，阶梯间应有防止液体泄漏的措施。

（2）原料及成品储存区

配置规划时应注意避免各装置之间的原料、中间产品和成品之间的交叉运输，且应规划成最短的运输路线；储存甲、乙类物品的库房、罐区、液化烃储罐宜归类分区布置在厂区边缘地带；成品、灌装站不得规划在通过生产区、罐区等一类的危险地带；液化烃或可燃液体罐组，不应毗邻布置在高于装置、全厂性重要设施或人员集中场所的位置上，并且不宜紧靠排洪沟。

（3）辅助生产区

维修车间、化验室和研究室等要远离工艺装置区和储存区。维修车间是重要的火源，同时人员密集，应该置于工厂的上风区域。研究室按照职能情况应与其他管理机构比邻，但研究室偶尔会有少量毒性或易燃物释放进入其他管理机构，所以两者之间也应留有一定的距离。

废水处理装置是工厂各处流出的毒性或易燃物汇集的终点，应该置于工厂的下风远程区域。

高温焚烧炉等的安全问题应结合工厂实际慎重考虑。作为火源，应将其置于工厂的上风区，但是严重的操作失误会使焚烧炉喷射出相当量的易燃物，对此则应将它置于工厂的下风区。一般把焚烧炉置于工厂的侧面风区域，与其他设施隔开一定的距离。

（4）公用设施区

公用设施区应该远离工艺装置区、储存区和其他危险区，以便遇到紧急情况时仍能保证水、电、汽等的正常供应；锅炉设备、总配变电所和维修车间等因有成为引火源的危险，所以要设置在处理可燃流体设备的上风向。全厂性污水处理场及高架火炬等设施，宜布置在人员集中场所及明火或散发火花地点的全年最小风频风向的上风侧。

采用架空电力线路进出厂区的总变配电所，应布置在厂区边缘，并位于全年最小风频率的下风向；辅助生产设施的循环冷却水塔（池）不宜布置在变配电所、露天生产装置和铁路冬季主导风向的上风侧和受水雾影响设施全年主导风向的上风侧。

（5）运输装卸区

良好的工厂布局不允许铁路支线通过厂区，可以把铁路支线规划在工厂边缘地区解决这个问题。对于罐车和罐车的装卸设施常做类似的考虑。在装卸台上可能会发生毒性或易燃物的溅洒，装卸设施应该设置在工厂的下风区域，最好是在边缘地区。

原料库、成品库和装卸站等机动车辆进出频繁的设施，不得设在必须通过工艺装置区和罐区的地带，与居民区、公路和铁路要保持一定的安全距离。

（6）管理区及生活区

厂前区宜面向城镇和工厂居住区一侧，尽可能与工厂的危险区隔离，最好设在厂外口管理区、生活区一般应布置在全年或夏季主导风向的上风侧或全年最小风频风向的下风侧。工厂的居住区、水源地等环境质量要求较高的设施与各种有害或危险场所应按有关标准规范设置防护距离，并应位于附近不洁水体、废渣堆场的上风、上游位置。

4. 总平面布置的安全要点

（1）施工基准。施工基准一般与计划地基面一致，计划地基面应不受高潮位、洪水、地形等影响。如果占地面积大或地势高低相差很大，也可将占地分为若干区，分别给定施工基准面。

（2）建筑物的组合安排。建筑物的组合安排，涉及建筑体型、朝向、间距、布置方式所在地段的地形、道路、管线的协调等。

建筑物的建筑层次，应根据土壤承载能力来确定，有地下室设施的建、构筑物应布置在地下水位较低的地方。

对散发有毒害物质的生产工艺装置及其有关建筑物应布置在厂区的下风向。为了防止在厂区内有害气体的弥漫和影响，并能迅速予以排除，应使厂区的纵轴与主导风向平行或≤45°交角。对化学工厂中需加速气流扩散的部分建筑物，应将长轴与主导风向垂直或≥45°交角，这样可以有效地利用人为的穿堂风，以加速气流的扩散。

建筑物的方位应保证室内有良好的自然采光和自然通风，但应防止过度的日晒。最适宜的朝向应根据不同纬度的方位角来确定。为了有利于自然采光，各建筑物之间的距离，应不小于相对两建筑物中最高屋檐的高度。

（3）厂区内道路布置。化工厂内道路布置应满足厂内交通运输、消防顺畅，车流、人行安全，维护厂区正常的生产秩序。根据满足工艺流程的需要和避免危险、有害因素交叉相互影响的原则，合理规划厂内交通路线。大型化工厂的人流和货运应明确分开，危险货物运输需有单独路线，主要人流出入口与主要货流出入口分开布置，主要货流出口、入口宜分开布置；工厂交通路线应尽可能做环形布置，道路的宽度原则上应能使两辆汽车对开错车；道路净空高度不得<5m。

在厂区周围及中间设置的主干道，将全厂划分为几个区域，每个区域的大小一般是90m×120m。考虑到安全可增加空间，主干道的宽度一般为15~30m。在一个区域内如有两个以上装置，在装置之间要设次干道，次干道的宽度也要考虑到装置的施工及维修，一般为6~8m。设置主干道和次干道应不影响消防及地下埋设物的维修，不应有死路。

（4）工艺装置区内设备的配置。设备合理的配置既可降低建设和操作费用又可充分保证安全。大多数塔器、筒体、换热器、泵和主要管线成直线排列的区域规划方法是传统常用方法，这种设备排列方法的主要特点是：

① 设备配置直线的两边都与厂区道路连接。这样，在火灾或其他紧急情况时，设备配置线主要部分的两边都有方便的通路。连接道路可以作为阻火堤，把设备配置线与厂区其余部分隔离。

② 钢制框架与道路邻接。热交换器设置在框架上部，冷却水箱设置在框架下部。吊车可以方便地驶入，安全装运热交换器的管束、管件和较重的组件。冷却水箱设置在框架上使得整个冷却水系统的维修极为方便，而不必挖掘装置周围和装置之下的地基。

③ 设备配置直线上的精馏塔、热交换器、馏出液接收器、回流筒等装置，一般采用框架结构平坡式布局方式。框架结构在精馏塔旁边提供了开放区域，塔板和其他塔内件易于拆卸装车运至维修区。在线的塔器、回流筒、热交换器之下的平坡低洼部分，对于易燃或毒性溢流物可以起截流的作用，防止污水管在其排净前扩散至单元的其他区域。

④ 泵排设置在设备配置直线的旁边，与道路邻接。泵排上面没有任何障碍物，使得泵和传动装置维修时便于移动。

⑤ 筒体、泵、装配有观测平台的蒸馏塔以及需要桥式吊车钢梁导轨吊入的设备，按序定在设备配置线上，从而把相关的危险操作集中在一起。

设备以安装在地平面上为宜。但是由于过程原因，如蒸馏塔或吸收塔，喷雾干燥塔或立式反应器，需要提供重力自流或泵的负压压头的设备等，设备提升是不可避免的。重的设备应尽量避免高位安装，最好和其他设备在同一水平线上或者有坚实的基座。

（5）原料的接收、产品生产及出厂系统的设计。原料的接收、储存设备及产品的储存、出厂设备等，应充分考虑到利用厂区周围的铁路、船舶、公路等运输条件，各装置之间的原料、中间产品、产品等物料的流动不应交叉，途径应最短。除非绝对必要，铁路支线才引入厂区。当铁路支线引入厂区时，应该提供货车可能脱轨的充分空间。不宜把装卸设备设置在铁路支线终点的延伸方向，以避免货车的过冲、扯脱货车挡与装卸设备碰撞。

（6）公用工程及设备的配套性、可靠性。发电设备、变电设备、锅炉、工业用水设备、净化水设备、空气设备、燃料设备、惰性气体供给设备等公用工程设备最好集中设置在厂区中。因为这样可以缩短公用工程设备与各装置之间的距离，以最短线路连接，既可减少施工费用，又方便生产。公用工程设施配置还应注意：

① 电力线路必须从地下进入加工单元，适当安排入口点，避免在整个单元的电力系统设置入孔。

② 如果装配有紧急释放阀或烟气管线，这些设施应靠近控制室，远离有火灾危险或其他危险区域。消防火栓或监控器必须与危险点离得足够近，从而能有效发挥作用，但也不能离得太近，以至于危机时无法靠近。注意可能会阻止水流到达危险点的障碍物，检查有无必要时迅速撤退的通路，水龙带拖车或安全喷射器也作类似的配置。

（7）配管。配置管线是在一些装置中配置回路管线，是一个重要的安全问题。回路系统的任何一点出现故障即可关闭阀门将它隔离开，并把装置与系统的其余部分接通。要做到这一点，就必须保证这些装置至少能从两个方向接近工厂的关节点。为了加强安全，特别是在紧急情况下，这些装置的管线对于如消防用水、电力或加热用蒸汽等的传输必须构成回路。管线的配置还应注意：

① 装置周围布置管架，高度一般为 3～4m。过路时，应高出路面 4.5m 以上。管架的宽度，在初步规划时考虑将来备用，应取大约 30% 的余量。管架的合理排布可以消除过顶间距太小或是仅敷设在平坡上的管束，而且可以避免管沟，而管沟常常是危险液体或蒸汽的良好载体。

② 罐区的配管为动结构，其高度一般为地上 25～30cm，与道路的相交处采用地沟或地下埋管。

③ 液、气处理设备。关于液、气的处理，应从防止公害角度出发，很好地调查周围环境。其处理设备应有充分的占地面积并远离开其他设备，以确保发生火灾时的安全。

（8）防火间距。设计总平面布置时，留出足够的防火间距，对防止火灾的发生和减少火灾的损失有着重要的意义。确定防火间距的目的，是在发生火灾时不使邻近装置及设施受火源辐射热作用而被加热或着火；不使火灾地点流淌、喷射或飞散出来的燃烧物体、火焰或火星点燃邻近的易燃液体或可燃气体，减少对邻近装置、设施的破坏，便于消火及疏散。

防火间距一般是指两座建筑物或构筑物之间留出的水平距离。在此距离之间，不得再搭建任何建筑物和堆放大量易燃材料，不得设置任何储有可燃物料的装置及设施。

防火间距的计算方法，一般是从两座建筑物或构筑物的外墙（壁）最突出的部分算起；计算与铁路的防火间距时，是从铁路中心线算起；计算与道路的防火间距时，是从道路的邻近一边的路边算起。

在确定防火间距大小时，主要是从热辐射这个因素来考虑。在许多火场上的一幢建筑物着火，由于没有及时控制和扑灭，使火势很快地向周围防火间距不够的建筑物蔓延扩大，使小火变成大火，往往造成严重损失。因此在新建、扩建和改建时，应留出足够的防火间距，对预防火灾扩大蔓延是能起到一定作用的。防火间距的确定，应以生产的火灾危险性大小及其特点来衡量，并进行综合评定。

7.2 建筑物的安全设计

建筑物的安全设计首先要熟悉化工生产的原材料和产品性质，根据确定的生产危险等级，考虑厂房建筑结构形式、相应的耐火等级、合理的防火分隔设计和完善的安全疏散设计等内容。

7.2.1 生产及储存的火灾危险性分类

为了确定生产的火灾危险性类别，以便采取相应的防火、防爆措施，必须对生产过程的火灾危险性加以分析，主要是了解生产中的原料、中间体和成品的物理、化学性质及其火灾、爆炸的危险程度，反应中所用物质的数量，采取的反应温度、压力以及使用密闭的还是敞开的设备等条件，综合全面情况来确定生产及储存的火灾危险性类别。生产及储存物品的火灾危险性分类原则见表 7-2 和表 7-3。

表 7-2　生产的火灾危险性分类

生产类别	使用或产生下列物质的生产
甲	1. 闪点小于 28℃ 的液体； 2. 爆炸下限小于 10% 的气体； 3. 常温下能自行分解或在空气中氧化即能导致迅速自燃或爆炸的物质； 4. 常温下受到水或空气中水蒸气的作用，能产生可燃气体并引起燃烧或爆炸的物质； 5. 遇酸、受热、撞击、摩擦、催化以及遇有机物或硫黄等易燃的无机物，极易引起燃烧或爆炸的强氧化剂； 6. 受撞击、摩擦或与氧化剂、有机物接触时能引起燃烧或爆炸的物质； 7. 在密闭设备内操作温度等于或超过物质本身自燃点的生产
乙	1. 闪点大于等于 28℃，至小于 60℃ 的液体； 2. 爆炸下限大于等于 10% 的气体； 3. 不属于甲类的氧化剂； 4. 不属于甲类的化学易燃危险固体； 5. 助燃气体； 6. 能与空气形成爆炸性混合物的浮游状态的粉尘、纤维、闪点大于等于 60℃ 的液体雾滴
丙	1. 闪点不小于 60℃ 的液体； 2. 可燃固体
丁	1. 对非燃烧物质进行加工，并在高热或熔化状态下经常产生强辐射热、火花或火焰的生产； 2. 利用气体、液体、固体作为燃料或将气体、液体进行燃烧做其他用的各种生产； 3. 常温下使用或加工难燃烧物质的生产
戊	常温下使用或加工非燃烧物质的生产

注：1. 同一座厂房或厂房的任一防火分区内有不同火灾危险性生产时，厂房或防火分区内的生产火灾危险性类别应按火灾危险性较大的部分确定；当生产过程中使用或产生易燃、可燃物的量较少，不足以构成爆炸或火灾危险时，可按实际情况确定。

2. 当符合下述条件之一时，可按火灾危险性较小的部分确定：
   ① 火灾危险性较大的生产部分占本层或本防火分区建筑面积的比例小于 5% 或丁、戊类厂房内的油漆工段小于 10%，且发生火灾事故时不足以蔓延至其他部位或火灾危险性较大的生产部分采取了有效的防火措施。
   ② 丁、戊类厂房内的油漆工段，当采用封闭喷漆工艺，封闭喷漆空间内保持负压、油漆工段设置可燃气体探测报警系统或自动抑爆系统，且油漆工段占所在防火分区建筑面积的比例不大于 20%。

197

表 7-3　储存物品的火灾危险性分类

储存物品的火灾危险性类别	储存物品的火灾危险性特征
甲	1. 闪点小于28℃的液体； 2. 爆炸下限小于10%的气体，以及受到水或空气中水蒸气的作用，能产生爆炸下限小于10%气体的固体物质； 3. 常温下能自行分解或在空气中氧化即能导致迅速自燃或爆炸的物质； 4. 常温下受到水或空气中水蒸气的作用能产生可燃气体并能引起燃烧或爆炸的物质； 5. 遇酸、受热、撞击、摩擦以及遇有机物或硫黄等易燃的无机物，极易引起燃烧或爆炸的强氧化剂； 6. 受撞击、摩擦或与氧化剂、有机物接触时能引起燃烧或爆炸的物质
乙	1. 闪点不小于28℃至小于60℃的液体； 2. 爆炸下限不小于10%的气体； 3. 不属于甲类的氧化剂； 4. 不属于甲类的化学易燃危险固体； 5. 助燃气体； 6. 常温下与空气接触能缓慢氧化，积热不散引起自燃的物品
丙	1. 闪点不小于60℃的液体； 2. 可燃固体
丁	难燃烧物品
戊	不燃烧物品

注: 1. 同一座仓库或仓库的任一防火分区内储存不同火灾危险性物品时，仓库或防火分区的火灾危险性应按火灾危险性最大的物品确定。

　　2. 丁、戊类储存物品仓库的火灾危险性，当可燃包装重量大于物品本身重量1/4或可燃包装体积大于物品本身体积的1/2时，应按丙类确定。

7.2.2　建筑物的耐火等级

建筑物的耐火等级对预防火灾发生、限制火灾蔓延扩大和及时扑救有密切关系。属于甲类危险性的生产设备在易燃的建筑物内一旦发生火灾，就很快被全部烧毁。如果设在耐火等级合适条件的建筑物内，就可以限制灾情的扩展，免于遭受更大的损失。

建筑物的构件根据其材料的燃烧性能可分为以下三类。

（1）非燃烧体。是指用非燃烧材料做成的构件。非燃烧材料系指在空气中受到火烧或高温作用时不起火、不微燃、不碳化的材料。如建筑中采用的金属材料、天然无机矿物材料或人工无机矿物材料，如钢筋、砖石、沙、水泥、混凝土等。

（2）难燃烧体。是指用难燃烧材料做成的构件，或用燃烧材料做成而用非燃烧材料作保护层的构件。难燃烧材料系指在空气中受到火烧或高温作用时难起火、难微燃、难炭化，当火源移走后燃烧或微燃立即停止的材料。如沥青混凝土、经过防火处理的木材、用有机物填充的混凝土、水泥刨花板等。

（3）燃烧体。是指用燃烧材料做成的构件。燃烧材料系指在空气中受到火烧或高温作用时立即起火或微燃，且火源移走后仍继续燃烧或微燃的材料，如木材等。

对任一建筑构件按时间-温度标准曲线进行耐火试验，从受到火的作用时起，到失去支持能力，或完整性被破坏，或失去隔火作用时为止的这段时间，称为耐火极限，通常以小时表示。

国家建筑设计防火规范中，把建筑物的耐火等级分为四级，对建筑物的11个主要构件的耐火性能做出了规定。在制订建筑物耐火等级时是把楼板的耐火极限作为基准来考虑的，因为楼板是承受人和物的建筑构件，其他的构件则根据建筑物遭受火灾时造成的危害程度区别对待。如承重墙柱在火灾时比楼板危险更大，其耐火极限比楼板要求就高些。吊顶、隔墙等级比楼板低一些。一级建筑的楼板耐火极限为1.5h，二级为1h，这样大部分一级、二级建筑物就不致被烤垮。在确定建筑物耐火等级时，必须按照规定使主要构件的耐火极限时间全部能达到要求，不能以某一个构件的耐火极限来提高整个建筑物的耐火等级。要根据具体工程的实际情况选用适当的耐火等级。对于那些火灾危险性特别大的、使用大量可燃物质和贵重器材设备的建筑，在条件允许的情况下，应尽量采用耐火等级较高的建筑物。各级建筑物构件的燃烧性能和耐火极限均不应低于表7-4的规定。

表7-4　建筑物构件的燃烧性能和耐火极限　　　　　　　　　　　　h

构件名称		耐火等级			
		一级	二级	三级	四级
墙	防火墙	不燃性 3.00	不燃性 3.00	不燃性 3.00	不燃性 3.00
	承重墙	不燃性 3.00	不燃性 2.50	不燃性 2.00	难燃性 0.50
	楼梯间和前室的墙、电梯井的墙	不燃性 2.00	不燃性 2.00	不燃性 1.50	难燃性 0.50
	疏散走道两侧的隔墙	不燃性 1.00	不燃性 1.00	不燃性 0.50	难燃性 0.25
	非承重处墙、房间隔墙	不燃性 0.75	不燃性 0.50	不燃性 0.50	不燃性 0.25
柱		不燃性 3.00	不燃性 2.50	不燃性 2.00	难燃性 0.50
梁		不燃性 2.00	不燃性 1.50	不燃性 1.00	难燃性 0.50
楼板		不燃性 1.50	不燃性 1.00	不燃性 0.75	难燃性 0.50
屋顶承重构件		不燃性 1.50	不燃性 1.00	难燃性 0.50	可燃性
疏散楼梯		不燃性 1.50	不燃性 1.00	不燃性 0.75	可燃性
吊顶(包括吊顶搁栅)		不燃性 0.25	难燃性 0.25	难燃性 0.15	可燃性

注：二级耐火等级建筑内采用不燃材料的吊顶，其耐火极限不限。

7.2.3 建筑物的防火结构

1. 防火门

防火门是装在建筑物的外墙、防火墙或者防火壁的出入口，用来防止火灾蔓延的门。防火门具有耐火性能，当它与防火墙形成一个整体后，就可以达到阻断火源，防止火灾蔓延的目的。防火门的结构多种多样，常用的结构有卷帘式铁门、单面包铁皮防火门、双面包铁皮防火门、金属网嵌镶玻璃防火门、自动闭锁式防火门等。

2. 防火墙

防火墙是专门为防止火灾蔓延而建造的墙体。其结构有钢筋混凝土墙、砖墙、石棉板墙和钢板墙，也可以采用耐火灰浆等一类的不燃性材料在一般墙体上抹制耐火层。为了防止火灾在一幢建筑物内蔓延燃烧，通常采用它将建筑物分割成若干小区。但是，由于建筑物内增设防火墙，从而使其成为复杂结构的建筑物，如果防火墙的位置设置不当，就不能发挥防火的效果。在一般的 L、T、E 或 H 形的建筑物内，要尽可能避免将防火墙设在结构复杂的拐角处。如果设在转角附近，内转角两侧上的门窗洞口之间最近的水平距离不应<4m。为了防止火灾在相邻的建筑物之间的蔓延，原则上要将两幢建筑物相对的两面墙做成防火墙。

防火墙应直接设置在基础上或钢筋混凝土的框架上，且应高出非燃烧体屋面≥0.4m，高出燃烧体或难燃烧屋面≥0.5m。防火带的宽度从防火墙的中心线起，每侧不应<2m。防火墙内不应设置排气道，不应开门窗洞口。如必须开设时，应采用甲级防火门窗，并应能自行关闭。可燃气体和甲、乙、丙类液体管道不应穿过防火墙。其他管道如必须穿过时，应用非燃烧材料将缝隙紧密填塞。此外，设计防火墙时，应考虑防火墙一侧的屋架、梁、楼板等受到火灾的影响而破坏时，不致使防火墙倒塌。

3. 防火壁

防火壁的作用也是为了防止火灾蔓延。防火墙是建在建筑物内，而防火壁是建在两座建筑物之间，或者建在有可燃物存在的场所，像屏风一样单独屹立。其主要目的是用于防止火焰直接接触，同时还能够隔阻燃烧的辐射热。防火壁不承重，所以不必具有防火墙那样的强度，只要具有适当的耐火性能即可。

4. 厂房及库房的层数和面积

（1）厂房的耐火等级、层数和占地面积

① 各种生产类别的厂房（建筑物、构筑物）的耐火等级、层数和占地面积应符合表7-5的规定。

② 特殊贵重的机器、仪表、仪器等应设在一级耐火等级的建筑内。

③ 在小型企业中，面积不超过 300m² 独立的甲、乙类厂房，可采用三级耐火等级的单层建筑。

④ 使用或产生丙类液体的厂房和有火花、炽热表面、明火的丁类厂房均应采用一、二级耐火等级的建筑。但上述丙类厂房面积不超过 500m²，丁类厂房面积不超过 1000m²，也可采用三级耐火等级的单层建筑。

⑤ 锅炉房应为一、二级耐火等级的建筑，但每小时锅炉的总蒸发量不超过 4t 的燃煤锅炉房可采用三级耐火等级的建筑。

⑥ 可燃油油浸电力变压器室、高压配电装置室的耐火等级不应低于二级。

⑦ 变电所、配电所不应设在有爆炸危险的甲、乙类厂房内或贴邻建造，但供上述甲、

乙类专用的 10kV 及以下的变电所、配电所，当采用无门窗洞口的防火墙隔开时，可一面贴邻建造。乙类厂房的配电所必须在防火墙上开窗时，应设非燃烧体的密封固定窗。

⑧ 多功能的多层或高层厂房内，可设丙、丁、戊类物品库房，但必须采用耐火极限不低于 3h 的非燃烧体墙和 1.5h 的非燃烧体楼板与厂房隔开。

⑨ 甲、乙类生产不应设在建筑物的地下室或半地下室内。

⑩ 厂房内设置甲、乙类物品的中间仓库时，其储量不宜超过一昼夜的需要量。中间仓库应靠外墙布置，并应采用耐火极限不低于 3h 的非燃烧体墙和 1.5h 的非燃烧体楼板与其他部分隔开。

表 7-5　厂房的耐火等级、层数和占地面积

生产类别	厂房的耐火等级	最多允许层数	每个防火分区最大允许占地面积/m²			
			单层厂房	多层厂房	高层厂房	地下、半地下厂房，厂房的地下室、半地下室
甲	一级	宜采用单层	4000	3000	—	—
	二级		3000	2000	—	—
乙	一级	不限	5000	4000	2000	—
	二级	6	4000	3000	1500	—
丙	一级	不限	不限	6000	3000	500
	二级	不限	8000	4000	2000	500
	三级	2	3000	2000	—	—
丁	一、二级	不限	不限	不限	4000	1000
	三级	3	4000	2000	—	—
	四级	1	1000	—	—	—
戊	一、二级	不限	不限	不限	6000	1000
	三级	3	5000	3000	—	—
	四级	1	1500	—	—	—

注：1. 防火分区之间应用防火墙分隔。除甲类厂房外的一、二级耐火等级厂房，当其防火分区的建筑面积大于本表规定，且设置防火墙确有困难时，可采用防火卷帘或防火分隔水幕分隔。采用防火卷帘时，应符合 GB 50016—2014《建筑设计防火规范》第 6.5.3 条的规定；采用防火分隔水幕时，应符合 GB 50084《自动喷水灭火系统设计规范》的规定。

2. 除麻纺厂房外，一级耐火等级的多层纺织厂房和二级耐火等级的单层、多层纺织厂房，其每个防火分区的最大允许建筑面积可按本表的规定增加 0.5 倍，但厂房内的原棉开包、清花车间与厂房内其他部位之间均应采用耐火极限不低于 2.50h 的防火隔墙分隔，需要开设门、窗、洞口时，应设置甲级防火门、窗。

3. 一、二级耐火等级的单层、多层造纸生产联合厂房，其每个防火分区的最大允许占地面积可按本表的规定增加 1.5 倍。一、二级耐火等级的湿式造纸联合厂房，当纸机烘缸罩内设置自动灭火系统，完成工段设置有效灭火设施保护时，其每个防火分区的最大允许建筑面积可按工艺要求确定。

4. 一、二级耐火等级的谷物筒仓工作塔，当每层工作人数不超过 2 人时，其层数不限。

5. 一、二级耐火等级卷烟生产联合厂房内的原料、备料及成组配方、制丝、储丝和卷接包、辅料周转、成品暂存、二氧化碳膨胀烟丝等生产用房应划分独立的防火分区单元，当工艺条件许可时，应采用防火墙进行分隔。其中制丝、储丝和卷接包车间可划分为一个防火分区，且每个防火分区的最大允许建筑面积可按工艺要求确定，但制丝、储丝及卷接包车间之间应采用耐火极限不低于 2.00h 的防火隔墙和 1.00h 的楼板进行分隔。厂房内各水平和竖向防火分隔之间的开口应采取防止火灾蔓延的措施。

6. 厂房内的操作平台、检修平台，当使用人数少于 10 人时，平台的面积可不计入所在防火分区的建筑面积内。

7. "—"表示不允许。

（2）库房的耐火等级、层数和建筑面积

① 库房的耐火等级、层数和建筑面积应符合表7-6的要求。

表7-6　库房的耐火等级、层数和建筑面积

储存物品的火灾危险性类别		仓库的耐火等级	最多允许层数	每座仓库的最大允许建筑面积和每个防火分区的最大允许建筑面积/m²						地下或半地下仓库(包括地下室或半地下室)
				单层库房		多层库房		高层库房		
				每座仓库	防火分区	每座仓库	防火分区	每座仓库	防火分区	防火分区
甲	3、4项	一级	1	180	60	—	—	—	—	—
	1、2、5、6项	一、二级	1	750	250	—	—	—	—	—
乙	1、3、4项	一、二级	3	2000	500	900	300	—	—	—
		三级	1	500	250	—	—	—	—	—
	2、5、6项	一、二级	5	2800	700	1500	500	—	—	—
		三级	1	900	300	—	—	—	—	—
丙	1项	一、二级	5	4000	1000	2800	700	—	—	150
		三级	1	1200	400	—	—	—	—	—
	2项	一、二级	不限	6000	1500	4800	1200	4000	1000	300
		三级	3	2100	700	1200	400	—	—	—
丁		一、二级	不限	不限	3000	不限	1500	4800	1200	500
		三级	3	3000	1000	1500	500	—	—	—
		四级	1	2100	700	—	—	—	—	—
戊		一、二级	不限	不限	不限	不限	2000	6000	1500	1000
		三级	3	3000	1000	2100	700	—	—	—
		四级	1	2100	700	—	—	—	—	—

注：1. 仓库内的防火分区之间必须采用防火墙分隔，甲、乙类仓库内防火分区之间的防火墙不应开设门、窗、洞口；地下或半地下仓库(包括地下室或半地下室)的最大允许占地面积，不应大于相应类别地上仓库的最大允许占地面积。

　　2. 石油库区内的桶装油品仓库应符合GB 50074《石油库设计规范》的规定。

　　3. 一、二级耐火等级的煤均化库，每个防火分区的最大允许建筑面积不应大于12000m²。

　　4. 独立建造的硝酸铵仓库、电石仓库、聚乙烯等高分子制品仓库、尿素仓库、配煤仓库、造纸厂的独立成品仓库，当建筑的耐火等级不低于二级时，每座仓库的最大允许占地面积和每个防火分区的最大允许建筑面积可按本表的规定增加1.0倍。

　　5. 一、二级耐火等级粮食平房仓的最大允许占地面积不应大于12000m²，每个防火分区的最大允许建筑面积不应大于3000m²；三级耐火等级粮食平房仓的最大允许占地面积不应大于3000m²，每个防火分区的最大允许建筑面积不应大于1000m²。

　　6. 一、二级耐火等级且占地面积不大于2000m²的单层棉花库房，其防火分区的最大允许建筑面积不应大于2000m²。

　　7. 一、二级耐火等级冷库的最大允许占地面积和防火分区的最大允许建筑面积，应符合GB 50072《冷库设计规范》的规定。

　　8. "—"表示不允许。

② 在同一座库房或同一个防火墙间内，如储存数种火灾危险性不同的物品时，其库房

或隔间的最低耐火等级、最多允许层数和最大允许占地面积，应按其中火灾危险性最大的物品确定。

③ 甲、乙类物品库房不应设在建筑物的地下室或半地下室。

④ 甲、乙、丙类液体库房应设置防止液体流散的设施。遇水燃烧爆炸的物品库房，应设有防止水浸渍损失的设施。

⑤ 有粉尘爆炸危险的筒仓，其顶部盖板应设置必要的泄压面积。

⑥ 除一、二级耐火等级的戊类多层库房外，供垂直运输物品的升降机应设在库房外。当必须设在库房内时，应设在耐火极限不低于 2h 的井筒内。井筒壁上的门，应采用乙级防火门。

⑦ 三、四级耐火等级的库房如设防火墙有困难，可用防火带代替。

⑧ 小型企业独立的甲类物品库房，如面积不超过表内规定的防火隔间面积的 50%，可采用三级耐火等级的建筑。

7.2.4 安全疏散

安全疏散设计是建筑防火设计的一项重要内容。在设计时，应根据建筑物的规模、使用性质、重要性、耐火等级、生产和储存物品的火灾危险性、容纳人数以及火灾时人们的心理状态等情况，合理设置安全疏散设施，为人员安全疏散提供有利条件。

1. 安全疏散设计的基本原则

（1）在建筑物内的任意一个部位，宜同时有两个或两个以上的疏散方向可供疏散。

（2）疏散路线应力求短捷通畅，安全可靠，避免出现各种人流、货物相互交叉，杜绝出现逆流。

（3）在建筑物的屋顶及外墙上宜设置可供人员临时避难使用的屋顶平台、室外疏散楼梯和阳台、凹廊等，因为这些部位与大气连通，燃烧产生的高温烟气不会在这里停留，这些部位可以基本保证人员的人身安全。

（4）疏散通道上的防火门，在发生火灾时必须保持自动关闭状态，防止高温烟气通过敞开的防火门向相邻防火分区（或防火空间）蔓延，影响人员的安全疏散。

（5）在进行安全疏散设计时，应充分考虑人员在火灾条件下的心理状态及行为特点，并在此基础上采取相应的设计方案。

2. 安全疏散的设计程序

安全疏散设计是建筑设计的一个重要组成部分，同时也是由基本设计方案所决定的，其设计程序大体如下：

（1）确定疏散人数。

（2）根据实际情况确定"假定起火点"。

（3）对每个"假定起火点"分别提出起火后避难者的避难路线。

（4）分析避难人员在每条疏散路线上的流动状况。如计算最后一名避难者沿疏散路线通过各主要部位的时间，计算沿途是否会发生滞留现象，当有滞留现象发生时则要计算滞留地点的滞留人数、滞留时间及其人流变化情况等。

（5）分析高温烟气在每条疏散路线上的流动情况，如明确高温烟气的前端沿疏散路线流动的时间、发生滞留地点的烟气浓度随时间变化的规律等。

（6）对以上分析的情况进行比较、核对，研究人员疏散的可靠程度。即确定最后一名避难者被高温烟气前端追上以后，是否处于超过允许极限浓度的烟气之中；发生滞留地点的人流混乱程度是否超过容许的程度，在分析问题的同时，还要考虑建筑物的用途、人员的素质及身体状况等诸多因素，并适当乘以安全系数。

（7）依据（6）的结果，如果断定属于危险的范围，则要对安全疏散设施进行技术调整，如增加安全出口的数量和宽度、设置防排烟设施等，然后重新按照上述程序反复研究设计方案，直至断定达到安全要求为止。

3. 安全出口设计

安全出口设计包括安全出口数量、宽度及其布置。为了在发生火灾时，能够迅速安全地疏散人员和搬出贵重物资，减少火灾损失，在设计建筑物时必须设计足够数目的安全出口。安全出口应分散布置，且易于寻找，并应设明显标志。

（1）每个防火分区、一个防火分区的每个楼层，其相邻 2 个安全出口最近边缘之间的水平距离不应小于 5.0m。设计时应根据具体情况和保证人员有不同方向的疏散路径这一原则，从人员安全疏散和救援需要出发进行布置。

（2）足够的安全出口数量，对保证人和物资的安全疏散极为重要。要求厂房每个防火分区至少应有 2 个安全出口，对于化工生产的甲类厂房，每层建筑面积小于等于 $100m^2$ 时，且同一时间的生产人数不超过 5 人，或者乙类厂房，每层建筑面积小于等于 $150m^2$ 时，且同一时间的生产人数不超过 10 人，可设置 1 个安全出口。

对于地下、半地下厂房因为不能直接天然采光和自然通风，排烟有很大困难，而疏散只能通过楼梯间，为保证安全，避免万一出口被堵住就无法疏散的情况，所以要求至少具备 2 个安全出口。如果每个防火分区均要求 2 个直通室外的出口有一定困难，规定至少要有 1 个直通室外，另一个可通向相邻防火分区。

4. 疏散距离

厂房的安全疏散距离是指厂房内最远工作地点到外部出口或楼梯的最大允许距离。规定安全疏散距离的目的在于缩短人员疏散的距离，使人员尽快安全地疏散到安全地点。

厂房内最远工作地点到外部出口或楼梯的距离，不应超过表 7-7 的规定。

表 7-7　厂房内任一点至最近安全出口的直线距离　　　　　　　　　　　　　　m

生产的火灾危险性类别	耐火等级	单层厂房	多层厂房	高层厂房	地下或半地下厂房（包括地下室或半地下室）
甲	一、二级	30	25	—	—
乙	一、二级	75	50	30	—
丙	一、二级	80	60	40	30
	三级	60	40	—	—
丁	一、二级	不限	不限	50	45
	三级	60	50	—	—
	四级	50	—	—	—
戊	一、二级	不限	不限	75	60
	三级	100	75	—	—
	四级	60	—	—	—

人员疏散时能安全到达安全出口即可认为到达安全地带。甲类厂房的最大疏散距离定为 30m、25m，是以人流的疏散速度为 1m/s，或允许疏散时间为 30s、25s 确定的。而乙、丙类

厂房较甲类厂房火灾危险性小，蔓延速度也慢些，故乙类厂房的最大疏散距离参照国外规范定为75m。实际上火灾时的环境比较复杂，厂房内物品和设备布置以及人员的心理和生理因素都对疏散有直接影响，设计人员应根据不同的生产工艺和环境，充分考虑人员的疏散需要来确定其疏散距离以及厂房的布置与选型，尽量均匀布置安全出口，缩短人员的疏散距离。

对于化工厂房内的疏散楼梯、走道、门的各自总净宽度应根据疏散人数，经计算确定。但疏散楼梯的最小净宽度不宜小于1.1m，疏散走道的最小净宽度不宜小于1.4m，门的最小净宽度不宜小于0.9m。当每层人数不相等时，疏散楼梯的总净宽度应分层计算，下层楼梯总净宽度应按该层或该层以上人数最多的一层计算。首层外门的总净宽度应按该层或该层以上人数最多的一层计算，且该门的最小净宽度不应小于1.2m。

另外化工生产的甲、乙类多层厂房应设置封闭楼梯间或室外楼梯。建筑高度大于32m，且任一层人数超过10人的高层厂房，应设置防烟楼梯间或室外楼梯。建筑高度大于32m且设置电梯的高层厂房，每个防火分区内宜设置一部消防电梯。消防电梯可与客、货梯兼用，消防电梯的防火设计应符合GB 50016—2014《建筑设计防火规范》的规定。

7.3　化工过程安全设计

化工过程生产安全是化工安全生产的重要部分，加强化工过程中各个环节的安全设计是关键。化工过程安全设计的主要内容有工艺过程安全设计、工艺流程安全设计、工艺装置安全设计、过程物料安全分析等。

7.3.1　工艺过程的安全设计

工艺过程的安全设计，应该考虑过程本身是否具有潜在危险，以及为了特定目的把物料加入过程是否会增加危险。

1. 有潜在危险的主要过程

有一些化学过程具有潜在的危险。这些过程一旦失去控制就有可能造成灾难性的后果，如发生火灾、爆炸或毒性物质的释放等。有潜在危险的过程有：

（1）爆炸、爆燃或强放热过程；

（2）在物料的爆炸范围或附近操作的过程；

（3）含有易燃物料的过程；

（4）含有不稳定化合物的过程；

（5）在高温、高压或冷冻条件下操作的过程；

（6）有粉尘或烟雾生成的过程；

（7）含有高毒性物料的过程；

（8）有大量储存压力负荷能的过程。

2. 反应过程的安全分析

实现物质转化是化工生产的基本任务。物质的转化反应常因反应条件的微小变化而偏离预期的反应途径，化学反应过程有较多的危险性。充分评估反应过程的危险性，有助于改善过程的安全。

（1）对潜在的不稳定的反应和副反应，如自燃或聚合等进行考察，考虑改变反应物的相对浓度或其他操作条件是否会使反应的危险程度减小。

（2）考虑较差混合、反应物和热源的低效配置、操作故障、设计失误、发生不需要的副反应、热点、反应器失控、结垢等引起的危险。

（3）评价副反应是否生成毒性或爆炸性物质，是否会有危险垢层形成。

（4）考察物料是否吸收空气中的水分变潮，表面黏附形成毒性或腐蚀性液体或气体。

（5）确定所有杂质对化学反应和过程混合物性质的影响。

（6）确保结构材料彼此相容并与过程物料相容。

（7）考虑过程中危险物质，如痕量可燃物、不凝物、毒性中间体或副产物的积累。

（8）考虑催化剂行为的各个方面，如老化、中毒、粉碎、活化、再生等。

3. 有潜在危险的主要操作

完成每一过程都要实施一些具体的操作，有些操作本身具有潜在的危险。分析和确定这些操作的危险性，是过程安全评价的重要内容。下面是一些常见的有潜在危险的操作。

（1）易燃或毒性液体或气体的蒸发和扩散；

（2）可燃或毒性固体的粉碎和分散；

（3）易燃物质或强氧化剂的雾化；

（4）易燃物质和强氧化剂的混合；

（5）危险化学品与惰性组分或稀释剂的分离；

（6）不稳定液体的温度或压力的升高。

4. 间歇过程和连续过程的安全比较

在工艺设计中，需要在间歇过程和连续过程之间做出选择。对于大批量的操作，从经济上考虑，连续过程更具有优势。然而，单一或复合物流的抉择严重影响着过程安全、个别装置的载荷以及生产中断的潜能。对于间歇反应，往往需要在两个连续批次之间清洗反应器，这可能会由于清洗准备不充分、清洗程序不完善或没有完全移除清洗液，而引入新的危险。下面就间歇和连续两种过程方式进行具体比较。

（1）间歇过程各操作单元之间易于隔绝，单元设备过程物料持有量较大。连续过程各操作单元连通，过程物料持有量较少。

（2）间歇过程劳动强度较大，紧急状态下操作者有较多的机会介入。连续过程更多地依靠自动控制。

（3）间歇过程产物纯度容易控制，过程物料易于识别。连续过程不稳状态或周期性波动（如开车或停车）较少。

（4）间歇过程有详尽的指令和操作规程，可以减少操作失误或设备的损坏。连续过程的容器或设备很少需要清洗，不稳态的物料输入也较少。

（5）间歇过程有较长的暴露时间。在连续过程中，有潜在危险的中间体无须储存直接加工。

5. 工艺过程安全设计要点

（1）工艺过程中使用和产生易燃易爆介质时，必须考虑防火、防爆等安全对策措施，在工艺设计时加以实施。

（2）工艺过程中有危险的反应过程，应设置必要的报警、自动控制及自动联锁停车的控制设施。

（3）工艺设计要确定工艺过程泄压措施及泄放量，明确排放系统的设计原则（排入全厂性火炬、排入装置内火炬、排入全厂性排气管网、排入装置的排气管道或直接放空）。

（4）工艺过程设计应提出保证供电、供水、供风及供气系统可靠性的措施。

（5）生产装置出现紧急情况或发生火灾爆炸事故需要紧急停车时，应设置必要的自动紧急停车措施。

（6）采用新工艺、新技术进行工艺过程设计时，必须审查其防火、防爆设计技术文件资料，核实其技术在安全防火、防爆方面的可靠性，确定所需的防火、防爆设施。

7.3.2　工艺流程的安全设计

（1）火灾爆炸危险性较大的工艺流程设计，应针对容易发生火灾爆炸事故的部位和操作过程（如开车、停车及操作切换等），采取有效的安全措施。

（2）工艺流程设计，应考虑正常开停车、正常操作、异常操作处理及紧急事故处理时的安全对策措施和设施。

（3）工艺安全泄压系统设计，应考虑设备及管线的设计压力，允许最高工作压力与安全阀、防爆膜的设定压力的关系，并对火灾时的排放量，停水、停电及停气等事故状态下的排放量进行计算及比较，选用可靠的安全泄压设备，以免发生爆炸。

（4）化工企业火炬系统的设计，应考虑进入火炬的物料处理量、物料压力、温度、堵塞、爆炸等因素的影响。

（5）工艺流程设计，应全面考虑操作参数的监测仪表、自动控制回路，设计应正确可靠，吹扫应考虑周全。应尽量减少工艺流程中火灾爆炸危险物料的存量。

（6）控制室的设计，应考虑事故状态下的控制室结构及设施，不致受到破坏或倒塌，并能实施紧急停车、减少事故的蔓延和扩大。生产控制室在背向生产设备的一侧设安全通道。

（7）工艺操作的计算机控制设计，应考虑分散控制系统、计算机备用系统及计算机安全系统，确保发生火灾爆炸事故时能正常操作。

（8）对工艺生产装置的供电、供水、供风、供气等公用设施的设计，必须满足正常生产和事故状态下的要求，并符合有关防火、防爆法规、标准的规定。

（9）应尽量消除产生静电和静电积聚的各种因素，采取静电接地等各种防静电措施。静电接地设计应遵守有关静电接地设计规程的要求。

（10）工艺过程设计中，应设置各种自控检测仪表、报警信号系统及自动和手动紧急泄压排放安全联锁设施。非常危险的部位，应设置常规检测系统和异常检测系统的双重检测体系。

7.3.3　工艺装置的安全设计

在化工生产中各工艺过程和生产装置，由于受内部和外界各种因素的影响，可能产生一系列的不稳定和不安全因素，从而导致生产停顿和装置失效，甚至发生毁灭性的事故。材料的正确选择是工艺装置安全设计的关键，也是确保装置安全运行、防止火灾爆炸的重要手段。选择材料应注意以下几个问题：

（1）必须全面考虑设备与机器的使用场合、结构形式、介质性质、工作特点、材料性能等。

（2）处理、输送和分离易燃易爆、有毒和强化学腐蚀性介质时，材料的选用应尤其慎重，应遵循有关材料标准。

（3）选用材料的化学成分、金相组织、机械性能、物理性能、热处理焊接方法应符合有关的材料标准，与设备所用材料相匹配的焊接材料要符合有关标准、规定。

在设备与机器的火灾爆炸破坏事故中，有的是由于结构设计不合理引起的。因此在结构安全设计上要符合要求，便于制造、便于无损检测，并考虑尽量降低局部附加应力和应力集中。

设备的强度设计直接涉及其安全可靠性，因此在设计中，一定要选择正确的计算方法。

为保证生产过程中的安全，在工艺装置设计时，必须慎重考虑安全装置的选择和使用。由于化工工艺过程和装置、设备的多样性和复杂性，危险性也相应增大，所以在工艺路线和设备确定之后，必须根据预防事故的需要，从防爆控制异常危险状况的发生，以及灾害局限化的要求出发，采用不同类型和不同功能的安全装置。对安全装置设计的基本要求是：

（1）能及时准确和全面地对过程的各种参数进行检测、调节和控制，在出现异常状况时，能迅速报警或调节，使它恢复正常安全地运行。

（2）安全装置必须能保证预定的工艺指标和安全控制界限的要求，对火灾、爆炸危险性大的工艺过程和装置，应采用综合性的安全装置和控制系统，以保证其可靠性。

（3）要能有效地对装置、设备进行保护，防止过负荷或超限而引起破坏和失效。

（4）正确选择安全装置与控制系统所使用的动力，以保证安全可靠。

（5）要考虑安全装置本身的故障或误动作，而造成的危险，必要时应设置两套或三套备用装置。

7.3.4 工艺管线的安全设计

1. 工艺管线的安全设计的总体要求

（1）工艺管线必须安全可靠，且便于操作。设计中所选用的管线、管件及阀门的材料，应保证有足够的机械强度及使用期限。管线的设计、制造、安装及试压等技术条件应符合国家现行标准和规范。

（2）工艺管线的设计应考虑抗震和管线振动、脆性破裂、温度应力、失稳、高温蠕变、腐蚀破裂及密封泄漏等因素，并采取相应的安全措施加以控制。

（3）工艺管线上安装的安全阀、防爆膜、泄压设施、自动控制检测仪表、报警系统、安全联锁装置及卫生检测设施，应设计合理且安全可靠。

（4）工艺管线的防雷电、暴雨、洪水、冰雹等自然灾害以及防静电等安全措施，应符合有关法规的要求。

（5）工艺管线的工艺取样、废液排放、废气排放等设计，必须安全可靠；且应设置有效的安全设施。

（6）工艺管线的绝热保温、保冷设计，应符合设计规范的要求。

2. 管线配置的防泄漏设计

工厂化学品的主要泄漏与管线的长度、排放口的数量、管线的复杂性等密切相关，设备间隙的增加和危险组件的隔离都会强化安全，但这却需要增加管件的总量或增加管线的长度，从而也增加了泄漏的可能性和工程建设费用。它们之间需要建立恰当的平衡关系。管线的复杂性，一般反映在连接的泵的数量以及再循环物流的数量两个方面。减少管件泄漏的简单的设计规则是：

（1）减少分支和死角的数量。

（2）减少小排放口的数量。管道配置应该做到，在少数几处容易接近、容易观察的位置排放。

（3）按照相同的规范设计小口径的支管，和主管一样进行严格的检验。确保小的支管在交叉点得到加强，并有充分的支撑。

（4）考虑到管件或容器的热膨胀，管线需要有一定的伸缩性。在短管管架上，需要恰当地配置波纹管。这些波纹管应该只是做轴向移动，还需要衬内套管，以免在波纹管的褶沟中充入固体沉积物。

（5）直接卸料的排放口，应该设在操作者能够观察到的地方。工作系统对这些排放口应该进行定期核查和报告。

（6）保证密封垫与管内流体在最大可能的操作温度下完全互容，在最大内压下也能够紧缩密封。

（7）减少真空管线(如真空蒸馏塔上的冷凝器)上的法兰盘数量。

（8）在阀式取样点应该配置可移动的插头。

（9）要有充分的管道支撑。

（10）设置管道应该避免通过可能使其受到机械损伤的地方。

（11）应该有充分的通道、扶梯等，以免攀越管件。

（12）紧固承受高温的大法兰盘，应该采用高强度的螺栓。

3. 软管系统的配置

对于油船、罐车等的液体物料的装卸，软管的选择和应用需格外谨慎。应考虑的是：

（1）软管的适用性，并结合有关软管的标准。

（2）设置紧急状态下迅速隔离的设施，如对于油船卸货，在软管的一端要设紧急隔离阀，在另一端要设止逆阀，用过流阀替代远程隔离阀等。

（3）应该使用螺栓固定的软管夹，不宜使用侧卸式的软管夹。

（4）软管系统应用时要有充分的保护和支撑设施，不用时要防止软管的压破或损坏。

（5）所有高于大气压操作的可移动软管，都应设置排空阀，以便降压时防止软管的折断。

4. 管线配置的安全要求

通常用于管道工程的橡胶支撑物不能用于设备，设备重心之下的水平连接法兰需要用钢性板支撑。柱塞阀的附近也需要有支撑物。聚四氟乙烯波纹管不能用来连接不同心的管道。支撑板、垫片和管接头的材料性能，要严格按照制造说明书的说明。

管件和阀门配置的简单和易于识别，是安全操作的重要因素。对于不稳定液体的传递，管件、阀门和控制仪表的配置应该防止液体静止在运转的泵中。

对于气体和液体，其设计应该考虑沿与设定相反方向流动的可能性。在化工案例中，有大量回流的情形，如从储罐或下游管线回流进入已关闭的设备、从设备回流进入有压力降的辅助设备的管线、泵的故障引起回流、反应物沿副反应物的物料管线回流。

在设备管线配置中，对于只是间歇使用的设备，推荐应用不用时断开的软管与过程设备连接。对于常设的设备管线，如果设备压力降低至过程正常压力之下，管线应该有低压报警；如果设备压力升高至过程正常压力之上，则应该有高压报警。在设备管线上应该安装止逆阀，以防止管线中流体的回流。过程管线上的止逆阀发生故障会造成严重的后果，因此，建议安装两个不同类型的止逆阀，尽可能把相同形式的损坏减至最小程度。如果回流的结果导致剧烈的反应或设备的过压，止逆阀不足以提供可靠的保证，这时需要高度可靠的断开或关闭系统。

对于泵体或设备极有可能泄漏以及大量物料从设备无限制流出的情形，应该考虑安装远程操作的紧急隔离阀。液化石油气容器的所有过程排放管线，也推荐采用自动闭合阀或遥控隔离阀。对于操作的情形，遥控隔离阀应用于充气管线、加料管线，比普通隔离阀有明显的优势。

7.3.5　过程物料的安全评价

过程物料的选择，应该就物料的物性和危险性进行详细的评估，对一切可能的过程物料做总体考虑。过程物料可以划分为过程内物料和过程辅助物料两大类型。过程内物料是指从原料到产品的整个工艺流程线上的物料，如原料、催化剂、中间体、产物、副产物、溶剂、添加剂等。而过程辅助物料是指实现过程条件所用的物料，如传热流体、重复循环物、冷冻剂、灭火剂等。

在过程设计中，需要汇编出过程物料的目录，记录下过程物料在全部过程条件范围内的有关性质资料，作为过程危险评价和安全设计的重要依据。过程物料所需的主要资料包括16部分，如表7-8所示。

表7-8　过程物料所需的主要资料

编号	名称	分　类
1	化学产品和企业标识	1. 化学产品名称；2. 企业名称；3. 地址；4. 邮编；5. 电传号码；6. 企业应急电话；7. 国家应急电话；8. 产品推荐及限制用途
2	危险性概述	1. 主要成分(每种组分的名称、CAS 号、分子式、相对分子质量、含量)；2. GHS 危险性类别；3. 标签要素；4. 防范说明；5. 健康危害
3	成分/组成信息	1. 组分；2. 浓度或浓度范围；3. CAS 号
4	急救措施	1. 眼睛接触；2. 皮肤接触；3. 吸入；4. 食入
5	消防措施	1. 灭火剂；2. 特别危险性；3. 灭火注意事项及防护措施
6	泄漏应急处理	1. 应急行动；2. 应急人员防护；3. 环保措施；4. 清除方法
7	操作处置与储存	1. 搬运处置注意事项；2. 储存注意事项
8	接触控制/个体防护	1. 职业接触限值；2. 监测方法；3. 工程控制；4. 个体防护装备
9	理化特性	1. 外观与改善；2. pH 值；3. 熔点；4. 沸点；5. 闪点；6. 爆炸上限和爆炸下限；7. 饱和蒸气压；8. 相对密度(水 =1)；9. 相对密度(空气 =1)；10. 辛醇/水分配系数；11. 溶解性；12. 临界温度；13. 临界压力；14. 自燃温度；15. 分解温度；16. 燃烧热；17. 蒸发速率；18. 易燃性；19. 黏度；20. 气味阈值
10	稳定性和反应活性	1. 稳定性；2. 危险反应；3. 避免接触的条件；4. 禁配物；5. 危险分解产物
11	毒理学信息	1. 急性毒性(LD_{50}，LC_{50})；2. 皮肤刺激或腐蚀；3. 眼睛刺激或腐蚀；4. 呼吸或皮肤过敏；5. 生殖细胞突变性；6. 致癌性；7. 生殖毒性；8. 特异性靶器官系统毒性——一次接触；9. 特异性靶器官系统毒性——反复接触；10. 吸入危害
12	生态学信息	1. 生态毒性；2. 持久性/降解性；3. 生物积累性；5. 土壤中的迁移性
13	废弃处理	1. 废弃化学品；2. 污染包装物；3. 废弃注意事项
14	运输信息	1. 危险性分类及编号；2. UN 编号；3. 包装标志；4. 包装类别；5. 包装方法；6. 安全标签；7. 运输注意事项
15	法规信息	1. 中华人民共和国职业病防治法；2. 危险化学品安全管理条例；3. 使用有毒物品作业场所劳动保护条例；4. 新化学物质环境管理办法
16	其他信息	1. 编写和修订信息；2. 参考文献；3. 缩略语和首字母缩写；4. 免责声明

7.3.6 工艺设计安全校核

工艺设计必须满足安全要求。机械设计、过程和布局的微小变化都有可能出现预想不到的问题。工厂和其中的各项设备是为了维持操作参数在允许范围内的正常操作设计的，在开车、试车或停车操作中会有不同的条件，因而会产生与正常操作的偏离。为了确保过程安全，有必要对设计和操作的每一细节逐一校核。

1. 物料和反应的安全校核

（1）鉴别所有危险的过程物料、产物和副产物，收集各种过程物料的物质信息资料。

（2）查询过程物料的毒性，鉴别进入机体的不同入口模式的短期和长期影响，以及不同的允许暴露限度。

（3）考察过程物料气味和毒性之间的关系，确定物料气味是否令人厌倦。

（4）鉴定工业卫生识别、鉴定和控制所采用的方法。

（5）确定过程物料在所有过程条件下的有关物性，查询物性资料的来源和可靠性。

（6）确定生产、加工和储存各个阶段的物料量和物理状态，将其与危险性关联。

（7）确定产品从工厂到用户的运输中，对仓储人员、承运员、铁路工人、公众等呈现的危险。

（8）向过程物料的供应商咨询有关过程物料的性质和特征，储存、加工和应用安全方面的知识或信息。

（9）鉴别一切可能的化学反应，对预期的和意外的化学反应都要考虑。

（10）考察反应速率和有关变量的相互依赖关系，确定阻止不需要的反应、过度热量产生的限度。

（11）鉴别不稳定的过程物料，确定其对热、压力、振动和摩擦暴露的危险。

（12）考察改变反应物的相对浓度或其他反应操作条件，可否降低反应器的危险。

2. 过程安全的总体规范

（1）过程的规模、类型和整体性是否恰当。

（2）鉴定过程的主要危险，在流程图和平面图上标出危险区。考虑选择特殊过程路线或其他设计方案是否更符合安全。

（3）考虑改变过程顺序是否会改善过程安全。所有过程物料是否都是必需的，可否选择较小危险的过程物料。

（4）考虑物料是否有必要排放，如果有必要，排放是否安全以及是否符合规范操作和环保法规。

（5）考虑能否取消某个单元或装置并改善安全。

（6）校核过程设计是否恰当，正常条件的说明是否充分，所有有关的参数是否都被控制。

（7）操作和传热设施的设计、安装和控制是否恰当，是否减少了危险的发生。

（8）过程的放大是否正确。

（9）过程能否自动防止关于热、压力、火灾和爆炸的过程故障。

（10）考虑是否采用了二次概率设计。

3. 非正常操作的安全问题

（1）考虑偏离正常操作会发生什么情况，对于这些情况是否采取了适当的预防措施。

（2）当工厂处于开车、停车或热备用状态时，能否迅速畅通而又确保安全。

（3）在重要紧急状态下，工厂的压力或过程物料的负载能否有效而安全地降低。

（4）对于一经超出必须校正的操作参数的极限值是否已知或测得，如温度、压力、流速、浓度等的极限值。

（5）工厂停车时超出操作极限的偏差到何种程度，是否需要安装报警或自动断开装置。

（6）工厂开车和停车时物料正常操作的相态是否会发生变化，相变是否包含膨胀、收缩或固化等，这些变化可否被接受。

（7）排放系统能否解决开车、停车、热备用状态、投产和灭火时大量的非正常的排放问题。

（8）用于整个工厂领域的公用设施和各项化学品的供应是否充分。

（9）惰性气体一旦急需能否在整个区域立即投入使用，有否备用气供应。

（10）在开车和停车时，是否需要加入与过程物料接触会产生危险的物料。

（11）各种场合的火炬和闪光信号灯的点燃方法是否安全。

7.4 消防设计

随着我国化工业的快速发展，化工生产装置已实现了规模大型化、操控自动化。为保障生产装置的安全稳定，根据"预防为主，防消结合"的方针，在化工设计时，必须同时进行消防设计。在采取防火设施的同时，设置先进可靠的灭火设施，可以减少由于火灾发生后火势蔓延引起的损失。

7.4.1 消防设施

1. 消防给水管道

消防给水管道简称消防管道，是一种能保证消防所需用水量的给水管道，可以与生活用或生产用水道合并。除非合并时不经济，才采用独立消防管道。消防管道有高压和低压两种。

高压消防管道，灭火时所需的水压是由固定的消防泵产生的。此水泵在得到讯号之后须在 5min 内即开动打水。管道内的工作压力，当消防用水量达到最大且水枪布置在最高厂房的最高处时，应仍能保证充实水柱不小于 10m。在计算时采用装有 19mm 口径的喷嘴，及 63mm 口径 100m 长的帆布水龙带，每股水柱的计算消耗水量为 5L/s。

低压消防管道，灭火所需的水压是从室外消火栓用消防车或人力移动水泵来造成。管道内的工作压力（由地面算起），在灭火时，应保持水头不小于 10m。

室外消防管道应采用环形的，避免单向管道。地下敷设的水管为闭合的系统，因而水可以在管内朝向各方环流。如管网的任何一段损坏，不致断水。但在独立的建筑物，可使用单向管道，但其长度不得超过 200m。管道的直径，不得小于 100mm。室外消防管道用闸门分成若干独立段，每段间的消火栓数不得超过 5 个。

室内消防管道应有通向屋外的支管，其上带有消防速合螺母，以备万一发生故障时，可与移动式消防水泵的水龙带连接。管道内的水压应使充实水柱能达到建筑最高最远部分，且不得小于 6m。水柱的水量在 4L/s 以下时，应采用 50mm 口径的水龙带及消火栓，4L/s 以上时，应采用 63mm 口径的水龙带及消火栓。

2. 消火栓

消火栓可供消防车吸水，也可直接连接水带放水灭火，是消防供水的基本设备。消火栓按其装置地点可分为室外和室内两类。

室外消火栓可分为地上式与地下式两种。

(1) 室外消火栓应沿道路设置，距路边不宜小于 0.5m，不得大于 2m。设置的位置应便于消防车吸水。室外消火栓的数量应按消火栓的保护半径和室外消防用水量确定，应保证任一装置、建筑物着火时有足够的消防用水。

低压管网室外消火栓的保护半径不宜超过 120m，每个消火栓的出水量按 15 L/s 计算。一般情况下，室外装置区、油罐区的消火栓间距不宜超过 60m。露天生产装置区的消火栓应在生产装置的四周设置，但生产装置的宽度大于 120m 时，宜在装置内道路边增设消火栓，以便及时就近利用滑火栓扑灭初期火灾。易燃、可燃液体罐区和液化石油气罐区的消火栓应设在防火堤之外。

(2) 室内消火栓的配置，应保证两个相邻消火栓的充实水柱能够在建筑物最高、最远处相遇。

室内消火柱一般设于靠近厂房、库房出口的内侧、楼梯间的平台上、走廊与走道内的明显易于取用的地点，离地面的高度应为 1.2m。

3. 露天生产装置区消防给水设施

(1) 消防供水竖管。采用低压消防给水系统的露天生产装置区内，对于高度大于 20m 的框架、塔群联合平台等，根据火灾危险性和灭火冷却的需要，应设置消防供水竖管。当平台、框架的保护面积小于或等于 $50m^2$ 时，竖管的管径可为 75mm；保护面积大于 $50m^2$ 时，竖管的直径应为 100mm。竖管应沿梯子一侧安设。在每层平台上均宜在竖管上设置接口，并在竖管设消防水带箱，箱内放置水带、水枪和泡沫管枪，便于冷却和灭火使用。

(2) 冷却喷淋设备。为了及时冷却高度超过 30m 的炼制塔、蒸馏塔或容器，宜设置固定喷淋冷却设备，可用喷水头也可用喷淋管。

(3) 消防水幕。在化工露天生产装置区有用消防水幕对设备或建筑物进行分隔保护的，阻止火势扩大。消防水幕应是均匀且连续性良好的雾状水帘。

(4) 带架水枪。在火灾危险性较大且高度较高的设备四周，宜设固定式带架水枪(亦称水炮)，并备置移动式带架水枪保护重点部位金属设备免受火灾辐射热的威胁。一般情况下，炼制塔群和框架上的容器除设有喷淋冷却设施和水幕分隔设施外，宜设置带架水枪加强保护。

4. 空气泡沫灭火设施

扑救大面积油类或储罐火灾的空气泡沫灭火设施有泡沫消防车、泡沫比例混合器、泡沫产生器、泡沫枪等设备组成。根据安装方式不同，分为移动式、半固定式和固定式三种。目前移动式和半固定式应用日益广泛。特别是采用曲臂升高灭火炮车和大功率泡沫消防车，以及泡沫液运输车组成移动式泡沫站是当前石油化工灭火的新技术。

固定泡沫站一般由消防水泵、泡沫比例混合器、泡沫产生器(又称泡沫室)、水池和泡沫液储罐组成。

5. 灭火器

化工厂房、库房、露天设备、生产装置区、储罐区，除应设置固定灭火设施外，还应设置灭火器，以便扑救初起火灾。

常用的灭火器类型及其性能、用途如表7-9。

表7-9　灭火器性能及用途

类型	泡沫灭火器	二氧化碳灭火器	干粉灭火器	"1211"灭火器	四氯化碳灭火器
规格	10L 65~130L	2kg 以下 2~3kg 5~7kg	8kg 50kg	1kg 2kg 3kg	2kg 以下 2~3kg 5~8kg
药剂	筒内装有碳酸氢钠、发沫剂和硫酸铝溶液	瓶内装有压缩成液体的二氧化碳液体	钢筒内装有钾盐（或钠盐）干粉，并备有盛装压缩气体的小钢瓶	钢筒内充装二氟一氯一溴甲烷，并充填压缩氮气	瓶内装有四氯化碳并加有一定压力
用途	扑救固体物质或其他易燃液体火灾。不能扑救忌水和带电设备火灾	扑救电气，精密仪器，油类和酸类火灾。不能扑救钾、钠、镁、铝等物质火灾	扑救石油、石油产品、油漆、有机溶剂、天然气设备火灾	扑救油类、电气设备、化工化纤原料等初起火灾	扑救电气设备火灾。不能扑救钾、钠、镁、铝、乙炔、二硫化碳等物质火灾
性能	10L 喷射时间 60s，射程 8m。65L 喷射 170s。射程 13.5m	接近着火地点，保持 8m	8kg 喷射时间 14~18s，射程 4.5m。50kg 喷射时间 50~55s，射程 6~8m	1kg 喷射时间 6~8s，射程 2~3m	8kg 喷射时间 30s，射程 7m
使用方法	倒过来稍加摇动或打开开关，药剂即喷出	一手拿着喇叭筒对着火源，另一手打开开关即可喷出	提起圈环，干粉即可喷出	拔下铅封或横销，用力压下压把即可喷出	只要打开开关，液体就可喷出
保养和检查	1. 放在使用方便的地方。 2. 注意使用期限。 3. 防止喷嘴堵塞。 4. 冬季防冻，夏季防晒。 5. 一年一检查，泡沫低于 4 倍时应换药	每月测量一次，当小于原量 1/10 时，应充气	置于干燥通风处，防潮防晒。一年检查一次气压，若重量减少 1/10 时应充气	置于干燥处，勿撞碰。每年检查一次质量	检查压力，小于定压时应充气

7.4.2　消防设施的配置

在化工企业规划和建筑设计时，必须同时考虑厂房（仓库）、储罐、堆场设置室外、室内消防设施的设计和配置。

1. 消防水源

消防用水可由城市给水管网、天然水源或消防水池供给。利用天然水源时，其保证率不应小于97%，且应设置可靠的取水设施。在化工场所，消防用水由工厂水源直接供给时，工厂给水管网的进水管不应少于两条。当其中一条发生事故时，另一条应能通过100%的消防用水和70%的生产、生活用水的总量。在消防用水由消防水池供给时，工厂给水管网的进水管，应能通过消防水池的补充水和100%的生产、生活用水的总量。化工企业宜建消防水池，并应符合下列规定：

（1）水池的容量，应满足火灾延续时间内消防用水总量的要求。当发生火灾能保证向水池连续补水时，其容量可减去火灾延续时间内的补充水量。

（2）水池的容量小于或等于1000m³时，可不分隔，大于1000m³时，应分隔成两个，并设带阀门的连通管；水池的补水时间，不宜超过48h。

（3）当消防水池与全厂生活或生产安全水池合建时，应有消防用水不作他用的技术措施；寒冷地区应设防冻措施。

2. 消防用水量

全部消防用水量应为其室内外消防用水量之和。室外消防用水量应为民用建筑、厂房（仓库）、储罐（区）、堆场室外设置的消火栓、水喷雾、水幕、泡沫等灭火、冷却系统等需要同时开启的用水量之和。室内消防用水量应为民用建筑、厂房（仓库）室内设置的消火栓、自动喷水、泡沫等灭火系统需要同时开启的用水量之和。

（1）厂区和居住区的消防用水量。厂区和居住区的消防用水量，应按同一时间内的火灾处数和相应处的一次灭火用水量确定。联合企业内的各分厂、罐区、居住区等，如有各自独立的消防给水系统，其消防用水量应分别进行计算。一次灭火的用水量，应符合下列规定：

① 厂内建筑物及居住区的室外消防水量的计算，根据《建筑设计防火规范》，满足如下规定。

工厂、仓库、堆场、储罐（区）和民用建筑的室外消防用水量，应按同一时间内的火灾次数和一次灭火用水量确定，包括同一时间内的火灾次数，一次灭火的室外消火栓用水量、泡沫灭火设备、带架水枪、自动喷水灭火系统以及其他室外消防用水设备，表7-9所示为建筑物室外消火栓用水量的最小值。一个单位内有泡沫灭火设备、带架水枪、自动喷水灭火系统以及其他室外消防用水设备时，应按上述同时使用的设备所需的全部消防用水量加上表7-10规定的室外消火栓用水量的50%计算确定。

表7-10　建筑物室外消火栓用水量

耐火等级	建筑物类别		建筑物体积 V/m^3					
			$V \leq 1500$	$1500 < V \leq 3000$	$3000 < V \leq 5000$	$5000 < V \leq 20000$	$20000 < V \leq 50000$	$V > 50000$
一、二级	厂房	甲、乙类	10	15	20	25	30	35
		丙类	10	15	20	25	30	40
		丁、戊类	10	10	10	15	15	20
	仓库	甲、乙类	15	15	25	25	—	—
		丙类	15	15	25	25	35	45
		丁、戊类	10	10	10	15	15	20
	民用建筑		10	15	20	20	25	30
三级	厂房（仓库）	乙、丙类	15	20	30	40	45	—
		丁、戊类	10	10	15	20	25	35
	民用建筑		10	15	20	25	30	—

② 工艺装置的消防用水量，应根据其规模、火灾危险类别及固定消防设施的设置情况等综合考虑确定。火灾延续供水时间不应小于3h。

③ 辅助生产设施的消防用水量，可按30L/s计算。火灾延续供水时间，不宜小于2h。

（2）可燃液体罐组的消防水量计算。应按火灾时消防用水量最大的罐组计算，其水量应为配置泡沫用水及着火罐和邻近罐的冷却用水量之和；当着火罐为立式罐时，距着火罐罐壁1.5倍着火罐直径范围内的相邻罐应进行冷却；当着火罐为卧式罐时，着火罐直径与长度之和的一半范围内的邻近地上罐应进行冷却；当邻近立式罐超过3个时，冷却水量可按3个罐的用水量计算；当着火罐为浮顶或浮舱式内浮顶罐（浮盖用易熔材料制作的储罐除外）时，其邻近罐可不考虑冷却。

（3）可燃液体地上立式罐应设固定或移动式消防冷却水系统，其供水范围、供水强度和设置方式应满足《石油化工企业设计防火规范》相关要求。

（4）可燃液体地上卧式罐宜采用移动式水枪冷却。冷却面积应按极影面积计算。着火罐供水强度不应小于 $6L/(min \cdot m^2)$；邻近罐不应小于 $3L/(min \cdot m^2)$。

（5）可燃液体储罐消防冷却用水的延续时间：直径大于20m的固定顶罐和浮盖用易熔材料制作的浮舱式内浮顶罐，应为6h；其他储罐可为4h。

（6）室内消防用水量应按下列规定经计算确定：

① 建筑物内同时设置室内消火栓系统、自动喷水灭火系统、水喷雾灭火系统、泡沫灭火系统或固定消防炮灭火系统时，其室内消防用水量应按需要同时开启的上述系统用水量之和计算；当上述多种消防系统需要同时开启时，室内消火栓用水量可减50%，但不得小于10L/s。

② 室内消火栓用水量应根据水枪充实水柱长度和同时使用水枪数量经计算确定，且不应小于表7-11的规定。

表 7-11 室内消火栓用水量

建筑物名称	高度 $h(m)$、层数、体积 $V(m^3)$ 或座位数 N（个）		消火栓用水量/(L/s)	同时使用水枪数量/支	每根竖管最小流量/(L/s)
厂房	$h \leqslant 24$	$V \leqslant 10000$	5	2	5
		$V \geqslant 10000$	10	2	10
	$24 < h \leqslant 50$		25	5	15
	$h > 50$		30	6	15

3. 泡沫灭火系统的设计

化工储罐区的火灾一般很难用水扑灭，通常使用泡沫灭火系统比较有效。储罐区泡沫灭火系统的设计和选择，应符合下列要求：

① 非水溶性甲、乙、丙类液体的固定顶储罐，可选用液上喷射泡沫灭火系统、液下喷射泡沫灭火系统或半液下喷射泡沫灭火系统。

② 水溶性甲、乙、丙类液体的固定顶储罐，应选用液上喷射泡沫灭火系统或半液下喷射泡沫灭火系统。

③ 甲、乙、丙类液体的外浮顶和内浮顶储罐应选用液上喷射泡沫灭火系统。

④ 非水溶性液体的外浮顶储罐、内浮顶储罐、直径大于18m的固定顶储罐以及水溶性液体的立式储罐，不应选用泡沫炮作为主要灭火设施。

⑤ 高度大于7m、直径大于9m的固定顶储罐，不应选用泡沫枪作为主要灭火设施。

在具体使用中，泡沫灭火系统一般可分为固定式泡沫灭火系统、半固定式泡沫灭火系统、移动式泡沫灭火系统，设计采用形式应根据储罐区的规模、火灾危险性、总体布置、扑灭难易程度和消防站的设置等因素综合确定。

（1）固定式泡沫灭火系统

固定式泡沫灭火系统，主要由消防水泵、泡沫液储罐、比例混合器、泡沫混合液管线、泡沫产生装置、阀门及管道组成。下列场所宜设置固定式泡沫灭火系统：

① 单罐容积大于或等于$10000m^3$的非水溶性和单罐容积大于或等于$500m^3$的水溶性甲、乙类可燃液体的固定顶罐及浮盖为易熔材料的内浮顶罐；

② 单罐容积大于或等于$50000m^3$的可燃液体浮顶罐；

③ 机动消防设施不能进行有效保护的可燃液体罐区；

④ 地形复杂消防车扑救困难的可燃液体罐区。

（2）移动式泡沫灭火系统

主要由移动式泡沫发生装置、消防车或机动泵、泡沫比例混合器、用水带连接组成的灭火系统；下列场所宜设置移动式泡沫灭火系统：

① 罐壁高度小于7m或容积等于或小于$200m^3$的非水溶性可燃液体储罐；

② 润滑油储罐；

③ 可燃液体地面流淌火灾、油池火灾。

（3）半固定式泡沫灭火系统

半固定式泡沫灭火系统主要由固定的泡沫发生装置、泡沫消防车或机动泵，用水带连接组成的灭火系统；或由固定泡沫泵、相应管道的移动和泡沫发生装置，用水带连接组成的灭火系统。不适合选用固定式和移动式泡沫灭火系统可燃液体罐区和工艺装置及单元内的火灾危险性大的局部场所，可选用半固定泡沫灭火系统。

储罐区采用固定式泡沫灭火系统，手动操作难以保证5min内将灭火泡沫送入着火罐时，储罐区混合液管道设置的控制阀宜采用遥控或程控。大于或等于$50000m^3$的浮顶罐应采用火灾自动报警系统，泡沫灭火系统可采用手动或遥控控制。大于或等于$100000m^3$的浮顶罐，泡沫灭火系统应采用程序控制。另外，泡沫灭火系统的具体设计中，涉及的泡沫液的选择、储存和配制及系统设计应按现行国家标准《低倍数泡沫灭火系统设计规范》的有关规定执行。

4. 灭火器的设置

（1）设置要求

为了保证设置的灭火器能够保持完好，在火灾时及时扑灭火灾，应满足以下要求：

① 灭火器应保持在满载和便于操作的完好状态，在不用的时候应始终放置在原定的设计位置上。

② 灭火器不应设置在不易被发现和黑暗的地点。在大型房间和不能完全避免视线障碍的场合，应提供指示灭火器所在位置的标志。

③ 灭火器应设置在位置明显和便于取用的地点。可沿场所的正常通道和出口处设置灭火器，但不得影响安全疏散。在火灾发生时应保证灭火人员能很快地接近灭火器并能方便取用。

④ 灭火器应设置稳固，其铭牌必须朝外。

⑤ 手提式灭火器宜设置在挂钩、托架上或灭火器箱内，其顶部离地面高度应小于1.50m；底部离地面高度不宜小于0.03m。

⑥ 灭火器箱不应上锁。在灭火器可能遭受故意破坏的场合，如果在紧急情况下有打开

灭火器箱的工具备用，可给灭火器箱上锁。

⑦ 灭火器不应设置在潮湿或强腐蚀性的地点，当必须设置时，应有相应的保护措施。灭火器设置在室外时，亦应有相应的保护措施。在灭火器可能遭受机械损坏的场合，应采取措施防止灭火器被碰撞。

⑧ 灭火器不得设置在超出其使用温度范围的地点，特别是不应将灭火器设置在有热源或阳光直射处而产生高温的场合，否则应采取隔热或保温措施。

（2）化工厂灭火器的设置

化工厂内需用灭火器的种类及数量，应根据保护部位的燃烧物料性质、火灾危险性、可燃物的数量、厂房和库房的占地面积，以及固定灭火设施对扑救初起火灾的可能性等因素，综合考虑决定。在一般情况下，小型灭火器设置的数量不应少于表 7-12 的要求。

小型灭火器系指 10L 泡沫、8kg 干粉、5kg 二氧化碳等手提式灭火器，化工露天生产装置区及危险性较大地点、除设置手提式灭火器外，还应设置一定数量的较大的泡沫、干粉等手推式灭火器。中小型化工厂在缺乏全厂性消防设施的条件下，除按表 7-12 设置小型灭火器外，宜根据火灾危险性增设手推式灭火器。

表 7-12　小型灭火器设置

场　　所	设置数量/(个/m²)	备　　注
甲、乙类露天生产装置	1/150～1/100	① 装置占地面积大于 1000m² 时选用小值，小于 1000m² 时选用大值； ② 不足一个单位面积，但超过其 50% 时，可按一个单位面积计算； ③ 灭火器最少设置数量为两个
丙类露天生产装置	1/200～1/150	
甲、乙类生产建筑物	1/50	
丙类生产建筑物	1/80	
甲、乙类仓库	1/80	
丙类仓库	1/100	
易燃和可燃液体装卸栈台	按栈台长度每 10～15m 设置 1 个	可设置干粉灭火器
液化石油气、可燃气体罐区	按储罐数量每罐设置两个	可设置干粉灭火器

 复习思考题

1. 简述选择厂址的基本安全要求及影响因素。

2. 简述平面布置的基本原则、基本要求和安全要点。

3. 简述厂区功能分区布置的主要内容。

4. 生产及储存物品的火灾危险性的分类原则是什么？具体又分为哪几类。

5. 建筑物的防火结构有哪几种？

6. 安全疏散设计的基本原则和设计程序是什么？

7. 工艺过程安全设计的要点是什么？

8. 工艺管线的安全设计的总体要求是什么？

9. 简述常见的消防设施及其配置要点。

案例分析

1994 年 10 月，密苏里州圣路易斯某旅游汽车公司的最高管理部门宣布，公司准备将其生产和装配业务移至密西西比州的瑞支克莱斯特（Ridgecrest），作为小吨位野营车和野营拖车的主要生产厂家，该公司由于急速上涨的生产成本，连续 5 年出现利润滑坡。劳动力和原材料费用涨幅惊人，行政管理费用直线上升，税收和交通运输费用也逐步上升。该公司尽管销售量在不断扩大，仍然遭受了自 1977 年投产以来的第一次净亏损。

当管理部门最初考虑迁厂时，曾仔细视察了几个地区。对迁厂至关重要的影响因素有以下这些：完备的交通设施，州、市的税收结构，充足的劳动力资源，积极的社会态度，合理的选址成本和金融吸引力。曾有几个地区提供了基本相同的优越条件，该公司的最高管理部门却被密西西比能源和电力公司的努力以及密西西比州地方官员的热情所打动。密西西比能源和电力公司力图吸引"清洁，劳动力密集型"工业，州政府和地方政府的官员想通过吸引生产厂家在其境内建厂来促进该州经济的发展。

直到正式公布出来两周前，该旅游汽车的最高管理部门才将其迁厂计划最后确定下来。瑞支克莱斯特工业区的一座现有建筑被选作新厂址（该址原为一家活动房屋制造厂，因资金不足和管理不善而破产）。州就业部开始招募工人，而公司出租或拍卖其在圣路易斯的产权的工作也已着手进行。密西西比用以吸引该旅游汽车公司在瑞支克莱斯特建厂的条件如下：

① 免收 5 年的国家和市政税收。

② 免费使用供水和排水系统。

③ 在工业区再建一个装货码头（免收成本费）。

④ 同意发行 50 万美元工业债券，以备未来扩展之用。

⑤ 由公共财政资助在地方工商学院培训工人。

除这些条件以外，还有许多其他关键因素。劳动力费用远低于圣路易斯，工会组织力量也比圣路易斯弱（密西西比州禁止强行要求工人加入工会）；行政管理费用和税收也不算高。总之，该旅游汽车公司的管理部门认为自己的决策是明智的。

8　职业危害与劳动保护

本章学习目的和要求

1. 了解职业危害因素及其来源；
2. 熟悉职业病及其特点、职业病预防的原则、我国职业病分类；
3. 掌握工业毒物的种类及职业中毒相关知识，熟悉职业性接触毒物危害程度分级，掌握职业中毒的类型及防毒综合措施；
4. 熟悉噪声、辐射、高温与低温作业的危害及防治措施；
5. 了解灼伤及灼伤的分类，熟悉灼伤现场急救要点及灼伤的预防措施；
6. 掌握工作场所有害因素职业接触限值的计算方法；
7. 了解化工行业常见有毒物质的特性；
8. 了解粉尘的概念及其影响；
9. 了解工业防毒防尘的主要应对措施。

在生产劳动过程中，作业环境条件异常、设备设施缺陷或其他突发原因，可能导致各种职业危害损害作业人员的健康，甚至危及生命。能量意外释放的事故致因理论认为，职业危害是各种危害性物质进入人体机体后，累计达到一定的量，与体液和组织发生物理化学作用，释放出化学能，扰乱或破坏机体的正常生理功能，引起暂时性或持久性的病理改变，甚至危及生命。

因此，需要认识生产场所中的各种职业危害因素的能量来源及其可能对作业场所中人员造成的伤害，采取有效的防护措施，预防与控制职业危害的发生，保护劳动者的健康。

8.1　职业危害因素与职业病

8.1.1　职业危害因素及其来源

职业危害因素包括：职业活动中存在的各种有害化学、物理、生理因素以及在作业过程中产生的其他职业有害因素。

职业危害因素存在于生产过程、劳动过程和生产环境中。具体来源如下。

1. 生产过程产生的危害因素

（1）化学因素

① 有毒物质：指生产过程中产生的，存在于工作环境中的化学物质。例如，氯乙烯生产过程中，有氯气、氯化氢、乙烯、二氯乙烷、氯乙烯等毒物；苯乙烯生产过程中，有苯、甲苯、乙苯、苯乙烯等毒物；丁苯橡胶生产过程中，有丁二烯、苯乙烯、高芳烃、过氧化二

异丙苯、乙二胺四乙酸四钠盐、萘磺酸钠甲醛缩合物、氯化钾、甲醛次硫酸氢钠、亚硝酸钠等十几种毒物；丙烯腈生产过程中，有丙烯、氨、丙烯腈、乙腈、氰化氢等毒物。

② 生产性粉尘：生产过程中产生的，较长时间悬浮在生产环境空气中的固体微粒，称为生产性粉尘。例如，炼油生产过程中，有石油焦粉尘、使用的催化剂硅酸铝（粉末状）等；催化剂生产过程中，有金属粉尘、水泥粉尘；其他如聚氯乙烯粉尘、苯酐粉末、石棉、滑石粉、碳酸钠等。

（2）物理因素

① 异常气象：如高温、低温、高湿等。

② 异常气压：如高气压、低气压等。

③ 噪声：来自机器自身的撞击、转动、摩擦，如压缩机、锅炉、鼓风机、球磨机、泵等；来自流体在管线、容器内的流动和撞击及压力突变产生的噪声，如高压蒸汽的放空等；来自电机交变力而产生的噪声，如发电机、变压器等。

④ 振动：如循环压缩机转动时引起包括厂房在内的振动；钻井、采油、转油等石油开采作业都有振动产生；其他如使用风动工具、电动工具、运输工具等。

⑤ 非电离辐射：如电焊时产生的紫外线等。

⑥ 电离辐射：如工业探伤的 X 射线，放射性同位素仪表产生的 γ 射线等。

（3）生物因素

生产过程使用的原料、辅料及在作业环境中都可能存在某些微生物和寄生虫，如炭疽杆菌、霉菌、布氏杆菌、森林脑炎病毒和真菌等。

2. 劳动过程中的有害因素

（1）劳动组织和劳动作息安排上的不合理

大检修或抢修期间，易发生劳动组织和作息安排的不合理，致使劳动者易于出现感情和劳动习惯的不适应。

（2）职业心理紧张

自动化程度高，仪表控制代替了笨重的体力劳动和手工操作，也带来了精神紧张的问题。

（3）生产定额不当、劳动强度过大，与劳动者生理状况不相适应等

检修期间的工作量较大，有时一天需拍片数十张，而且个人防护易被忽视，如拍片时接受的 X 射线剂量超过规定。

（4）过度疲劳

人体个别器官或系统的过度疲劳，长期处于某种不良体位或使用不合理的工具等。

3. 生产环境的有害因素

（1）自然环境因素

自然环境中因素，如炎热季节中的太阳辐射（室外露天作业）；油田企业夏季野外作业。

（2）厂房布置不合理

厂房建筑或布置不合理，如有毒岗位与无毒岗位设在同一工作间内。

（3）环境污染

不合理生产过程导致环境污染，如氯气回收、精制、液化等岗位产生的氯气泄漏，有时造成周围环境的污染。

上述各种职业危害因素，在生产劳动中有时单独存在，有时几种危害因素联合存在，从

而构成了不同企业部门、不同生产车间职业病危害因素的不同特点。

8.1.2 职业病概述

职业危害因素达到一定程度，并在一定条件下，对劳动者健康发生的损伤，称为职业性损伤。职业性损伤可以分为外伤、职业病和职业性多发病三类。

职业病与职业危害因素具有一定的因果关系，但应排除非职业性致病因素。

1. 职业病的特点

（1）职业病的病因明确

《中华人民共和国职业病防治法》中规定，职业病是指企业、事业单位和个体经济组织的劳动者在职业活动中，因接触粉尘、放射性物质和其他有毒、有害物质等因素而引起的疾病。这就明确了职业病的病因指的是对从事职业活动的劳动者可能导致职业病的各种职业病危害因素。

职业病的发生与其接触的职业病危害因素的种类、性质、浓度或强度有关。有些职业病病人，在医学检查时往往无特殊表现，或表现为一般症状，如头晕、头痛、无力、食欲减退以及白细胞减少等，如果该病人在劳动过程中经常接触浓度较高的苯，按照职业病诊断标准，应考虑到是否属接触苯导致的职业病病变。也就是说某种疾病如果与职业病危害因素无法联系，就不能称为有职业病病变。从另一个角度讲，只要控制和消除职业病危害因素这个职业病病因，职业病就不会发生。

（2）职业病的表现多样

职业病的发病表现多种多样，有急性的，有慢性的，还有接触职业病危害后经过一定时间缓缓发生的，也有长期潜伏性的。如吸入氯气、氨气等刺激性气体后，立即出现流泪、畏光、结膜充血、流涕、呛咳等症状，严重者可发生喉头水肿、化学性肺炎；如吸入二氧化氮、光气、硫酸二甲酯等刺激性气体后，往往要经过数小时至24h的潜伏期才出现较明显的呼吸系统症状。从事开矿、石英喷砂等接触大量矽尘作业者，经过数年或10余年后可发生矽肺。还有接触石棉、苯氯乙烯等致癌物者，往往接触1~20年后才显示职业性癌肿。

2. 职业病的范围

由于职业病危害因素的种类很多，导致职业病的范围很广，不可能把所有的职业病的防治都纳入《中华人民共和国职业病防治法》的调整范围。根据我国的经济发展水平，并参考国际通行做法，当务之急是严格控制对劳动者身体健康有危害的几类职业病，因此将职业病的范围限定于对劳动者健康危害大的几类职业病，并授权国务院卫生行政部门会同国务院劳动保障行政部门依据《中华人民共和国职业病防治法》规定、调整并公布新的职业病分类和目录。

根据职业病防治法的规定，《中华人民共和国职业病防治法》的具体使用对象为：中华人民共和国领域内的可能产生职业病危害的企业、事业单位和个体经济组织及其劳动者；从事劳动卫生服务的劳动卫生技术服务机构及其工作人员；工会组织及其成员；各级政府及其对职业病防治工作实施监督管理的部门及其工作人员；本规定以外的用人单位，产生职业病危害的，其职业病防治活动可参照本法执行；中国人民解放军参照执行本法的办法，由国务院、中央军事委员会制定。

国卫疾控发〔2013〕48号《职业病分类和目录》中规定十大类132种。

一类　职业性尘肺病及其他呼吸系统疾病

（一）尘肺病

1. 矽肺；2. 煤工尘肺；3. 石墨尘肺；4. 炭黑尘肺；5. 石棉肺；6. 滑石尘肺；7. 水泥尘肺；8. 云母尘肺；9. 工尘肺；10. 铝尘肺；11. 电焊工尘肺；12. 铸工尘肺；13. 根据《尘肺病诊断标准》和《尘肺病理诊断标准》可以诊断的其他尘肺。

（二）其他呼吸系统疾病

1. 过敏性肺炎；2. 棉尘病；3. 哮喘；4. 金属及其化合物粉尘肺沉着病（锡、铁、锑、钡及其化合物等）；5. 刺激性化学物所致慢性阻塞性肺疾病；6. 硬金属肺病。

二类　职业性皮肤病

1. 接触性皮炎；2. 光接触性皮炎；3. 电光性皮炎；4. 黑变病；5. 痤疮；6. 溃疡；7. 化学性皮肤灼伤；8. 白斑；9. 根据《职业性皮肤病的诊断总则》可以诊断的其他职业性皮肤病。

三类　职业性眼病

1. 化学性眼部灼伤；2. 电光性眼炎；3. 白内障（含放射性白内障、三硝基甲苯白内障）。

四类　职业性耳鼻喉口腔疾病

1. 噪声聋；2. 铬鼻病；3. 牙酸蚀病；4. 爆震聋。

五类　职业性化学中毒

1. 铅及其化合物中毒（不包括四乙基铅）；2. 汞及其化合物中毒；3. 锰及其化合物中毒；4. 镉及其化合物中毒；5. 铍病；6. 铊及其化合物中毒；7. 钡及其化合物中毒；8. 钒及其化合物中毒；9. 磷及其化合物中毒；10. 砷及其化合物中毒；11. 铀及其化合物中毒；12. 砷化氢中毒；13. 氯气中毒；14. 二氧化硫中毒；15. 光气中毒；16. 氨中毒；17. 偏二甲基肼中毒；18. 氮氧化合物中毒；19. 一氧化碳中毒；20. 二硫化碳中毒；21. 硫化氢中毒；22. 磷化氢、磷化锌、磷化铝中毒；23. 氟及其无机化合物中毒；24. 氰及腈类化合物中毒；25. 四乙基铅中毒；26. 有机锡中毒；27. 羰基镍中毒；28. 苯中毒；29. 甲苯中毒；30. 二甲苯中毒；31. 正己烷中毒；32. 汽油中毒；33. 一甲胺中毒；34. 有机氟聚合物单体及其热裂解物中毒；35. 二氯乙烷中毒；36. 四氯化碳中毒；37. 氯乙烯中毒；38. 三氯乙烯中毒；39. 氯丙烯中毒；40. 氯丁二烯中毒；41. 苯的氨基及硝基化合物（不包括三硝基甲苯）中毒；42. 三硝基甲苯中毒；43. 甲醇中毒；44. 酚中毒；45. 五氯酚（钠）中毒；46. 甲醛中毒；47. 硫酸二甲酯中毒；48. 丙烯酰胺中毒；49. 二甲基甲酰胺中毒；50. 有机磷中毒；51. 氨基甲酸酯类中毒；52. 杀虫脒中毒；53. 溴甲烷中毒；54. 拟除虫菊酯类中毒；55. 铟及其化合物中毒；56. 溴丙烷中毒；57. 碘甲烷中毒；58. 氯乙酸中毒；59. 环氧乙烷中毒；60. 上述条目未提及的与职业有害因素接触之间存在直接因果联系的其他化学中毒。

六类　物理因素所致职业病

1. 中暑；2. 减压病；3. 高原病；4. 航空病；5. 手臂振动病；6. 激光所致眼（角膜、晶状体、视网膜）损伤；7. 冻伤。

七类　职业性放射性疾病

1. 外照射急性放射病；2. 外照射亚急性放射病；3. 外照射慢性放射病；4. 内照射放射病；5. 放射性皮肤疾病；6. 放射性肿瘤（含矿工高氡暴露所致肺癌）；7. 放射性骨损伤；8. 放射性甲状腺疾病；9. 放射性性腺疾病；10. 放射复合伤；11. 根据《职业性放射性疾病诊断标准（总则）》可以诊断的其他放射性损伤。

八类　职业性传染病

1. 炭疽；2. 森林脑炎；3. 布鲁氏菌病；4. 艾滋病（限于医疗卫生人员及人民警察）；5. 莱姆病。

九类　职业性肿瘤

1. 石棉所致肺癌、间皮瘤；2. 联苯胺所致膀胱癌；3. 苯所致白血病；4. 氯甲醚、双氯甲醚所致肺癌；5. 砷及其化合物所致肺癌、皮肤癌；6. 氯乙烯所致肝血管肉瘤；7. 焦炉逸散物所致肺癌；8. 六价铬化合物所致肺癌；9. 毛沸石所致肺癌、胸膜间皮瘤；10. 煤焦油、煤焦油沥青、石油沥青所致皮肤癌；11. β-萘胺所致膀胱癌。

十类　其他职业病

1. 金属烟热；2. 滑囊炎（限于井下工人）；3. 股静脉血栓综合征、股动脉闭塞症或淋巴管闭塞症（限于刮研作业人员）。

3. 职业病的诊断

（1）诊断依据

① 病人的职业史。包括工作单位、参加工作时间、车间、工作岗位（工种）、接触职业病危害因素种类、防护设施和个体防护用品、职业病危害因素的浓度（强度）。

② 职业病危害接触史和现场危害调查与评价。职业病危害接触史包括接触职业病危害因素的种类、浓度或强度、接触时间；现场危害调查包括职业病防护设施运转状态、个人防护用品佩戴情况，同一作业场所的其他作业工人是否受到伤害或有类似的表现，工作场所职业病危害因素检测结果及评价分析。

③ 临床表现以及辅助检查结果等。临床表现包括患者的症状与体征，根据其临床表现和患者的职业接触史、现场调查情况，有针对性地进行实验室检查并做出相应的分析，如职业病危害因素的危害作用与病人的临床表现是否相符；按照危害因素的浓度（强度）与疾病发病规律是否相符；病人发病过程和病情进展或出现的临床表现，与拟诊断疾病的规律是否相符。

（2）诊断机构

职业病诊断必须由取得省级以上人民政府卫生行政部门批准的医疗卫生机构依照确定的职业病范围进行，如尘肺诊断、职业中毒诊断、职业性物理因素损伤疾病的诊断、职业性皮肤病的诊断、职业性耳鼻喉口腔疾病的诊断、职业性放射病的诊断等。承担职业病诊断的医疗卫生机构不得超出确定的诊断范围进行职业病诊断。

为了有效地保护劳动者的健康权益，承担职业病诊断的医疗卫生机构应对上述条件依法进行综合分析后，没有证据否定职业病危害因素与病人临床表现之间的必然联系的，在排除其他致病因素后，应当诊断为职业病。

（3）职业病诊断标准

为配合 2016 年 7 月修订的《中华人民共和国职业病防治法》，卫生部根据《职业病分类和目录》完善了配套的职业病诊断标准体系。现行的职业病诊断标准已达 110 项，包括职业病基础标准、职业中毒诊断标准、尘源性疾病诊断标准、振动所致疾病诊断标准、异常气象所致疾病诊断标准、异常气压所致疾病诊断标准、职业性皮肤病诊断标准、职业性眼病诊断标准、职业性耳鼻喉口腔疾病诊断标准、职业性变应性疾病诊断标准、职业性传染性疾病诊断标准、职业性肿瘤诊断标准、职业性损伤性疾病诊断标准、职业性放射性疾病诊断标准等，而且每一个诊断标准还包活诊断原则、诊断及分级标准、治疗原则、劳动能力鉴定、健康检查要求、职业禁忌证等部分，最后有正确使用标准的说明。

8.2 化工生产职业危害与劳动保护

职工劳动保护，是指国家和企业在劳动过程中为保护劳动者或企业职工的安全和健康所采取的各种措施，包括劳动安全、劳动卫生、女职工和未成年人特殊保护、工作时间和休息休假等。劳动保护是我国的一项重要国策，各级政府机关、经济部门、企业单位及其管理人员，都必须按照《中华人民共和国劳动保护法》的要求采取各种组织措施和技术措施，为劳动者建立安全、卫生、舒适的劳动条件；预防和消除劳动过程中的伤亡事故、职业中毒和职业病的发生；保护劳动者的身体健康和生命安全；保持和提高劳动者持久的劳动能力，避免社会劳动力和物质财富的不应有的损失。

在化工生产中，从原料、中间体到成品，大都具有易燃、易爆、毒性等化学危险性，而且化工工艺过程复杂多样化，高温、深冷等不安全因素多，因此在生产过程中必须加强职工的劳动保护，避免或减少在生产环境中受到伤害。

8.2.1 劳动保护的主要工作内容

劳动过程中(工具设备和生产环境)存在着各种不安全、不卫生因素，如果不加以保护将会发生工伤事故和职业危害。例如，矿井作业可能发生瓦斯爆炸、冒顶、火灾等事故；工厂生产可能发生机器绞碾、电击电伤、受压容器爆炸以及各种有毒有害物质的危害等；建筑施工可能发生高空坠落、物体打击和碰撞；交通运输可能发生车辆伤害和人员伤害事故；农业生产可能发生农业机械伤害、触电、农药和化肥中毒等。所有这些，都会危害劳动者的安全健康，甚至造成人民财产的重大损失。

另外，在劳动过程中，还有一些因素(人及组织行为不当)对劳动者的安全健康也有影响。例如，劳动者的工作时间过长、劳动强度过大，会造成过度疲劳，积劳成疾，并且容易发生工伤事故；女职工和未成年工从事过于繁重的或有害妇女生理的劳动，也会给他们的健康造成危害。

因此，国家必须采取各种有效的办法来消除这些因素，以保障劳动者的安全健康。这些办法归纳起来主要是：

（1）不断改善劳动条件，预防工伤事故和职业病的发生，为劳动者创造安全、卫生、舒适的劳动条件；

（2）规定法定工时和休假制度，限制加班加点，保证劳动者有适当的休息时间和休假日数；

（3）实行女职工和未成年工的特殊保护，解决他们在劳动中由于生理关系而引起的一些特殊问题。

（4）提供劳动防护用品和保健用品，加强对劳动者在特殊作业条件和环境下的保护。

8.2.2 工业毒物危害与防护

1. 工业毒物及毒性

1）工业毒物及来源

当某种物质进入机体，累积到一定量后，就会与机体组织发生生物化学或生物物理变化，干扰或破坏机体的正常生理功能，引起暂时性或永久性的病理状态，甚至危及生命，我们把这种物质称为毒物。工业毒物是指工业生产过程中接触到的化学毒物。

工业毒物的来源是多方面的。化工生产中所使用的原材料，如生产甲醛使用的甲醇；生产过程中的中间体或副产物，如生产苯胺的中间产品硝基苯；生产的最终产品，如农药；生产所用的催化剂，如乙炔法生产氯乙烯所用的催化剂氯化汞；生产过程中的溶剂，如常用的有机溶剂乙醇和丙酮；生产原料和产物所含带的杂质，如合成氨原料气中的一氧化碳和硫化氢等；合成塑料、合成橡胶、合成纤维过程中所用的增塑剂、防老剂、稳定剂等，多数都是有毒物质。

2）工业毒物的分类

化工生产中，工业毒物是广泛存在的。由于毒物的化学性质各不相同，因此分类的方法很多，主要有按物理形态分、按化学性质和用途相结合的方法分、按毒作用性质分等。

（1）按物理形态分类

① 气体。指在常温常压下呈气态的物质。如常见的一氧化碳、氯气、氨气、二氧化硫等。

② 蒸气。指液体蒸发、固体升华而形成的气体。前者如苯、汽油蒸气等，后者如熔磷时的磷蒸气等。

③ 烟。又称烟尘或烟气，为悬浮在空气中的固体微粒，其直径一般小于 $1\mu m$。有机物加热或燃烧时可产生烟，如塑料、橡胶热加工时产生的烟；金属冶炼时也可产生烟，如炼钢、炼铁时产生的烟尘。

④ 雾。为悬浮于空气中的液体微粒，多为蒸气冷凝或液体喷射所形成。如铬电镀时产生的铬酸雾，喷漆作业时产生的漆雾等。

⑤ 粉尘。为悬浮于空气中的固体微粒，其直径一般大于 $1\mu m$，多为固体物料经机械粉碎、研磨时形成或粉状物料在加工、包装、储运过程中产生。如制造铅丹颜料时产生的铅尘，水泥、耐火材料加工过程中产生的粉尘等。

（2）按化学类属分类

① 无机毒物。主要包括金属与金属盐、酸、碱及其他无机化合物。

② 有机毒物。主要包括脂肪族碳氢化合物、芳香族碳氢化合物及其他有机物。随着化学合成工业的迅速发展，有机化合物的种类日益增多，因此有机毒物的数量也随之增加。

（3）按毒作用性质分类

按毒物对机体的毒作用结合其临床特点大致可分为以下 4 类。

① 刺激性毒物。酸的蒸气、氯、氨、二氧化硫等均属此类毒物。

② 窒息性毒物。常见的如一氧化碳、硫化氢、氰化氢等。

③ 麻醉性毒物。芳香族化合物、醇类、脂肪族硫化物、苯胺、硝基苯等均属此类毒物。

④ 全身性毒物。其中以金属为多，如铅、汞等。

3）工业毒物的毒性

（1）毒性及其评价指标

毒物的剂量与反应之间的关系，用"毒性"一词来表示。毒性的计算单位一般以化学物质引起实验动物某种毒性反应所需的剂量表示。对于吸入中毒，则用空气中该物质的浓度表示。某种毒物的剂量（浓度）越小，表示该物质毒性越大。通常用实验动物的死亡数来反映物质的毒性。常用的评价指标有以下几种。

① 绝对致死剂量或浓度（LD_{100} 或 LC_{100}），是指使全组染毒动物全部死亡的最小剂量或浓度。

② 半数致死剂量或浓度(LD_{50}或LC_{50})，是指使全组染毒动物半数死亡的剂量或浓度。

③ 最小致死剂量或浓度(MLD或MLC)，是指使全组染毒动物中有个别动物死亡的剂量或浓度。

④ 最大耐受剂量或浓度(LD_0或LC_0)，指使全组染毒动物全部存活的最大剂量或浓度。

上述各种"剂量"通常是用毒物的毫克数与动物的每千克体重之比（即 mg/kg）来表示。"浓度"常用每立方米（或升）空气中所含毒物的毫克或克数（即 mg/m^3、g/m^3、mg/L）来表示。

（2）毒物的急性毒性分级

毒物的急性毒性可根据动物染毒实验资料LD_{50}进行分级，据此将毒物分为剧毒、高毒、中等毒、低毒和微毒五级，详见表8-1。

表8-1　化学物质的急性毒性分级

毒物分级	大鼠一次经口 LD_{50}/（mg/kg）	6只大鼠吸入4 h死亡 2~4 只的浓度/ppm	兔涂皮肤 LD_{50}/（mg/kg）	对人可能致死剂量	
				g/kg	总量/g（以60kg体重）
剧毒	<1	<10	<5	<0.05	0.1
高毒	1~50	10~100	5~44	0.05~0.5	3
中等毒	50~500	100~1000	44~350	0.5~5.0	30
低毒	500~5000	1000~10000	350~2180	5.0~15.0	250
微毒	5000~15000	10000~100000	2180~22590	>15.0	>1000

注：摘自《化学物质毒性全书》。

2. 工业毒物的危害

1）工业毒物进入人体的途径

工业毒物进入人体的途径有三种，即呼吸道、皮肤和消化道，其中最主要的是呼吸道，其次是皮肤，经过消化道进入人体仅在特殊情况下才会发生。

（1）经呼吸道进入

毒物经呼吸道进入人体是最主要、最危险、最常见的途径。因为凡是呈气态、蒸气态或气溶胶状态的毒物均可随时伴随呼吸过程进入人体；而且人的呼吸系统从气管到肺泡都具有相当大的吸收能力，尤其肺泡的吸收能力最强，肺泡壁极薄且总面积大约有 55~120m^2，其上有丰富的微血管，由肺泡吸收的毒物会随血液循环迅速分布全身；在全部职业中毒者中，大约有 95% 是经呼吸道吸入引起的。

生产性毒物进入人体后，被吸收量的大小取决于毒物的水溶性和血/气分配系数，血/气分配系数是指毒物在血液中的最大浓度与肺泡内气体浓度之比值。毒物的水溶性越大，血/气分配系数越大，被吸收在血液中的毒物也越多，导致中毒的可能性越大。

（2）经皮肤进入

毒物经皮肤进入人体的途径主要有表皮屏障和毛囊，即少数是通过汗腺导管进入。皮肤本身是人体具有保护作用的屏障，如水溶性物质不能通过无损的皮肤进入人体内。但是当水溶性物质与脂溶性或类脂溶性物质共存时，就有可能通过屏障进入人体。

毒物经皮肤进入人体的数量和速度，除了与毒物的脂溶性、水溶性、浓度和皮肤的接触面积有关外，还与环境中气体的温度、湿度等条件有关，能经过皮肤进入人体的毒物有以下三类：

① 能溶于脂肪或类脂质的物质。此类物质主要是芳香族的硝基、氨基化合物，金属有机铅化合物以及有机磷化合物等，其次是苯、二甲苯、氯化烃类等物质。

② 能与皮肤的脂酸根结合的物质。此类物质如汞及汞盐、砷的氧化物及其盐类等。

③ 具有腐蚀性的物质。此类物质如强酸、强碱、酚类及黄磷等。

（3）经消化道进入

毒物从消化道进入人体，主要是由于不遵守卫生制度，或误服毒物，或发生事故时毒物喷入口腔等所致。

2）职业中毒的类型

职业中毒按照发生时间和过程分为急性中毒、慢性中毒和亚急性中毒三种类型。

（1）急性中毒。急性中毒是由于大量的毒物于短时间内侵入人体后突然发生的病变现象。急性中毒大多数是由于生产设备的损坏、违反操作规程、无防护地进入有毒环境中进行紧急修理等引起的。通常，未超过一次换班时间内发生的中毒，称为急性中毒。不过，有一些急性中毒并不立刻发作，往往经过一定的短暂时间后才表现其明显症状，如砷化氢、氮的氧化物中毒等。

（2）慢性中毒。慢性中毒是由于比较小量的毒物持续或经常地侵入人体内逐渐发生病变的现象。职业中毒以慢性中毒最多见。慢性中毒发生是由于毒物在人体内积蓄的结果。因此，凡有积蓄性的毒物都可能引起慢性中毒，如铅、汞、锰等。中毒症状往往要在从事有关生产后几个月、几年，甚至好多年后才出现，而且早期症状往往都很轻微，故常被忽视而不能及时发觉。因此，在工业生产中，预防慢性职业中毒的问题，实际上较急性中毒更为重要。

（3）亚急性中毒。介于急性与慢性中毒之间，病变时间较急性中毒长，发病症状较急性中毒缓和的中毒，称为亚急性中毒，如二硫化碳、汞中毒等。

3）职业中毒对人体的危害

职业中毒可对人体多个系统或器官造成损害，主要包括神经系统、呼吸系统、血液和造血系统、消化系统和泌尿系统等。

（1）神经系统。慢性中毒早期常见神经衰弱综合征和精神症状，一般为功能性改变，脱离接触后可逐渐恢复。铅、锰中毒可损伤运动神经、感觉神经，引起周围神经炎。震颤常见于锰中毒或急性一氧化碳中毒后遗症。重症中毒时可发生脑水肿。

（2）呼吸系统。一次吸入某些气体可引起窒息，长期吸入刺激性气体能引起慢性呼吸道炎症，可出现鼻炎、鼻中隔穿孔、咽炎、支气管炎等上呼吸道炎症。吸入大量刺激性气体可引起严重的呼吸道病变，如化学性肺水肿和肺炎。

（3）血液系统。许多毒物对血液系统能够造成损害，根据不同的毒性作用，常表现为贫血、出血、溶血、高铁血红蛋白以及白血病等。铅可引起低血色素贫血，苯及三硝基甲苯等毒物可抑制骨髓的造血功能，表现为白细胞和血小板减少，严重者发展为再生障碍性贫血。一氧化碳与血液中的血红蛋白结合形成碳氧血红蛋白，使组织缺氧。

（4）消化系统。毒物对消化系统的作用多种多样。汞盐、砷等毒物大量经口进入时，可出现腹痛、恶心、呕吐与出血性肠胃炎。铅及铊中毒时，可出现剧烈的持续性的腹绞痛，并有口腔溃疡、牙龈肿胀、牙齿松动等症状。长期吸入酸雾，牙釉质破坏、脱落，称为酸蚀症。吸入大量氟气，牙齿上出现棕色斑点，牙质脆弱，称为氟斑牙。许多损害肝脏的毒物，如四氯化碳、溴苯、三硝基甲苯等，可引起急性或慢性肝病。

（5）泌尿系统。汞、铀、砷化氢、乙二醇等可引起中毒性肾病，如急性肾功能衰竭、肾病综合征和肾小管综合征等。

（6）其他。生产性毒物还可引起皮肤、眼睛、骨骼病变。许多化学物质可引起接触性皮炎、毛囊炎。接触铬、铍的工人皮肤易发生溃疡。如长期接触焦油、沥青、砷等可引起皮肤黑变病，甚至诱发皮肤癌。酸、碱等腐蚀性化学物质可引起刺激性眼炎，严重者可引起化学性灼伤，溴甲烷、有机汞、甲醇等中毒，可发生视神经萎缩，以至失明。有些工业毒物还可诱发白内障。

3. 工业毒物的控制与预防

为了保护职工在生产活动过程中的安全与健康，防止职业中毒事故的发生，必须从工艺和设备的技术改造、通风排毒、毒物净化、个体防护、管理与法制等方面采取综合措施，才能达到理想的要求，保证职工在生产活动过程中的安全与健康。

1）生产工艺和设备的技术改造

生产工艺和设备的技术改造是防治毒物污染源的根本途径，是防止职业中毒事故发生的最主要方法。生产工艺和设备技术改造主要包括：以无毒低毒代替有毒高毒，生产过程中设备的密闭化、机械化、自动化等。因此，在治理有毒物质污染时，首先应考虑尽可能采用新材料、新工艺、新设备，从技术改造入手，根本改变生产环境、改善劳动条件、保障职工的安全与健康。

（1）以无毒低毒代替有毒高毒

在生产过程中应尽量采用无毒或低毒的原料及辅料，以代替有毒或高毒的原料及辅料，以无毒低毒工艺和物料取代有毒高毒的工艺和物料是劳动安全卫生工作中防毒的重要原则，也是防毒的根本方法。

在合成氨生产过程中，原料气的脱硫、脱碳，以往一直采用砷碱法，砷碱中的主要成分为毒性较大的三氧化二砷（砒霜），严重威胁职工的安全与健康。为了减少这种危险性，通过研究，采用本菲尔特法脱碳和采用蒽醌二磺酸钠（ADA）法脱硫，可取得良好的脱硫、脱碳效果，并可彻底消除砷对人体的危害。

以隔膜法替代水银电解法工艺生产碱。制氯碱的传统工艺大都是采用水银电解制造碱。这种传统工艺在生产过程中，汞的蒸气随着氢气排入大气，汞随着盐水系统、盐泥等而流失，而造成环境污染。而采用隔膜法生产工艺，则不需用汞，彻底消除了汞的污染。在涂装行业中，以往大部分都是用毒性较大的苯及其同系物（甲苯、二甲苯等）作为涂漆的稀料。而以炼油厂的抽余油等取代苯类稀料，现研制出硝基漆、氨基漆、过氯乙烯漆、醇酸树脂漆等多种涂漆。所谓抽余油就是指已经抽去芳香烃余下的油，已切割去属于橡胶溶剂油的60～90℃馏分，只用95～145℃末段馏分。经动物试验，其毒性大大低于苯类溶剂。应用时应注意：要根据漆种来研究应用配方，不同漆种因树脂不同而难以通用。例如，过氯乙烯漆中不能加入汽油、乙醇、丁醇等，也不能与硝基漆混用，否则过氯乙烯漆会析出变质。值得注意的是，代替苯类的稀料并不都是无毒的，应用时仍需采取防毒措施。

清洗各种金属零部件、材料和设备等上的油污，以往常用碱液、汽油、三氯乙烯清洗。碱液清洗效率低，劳动条件差；汽油等有机溶剂清洗，虽除油效率高，但毒性大。为改善劳动条件，在清洗各种金属零部件、材料和设备等上的油污时，应采用无毒低毒清洗剂。

（2）生产设备的密闭化、机械化和自动化

生产设备的密闭化、机械化和自动化是防毒的重要技术措施之一。它不仅能大大改善作业环境，而且能提高劳动生产率和产品质量，减少原材料的消耗，这项防毒技术措施，已在各个行业生产过程中普遍采用。

① 生产设备密闭化

生产设备密闭的原理和结构非常简单，在生产设备的开口处设置密闭罩，以防止设备内的毒物和粉尘逸散。一般情况下，应保持密闭设备内为负压状态，以提高密闭效果。例如，日光灯生产时，采用密封灌汞机，安装抽风净化装置等，以免汞对车间的污染，影响职工身体健康。实现灌汞的密闭操作，不仅防止了汞的危害，而且提高了工作效率，降低了汞原料的消耗。

② 喷漆作业的密闭

在喷漆过程中散发出大量有毒气体，严重污染作业环境。GB 6514—2008《涂装作业安全规程——涂漆工艺安全及其通风净化》规定：喷漆作业应在设有机械通风装置的喷漆室内进行。实践证明：隧道式、房屋式、罩子式的全密闭或半密闭的喷漆室是控制喷漆作业有毒气体污染的有效方法。在实际中，可根据喷漆工件的外形、尺寸、喷漆工艺和现场条件而确定采用哪种形式。喷漆室内的气流组织应合理，不要形成死角或涡流。喷漆中、小工件的旁侧抽风喷漆室应设置具有旋转工件的装置，以方便操作者对工件各面进行喷漆，而不受漆雾喷逸的影响；采用底部抽风顶部送风的喷漆室喷漆大工件时，应设有登高工具，其高度应保证操作者呼吸带不受有害物质污染；喷涂带沟槽的工件，宜使用长柄喷枪，使操作者呼吸带不处于漆雾区域。

③ 投料点和出料点的密闭

在生产过程中，投料点和出料点是重要污染源，因此，必须对出料点和投料点采取密闭措施，并与工艺的机械化和自动化相结合。

生产过程中可根据不同的物料和工艺条件采取不同的投料方法。投料可采用高位槽、管道输送、机械投料、真空投料等方法。一般情况下，液体物料采用高位槽和管道输送，将液体物料用泵送入高位槽，根据需要自动定量投入设备；也可用泵直接通过管道输入设备。能溶解为液体的固体物料一般也采用该方法，以减少生毒污染。颗粒较大的固体物料则采用机械投料方法，把物料用提升装置从料仓提升到高位槽，然后根据需要定量投入设备；从料仓到炉子和设备，一般采用螺旋输送。粉末状物料则采用真空投料法，这种方法既可防止尘毒逸出而污染环境，又可节约原材料，减轻劳动强度。

物料的出料一般采用管道输送。出料包装过程应采用全自动化，以避免操作人员直接接触毒物。

排料密闭循环是防止排出的污染物污染环境的重要措施。排料密闭循环是指生产系统的排出物（夹杂的原料和中间产品）通过一定处理后，重新返回生产系统再次利用的过程。这种密闭循环过程，既减少了原料的消耗，又避免污染物对人体的危害。由于排料密后循环在控制污染方面有很多优越性，因此，这种方法得到广泛的应用。

④ 防止泄漏

防毒的另一个重要环节是提高设备和管道的密封性，以防止有毒物料的逸散和泄漏。生产过程中的跑、冒、滴、漏是造成作业场所环境污染的主要因素。产生跑、冒、滴、漏装置将此信号变换、处理和显示；可以对机器、设备及过程的启动、停止及交换、接通等由自动装置进行操纵；可以把对象的信号送往自动装置，同时还要把自动装置的调节作用送往对象，使参数趋于给定值；当机器、设备及过程出现不正常工作情况时，能发出各种报警并自动采取措施，以防止事故和保证安全生产。

2）排毒与净化措施

（1）排毒措施

在有毒有害作业场所应用通风排毒技术可以保证作业场所空气的清新，将作业场所空气中有毒有害物质的浓度控制在国家有关标准规定的最高允许浓度范围内，保证职工的健康和生产的正常运行。

产生和使用有毒有害物质的企业一般都采用了通风排毒措施，但有些企业的排毒的效果不理想，没有达到国家规定标准的要求。根据实际情况的了解和分析，造成通风排毒效果不佳的主要原因是：生产工艺布局不合理，没有采用局部通风，气流没有合理组织，通风系统和设备未进行设计和计算，安装质量差，管理不善等。好的通风系统和设备应该具备：排毒效果好、投资低、能耗低、不影响工人操作、管理维护简便。为达到这些要求，在采用通风排毒方法时，应充分考虑以下原则。

① 通风系统的优化设计。设计时，应根据有毒物质的用量、气体的浓度、最小控制风速、作业场所的浓度要求、有毒物质的排放标准、气体的爆炸极限等进行设计计算，建立合理的通风系统，确定所需的风量、风压，并根据风量和风压，选择合适的风机；在通风设备安装时，要保证施工质量，防止系统漏风，保证通风排毒的有效性。对通风系统所有的连接处都应保证密封，整个系统不得产生漏风。

② 选择合理的通风方式和合理气流组织。在选择通风排毒方式时，应首先考虑局部排风方式，其次考虑局部排风与全面通风相结合的方式。根据现场实际情况，选用合适的排风罩，以保证有效地排毒排尘；进入作业场所的新鲜空气应先经作业人员的呼吸带，禁止进入的新鲜空气先经污染源，再经作业人员的呼吸带。进风口与排风口的位置必须保持一定的距离，防止排出的污染物又被吸入作业场所而造成污风循环。

③ 合理调整生产工艺，满足通风排毒的要求。将有毒与无毒、毒性大（或浓度大）与毒性小（或浓度小）的作业尽可能分开。例如，如果涂装作业将配漆、喷漆、烘干等工序共用一个车间或厂房，没有专门的喷漆室，在喷涂作业时，整个车间或厂房内漆雾弥漫，导致各工序互相影响，尽管采取了通风措施。但不能达到预期效果。如果把上述工序分开布置，可另采用局部通风，就可收到很好的效果。

④ 加强通风排毒系统的管理与维护。通风排毒系统的管理不善、维护不当，也是造成生产场所环境恶劣的重要原因之一。对通风排毒系统应有专人管理，对设备应进行定期维修，对通风系统和车间的气体浓度应定期检测，以充分发挥通风排毒系统和设备的作用。

（2）毒物净化措施

工业生产中，由通风排毒系统排出的有害气体、烟尘等有毒有害物质，必须净化到排放标准后，方可排入大气。毒物净化方法很多，常见的毒物净化方法主要有冷凝法、吸附法、燃烧法和吸收法。各种生产工艺排出的有毒有害气体种类繁多，性质各异。相此，应根据不同有毒有害物质的化学性质和物理性质，以及作业条件等具体情况分别采用不同的净化方法。

① 冷凝法

冷凝法是利用不同物质在同一温度下具有不同的饱和蒸气压，以及同一物质在不同温度下具有不同的饱和蒸气压的特性，将混合气体冷却，使其中某些污染物冷凝成液体，从而使其从混合气体中分离出来，并对分离出来的物质予以回收利用的方法。因此，这种方法可对高浓度的有毒有害气体进行回收。

② 吸附法

不同物质接触时，其中一种或多种物质吸附在另一种物质上的现象称为吸附现象。具备吸附能力的物质称为吸附剂，被吸附的物质称为吸附质。

吸附过程是利用吸附质气相分子和吸附剂表面分子的吸引力，使吸附质气相分子吸附于吸附剂表面上。其吸附能力取决于吸附剂表面和被吸附物质的物理性质，如吸附剂比表面积、吸附质气体的相对分子质量、分子尺寸、沸点等。吸附法一般适用于对低浓度分子碘酸有毒有害物质的净化和回收，特别适用于溶剂蒸气的净化和回收。

③ 燃烧法

燃烧净化是净化有机废气的重要方法之一。燃烧法分为催化燃烧法与热力燃烧法。

催化燃烧法是利用催化剂在较低温度下将有机废气转化为 CO 和 H_2O，催化燃烧法具有净化效率高、设备简单、无二次污染、管理方便等优点。

热力燃烧法是将被处理的可燃有机废气直接导入燃烧炉，使废气中的可燃组分燃烧氧化成无害的 CO_2 和 H_2O，并产生热量。热力燃烧法具有性能可靠、设备简单、投资低、管理方便等优点，但这种方法能耗大，运行费用高。

④ 吸收法

吸收法不仅可用于许多有机气体的净化，而且可用于许多无机气体的净化。利用吸收液与混合气体接触，将其中某些有毒有害物质组分溶解或吸收于吸收液中的过程称为吸收。在吸收过程中，被吸收的气体称为吸收质，吸收用的液体称为吸收剂。

3）卫生防护

（1）个体防护

个体防护在防毒综合措施中起辅助作用，但在特殊场合下却具有重要作用，例如进入高浓度毒物污染的密闭容器操作时，佩戴正压式空气呼吸器就能保护操作人员的安全健康，避免发生急性中毒。应根据工作场所存在毒物的种类、浓度（剂量）情况选择适合的呼吸防护器材，每个接触毒物的工作者都应学会使用，掌握注意事项。常用的有隔离式防毒面具、过滤式防毒面具、防毒口罩和正压式空气呼吸器等。为防止毒物沾染皮肤，接触酸碱等腐蚀性液体及易经皮肤吸收的毒物时，应穿耐腐蚀的工作服、戴橡胶手套、工作帽，穿胶鞋。为了防止眼损伤，可戴防护眼镜。

（2）个人卫生

保持良好的个人卫生状况，可减少毒物对人体健康影响的机会。有毒物危害的车间应设置盥洗设备、淋浴室及存衣室，配备个人专用更衣箱。接触经皮肤吸收及局部作用危险性大的毒物，要有皮肤和眼冲洗设施。饭前班后应及时冲洗和更换衣服。严禁在有毒有害岗位进食、吸烟。提倡戒烟、少量饮酒。

（3）职业健康体检

职业健康检查，包括上岗前、定期、离岗时和应急健康体检。上岗前体检是指新进厂、调入有毒有害岗位的职工的健康体检，其目的，一是发现职业禁忌者，给就业者安排适合的工作，二是作为职业病危害追踪观察的基础资料，以便对职业病的诊断与治疗。上岗前体检不同于招工体检，前者的要求高于后者。在岗期间体检是指按照职工接触不同的毒物，每间隔一定的时期就进行一次的体检，其目的在于早期发现职业损伤和职业病患者，以便诊断治疗和采取预防措施。将职业性体检的资料收集、整理，建立职工健康档案。离岗时和应急健康体检，其目的是发现疑似职业病或职业病病人，以早期诊断治疗。每一个从事有毒作业的职工，都应积极参加职业性体检，不得借故推辞。

（4）接触控制

接触控制的目的是通过对工作场所职业危害因素的监测，并对其实行定性定量评价，进而控制接触。接触控制的主要手段是监测，它分为区域（车间，岗位）定点监测，个体监测和生物监测三类。个体监测和生物监测是对从事有毒有害作业的个体采样分析，先获得个体接触资料，再通过若干个体资料推算群体接触水平。区域定点监测是以作业环境的作业点（检测点）采样分析，获得环境资料，进而推算在该环境中作业人群或个体的接触水平。车间空气中有毒物质的测定要定时定点，在工人接触量最大、生产工艺或产量改变时，设备大检修或抢修后，正常生产时和不同季节都应采样分析。工人在上班时经常操作、巡检、观察、停留的地点均应设定检测点。采样时采样器一定要放在工人的呼吸带，以保证所采样品的真实性。采样测定后所得的数据应进行统计分析，对其作业环境做出评价，提出治理建议，监测结果应及时报告上级和有关部门，以便对超标岗位采取治理措施。

8.2.3 生产性粉尘危害与防护

1. 生产性粉尘及性质

粉尘是能够较长时间悬浮于空气中的固体微粒。在生产过程中产生的粉尘称为生产性粉尘。含有游离二氧化硅的粉尘能引起硅沉着病，它是对工人健康危害最严重的一种粉尘。在生产过程中，能遇到各种粉尘，如固体燃料的煤尘、炭黑粉尘、石棉粉尘、尿素粉尘、各种催化剂和助剂粉尘、塑料尘、纤维尘等，这些粉尘都能对人体造成不同程度的危害。

（1）生产性粉尘的来源

生产性粉尘的形成方式有以下几种。

① 固体物质的机械粉碎，如各种矿石破碎等。

② 物质的不完全燃烧，如煤粉燃烧不全时产生的煤烟尘等。

③ 物质的研磨、钻孔、碾碎、切削、锯断等过程产生的粉尘。

④ 成品本身呈粉状，如炭黑、有机染料、聚氯乙烯等多种树脂。

（2）生产性粉尘的性质

粉尘的理化性质与其对机体的作用、防尘措施等有着密切的关系。从卫生学的观点看，粉尘的化学成分、颗粒的大小、密度、溶解度、荷电性等对措施的制定都有一定意义。

① 化学成分

它直接影响粉尘对人体的危害程度，特别是粉尘中游离二氧化硅含量的高低更具有实际的卫生意义。可吸入性粉尘的游离二氧化硅含量越高，则引起肺部病变程度越严重，病变的发展速度也越快。

② 分散度

是指物质被粉碎的程度，用来表示粉尘颗粒大小的组成。空气中粉尘颗粒直径较小的微粒占的比例大时，其分散度高；反之，则分散度低。

粉尘的分散度愈高则尘粒在空气中的沉降速度愈慢，飘浮时间愈长，被吸入的机会也愈多。分散度与粉尘在呼吸道中的阻留情况有关，直径大的尘粒（10μm左右）在上呼吸道被阻留，可随咳痰、喷嚏而排出体外。小的尘粒(5μm 以下)可随吸入气流达到呼吸道的深部，其中能够进入肺泡的尘粒多是小于 2μm 的。因此分散度高的粉尘，尤其是直径小于 5μm 的尘粒，对人体的危害极大。

③ 荷电性

尘粒在粉碎过程中和在流动中因相互摩擦或吸附了空气中的离子而带有电荷。同种粉尘可带正电或带负电。尘粒的荷电性对粉尘在空气中的悬浮性有影响。同性电荷相斥，增加了粉尘的悬浮性，不易沉降；异性电荷相吸，可使尘粒在撞击时凝集而沉降。电除尘器就是利用粉尘的荷电性原理制成的。一般认为，荷电尘粒易被阻留于体内，危害性增加。

④ 密度

粉尘颗粒的密度大小关系到它的沉降速度，密度大的沉降速度则快，在空气中的悬浮性小，容易从空气中清除。

⑤ 吸水性与溶解性

粉尘粒子能够被水湿润的称为亲水性粉尘，不能被水湿润的称为疏水性粉尘，在除尘设计中可以根据其吸水性能而选择湿式或干式除尘设备。当选用湿式除尘设备时，还要考虑到有的粉尘在吸水后能形成不溶于水的硬垢，造成设备的堵塞，影响除尘的效果。

各种粉尘在水中的溶解度是不一样的。对人体有毒害的尘粒，随着溶解度的增加则对人的危害程度增大。对人体产生机械性刺激的尘粒，其溶解度愈大，则对人体的危害就愈小。

⑥ 爆炸性

某些粉尘在空气中的浓度达到爆炸极限，遇到高温，明火就能发生爆炸。所以要求在有爆炸性粉尘存在的场所，一定要采取通风和防爆措施。

2. 生产性粉尘的危害

在粉尘环境中工作，人的鼻腔只能阻挡吸入粉尘总量的 30%～50%，其余部分就进入了呼吸道内。由于长期吸入粉尘，粉尘的积累引起了机体的病理变化。粉尘微粒直径小于 10μm（尤其 0.5～5μm）的飘尘类，能进入肺部并黏附在肺泡壁上引起尘肺病变。有些粉尘能进入血液中，进一步对人体产生危害。一般引起的危害和疾病有以下几种：

① 尘肺

长期吸入某些较高浓度的生产性粉尘所引起的最常见的职业病是尘肺，尘肺包括矽肺、石棉肺、铁肺、煤尘肺、有机物(纤维、塑料)尘肺以及电焊烟尘引起的电焊工尘肺等。尤其是长期吸入较高浓度的含游离二氧化硅的粉尘，造成肺组织纤维化而引起的矽肺最为严重，可导致肺功能减退，最后因缺氧而死亡。

② 中毒

由于吸入铅、砷、锰、氰化物、化肥、塑料、助剂、沥青等毒性粉尘，在呼吸道溶解被吸收进入血液循环引起中毒。

③ 上呼吸道慢性炎症

某些粉尘如棉尘、毛尘、麻尘等，在吸入呼吸道时附着于鼻腔、气管、支气管的黏膜上，长期刺激作用和继发感染，而引发慢性炎症。

④ 皮肤疾患

粉尘落在皮肤上可堵塞皮脂腺、汗腺而引起皮肤干燥、继发感染，发生粉刺、毛囊炎等。沥青粉尘可引起光感性皮炎。

⑤ 眼疾患

粉尘、金属粉尘等，可引起角膜损伤，沥青粉尘可引起光感性结膜炎。

⑥ 致癌作用

接触放射性矿物粉尘易发生肺癌，石棉尘可引起胸膜间皮瘤，铬酸盐、雄黄矿等可引起肺癌。

生产性粉尘除了对劳动者的身体健康造成危害之外，对生产亦有很多不良影响，如加速机械磨损，降低产品质量，污染环境，影响照明等。最值得注意的是，许多易燃粉尘在一定条件下会发生爆炸，造成经济损失和人员伤亡。

3. 预防措施

在推行"革、水、风、密、护、管、查、教"的原则下，应采取综合预防措施。具体地说："革"，即工艺改革和技术革新，这是消除粉尘危害的根本途径；"水"，即湿式作业，可防止粉尘飞扬，降低环境粉尘浓度；"风"，加强通风和抽风措施，常在密闭、半密闭发尘源的基础上，采用局部抽出式机械通风，将工作面的含尘空气抽出，并可同时采用局部送入式机械通风，将新鲜空气送入工作面；"密"，即发尘源密闭，对产生粉尘的设备，经可能密闭，并与排放结合，经除尘处理后再排入大气；"护"，即几个防护，是防、降尘措施的补充，特别在技术措施未能达到的地方必不可少；"管"，经常性地维修与管理工作；"查"，定期检查环境空气中粉尘浓度和接触者的定期身体检查；"教"，加强宣传教育。

具体的实施措施如下。

（1）法律措施是保障

2016 年 7 月 2 日开始实施的 2016 版《中华人民共和国职业病防治法》充分体现了对职业病预防为主的方针，为控制粉尘危害和防治尘肺病的发生提供了明确的法律依据。此外，粉尘危害严重的行业还制订了本行业的防尘规程，如 GB 12434—2008《耐火材料企业防尘规程》，GB/T 16911—2008《水泥生产粉尘技术规程》。2007 年修订的 GBZ 2.1—2007《工业场所有害因素职业接触限值第 1 部分：化学有害因素》规定的粉尘标准为 47 项，包括短时间接触允许浓度和时间加权平均浓度两项指标。

（2）采取技术措施控制粉尘

① 改革工艺过程，革新生产设备

改革工艺过程，革新生产设备是消除粉尘危害的主要途径，如使用遥控操纵、计算机控制、隔室监控等措施避免工人接触粉尘。使用含石英低的原材料代替石英原料，寻找石棉的替代品等。

② 密闭尘源

对生产点的设备进行密闭，防止粉尘外溢，通常与通风除尘措施配合使用。所有破碎、筛分、清理、混碾、粉状物料的运输、装卸、储存等过程均应尽量密闭。

③ 湿式作业，通风除尘

采用喷雾洒水，通风和负压吸尘等经济而简单实用的方法，能较大地降低作业场地的粉尘浓度。在露天开采和地下矿山应用较为普遍。热电厂的输煤过程，可以在皮带运输的尾部（有位差大处）加上水幕或喷雾；金属铸件采用水瀑清砂，以减少粉尘飞扬。

④ 抽风除尘

对不能采取湿式作业的场所，可以适用密闭抽风除尘的方法。采用密闭尘源和局部抽风相结合，防止粉尘外溢，抽出的空气经过除尘处理后排入大气。

⑤ 个人防护

因生产条件暂时得不到改善的场所，可以采取个人防护。如炉膛内拆卸耐火砖外逸的粉尘，用通风除尘或湿式作业难以做到，这就要强调戴防尘口罩防尘。

⑥ 测定粉尘浓度和分散度

测定粉尘中的游离二氧化硅、粉尘浓度和分散度，特别是对粉尘浓度的日常测定，对制定防尘措施，是十分重要的依据。

⑦ 定期健康检查

发现有严重鼻炎、咽炎、气管炎、哮喘者应脱离粉尘作业。长期吸入粉尘，群体气管炎等可明显增多、肺通气功能下降，要考虑粉尘的影响，应及时改善生产作业环境条件。

⑧ 加强管理

根据《职业病防治法》规定，企业用人单位应当建立、健全职业病防治责任制，包括粉尘沉着病防治责任制。国家实行职业卫生监督制度，加强对存在粉尘作业单位进行卫生监督管理是职业卫生监督工作的重要组成部分。

8.2.4 灼伤危害及防护

1. 灼伤及其分类

机体受热源或化学物质的作用，引起局部组织损伤，并进一步导致病理和生理改变的过程称为灼伤。按发生原因的不同分为化学灼伤、热力灼伤和复合性灼伤。

（1）化学灼伤

凡由于化学物质直接接触皮肤所造成的损伤，均属于化学灼伤。导致化学灼伤的物质形态有固体(如氢氧化钠、氢氧化钾、硫酸酐等)、液体(如硫酸、硝酸、高氯酸、过氧化氢等)和气体(如氟化氢、氮氧化合物等)。化学物质与皮肤或黏膜接触后产生化学反应并具有渗透性，对细胞组织产生吸水、溶解组织蛋白质和皂化脂肪组织的作用，从而破坏细胞组织的生理机能而使皮肤组织致伤。

（2）热力灼伤

由于接触炙热物体、火焰、高温表面，过热蒸汽等所造成的损伤称为热力灼伤。此外，在化工生产中还会发生由于液化气体、干冰接触皮肤后迅速蒸发或升华，大量吸收热量，以致引起皮肤表面冻伤。

（3）复合性灼伤

由化学灼伤和热力灼伤同时造成的伤害，或化学灼伤兼有的中毒反应等都属于复合性灼伤。如磷落在皮肤上引起的灼伤为复合性灼伤。由于磷的燃烧造成热力灼伤，而磷燃烧后生成磷酸会造成化学灼伤，当磷通过灼伤部位侵入血液和肝脏时，会引起全身磷中毒。

化学灼伤的症状与病情和热力灼伤大致相同。但对化学灼伤的中毒反应特性应给予特别的重视。在化工生产中，经常发生由于化学物料的泄漏、外喷、溅落引起接触性外伤，主要原因有：由于管道、设备及容器的腐蚀、开裂和泄漏引起化学物质外喷或流泄；由火灾爆炸事故而形成的次生伤害；没有安全操作规程或操作规程不完善；违章操作；没有穿戴必需的个人防护用具或穿戴不完全；操作人员误操作或疏忽大意，如在未解除压力之前开启设备。

2. 化学灼伤的现场急救

发生化学灼伤，由于化学物质的腐蚀作用，如不及时将其除掉，就会继续腐蚀下去，从而加剧灼伤的严重程度，某些化学物质如氢氟酸的灼伤初期无明显的疼痛，往往不受重视而贻误处理时机，加剧了灼伤程度。及时进行现场急救和处理，是减少伤害、避免严重后果的重要环节。

化学灼伤程度同化学物质的物理、化学性质有关。酸性物质引起的灼伤，其腐蚀作用只在当时发生，经急救处理，伤势往往不再加重。碱性物质引起的灼伤会逐渐向周围和深部组织蔓延。因此现场急救应首先判明化学灼伤物质的种类、侵害途径、灼伤面积及深度，采取有效的急救措施。某些化学灼伤，可以从被灼伤皮肤的颜色加以判断，如苛性钠和石炭酸的灼伤表现为白色，硝酸灼伤表现为黄色，氯磺酸灼伤表现为灰白色，硫酸灼伤表现为黑色，磷灼伤局部皮肤呈现特殊气味，有时在暗处可看到磷光。

化学灼伤的程度也同化学物质与人体组织接触时间的长短有密切关系，接触时间越长所造成的灼伤就会越严重。因此，当化学物质接触人体组织时，应迅速脱去衣服，立即用大量清水冲洗创面，不应延误，冲洗时间不得小于15min。以利于将渗入毛孔或黏膜内的物质清洗出去。清洗时要遍及各受害部位，尤其要注意眼、耳、鼻、口腔等处。对眼睛的冲洗一般用生理盐水或用清洁的自来水，冲洗时水流不宜正对角膜方向，不要揉搓眼睛，也可将面部浸入在清洁的水盆里，用手把上下眼皮撑开，用力睁大两眼，头部在水中左右摆动。其他部位的灼伤，先用大量水冲洗，然后用中和剂洗涤或湿敷，用中和剂时间不宜过长，并且必须再用清水冲洗掉，然后视病情予以适当处理。常见的化学灼伤急救处理方法见表8-2。

表8-2　常见化学灼伤急救处理方法

灼伤物质名称	急救处理方法
碱类：氢氧化钠、氢氧化钾、氨、碳酸钠、碳酸钾、氧化钙	立即用大量水冲洗，然后用2%乙酸溶液洗涤中和，也可用2%以上的硼酸水湿敷。氧化钙灼伤时，可用植物油洗涤
酸类：硫酸、盐酸、硝酸、高氯酸、磷酸、己酸、甲酸、草酸、苦味酸	立即用大量水冲洗，再用5%碳酸氢钠水溶液洗涤中和，然后用净水冲洗
碱金属、氰化物、氟氢酸	用大量的水冲洗后，0.1%锰酸钾溶液冲洗后再用5%硫化铵溶液冲洗
溴	用水冲洗后，再以10%硫代硫酸钠溶液洗涤，然后涂碳酸氢钠糊剂或用1体积(25%)+1体积橙节油+10体积乙醇(95%)的混合液处理
铬酸	先用大量的水冲洗，然后用5%硫代硫酸钠溶液或1%硫酸钠溶液洗涤
氢氟酸	立即用大量水冲洗，直至伤口表面发红，再用5%碳酸氢钠溶液洗涤，再涂以甘油与氧化镁(2:1)悬浮剂，或调上如意金黄散，然后用消毒纱布包扎
磷	如有磷颗粒附着在皮肤上，应将局部浸入水中，用刷子清除，不可将剖面暴露在空气中或用油脂涂抹，再用1%～2%硫酸铜溶液冲洗数分钟，然后以5%碳酸氢钠溶液洗去残冒的硫酸铜，最后用生理盐水湿敷，用绷带扎好
苯酚	用大量水冲洗，或用4体积乙醇(7%)与1体积氯化铁[1/3(mol/L)]混合液洗涤，再用5%碳酸氢钠溶液湿敷
氯化锌、硝酸银	用水冲洗，再用5%碳酸氢钠溶液洗涤，涂油膏即磺胺粉
三氯化砷	用大量水冲洗，再用2.5%氯化铵溶液湿敷，然后涂上2%二巯基丙醇软膏
焦油、沥青(热烫伤)	以棉花沾乙醚或二甲苯，消除粘在皮肤上的焦油或沥青，然后涂上羊毛脂

抢救时必须考虑现场具体情况，在有严重危险的情况下，应首先使伤员脱离现场，送到空气新鲜和流通处，迅速脱除污染的衣着及佩戴的防护用品等。

小面积化学灼伤创面经冲洗后，如确实致伤物已消除，可根据灼伤部位及灼伤深度采取包扎疗法或暴露疗法。

中、大面积化学灼伤，经现场抢救处理后应送往医院处理。

3. 化学灼伤的预防措施

化学灼伤常常是伴随生产中的事故或由于设备发生腐蚀、开裂、泄漏等造成的，与安全管理、操作、工艺和设备等因素有密切关系。因此，为避免发生化学灼伤，必须采取综合性管理和技术措施，防患于未然。

制定完善的安全操作规程。对生产中所使用的原料、中间体和成品的物理化学性质，它们与人体接触时可造成的伤害作用及处理方法都应明确说明并做出规定，使所有作业人员都了解和掌握并严格执行。

设置可靠的预防设施。在使用危险物品的作用场所，必须采取有效的技术措施和设施，这些措施和设施主要包括以下几个方面：

（1）采取有效的防腐措施

在化工生产中，由于强腐蚀介质的作用及生产过程中高温、高压、高流速等条件对机器设备会造成腐蚀，加强防腐，杜绝"跑、冒、滴、漏"也是预防灼伤的重要措施。

（2）改革工艺和设备结构

在使用具有化学灼伤危险物质的生产场所，在设计时就应预先考虑防止物料外喷或飞溅的合理工艺流程、设备布局、材质选择及必要的控制、输导和防护装置。

① 物料输送实现机械化、管道化。

② 储槽、储罐等容器采用安全溢流装置。

③ 改革危险物质的使用和处理方法，如用蒸汽溶解氢氧化钠代替机械粉碎，用片状物代替块状物。

④ 保持工作场所与通道有足够的活动余量。

⑤ 使用液面控制装置或仪表，实行自动控制。

⑥ 装设备种型式的安全联锁装置，如保证未卸压前不能打开设备的联锁装置等。

（3）加强安全性预测检查

如使用超声波测厚仪、磁粉与超声探伤仪 X 射线仪等定期对设备进行检查，或采用将设备开启进行检查的方法，以便及时发现并正确判断设备的损伤部位与损坏程度，及时消除隐患。

（4）加强安全防护措施

① 所有储槽上部敞开部分应高于车间地面 1m 以上，若储槽与地面等高时，其周围应设护栏并加盖，以防工人跌入槽内。

② 为使腐蚀性液体不流洒在地面上，应修建地槽并加盖。

③ 所有酸储槽和酸泵下部应修筑耐酸基础。

④ 禁止将危险液体盛入非专用的和没有标志的桶内。

⑤ 搬运储槽时要两人抬，不得单人背负运送。

（5）加强个人防护

在处理有灼伤危险的物质时，必须穿戴工作服和防护用具，如眼镜、面罩、手套、毛巾、工作帽等。

8.2.5 振动危害与防护

振动是物体在外力作用下，以中心位置为基准，做直线或弧线的往复运动。振动是一种机械能释放的过程，振动可能通过振动物体的打击伤害人体，也可能转化为噪声危及人身健康。在生产过程中，机器转动、撞击或流体对物体的冲击，其产生的振动，称为生产性振动。人体手部接触的振动，称为局部振动。人体立位、坐位或卧位接触而传至全身的振动，称为全身振动。

表现振动性质的主要参数包括：

（1）振幅 振动物体离开中心位置的最大位移，称为振幅，单位为 mm。

（2）振动频率 单位时间内的振动次数，称为振动频率，单位为 Hz。

（3）速度 振动体在单位时间内的位移变化量，称为速度，单位为 m/s。

（4）加速度 振动体在单位时间内速度的变化量，称为加速度，单位为 m/s^2。

1. 振动对人体健康的影响

（1）局部振动。长期接触局部振动的人，会有头昏、失眠、心悸、乏力等不适，还有手麻、手痛、手凉、手掌多汗、遇冷后手指发白等症状，甚至工具拿不稳、吃饭掉筷子。

（2）全身振动。长期全身振动，可出现脸色苍白、出汗、唾液多、恶心、呕吐、头痛、头晕、食欲不振等不适，还会有体温、血压降低等。

2. 造成振动对人体健康影响的因素

（1）振动参数

① 加速度。加速度越大，冲力越大，对人体产生的危害也越大。

② 频率。高频率振动主要使指、趾感觉功能减退，低频率振动主要影响肌肉和关节部分。

（2）振动设备的噪声和气温

噪声和低气温能加重振动对人体健康的影响。

（3）接振时间长短

接振时间越长，振动形成的危害越严重。

（4）机体状态

体质好坏、营养状况、吸烟、饮酒习惯、心理状态、作业年龄、工作体位、加工部件的硬度都会改变振动对人体健康的影响。

3. 振动的防护

（1）改革工艺

如用化学除锈剂代替强烈振动的机械除锈工艺，用水瀑清砂代替风铲清砂，用液压焊接、粘接代替铆接等，都可明显减少振动。

（2）改进风动工具

采取减振措施，设计自动、半自动式操纵装置，减少手及肢体直接接触振动体，或提高工具把手温度，改进压缩空气进出口的方位，防止手部受冷风吹袭。

（3）采取隔振措施

压缩机与楼板接触处，用橡胶垫等隔振材料，减少振动。

（4）合理安排接振时间

① 轮流作业；

② 增加工间休息时间。

（5）加强个人防护

① 配备减振手套和防寒服；

② 休息时用 40~60℃ 热水浸泡手，每次 10min 左右；

③ 给高蛋白、高维生素和高热量饮食。

（6）就业前和就业后定期体格检查

凡是不适合从事振动作业的人，要妥善安排其他工作。

8.2.6 噪声危害与防护

环境噪声是感觉公害，其特性是局限性、分散性、暂时性等。噪声虽然不能长时间存留在环境之中，但一旦发生，我们就能感觉到它的存在，会给我们的身心健康带来威胁。噪声会随着声源消失而立即消失，其影响也会随之消除，不会持久也不会积累。

人的听觉最敏感的声频在 2000~5000Hz，能听到的声频范围大约在 20~20000Hz。低于 20Hz 的声音称为次声，高于 20000Hz 的声音称为超声。次声和超声人的听觉都感觉不到。通常噪声都是由无数声频的声音组成的。

1. 噪声的来源及分类

工业噪声又称为生产性噪声，是涉及面最广泛、对工作人员影响最严重的噪声。工业噪声来自生产过程和市政施工中机械振动、摩擦、撞击以及气流扰动等产生的声音。工业噪声是造成职业性耳聋、甚至青年人脱发秃顶的主要原因，它不仅给生产工人带来危害，而且厂区附近居民也深受其害。工业噪声的分类情况如下：

（1）机械性噪声。这是由于机械的撞击、摩擦。固体的振动和转动而产生的噪声，如纺织机、球磨机、电锯、机床、碎石机启动时所发出的声音。

（2）空气动力性噪声。这是由于空气振动而产生的噪声，如通风机、空气压缩机、喷射器、汽笛、锅炉排气放空等产生的声音。

（3）电磁性噪声。这是由于电机中交变力相互作用而产生的噪声。如发电机、变压器等发出的声音。

2. 噪声的危害

产生噪声的作业，几乎遍及各个工业部门。噪声已成为污染环境的严重公害之一。化学工业的某些生产过程，如固体的输送、粉碎和研磨，气体的压缩与传送，气体的喷射及传动机械的运转等都能产生相当强烈的噪声。当噪声超过定值时，对人会造成明显的听觉损伤，并对神经、心脏、消化系统等产生不良影响，而且妨害听力、干扰语言，成为引发意外事故的隐患。

（1）对听觉的影响

噪声会造成听力减弱或丧失。依据暴露的噪声的强度和时间，会使听力界限值发生暂时性或永久性的改变。听力界限值暂时性改变，即听觉疲劳，可能在暴露强噪声下数分钟内发生。在脱离噪声后，经过一段时间休息即可恢复听力。长时间暴露在强噪声中，听力只能部分恢复，听力损伤部分无法恢复，会造成永久性听力障碍，即噪声性耳聋。噪声性耳聋根据听力界限值的位移范围，可有轻度(早期)噪声性耳聋，其听力损失值在 10~30dB；中度噪声性耳聋的听力损失值在 40~60dB；重度噪声性耳聋的听力损失值在 60~80dB。

爆炸、爆破时所产生的脉冲噪声，其声压级峰值高达 170~190dB，并伴有强烈的冲击波。在无防护条件下，强大的声压和冲击波作用于耳鼓膜，使鼓膜内外形成很大压差，造成鼓膜破裂出血，双耳完全失去听力，此即爆震性耳聋。

（2）对神经、消化、心血管系统的影响

① 噪声可引起头痛、头晕、记忆力减退、睡眠障碍等神经衰弱综合征。

② 噪声可引起心率加快或减慢，血压升高或降低。

③ 噪声可引起食欲不振、腹胀等胃肠功能紊乱。

④ 噪声可对视力、血糖产生影响。

强噪声会分散人的注意力，对于复杂作业或要求精神高度集中的工作会受到干扰。噪声会影响大脑思维、语言传达以及对必要声音的听力。

3. 噪声的预防与治理

解决工业噪声的危害，必须坚持"预防为主"和"防治结合"的方针。一方面要依靠科学技术来"治"，另一方面必须依靠立法和法规来"防"。应该把工业噪声污染问题与厂房车间的设计、建筑、布局以及辐射强烈噪声的机械设备的设计制造同时考虑，坚持工业企业建设的"三同时"（噪声控制设施与主体工程同时设计、同时施工、同时投产）原则，才能使新的工业企业不至于产生噪声污染。

噪声是由噪声源产生的，并通过一定的传播途径，被接受者接受，才能形成危害或干扰。因此，控制噪声的基本措施是消除或降低声源噪声、隔离噪声及加强接受者的个人防护。

（1）消除或降低声源噪声

工业噪声一般是由机械振动或空气扰动产生的。应该采用新工艺、新设备、新技术、新材料及密闭化措施，从声源上根治噪声，使噪声降低到对人无害的水平。

① 选用低噪声设备和改进生产工艺。

② 提高机械设备的加工精度和装配技术，校准中心，维持好动态平衡，注意维护保养，并采取阻尼减振措施等。

③ 对于高压、高速管道辐射的噪声，应降低压差和流速，改进气流喷嘴形式，降低噪声。

④ 控制声源的指向性。对环境污染面大的强噪声源，要合理地选择和布置传播方向。对车间内小口径高速排气管道，应引至室外，让高速气流向上空排放。

（2）噪声隔离

噪声隔离是在噪声源和接受者之间进行屏蔽、吸收或疏导，阻止噪声的传播。在新建、改建或扩建企业时，应充分考虑有效地防止噪声，采取合理布局，及采用屏障、吸声等措施。

① 合理布局。应该把强噪声车间和作业场所与职工生活区分开；把工厂内部的强噪声设备与一般生产设备分开。也可把相同类型的噪声源，如空压机、真空泵等集中在一个机房内，既可以缩小噪声污染面积，同时也便于集中密闭化处理。

② 利用地形、地物设置天然屏障。利用地形如山冈、土坡等，地物如树木、草丛及已有的建筑物等，可以阻断或屏蔽一部分噪声的传播。种植有一定密度和宽度的树丛和草坪，也可导致噪声的衰减。

③ 噪声吸收。利用吸声材料将入射到物质表面上的声能转变为热能，从而产生降低噪声的效果。一般可用玻璃纤维、聚氨酯泡沫塑料、微孔吸声砖、软质纤维板、矿渣棉等作为吸声材料。可以采用内填吸声材料的穿孔板吸声结构，也可以采用由穿孔板和板后密闭空腔组成的共振吸声结构。

④ 隔声。在噪声传播的途径中采用隔声的方法是控制噪声的有效措施。把声源封闭在有限的空间内，使其与周围环境隔绝，如采用隔声间、隔声罩等。隔声结构一般采用密实、

重质的材料如砖墙、钢板、混凝土、木板等。对隔声壁要防止共振，尤其是机罩、金属壁、玻璃窗等轻质结构，具有较高的固有振动频率，在声波作用下往往发生共振，必要时可在轻质结构上涂一层损耗系数大的阻尼材料。

（3）个人防护

护耳器的使用，对于降低噪声危害有一定作用，但只能作为一种临时措施。更有效地控制噪声，还要依靠其他更适宜的减少噪声暴露的方法。耳套和耳塞是护耳器的常见形式。护耳器的选择，应该把其对防噪声区主要频率相当于声音的衰减能力作为依据，以确保能够为佩戴者提供充分的防护。

（4）健康监护

定期进行健康监护体检，筛选出对噪声敏感者或早期听力损伤者，并采取相应的保护或治疗措施。

8.2.7 辐射危害与防护

随着科学技术的不断发展，在化工生产中越来越多地接触和应用各种电磁辐射能和原子能。如金属的热处理、介质的热加工、无线电探测、利用放射性进行辐射监护聚合、辐射交联等，此外在化工过程的测量和控制、无损探伤、制作永久性发光涂料以及在疾病的诊断、治疗和科研方面，射线、放射线同位素、射频电磁场和微波都得到广泛的应用。

由电磁渡和放射性物质所产生的辐射，由于其能量的不同，即对原子或分子是否形成电离效应而分成两大类，电离辐射和非电离辐射。电离辐射是指由 α 粒子、β 粒子、γ 射线、X 射线和中子等对原子和分子产生电离的辐射；不能使原子或分子形成电离的辐射称为非电离辐射，如紫外线、射频电磁场、微波等属于非电离辐射。无论是电离辐射还是非电离辐射都会污染环境，危害人体健康。因此必须正确了解各类辐射的危害及其预防，以避免作业人员受到辐射的伤害。

1. 电离辐射的危害与防护

1）电离辐射的危害

电离辐射对人体的危害是由超过允许剂量的放射线作用于机体的结果。放射性危害分为体外危害和体内危害。体外危害是放射线由体外穿入人体而造成的危害，X 射线、γ 射线、β 粒子和中子都能造成体外危害。体内危害是由于误食、吸入、接触放射性物质，或通过受伤的皮肤直接侵入体内造成的。

人体长期或反复受到允许放射剂量的照射能使人体细胞改变机能，出现白细胞过多、眼球晶体浑浊、皮肤干燥、毛发脱落和内分泌失调。较高剂量能造成贫血、出血、白细胞减少、胃肠道溃疡、皮肤溃疡或坏死。在极高剂量放射线作用下，造成的放射性伤害有以下三种类型：

① 中枢神经和大脑伤害。主要表现为虚弱、倦怠、嗜睡、昏迷、震颤、痉挛，可在两周内死亡。

② 胃肠伤害。主要表现为恶心、呕吐、腹泻、虚弱或虚脱，症状消失后可出现急性昏迷，通常可在两周内死亡。

③ 造血系统伤害。主要表现为恶心、呕吐、腹泻，但很快好转，约 2~3 周无病症之后，出现脱发、经常性流鼻血，重度腹泻，造成极度憔悴，2~6 周后死亡。

2）电离辐射的防护

（1）管理措施

① 从事生产、使用或储运电离辐射装置的单位都应设有专（兼）职的防护管理机构和管理人员，建立有关电离辐射的卫生防护制度和操作规程。

② 对工作场所进行分区管理。根据工作场所的辐射强弱，通常分为三个区域。

控制区：在其中工作的人员受到的辐射照射可能超过年剂量限值的3/10的区域。

监督区：受辐射为年剂量限值的(1/10)~(3/10)的区域。

非限制区：辐射量不超过年剂量限值的1/10的区域。

在控制区应设有明显标志，必要时应附有说明。严格控制进入控制区的人员，尽量减少进入监督区的人员。不在控制区和监督区设置办公室、进食、饮水或吸烟。

③ 从事生产、使用、销售辐射装置前，必须向省、自治区、直辖市的卫生部门申办许可证并向同级公安部门登记，领取许可登记证后方可从事许可登记范围内的放射性工作。

④ 从事辐射工作人员必须经过辐射防护知识培训和有关法规、标准的教育。

⑤ 对辐射工作人员实行剂量监督和医学监督。就业前应进行体格检查，就业后要定期进行职业医学检查。建立个人剂量档案和健康档案。

⑥ 辐射源要指定专人负责保管，储存、领取、使用、归还等都必须登记，做到账物相符，定期检查，防止泄漏或丢失。

（2）技术措施

① 控制辐射源的用量，是减少身体内、外照射剂量的治本方法。应尽量减少辐射源的用量，选用毒性低、比活度小的辐射源。

② 设置永久的或临时的防护屏蔽。屏蔽的材质和厚度取决于辐射源的性质和强度。例如：放射性同位素仪表的辐射源，都放在铅罐内，仪表不工作时都有塞子或挡片盖住，仪表工作时只有一束射线射到被测物上，一般在距放射源1m以外的四周，设置屏蔽防护板，工作人员在其后面每天工作8h也无伤害。

③ 缩短接触时间。人体接受体外照射的累计剂量与接触时间成正比，所以应尽量缩短接触时间，禁止在有辐射的场所作不必要的停留。

④ 加大操作距离或实行遥控。辐射源的辐射强度与距离的平方成反比，因此采取加大距离或遥控操作可以达到防护的目的。例如在拆装同位素料位计的辐射源（探测器）时，可使用长臂夹钳，使人体离辐射源尽可能远。

⑤ 加强个人防护，佩戴口罩、手套、工作服、保护鞋等，放射污染严重的场所要使用防护面具或气衣。应禁止一切能使放射性核素侵入人体的行为。

（3）X射线探伤作业的防护

探伤作业是利用X（或γ）射线对物质具有强大的穿透力来检查金属铸件、焊缝等内部缺陷的作业，使用的是X（或γ）辐射源。在探伤作业中会受到射线的外照射，因此必须做好探伤作业的卫生防护。

① 探伤室必须设在单独的单层建筑物内，应由透射间、操纵间、暗室和办公室等组成。其墙壁应有一定的防护厚度。

② 透照间应有通风装置。

③ 充分做好探伤前的准备，探伤机工作时，工作人员不得靠近，应使用"定向防护罩"。不进行探伤作业的人员必须在安全距离之外。

④ 对探伤室的操纵间、暗室、办公室、周围环境以及个人剂量都应定期进行监测。

⑤ 探伤作业也应遵循上述防护措施。

（4）放射卫生防护标准（GBZ 130—2013 等）

放射卫生防护标准是为保护放射工作人员和公众免受放射性危害而对辐射照射限值、控制水平以及相应的行为规范做出技术规定。

卫生部根据《中华人民共和国职业病防治法》《放射工作卫生防护管理办法》制定的现行放射卫生防护标准 90 项，其中国家标准 30 项，国家职业卫生标准有 68 项，行业标准 11 项。包括电离辐射、核设施及其场所、放射性同位素和射线装置、放射性产品和仪表、放射防护器材和仪表、放射事故的卫生评价和医学应急等卫生标准。

通过放射卫生防护标准的实施，可以将电离辐射对人体的照射控制在允许水平以下，避免一切不必要的照射，控制放射源的安全，防止放射事故的发生。

2. 非电离辐射的危害与防护

（1）紫外线的危害与防护

紫外线在电磁波谱中界于 X 射线和可见光之间的频带。自然界中的紫外线主要来自太阳辐射、火焰和炽热的物体。凡物体温度达到 1200℃ 以上时，辐射光谱中即可出现紫外线，物体温度越高，紫外线波长越短，强度越大。紫外线辐射按其生物作用可分为三个波段：①长波紫外线辐射，波长 $(3.20 \sim 4.00) \times 10^{-7}$m，又称晒黑线，生物学作用很弱；②中波紫外线辐射，波长 $(2.75 \sim 3.20) \times 10^{-7}$m，又称红斑线，可引起皮肤强烈刺激；③短波紫外线辐射，波长 $(1.80 \sim 2.75) \times 10^{-7}$m，又称杀菌线，作用于组织蛋白及类脂质。

紫外线可直接造成眼睛和皮肤的伤害。眼睛暴露于短波紫外线时，能引起结膜炎和角膜溃疡，即电光性眼炎。强紫外线短时间照射眼睛即可致病，潜伏期一般在 0.5~24h，多数在受照后 4~24h 发病。首先出现两眼怕光、流泪、刺痛、异物感，并伴有头痛、视觉模糊、眼睑充血、水肿。长期暴露于小剂量的紫外线，可发生慢性结膜炎。不同波长的紫外线，可被皮肤的不同组织层吸收。波长 2.20×10^{-7}m 以下的短波紫外线几乎可全部被角化层吸收。波长 $(2.20 \sim 3.20) \times 10^{-7}$m 的中短波紫外线可被真皮和深层组织吸收。红斑潜伏期为数小时至数天。

空气受大剂量紫外线照射后，能产生臭氧，对人体的呼吸道和中枢神经都有一定的刺激，对人体造成间接伤害。

在紫外线发生装置或有强紫外线照射的场所，必须佩戴能吸收或反射紫外线的防护面罩及眼镜。此外，在紫外线发生源附近可设立屏障，或在室内和屏障上涂以黑色，可以吸收部分紫外线，减少反射作用。

（2）射频辐射的危害与防护

任何交流电路都能向周围空间放射电磁能，形成有一定强度的电磁场。交变电磁场以一定速度在空间传播的过程，称为电磁辐射。当交变电磁场的变化频率达到 100kHz 以上时，称为射频电磁场。

在射频辐射中，微波波长很短，能量很大，对人体的危害尤为明显。微波引起中枢神经机能障碍的主要表现是头痛、乏力、失眠、嗜睡、记忆力衰退、视觉及嗅觉机能低下。微波对心血管系统的影响，主要表现为血管痉挛等。初期血压下降，随着病情的发展血压升高。长时间受到高强度的微波辐射，会造成眼睛晶体及视网膜的伤害。低强度微波也能产生视网膜病变。

244

防护射频辐射对人体危害的基本措施是减少辐射源本身的直接辐射、屏蔽辐射源、屏蔽工作场所、远距离操作以及采取个人防护等。在实际防护中，应根据辐射源及其功率、辐射波段以及工作特性，采用上述单一或综合的防护措施。

8.2.8 高温、低温作业危害与防护

1. 高温作业的危害与防护

根据环境温度及其和人体热平衡之间的关系，通常把35℃以上的生活环境和32℃以上的生产劳动环境作为高温环境。高温环境因其产生原因不同可分为自然高温环境（如阳光热源）和工业高温环境（如生产型热源）。自然高温环境由日光辐射引起，主要出现于夏季（每年7~8月），这种自然高温的特点是作用面广，从工农业环境到一般居民住室均可受到影响，其中受影响最大的是露天作业者。工业高温环境的热源主要为各种燃料的燃烧（如煤炭、天然气）、机械的转动摩擦（如机床、砂轮、电锯）、使机械能变成热能和放热反应。

1）高温作业对人体的影响

高温可使作业工人产生热、头晕、心慌、烦、渴、无力、疲倦等不适感，可出现一系列生理功能的改变，主要表现在如下几点。

① 体温调节障碍，由于体内蓄热，体温升高。

② 大量水盐丧失，可引起水盐代谢平衡紊乱，导致体内酸碱平衡和渗透压失调。

③ 心律脉搏加快，皮肤血管扩张及血管紧张度增加，加重心脏负担，血压下降。但重体力劳动时，血压也可能增加。

④ 消化道贫血，唾液、胃液分泌减少，胃液酸度降低，淀粉活性下降，胃肠蠕动减慢，造成消化不良和其他胃肠道疾病增加。

⑤ 高温条件下若水盐供应不足可使尿浓缩，增加肾脏负担，有时可见到肾功能不全，尿中出现蛋白、红细胞等。

⑥ 神经系统可出现中枢神经系统抑制，注意力和肌肉的工作能力、动作的准确性和协调性及反应速度的降低等。

2）高温作业的劳动保护

长期的高温作业，可导致职业病的产生，因此必须采取有效措施，预防并控制与高温作业相关疾病的发生。防暑降温要考虑到厂房的设计、劳动安全保护设备的设置、个人防护用品的使用，同时要考虑卫生保健措施，增加人体对高温的抵抗能力。

（1）厂房设计与工艺流程的安排

① 工艺流程的设计宜使操作人员远离热源，同时根据其具体条件采取必要的隔热降温措施。

② 热加工厂房的平面布置应呈Ⅰ形或Ⅱ、Ⅲ形。开口部分应位于夏季主导风向的迎风面，而各翼的纵轴与主导风向呈0°~45°夹角。

③ 高温厂房的朝向，应根据夏季主导风向对厂房能形成穿堂风或能增加自然通风的风压作用确定。厂房的迎风面与夏季主导风向宜成60°~90°夹角，最小也不应小于45°。

④ 热源的布置应尽量布置在车间的外面；采用热压为主的自然通风时，热源尽量布置在天窗的下面；采用穿堂风为主的自然通风时，热源应尽量布置在夏季主导风向的下风侧；热源布置应便于采用各种有效的隔热措施和降温措施。

（2）避免在高温下长时间作业

① 当作业地点气温高于37℃时应采取局部降温和综合防暑措施，并应减少接触时间。车间作业地点的空气温度，应按车间内外温差计算。其室内外温差的限度，应根据实际出现的本地区夏季通风室外计算温度确定。

② 高温作业车间应设有工间休息室，休息室内气温不应高于室外气温；设有空调的休息室室内气温应保持在25~27℃。

营养保健措施方面要注意在炎热季节对高温作业的工人供应含盐清凉饮料（含盐量为0.1%~0.2%），饮料水温不宜高于15℃。

高温环境中生活或工作的人员每天有大量氯化钠随汗液丧失，通常每天可损失氯化钠20~25g，如不及时补充，可引起严重缺水和缺氯化钠，重时可引起循环衰竭及痉挛等。气温在36.7℃以上时，每升高0.1℃，每天应增补氯化钠1g。随汗液排出的还有钾、钙和镁等，其中钾最值得注意。

2. 低温作业的危害与防护

所谓低温，是指环境气温以低于10℃为界限，严格地说，对人体的实感温度还应当考虑当时环境的空气湿度、风速等综合因素。

低温作业是指劳动者在生产劳动过程中，其工作地点平均气温等于或低于5℃的作业。低温作业对劳动者身体条件、劳动能力有更高的要求，从事低温作业的劳动者也将有较大的体力损耗，因此应当对于从事低温作业的劳动者给予必要的保护，这一点对于女职工也是十分重要的。

在低温环境下工作时间过长，超过人体适应能力，体温调节机能将发生障碍，从而影响机体的功能。

（1）低温作业对人体的影响

① 体温调节。寒冷刺激皮肤，引起皮肤血管收缩，使身体散热减少，同时内脏血流量增加，代谢加强，肌肉产生剧烈收缩使产热增加，以保持正常体温。如果在低温环境时间过长，超过了人体的适应和耐受能力，体温调节发生障碍，当直肠温度降为30℃时，即出现昏迷，一般认为体温降至26℃以下极易引起死亡。

② 中枢神经系统。在低温条件下脑内高能磷酸化合物的代谢降低，此时可出现神经兴奋与传导能力减弱，出现痛觉迟钝和嗜睡状态。

③ 心血管系统。长时间在低温下，可导致循环血量、白细胞和血小板减少，而引起凝血时间延长并出现血糖降低。寒冷和潮湿能引起血管长时间痉挛，致使血管营养和代谢发生障碍，加之血管内血流缓慢，易形成血栓。

④ 其他部位。如果较长时间处于低温环境中，由于神经系统兴奋性降低，神经传导减慢，可造成感觉迟钝，肢体麻木，反应速度和灵活性降低，活动能力减弱。最先影响手足，由于动作能力降低，差错率和废品率上升。在低温下人体其他部位也发生相应变化，如呼吸减慢，血液黏稠度逐渐增加，胃肠蠕动减慢等。由于过冷，致使全身免疫力和抵抗力降低，易患感冒、肺炎、肾炎等疾病，同时还引发肌痛、神经痛、腰痛、关节炎等。

（2）低温作业的劳动保护

① 御寒设备

在冬季，寒冷作业场所要有防寒采暖设备，露天作业要设防风棚、取暖棚。冬季车间的环境温度，重劳动不低于10℃，轻劳动不低于15℃，以保持手部皮肤温度不低于20℃为宜，全身皮肤温度不低于32℃。

② 个体防护

应使用防寒装备，选用导热系数小、吸湿性小、透气性好的材料作防寒服。

③ 避风

低温在户外活动，服装护具不能透风。因为，风能加快人体的散热，是导致冻伤的重要原因。如果暴露在零下6℃和45km/h的风速下，受到的低温伤害相当于在-40℃环境下造成的损伤。所以，应该尽量找避风的环境活动。

④ 保证局部循环通畅

局部的循环障碍是导致表皮冻伤的主要原因，所以，选择鞋袜、手套时，尽可能选择柔软而又宽松的。户外活动时要不停地活动，经常搓揉外露的皮肤。如果不小心碰破了手指，要尽量选用较宽的止血带，包裹时要比平时松一些，马上采取保温措施，还要频繁更换止血带。

8.2.9　实行工时休假制度

工时休假制度是国家为保障劳动者休息权而实行的劳动者工作时间、休息时间和休假的制度。劳逸结合是人们在工作和生活中形成的人体的正常需求，是不可违背的客观规律。坚持工时休假制度，合理安排工作与休息时间，是保护职工身体健康、调动职工劳动积极性、持续发展经济的必然要求，是劳动保护工作的重要内容。

国家对工作时间、休息时间有明确规定，一切企事业单位都必须严格遵守，充分利用工作时间进行有效的工作，创造和积累财富。但随着经济体制改革，企业自负盈亏，自主经营，经济效益成为企业的核心，在片面强调经济效益的同时，忽视安全工作，为赶任务安排职工加班加点，甚至昼夜连轴转，使职工的体力负荷大大超过人体能承受的强度。长此以往将会严重损害职工身体健康，也由此带来严重的安全上的隐患。

国家法律法规明确规定："严格限制加班加点"，"任何单位和个人不得擅自延长职工工作时间"。但有下列特殊情况和紧急任务时可以加班加点：①发生自然灾害、事故或者因其他原因使人民的安全健康和国家资产遭到严重威胁，需要紧急处理的；②生产设备、交通运输线路、公共设施发生故障，影响生产和公众利益，必须及时抢修的；③必须利用法定节日或公休日的停产期间进行设备检修保养的；④为完成国家紧急任务，或者完成上级在国家计划外安排的其他紧急生产任务，以及商业、供销企业在旺季完成收购、运输、加工农副产品紧急任务的。

为严格控制加班加点，我国政府制定了限制加班加点的措施：①加班加点须经有关部门审批，企业必须事先提出理由，计算工作量和职工人数，在征得同级工会同意后办理审批手续，个别情况特殊、难以预料的应在事后补办审批手续；②禁止安排未成年工、怀孕女职工、有未满1周岁婴儿的女职工加班加点；③对加班职工按国家规定支付加班工资，在正常工作时间以外加点，给予同等时间的补休，不发加点工资，也不准将加点工时累计发给加班工资。

8.2.10　女职工和未成年工劳动保护

1. 女职工劳动保护

女职工保护是指在社会生产活动中，除了对男女职工都必须进行的共同的劳动保护之外，针对妇女的生理特点和劳动条件对妇女机体健康的特殊保护。其目的不仅是保护女工身心健康和持久的劳动积极性，发挥女工在经济建设中不可缺少的巨大作用，同时也是为了保证下一代的身体健康。

女职工劳动保护的基本内容主要有：

（1）开展职业因素对女性生理机能影响的科学研究。新兴技术产业群的兴起及高新技术应用于生产，将会给社会带来新的飞跃，同时也会带来许多不可知的职业危害。通过研究职业因素对女性生理机能的影响，可以为制定卫生标准提供科学基础，为制定劳动保护方针政策提供依据。这是做好女工劳动保护的重要的基础性工作。

（2）根据女工生理特性安排女工从事无害健康的工作。凡是女职工可以从事的岗位，任何单位不得借女职工生理特点拒绝安排。对影响妇女身体健康的岗位要严格按照国家规定执行。女职工可以对在经期、孕期、哺乳期等不宜从事的工作，严格按照国家法律法规执行。

（3）女性生理机能变化过程中的保护。女性生理机能变化过程指：经期、孕期、产期和哺乳期。

① 经期劳动保护。企业应加强女职工经期保护工作，合理安排女工在经期的工作，开展经期卫生知识的宣传教育。

② 孕期劳动保护。女职工在孕期不得降低其基本工资或解除劳动合同。应合理安排孕妇的工作。女工在孕期不得加班加点，不得上夜班。对不能胜任原岗位工作的女工，应根据医务部门的证明，予以减轻劳动量或调换工作岗位，为其安排适宜的劳动岗位。

③ 产期劳动保护。按国家规定女职工享有产假，难产、多胞胎生育的按有关规定延长产假。产假期满恢复工作时，应允许有1~2周的时间逐渐恢复原工作量。

④ 哺乳期劳动保护。严格按照国家标准安排哺乳期女工工作，以保证母乳质量。对于哺乳期女工，要避免安排其参加过度紧张及劳动强度大的作业，不要安排其加班加点，尽量照顾其不参加夜班作业。

（4）宣传普及女职工劳动卫生知识。要大力宣传普及女职工劳动卫生知识，使相关领导、工作人员及女职工正确认识女职工劳动保护的重要性，并掌握相关知识，做到从思想上重视，设施上落实，制度上保证，真正落实女职工的保护工作。

2. 未成年工劳动保护

未成年工是指年满16周岁、未满18周岁从事生产劳动的劳动者。未成年工劳动保护是针对未成年工处于生长发育期的特点，以及接受义务教育的需要，采取的特殊劳动保护。

（1）未成年工的工作范围的限制

各种繁重的体力劳动，如搬运、装卸、采伐、钻探、矿山井下工作及有害身心健康的工作，如高空、深水、高温、放射性、尘毒、腐蚀性、易燃易爆性等有毒有害及危险性作业均不适宜未成年工担任。《劳动法》第六十四条规定："不得安排未成年工从事矿山井下、有毒有害、国家规定的第四级体力劳动强度的劳动和其他禁忌从事的劳动。"这里讲的"其他禁忌从事的劳动"，其范围包括森林伐木、流放作业等，在坠落高度基准面5m以上有可能坠落的高度进行的作业，作业场所放射物质超过《放射防护规定》中规定剂量的作业，其他对未成年工的发育成长有影响的作业。因此，用人单位要提供适合未成年工身体状况的劳动条件。

（2）关于未成年工的工作量和劳动强度的安排

工作时间应比成年工短，不能让他们加班加点和夜班工作。在分配劳动定额、生产任务时，未成年工应比成年工低。但在劳动报酬方面应体现同工同酬、平等、关怀、爱护的原则，并享受同工种的各项生活待遇和劳动保险，不得歧视他们的劳动，榨取他们的劳动成果。

(3) 努力改善未成年工的劳动条件

在生产劳动过程中，应尽量使工具、机械、座位等适合未成年工的高度，使用和生产物件的重量、大小、高低应适合未成年工的体力和身高，防止和减少未成年工的体力负担超负荷和强迫体位及不良劳动姿势等，消除有害因素对身体造成畸形发育的影响。

复习思考题

1. 什么是职业卫生？其根本任务是什么？
2. 职业危害因素分为哪几类？
3. 什么是职业病？我国规定的职业病有哪几大类？
4. 什么是毒物和工业毒物？毒物侵入人体的途径有哪些？
5. 影响毒物毒性的因素有哪些？
6. 防毒技术措施包括哪些？
7. 什么是粉尘？生产性粉尘的来源有哪些？
8. 生产性粉尘对人体有什么危害？如何对尘源进行控制？
9. 工业噪声的类型及危害是什么？

案例分析

【案例1】 六安"矽肺村"——西河口村，自20世纪80年代起，村里的青壮年先后到沿海地区为私人矿主开采金矿，接触高浓度粉尘，且没有任何防护设施。自1997年起，这些外出务工人员陆续被发现患有矽肺病。截至2006年年底，西河口村发现有"矽肺病"症状的患者有150人以上，已经有10多人死于矽肺病，这些数据还在慢慢上升。

【案例2】 2002年8月30日下午4时，江阴某船舶工程公司工人吴某在一家拆船厂拆解一艘12000 t散装废货轮时，在毫无防护措施的情况下沿着直径约70 cm的竖井到16m深的船舱内清理废油，当即昏倒在舱底。甲板上的李某、许某、王某3人见吴某久去不返，即在舱口探察，见其倒在舱底，便下舱实施救援，不足3min，3人先后倒下，4人全部死亡。根据现场调查和检测结果确认，此次中毒事故发生的原因为急性硫化氢中毒。

【案例3】 2003年8月23日上午，无锡某建筑工程公司的3名工人在一主干道上的污水窨井进行工程施工。该窨井直径600mm，深2.5m，下面支管直径300mm，总管直径800mm。下午2时许，当工人王某在污水窨井内敲破旧污水管封头时，突然从管内冲出许多污水并伴有臭鸡蛋味，致使王某当即昏倒在井下，在场的另两名工人郭某和翟某下去救人也相继昏倒。检测结果显示，该次事故为硫化氢中毒引起。

【案例4】 一天，小周随检查团进行露天安全检查，当天太阳很大，小周由于走得急，忘了带遮阳用具，刚开始小周还感觉良好，但过一段时间后就感到头痛、头晕、眼花、恶心、呕吐，最后竟晕倒在地。出现这些症状的原因是由于当天环境温度较高，小周又长时间露天工作。

【案例5】 小张刚参加工作在冷冻库当工人，工作很积极，经常长时间坚持在冷冻库内工作。但几个月后他经常出现肌痛和腰痛等病症。出现这些病症的原因在于小张长时间在低温下工作。

【案例6】 1996年，河南某化工厂安排清洗600m³硝基苯大罐，工段长从车间借了3个防毒面罩、2套长导管防毒面具作清洗大罐用，经泵工试用后有1个防毒面罩不符合要求（出气阀粘死），随手放在值班室里。大罐清洗完毕，收拾工具（长导管面具、胶衣等）后，人员下班。大约17时，一名工人发现原料车间苯库原料泵房QB-9蒸汽往复泵6号泵上盖石棉垫冲开约4cm一道缝，苯从缝隙处往外喷出，工人在慌乱中戴着那个不符合要求的防毒面罩进入泵房，关闭蒸气阀门时，因出气阀老化粘死，工人吸入大量苯蒸气，呼吸不畅，窒息死亡。

【案例7】 2005年9月2日，在北京市朝阳区某施工现场发生了一起作业人员佩戴过滤式防毒面具进行井下作业时发生意外，导致作业人员死亡的事故。而实际上，在井下这类相对封闭的空间作业应选择隔绝式防毒面具。作业时，一般选择长导管面具，它是通过一根长导管使作业者呼吸井外清洁空气保证作业安全。

9　化工装置安全检修

本章学习目的和要求 ▪▪

1. 了解化工设备的分类安全要求；
2. 了解化工装置检修安全管理的主要内容；
3. 了解化工装置检修动火的安全要点；
4. 掌握化工装置检修动火的安全规范；
5. 了解化工装置检修高处作业的安全要点；
6. 掌握化工装置检修后开车作业的安全检查项目。

　　企业生产效益与装置、设备的运行状况有着密切的联系，优质、高产、低耗、节能和安全都离不开完好的装置，化工企业更是如此。装置、设备维护保养不善，使用不当，必然会发生各种各样的事故，导致生产停顿，计划打乱，或因跑、冒、滴、漏导致浪费资源、污染环境、恶化劳动条件；或由于腐蚀、疲劳、蠕变等造成设备破裂、爆炸，人员伤亡，财产损失，所以，良好的装置、设备是实现化工安全生产的物质保证。

　　然而，化工装置、设备在长周期运行中，由于受外部负荷、内部应力和相互磨损、腐蚀、疲劳以及自然侵蚀等因素影响，个别部件或整体改变了原有尺寸、形状，机械性能下降、强度降低，造成隐患和缺陷，威胁着安全生产。所以，为了实现安全生产，提高设备效率，降低能耗，保证产品质量，要对装置、设备定期进行计划检修，及时消除缺陷和隐患，实现生产装置稳定、高效运行。

9.1　化工设备与化工装置检修

9.1.1　化工设备分类及安全要求

1. 化工设备分类

　　化工设备是化工生产中不可缺少的重要组成之一，由于生产中所使用各种物料的状态、理化性质的不同以及采用的工艺方法不同，化工设备广泛运用于传热、传质、化学反应和物料储存等方面，具有数量多、危险性大、工作条件复杂的特点。按工艺用途不同，可分为塔槽(罐)类、换热设备、反应器、干燥设备、分离器、加热炉和废热锅炉等。按工作压力不同，可分为低压、中压、高压和超高压四个等级。从安全技术管理方面进行分类，可分为固定式容器和移动式容器，除了用作运输储存气体的瓶装、桶装和槽车装的储存容器外，所有设备都是固定式容器。

2. 化工设备安全要求

（1）足够的强度

为确保化工机械设备长期、稳定、安全地运行，必须保证所有零部件有足够的强度。一方面要求设计和制造单位严把设计、制造质量关，消除隐患，特别是对于压力容器，必须严格按照国家有关标准进行设计、制造和检验，严禁粗制滥造和任意改造结构及选用代材；另一方面要求操作人员严格履行岗位责任制，遵守操作规程。严禁违章指挥、违章操作，严禁超温、超压、超负荷运行。同时还要加强维护管理，定期检查设备与机器的腐蚀、磨损情况，发现问题及时修复或更换，特别是化工机械设备达到使用年限后，应及时更新，以防因腐蚀严重或超期服役而发生重大设备事故。

（2）密封可靠

化工生产的物料大都是易燃、易爆、有毒和腐蚀性强的介质，如果由于机械设备密封不严而造成泄漏，将会引起燃烧爆炸、灼伤、中毒等事故。因此，不管是高压还是低压设备，在设计、制造、安装及使用过程中，都必须重视化工机械设备的密封问题。

（3）安全保护装置必须配套

随着科学技术的发展，现代化工生产装置大量采用了自动控制、信号报警、安全联锁和工业电视等一系列先进手段。自动联锁与安全保护装置的采用，在化工机械设备出现异常时，会自动发出警报或自动采取安全措施，以防事故发生，保证安全生产。

（4）适用性强

当运行条件稍有变化，如温度、压力等条件有变化时，应能完全适应并维持正常运行。而且一旦由于某种原因发生事故时，可立即采取措施，防止事态扩大，并在短时间内予以修复、排除。这除了要求安装有相应的安全保护装置外，还要有方便修复的合理机构，备有标准化、通用化、系列化的零部件以及技术熟练、经验丰富的维修队伍。

9.1.2 化工装置检修的分类

化工装置检修可分为计划检修和计划外检修。企业根据设备管理的经验和设备实际状况，制订设备检修计划，按计划进行的检修称为计划检修。根据检修的内容、周期和要求不同，计划检修又可分为小修、中修和大修。

运行中设备突然发生故障或事故，必须进行不停工或临时停工的检修和抢修称为计划外检修。这种计划外检修随着日常维护保养和检查检测的管理和技术的不断完善和发展，预测技术的发展必将日趋减少，甚至不再需要此种作业，这是应该努力争取实现的目标。但在实际上，目前尚无万全之策，计划外检修作业仍较频繁。由于各企业有自己的特点，计划外检修作业量和性质也各有显著差别，一般遇到的有泄漏（接缝、孔眼、阀门压盖、法兰连接等处）、阻塞（管道、阀门、热交换器等），转动装置失灵（联轴器、轴承、三角皮带等）等情况。计划外检修事先极难预料，无法计划安排，而检修作业的工作量和作业质量好坏对安全生产影响很大，它是目前化工企业不可避免的检修作业之一。

9.1.3 化工装置检修的特点

化工生产具有高温、高压、腐蚀性强的特点，因而化工设备及其管道、阀门等附件在运行中腐蚀、磨损严重，化工装置检修任务繁重。除了计划小修、中修和大修外，计划外小修和临时停工抢修的作业也不少，检修作业极为频繁。

化工设备中炉(如裂解炉、加热炉、煅烧炉,焦炉、电石炉、焚烧炉等)、塔(如合成塔、萃取塔、分馏塔等)、釜(如反应釜、高压釜等)、器(如换热器、分离器、转化器、蒸发器、干燥器等)、机(如压缩机、汽轮机、粉碎机、压滤机、皮带运输机等)、泵(如蒸汽往复泵、轴流泵、离心泵等)及罐、槽、池等大多是非定型设备,种类繁多,规格不一,要求从事检修作业的人员具有丰富的知识和技术,熟悉掌握不同设备的结构、性能和特点;化工装置检修频繁,而计划外检修又无法预测,即便是计划检修,人员的作业形式和作业人数也在经常变动,不易管理;检修时往往上下立体交错,设备内外同时并进,加上化工设备不少是露天或半露天布置,检修工作受到环境、气候的制约,而且临时人员进入检修现场机会就多,化工装置检修具有复杂性特点。

化工生产的危险性决定了化工装置检修的危险性。化工设备和管道中大多残存着易燃易爆有毒的物质,化工装置检修又离不开动火、动土、进罐入塔等作业,故客观上具备了发生火灾、爆炸、中毒、化工灼烧等事故的条件,稍有疏忽就会发生重大事故。

化工装置检修所具有的频繁性、复杂性和危险性大的特点,决定了化工安全检修的重要地位。实现化工安全检修不仅可以确保检修中的安全,防止重大事故发生,保护职工的安全和健康,而且可以促进检修工作按质按量按时完成,确保设备的检修质量,使设备投入运行后操作稳定,运转效率高,杜绝事故和环境污染,为安全生产创造良好条件。

9.2 化工装置检修安全管理

对于化工企业来讲,不论是大修还是小修,计划内检修还是计划外检修,都必须严格遵守检修工作的各项规章制度,办理各种安全检修许可证(如动火证)的申请、审核和批准手续。这是化工装置检修作业安全管理工作的重要内容。

1. 组织领导

中修和大修应成立检修指挥系统,负责检修计划、调度,安排人力、物力、运输及安全工作。在各级检修指挥机构中要设立安全组。各车间负责安全员与厂指挥部安全组构成安全联络网(小修也要指定专人负责安全工作)。各级安全机构负责对安全规章制度的宣传、教育、监督、检查,办理动火、动土及检修许可证。化工企业检修的安全管理工作要贯穿检修的全过程,包括检修前的准备、装置的停车、检修,直至开车的全过程。

2. 检修计划的制定

在化工生产中,特别是大型石油化工联合企业中,各个生产装置之间,以至于厂与厂之间,是一个有机整体,它们相互制约,紧密联系。一个装置的开停车必然会影响到其他装置的生产,因此进行检修必须要有一个系统的计划。在检修计划中,根据生产工艺过程及公用工程之间的相互关联,规定各装置先后停车的顺序;停水、停气、停电的具体时间;什么时间灭火炬,什么时间点火炬。还要明确规定各个装置的检修时间,检修项目的进度,以及开车顺序。一般都要画出检修计划图(鱼刺图)。在计划图中标明检修期间的各项作业内容,便于对检修工作的管理。

3. 安全教育

化工企业的检修不但有化工操作人员参加,还有大量的检修人员参加,同时有多个施工单位进行检修作业,有时还有临时工人进厂作业。安全教育包括对本单位参加检修人员的教育,也包括对其他单位参加检修人员的教育,内容包括化工企业检修的安全制度和检修现场必须遵守的有关规定。这些规定是：

    （1）停工检修的有关规定；

    （2）进入设备作业的有关规定；

    （3）动火的有关规定；

    （4）动土的有关规定；

    （5）科学文明检修的有关规定。

此外，安全教育内容还应包括学习和贯彻检修现场的十大禁令：

    （1）不戴安全帽、不穿工作服者禁止进入现场；

    （2）穿凉鞋、高跟鞋者禁止进入现场；

    （3）上班前饮酒者禁止进入现场；

    （4）在作业中禁止打闹或其他有碍作业的行为；

    （5）检修现场禁止吸烟；

    （6）禁止用汽油或其他化工溶剂清洗设备、机具和衣物；

    （7）禁止随意泼洒油品、化学危险品、电石废渣等；

    （8）禁止堵塞消防通道；

    （9）禁止挪用或损坏消防工具和设备。

对各类参加检修人员，都必须进行安全教育，并经考试合格后才能准许参加检修。

4. 安全检查

安全检查包括对检修项目的检查、检修机具的检查和检修现场的巡回检查。检修项目，特别是重要的检修项目，在制定检修方案时，就要制定安全技术措施，没有安全技术措施的项目，不准检修。检修所用的机具，特别是起重机具、电焊设备、手持电动工具等，都要进行安全检查，检查合格后由主管部门审查并发给合格证，合格证贴在设备醒目处，以便安全检查人员现场检查。未有检查合格证的设备、机具不准进入检修现场和使用。

在检修过程中，要组织安全检查人员到现场巡回检查，检查各检修现场是否认真执行安全检修的各项规定，发现问题及时纠正解决。如有严重违章者，安全检查人员有权责令其停止作业，并用统计表的形式公布各单位安全工作的情况、违章次数，进行安全检修评比。

5. 检修安全管理制度

（1）检修组织与管理

① 一切检修项目均应在检修前办理检修任务书，明确检修项目负责人，并履行审批手续。

② 检修项目负责人必须按检修任务书要求，亲自或组织有关人员到现场向检修人员交底，落实检修安全措施。

③ 检修项目负责人对检修工作安全负全面责任，对检修工作实行统一指挥、调度，确保检修过程的安全。

（2）检修安全通则

① 检修前，检修项目负责人应详细检查并确认工艺处理合格、盲板加堵准确等情况。每次作业前，按要求对现场进行检查，经检修分管负责人签字后方可作业。

② 从事动火作业，应按防火、防爆有关规定办理动火证，经批准后方可作业。

③ 高处作业人员必须遵守化工企业《厂区高处作业安全规程》的有关规定。

④ 一切检修应严格执行企业检修安全技术规程，检修人员要认真遵守本工种安全技术操作规程的各项规定。

⑤ 检修的设备、管道与在生活区域的设施、管道有连通时，中间必须隔绝。

⑥ 在生产车间临时检修时，遇有易燃、易爆物料的设备，要使用防爆器械，或采取其他防爆措施，严防产生火花。

⑦ 在检修区域内，对各种机动车辆要进行严格管理。

⑧ 在生产危险化学物品的场所检修时，要经常与操作工人联系，当化工生产发生故障，出现突然排放危险物或紧急停车等情况时，应停止作业，迅速撤离现场。

（3）检修准备

① 根据检修任务书的要求，生产单位要为检修单位创造安全检修条件。没有办完交接手续的检修单位，不得任意拆卸设备、管道。

② 对检修使用的工具、设备应进行详细检查，保证安全可靠。

③ 检修传动设备、传动设备上的电气设备，必须切断电源，并经两次起动复查证明无误后，在电源开关处挂上禁止启动牌或上安全锁卡。

④ 检修单位要检查动火证、设备内作业许可证、高处作业许可证和电气工作票的审批内容与落实情况。

⑤ 检修单位应检查检修中需用防护器具、消防器材准备情况。

9.3 化工装置安全停车与处理

化工装置在停车过程中，要进行降温、降压、降低进料量，一直到切断原燃料的进料，然后进行设备清空、吹扫、置换等工作。各工序和各岗位之间联系密切，如果组织不好、指挥不当、联系不通或操作失误都容易发生事故。因此，装置的停车和处理对于安全检修工作有着特殊的意义。

9.3.1 停车前的准备工作

1. 编写停车方案

在装置停车过程中，操作人员要在较短的时间内完成许多操作，因此劳动强度大，精神紧张。虽然各车间存有早已编制好的操作规程，但为了避免差错，还应当结合本次停车检修的特点和要求，制订出具体的停车方案，其主要内容应包括：停车时间、步骤、设备管线倒空及吹扫流程、盲板抽堵系统图。还要根据具体情况制订防堵、防冻措施。对每一步骤都要有时间要求、达到的指标等，并有专人负责。

2. 做好检修期间的劳动组织及分工

根据每次检修工作的内容，合理调配人员，分工明确。在检修期间，除派专人与施工单位配合检修外，各岗位、控制室均应有人坚守岗位。

3. 进行检修动员

在停车检修前要进行一次检修的动员，使每个职工都明确检修的任务、进度，熟悉停开车方案，提高认识。

9.3.2 装置停车的安全处理

1. 盲板抽堵

停工检修的设备必须和运行系统可靠隔离，这是化工安全检修必须遵循的安全规定之一。以往检修，由于没有隔离措施或隔离措施不符合安全要求，致使运行系统内的有毒、易燃、腐蚀、窒息和高温介质进入检修设备造成多起重大事故，教训极为深刻。

检修设备和运行系统隔离的最保险的办法是将与检修设备相连的管道、管道上的阀门、伸缩接头等可拆部分拆下，然后在管路侧的法兰上安装盲板。如果无可拆部分或拆卸十分困难，则应在和检修设备相连的管道法兰接头之间插入盲板。有些管道短时间(不超过 8h)的检修动火可用水封切断可燃气体气源，但必须有专人在现场监视水封溢流管的溢流情况，防止水封中断。

盲板抽堵属于危险作业，应办理作业许可证的审批手续，并指定专人负责制订作业方案和检查落实相应的安全措施。作业前安全负责人应带领操作、监护等人员察看现场交代作业程序和安全事项，除此以外，盲板抽堵从安全上应做好以下几项工作：

(1) 制作盲板。根据阀门或管道的口径制作合适的盲板，盲板必须保证能承受运行系统管路的工作压力。介质为易燃易爆时，盲板不得用破裂时会产生火花的材料制作。盲板应有大的突耳，并涂上特别的色彩，使插入的盲板一看就明了。按管道内介质的腐蚀特性、压力、温度选用合适的材料做垫片。

(2) 现场管理。介质为易燃易爆物质时，盲板抽堵作业点周围 25m 范围内不准用火，作业过程中指派专人巡回检查，必要时应当停止下风侧的其他工作；与作业无关的人员必须离开作业现场。室内进行盲板抽堵作业时，必须打开门窗或用符合安全要求的通风设备强制通风；作业现场应有足够的照明，管内是易燃易爆介质，采用行灯照明时，则必须采用电压小于 36V 的防爆灯，在高空从事盲板抽堵作业，事前应搭好脚手架，并经专人检查，确认安全可靠才准登高抽堵。

(3) 泄压排尽。盲板抽堵前应仔细检查管道和检修设备内的压力是否已降下，余液(如酸、碱、热水等)是否排净。一般要求管道内介质温度小于 60℃；介质的压力，煤气类 $<200mmH_2O$，氨气等刺激性物质压力 $<50mmH_2O$，符合上述要求进行盲板抽堵作业。若温度、压力超过上述规定时，应有特殊的安全措施，并办理特殊的审批手续。

(4) 器具和监护。抽堵可燃介质的盲板时，应使用铜质或其他撞击时不产生火花的工具。若必须用铁质工具时，应在其接触面上涂以石墨黄油等不产生火花的介质。高处盲板抽堵，作业人员应戴安全帽，系挂安全带，参加盲板抽堵作业的人员必须是经过专门训练，持有《安全技术合格证》的人员，作业时一般应戴好隔离式防毒面具，并应站在上风向；盲板抽堵作业应有专人监护，危险性大的作业，应有气体防护站或安技部门派两人以上负责监护，设有气体防护站或保健站的企业，应有医务人员、救护车等在现场，盲板抽堵时连续作业时间不宜过长，一般控制在 30min 之内，超过 30min 应轮换休息一次。

(5) 登记核查。盲板抽堵应有专人负责做好登记核查工作。堵上的盲板一一登记，记录地点、时间、作业人员姓名、数量；抽去盲板时，也应逐一记录，对照盲板抽堵方案核查，防止漏堵；检修结束时，对照方案核查，防止漏抽。漏堵导致检修作业中发生事故，漏抽将造成试车或投产时发生事故。

2. 置换和中和

为保证检修动火和罐内作业的安全，设备检修前内部的易燃、有毒气体应进行置换，酸、碱等腐蚀性液体应该中和，还有经酸洗或碱洗后的设备为保证罐内作业安全和防止设备腐蚀也应进行中和处理。

易燃、有毒有害气体的置换，大多采用蒸汽、氮气等惰性气体作为置换介质，也可采用

"注水排气"法将易燃，有害气体压出，达到置换要求。设备经惰性气体置换后，若需要进入其内部工作，则事先必须用空气置换惰性气体，以防窒息。置换作业的安全注意事项简述如下：

（1）可靠隔离。被置换的设备、管道与运行系统相连处，除关紧连接阀门外还应加上盲板，达到可靠隔离要求，并卸压和排放余液。置换作业一般应在盲板抽堵之后进行。

（2）制定方案。置换前应制订置换方案，绘制置换流程图。根据置换和被置换介质比重不同，选择置换介质进入点和被置换介质的排出点，确定取样分析部位，以免遗漏、防止出现死角。若置换介质的比重大于被置换介质的比重时，应由设备或管道的最低点送入置换介质，由最高点辨出被置换介质，取样点宜放在顶部位置及易产生死角的部位，反之，置换介质的比重比被置换介质小时，从设备最高点送入置换介质，由最低点排出被置换介质，取样点宜放在设备的底部位置和可能成为死角的位置。

（3）置换要求。用注水排气法置换气体时，一定要保证设备内被水充满，所有易燃气体被全部排出。故一般应在设备顶部最高位置的接管口有水溢出，并外溢一段时间后，方可动火。严禁注水未满的情况下动火。曾由于注水未满，使设备顶聚集了可燃性混合气体，一遇火种而发生爆炸事故，造成重大伤亡。用惰性气体置换时，设备内部易燃、有毒气体的排出除合理选择排出点位置外，还应将排出气体引至安全的场所。所需的惰性气体用量一般为被置换介质容积的3倍以上。对被置换介质有滞留的性质或者其比重和置换介质相近时，还应注意防止置换的不彻底或者两种介质相混合的可能。因此，置换作业是否符合安全要求，不能根据置换时间的长短或置换介质用量，而是应根据气体分析化验是否合格为准。

（4）取样分析。在置换过程中应按照置换流程图上标明的取样分析点(一般取置换系统的终点和易成死角的部位附近)取样分析。

3. 清扫和清洗

对可能积附易燃，有毒介质残渣、油垢或沉积物的设备，这些杂质用置换方法一般是清除不尽的，故经气体置换后还应进行清扫和清洗。因为这些杂质在冷态时可能不分解、不挥发，在取样分析时符合动火要求或符合卫生要求，但当动火时，遇到高温这些杂质会迅速分解或很快挥发，使空气中可燃物质或有毒有害物质浓度大大增加而发生爆炸燃烧事故或中毒事故。

（1）扫线。检修设备和管道内的易燃、有毒的液体一般是用扫线的方法来清除，扫线的介质通常用蒸汽。但对有些介质的扫线，如液氯系统中含有三氯化氮残渣是不准用蒸汽扫洗的。

扫线作业和置换一样，事先制定扫线方案，绘制扫线流程图，填写扫线登记表，在流程图和登记表中标注和写明扫线的简要流程、管号、设备编号、吹汽压力、起止时间、进汽点、排放点、排放物去路、扫线负责人和安全事项，并办理审批手续。进行扫线作业，注意以下几点：

① 扫线时要集中用汽，一根管道一根管道地清扫，扫线时间到了规定要求时，先关阀后停汽，防止管路系统介质倒回。

② 塔、釜、热交换器及其他设备，在吹汽扫线时，要选择低部位排放，防止出现死角和吹扫不清。

③ 设备和管线扫线结束并分析合格后，有的应加盲板将运行系统隔离。

④ 扫线结束应对下水道、阴井、地沟等进行清洗。对阴井的处理应从靠近扫线排放点

处开始逐个顺序清洗，全部清洗合格后采取措施密封。地面、设备表面或操作平台上积有的油垢和易燃物也应清洗干净。

⑤ 经扫线后的设备或管道内若仍留有残渣、油垢时，则还应清洗或清扫掉。

（2）清扫和清洗。置换和扫线无法清除的沉积物，应用蒸汽、热水或碱液等进行蒸煮、溶解、中和等方法将沉积的可燃、有毒物质清除干净。清扫和清洗的方法及安全注意事项如下：

① 人工铲刮。对某些设备内部的沉积物可用人工铲刮的方法予以清除。若沉积物是可燃物或是酸性容器壁的污物和残酸，则应用木质、铜质、铝质等不产生火花的铲、刷、钩等工具；若是有毒的沉积物，应做好个人防护，必要时带好防毒面具后作业。铲刮下来的沉积物及时清扫，并妥善处理。

② 用蒸汽或高压热水清扫。油罐的清扫通常采用蒸汽或高压热水喷射的方法清洗掉罐壁上的沉积物，但必须防止静电火花引起燃烧、爆炸。采用的蒸汽一般宜用低压饱和蒸汽，蒸汽和高压热水管道应用导线和槽罐连接起来并接地。

9.4　化工装置检修作业安全技术

化工生产装置停车检修，尽管经过全面吹扫、蒸煮水洗、置换、抽加盲板等工作，但检修前仍需对装置系统内部进行取样分析、测爆，进一步核实空气中可燃或有毒物质是否符合安全标准，认真执行安全检修票证制度。

9.4.1　动火作业

在化工装置中，凡是动用明火或可能产生火种的作业都属于动火作业。例如：电焊、气焊、切割、熬沥青、烘砂、喷灯等明火作业；凿水泥基础、打墙眼、电气设备的耐压试验、电烙铁、锡焊等易产生火花或高温的作业。因此凡检修动火部位和地区，必须按动火要求，采取措施，办理审批手续。

1. 动火安全要点

（1）在禁火区内动火应办理动火证的申请、审核和批准手续，明确动火地点、时间、动火方案、安全措施、现场监护人等。审批动火应考虑两个问题：一是动火设备本身，二是动火的周围环境。要做到"三不动火"，即没有动火证不动火，防火措施不落实不动火，监护人不在现场不动火。

（2）联系。动火前要和生产车间、工段联系，明确动火的设备、位置。事先由专人负责做好动火设备的置换、清洗、吹扫、隔离等解除危险因素的工作，并落实其他安全措施。

（3）隔离。动火设备应与其他生产系统可靠隔离，防止运行中设备、管道内的物料泄漏到动火设备中来；将动火地区与其他区域采取临时隔火墙等措施加以隔开，防止火星飞溅而引起事故。

（4）移去可燃物。将动火周围10m范围以内的一切可燃物，如溶剂、润滑油、未清洗的盛放过易燃液体的空桶、木筐等移到安全场所。

（5）灭火措施。动火期间动火地点附近的水源要保证充分，不能中断；动火场所准备好足够数量的灭火器具；在危险性大的重要地段动火，消防车和消防人员要到现场，做好充分准备。

（6）检查与监护。上述工作准备就绪后，根据动火制度的规定，厂、车间或安全、保卫部门的负责人应到现场检查，对照动火方案中提出的安全措施检查是否落实，并再次明确和落实现场监护人和动火现场指挥，交代安全注意事项。

（7）动火分析。动火分析不宜过早，一般不要早于动火前的半小时。如果动火中断半小时以上，应重做动火分析。分析试样要保留到动火之后，分析数据应做记录，分析人员应在分析化验报告单上签字。

（8）动火。动火应由经安全考核合格的人员担任，压力容器的焊补工作应由锅炉压力容器考试合格的工人担任。无合格证者不得独自从事焊接工作。动火作业出现异常时，监护人员或动火指挥应果断命令停止动火，待恢复正常、重新分析合格并经批准部门同意后，方可重新动火。高处动火作业应戴安全帽、系安全带，遵守高处作业的安全规定。氧气瓶和移动式乙炔瓶发生器不得有泄漏，应距明火 10m 以上，氧气瓶和乙炔发生器的间距不得小于5m，有五级以上大风时不宜高处动火。电焊机应放在指定的地方，火线和接地线应完整无损、牢靠，禁止用铁棒等物代替接地线和固定接地点。电焊机的接地线应接在被焊设备上，接地点应靠近焊接处，不准采用远距离接地回路。

（9）善后处理。动火结束后应清理现场，熄灭余火，做到不遗漏任何火种，切断动火作业所用电源。

2. 动火作业安全要求

（1）油罐带油动火。油罐带油动火除了检修动火应做到安全要点外，还应注意：在油面以上不准动火，补焊前应进行壁厚测定，根据测定的壁厚确定合适的焊接方法；动火前用铅或石棉绳等将裂缝塞严，外面用钢板补焊。罐内带油油面下动火补焊作业危险性很大，只在万不得已的情况下才采用，作业时要求稳、准、快，现场监护和补救措施比一般检修动火更应该加强。

（2）油管带油动火。油管带油动火处理的原则与油罐带油动火相同，只是在油管破裂，生产无法进行的情况下，抢修堵漏才用。带油管路动火应注意：测定焊补处管壁厚度，决定焊接电流和焊接方案，防止烧穿；清理周围现场，移去一切可燃物；准备好消防器材，并利用难燃或不燃挡板严格控制火星飞溅方向；降低管内油压，但需保持管内油品的不停流动；对泄漏处周围的空气要进行分析，合乎动火安全要求才能进行；若是高压油管，要降压后再打卡子焊补；动火前与生产部门联系，在动火期间不得卸放易燃物资。

（3）带压不置换动火。带压不置换动火指可燃气体设备、管道在一定的条件下未经置换直接动火补焊。带压不置换动火的危险性极大，一般情况下不主张采用。必须采用带压不置换动火，应注意：整个动火作业必须保持稳定的正压；必须保证系统内的含氧量低于安全标准（除环氧乙烷外一般规定可燃气体中含氧量不得超过 1%）；焊前应测定壁厚，保证焊时不烧穿才能工作；动火焊补前应对泄漏处周围的空气进行分析，防止动火时发生爆炸和中毒；作业人员进入作业地点前穿戴好防护用品，作业时作业人员应选择合适位置，防止火焰外喷烧伤。整个作业过程中，监护人、扑救人员、医务人员及现场指挥都不得离开，直至工作结束。

9.4.2 动土作业

化工厂区的地下生产设施复杂隐蔽，如地下敷设电缆，其中有动力电缆、信号电缆、通信电缆，另外还有敷设的生产管线。凡是影响到地下电缆、管道等设施安全的地上作业都包括在动土作业的范围内。如：挖土、打桩埋设接地极等入地超过一定深度的作业，用推土机、压路机等施工机械的作业。随意开挖厂区土方，有可能损坏电缆或管线，造成装置停工，甚至人员伤亡。因此，必须加强动土作业的安全管理。

动土作业的安全要求：

（1）动土作业必须办理《动土安全作业证》，没有《动土安全作业证》不准动土作业。

《动土安全作业证》由机动部门负责管理。动土申请单位在机动部门领取《动土安全作业证》，填写有关内容后交施工单位。

施工单位接到《动土安全作业证》，填写有关内容后将《动土安全作业证》交动土申请单位。

动土申请单位从施工单位收到《动土安全作业证》后，交厂总图及有关水、电、汽、工艺、设备、消防、安全等部门审核，由厂机动部门审批。

动土作业审批人员应到现场核对图纸，查验标志，检查确认安全措施，方可签发《动土安全作业证》。

动土申请单位将办理好的《动土安全作业证》留存后，分别送总图室、机动部门、施工单位各一份。

（2）动土作业前，项目负责人应对施工人员进行安全教育；施工负责人对安全措施进行现场交底，并督促落实。

（3）动土作业施工现场应根据需要设置护栏、盖板和警告标志，夜间应悬挂红灯示警。施工结束后要及时回填土，并恢复地面设施。

（4）动土作业必须按《动土安全作业证》的内容进行，对审批手续不全、安全措施不落实的，施工人员有权拒绝作业。

（5）严禁涂改、转借《动土安全作业证》，不得擅自变更动土作业内容、扩大作业范围或转移作业地点。

（6）动土中如暴露出电缆、管线以及不能辨认的物品时，应立即停止作业，妥善加以保护，报告动土审批单位处理，采取措施后方可继续动土作业。

（7）动土临近地下隐蔽设施时，应轻轻挖掘，禁止使用铁棒、铁镐或抓斗等机械工具。

（8）挖掘坑、槽、井、沟等作业，应遵守下列规定：①挖掘土方应自上而下进行，不准采用挖底脚的办法挖掘。挖出的土石不准堵塞下水道和阴井。②在挖较深的坑、槽、井、沟时，严禁在土壁上挖洞攀登。作业时必须戴安全帽。坑、槽、井、沟上端边沿不准人员站立、行走。③要视土壤性质、湿度和挖掘深度设置安全边坡或固壁支架。挖出的泥土堆放处所和堆放的材料至少要距坑、槽、井、沟边沿 0.8m，高度不得超过 1.5m。对坑、槽、井、沟边坡或固壁支撑架应随时检查，特别是雨雪后和解冻时期，如发现边坡有裂缝、松疏或支撑有折断、走位等异常危险征兆，应立即停止工作，并采取措施。④作业时应注意对有毒有害物质的检测，保持通风良好。发现有毒有害气体时，应采取措施后，方可施工。⑤在坑、槽、井、沟的边缘，不能安放机械、铺设轨道及通行车辆。如必须时，要采取有效的固壁措施。

（9）上下交叉作业应戴安全帽。多人同时挖土应相距在 2m 以上，防止工具伤人。作业人员发现异常时，应立即撤离作业现场。

（10）在化工危险场所动土时，要与有关操作人员建立联系。当化工生产发生突然排放有害物质时，化工操作人员应立即通知动土作业人员停止作业，迅速撤离现场。

（11）在可能出现煤气等有毒有害气体的地点工作时，应预先告知工作人员，并做好防毒准备。在挖土作业时如突然发现煤气等有毒气体或可疑现象，应立即停止工作，撤离全部工作人员并报告有关部门处理，在有毒有害气体未彻底清除前不准恢复工作。在禁火区内进行动土作业还应遵守禁火的有关安全规定。动土作业完成后，现场的沟、坑应及时填平。

9.4.3 设备内作业

进入化工生产区域内的各类塔、球、釜、槽、罐、炉膛、锅筒、管道、容器以及地下室、阴井、地坑、下水道或其他封闭场所内进行的作业均为进入设备作业。

1. 进入设备作业证制度

进入设备作业前，必须办理进入设备作业证。进入设备作业证由生产单位签发，由该单位的主要负责人签署。

生产单位在对设备进行置换、清洗并进行可靠的隔离后，事先应进行设备内可燃气体分析和氧含量分析。有电动和照明设备时，必须切断电源，并挂上"有人检修，禁止合闸"的牌子，以防止有人误操作伤人。

检修人员凭有负责人签字的"进入设备作业证"及"分析合格单"，才能进入设备内作业。在进入设备内作业期间，生产单位和施工单位应有专人进行监护和救护，并在该设备外明显部位挂上"设备内有人作业"的牌子。

2. 设备内作业安全要求

（1）安全隔绝

设备上所有与外界连通的管道、孔洞均应与外界有效隔离。设备上与外界连接的电源应有效切断。管道安全隔绝可采用插入盲板或拆除一段管道进行隔绝，不能用水封或阀门等代替盲板或拆除管道。

电源有效切断可采用取下电源保险熔丝或将电源开关拉下后上锁等措施，并加挂警示牌。

（2）清洗和置换

进入设备内作业前，必须对设备内进行清洗和置换，并达到下列要求：氧含量为18%～21%；有毒气体和可燃气体浓度符合《化工企业安全管理制度》的规定。

（3）通风

要采取措施，保持设备内空气良好流通。打开所有人孔、手孔、料孔、风门、烟门进行自然通风。必要时，可采取机械通风。采用管道空气送风时，通风前必须对管道内介质和风源进行分析确认。不准向设备内充氧气或富氧空气。

（4）定时监测

作业前30min内，必须对设备内气体采样分析，分析合格后办理《设备内安全作业证》，方可进入设备。

作业中要加强定时监测，情况异常立即停止作业，并撤离人员。作业现场经处理后，取样分析合格方可继续作业。

作业人员离开设备时，应将作业工具带出设备，不准留在设备内。

涂刷具有挥发性溶剂的涂料时，应做连续分析，并采取可靠的通风措施。

（5）照明和防护措施

进入不能达到清洗和置换要求的设备内作业时，必须采取相应的防护措施：在缺氧、有毒环境中，应佩带隔离式防毒面具；在易燃易爆环境中，应使用防爆型低压灯具及不产生火花的工具，不准穿戴化纤织物；在酸碱等腐蚀性环境中，应穿戴好防腐蚀护具。

设备内照明电压应小于等于36V；在潮湿容器、狭小容器内作业照明电压应小于等于12V。

使用超过安全电压的手持电动工具，必须按规定配备漏电保护器。

临时用电线路装置应按规定架设和拆除，线路绝缘保证良好。

（6）多工种、多层交叉作业的安全措施

应搭设安全梯或安全平台，必要时由监护人用安全绳拴住作业人员进行施工。

设备内作业过程中，不能抛掷材料、工具等物品。交叉作业要有防止层间落物伤害作业人员的措施。

设备外要备有空气呼吸器（氧气呼吸器）、消防器材和清水等相应的急救用品。

（7）监护

设备内作业必须有专人监护。进入设备前，监护人应会同作业人员检查安全措施，统一联系信号。险情重大的设备内作业，应增设监护人员，并随时与设备内取得联系。监护人员不得脱离岗位。

9.4.4 高处作业

凡在坠落高度基准面2m以上（含2m）有可能坠落的高处进行作业，均称为高处作业。

在化工企业，作业虽在2m以下，但属下列作业的，仍视为高处作业：虽有护栏的框架结构装置，但进行的是非经常性工作，有可能发生意外的工作；在无平台，无护栏的塔、釜、炉、罐等化工设备和架空管道上的作业；高大独自化工设备容器内进行的登高作业；作业地段的斜坡（坡度大于45°）下面或附近有坑、井和风雪袭击、机械震动以及有机械转动或堆放物易伤人的地方作业等。

一般情况下，高处作业按作业高度可分为四个等级。作业高度在2~5m时，称为一级高处作业；作业高度在5~15m时，称为二级高处作业；作业高度在15~30m时，称为三级高处作业；作业高度在30m以上时，称为特级高处作业。

化工装置多数为多层布局，高处作业的机会比较多。如设备、管线拆装，阀门检修更换，仪表校对，电缆架空敷设等。高处作业，事故发生率高，伤亡率也高。发生高处坠落事故的原因主要是：洞、坑无盖板或检修中移去盖板；平台、扶梯的栏杆不符合安全要求，临时拆除栏杆后没有防护措施，不设警告标志；高处作业不挂安全带、不戴安全帽、不挂安全网，梯子使用不当或梯子不符合安全要求；不采取任何安全措施，在石棉瓦之类不坚固的结构上作业；脚手架有缺陷；高处作业用力不当、重心失稳；器具失灵，配合不好，危险物料伤害坠落；作业附近对电网设防不妥触电坠落等。

1. 高处作业的一般安全要求

（1）作业人员：患有精神病等职业禁忌证的人员不准参加高处作业。检修人员饮酒、精神不振时禁止登高作业。作业人员必须持有作业证。

（2）作业条件：高处作业必须戴安全帽、系安全带。作业高度2m以上应设置安全网，并根据位置的升高随时调整。高度超15m时，应在作业位置垂直下方4m处，架设一层安全网，且安全网数不得少于3层。

（3）现场管理：高处作业现场应设有围栏或其他明显的安全界标，除有关人员外，不准其他人在作业点的下面通行或逗留。

（4）防止工具材料坠落，高处作业应一律使用工具袋。较粗、重工具用绳拴牢在坚固的构件上，不准随便乱放；在格栅式平台上工作，为防止物件坠落，应铺设木板；递送工具、材料不准上下投掷，应用绳系牢后上下吊送；上下层同时进行作业时，中间必须搭设严密牢固的防护隔板、罩棚或其他隔离设施；工作过程中除指定的、已采取防护围栏处或落料管槽可以倾倒废料外，任何作业人员严禁向下抛掷物料。

（5）防止触电和中毒。脚手架搭设时应避开高压电线，无法避开时，作业人员在脚手架上活动范围及其所携带的工具、材料等与带电导线的最短距离要大于安全距离（电压等级≤110kV，安全距离为2m；220kV，3m；330kV，4m）。高处作业地点靠近放空管时，事先与生产车间联系，保证高处作业期间生产装置不向外排放有毒有害物质，并事先向高处作业的全体人员交代明白，一旦有毒有害物质排放时，应迅速采取撤离现场等安全措施。

（6）气象条件六级以上大风、暴雨、打雷、大雾等恶劣天气，应停止露天高处作业。

（7）注意结构的牢固性和可靠性在槽顶、罐顶、屋顶等设备或建筑物、构筑物上作业时，除了临空一面应装安全网或栏杆等防护措施外，事先应检查其牢固可靠程度，防止失稳或破裂等可能出现的危险；严禁直接站在油毛毡、石棉瓦等易碎裂材料的结构上作业。为防止误登，应在这类结构的醒目处挂上警告牌；登高作业人员不准穿塑料底等易滑的或硬性厚底的鞋子；冬季严寒作业应采取防冻防滑措施或轮流进行作业。

2. 脚手架的安全要求

高处作业使用的脚手架和吊架必须能够承受站在上面的人员、材料等的重量。禁止在脚手架和脚手板上放置超过计算荷重的材料。一般脚手架的荷重量不得超过270kgf/m²。脚手架使用前，应经有关人员检查验收，认可后方可使用。

（1）脚手架材料脚手架的杆柱可采用竹、木或金属管，木杆应采用剥皮杉木或其他坚韧的硬木，禁止使用杨木、柳木、桦木、油松和其他腐朽、折裂、枯节等易折断的木料，竹竿应采用坚固无伤的毛竹；金属管应无腐蚀，各根管子的连接部分应完整无损，不得使用弯曲、压扁或者有裂缝的管子。木质脚手架踏脚板的厚度不应小于4cm。

（2）脚手架的连接与固定。脚手架要与建筑物连接牢固。禁止将脚手架直接搭靠在楼板的木楞上及未经计算荷重的构件上，也不得将脚手架和脚手架板固定在栏杆、管子等不十分牢固的结构上；立杆或支杆的底端宜埋在地下。遇松土或者无法挖坑时，必须绑设地杆子。

金属管脚手架的立竿应垂直地稳固放在垫板上，垫板安置前需把地面夯实、整平。立竿应套上由支柱底板及焊在底板上管子组成的柱座，连接各个构件间的铰链螺栓一定要拧紧。

（3）脚手板、斜道板和梯子。脚手板和脚手架应连接牢固；脚手板的两头都应放在横杆上，固定牢固，不准在跨度间有接头；脚手板与金属脚手架则应固定在其横梁上。

斜道板要满铺在架子的横杆上；斜道两边、斜道拐弯处和脚手架工作面的外侧应设1.2m高的栏杆，并在其下部加设18cm高的挡脚板；通行手推车的斜道坡度不应大于1.7m，其宽度单方向通行应大于1m，双方向通行大于1.5m；斜道板厚度应大于5cm。

脚手架一般应装有牢固的梯子，以便作业人员上下和运送材料。使用起重装置吊重物时，不准将起重装置和脚手架的结构相连接。

（4）临时照明脚手架上禁止乱拉电线。必须装设临时照明时，木、竹脚手架应加绝缘子，金属脚手架应另设横担。

（5）冬季、雨季防滑。冬季、雨季施工应及时清除脚手架上的冰雪、积水，并要撒上沙子、锯末、炉灰或铺上草垫。

（6）拆除。脚手架拆除前，应在其周围设围栏，通向拆除区域的路段挂警告牌；高层脚手架拆除时应有专人负责监护；敷设在脚手架上的电线和水管先切断电源、水源，然后拆除，电线拆除由电工承担，拆除工作应由上而下分层进行，拆下来的配件用绳索捆牢，用起重设备或绳子吊下，不准随手抛掷；不准用整个推倒的办法或先拆下层主柱的方法来拆除；栏杆和扶梯不应先拆掉，而要与脚手架的拆除工作同时配合进行；在电力线附近拆除应停电作业，若不能停电应采取防触电和防碰坏电路的措施。

（7）悬吊式脚手架和吊篮悬吊式脚手架和吊篮应经过设计和验收，所用的钢丝绳及大绳的直径要由计算决定。计算时安全系数：吊物用不小于 6、吊人用不小于 14；钢丝绳和其他绳索事前应作 1.5 倍静荷重试验，吊篮还需作动荷重试验。动荷重试验的荷重为 1.1 倍工作荷重，作等速升降，记录试验结果；每天使用前应由作业负责人进行挂钩，并对所有绳索进行检查；悬吊式脚手架之间严禁用跳板跨接使用；拉吊篮的钢丝绳和大绳，应不与吊篮边沿、房檐等棱角相摩擦；升降吊篮的人力卷扬机应有安全制动装置，以防止因操作人员失误使吊篮落下；卷扬机应固定在牢固的地锚或建筑物上，固定处的耐拉力必须大于吊篮设计荷重的 5 倍；升降吊篮由专人负责指挥；使用吊篮作业时应系安全带，安全带拴在建筑物的可靠处。

9.4.5 厂区吊装作业

"吊装作业"是利用各种机具将重物吊起，并使重物发生位置变化的作业过程。

（1）按吊装重物的重量分级

① 吊装重物的重量大于 80t 时，为一级吊装作业；

② 吊装重物的重量大于等于 40t 至小于等于 80t 时，为二级吊装作业；

③ 吊装重物的重量小于 40t 时，为三级吊装作业。

（2）按吊装作业级别分类

① 一级吊装作业为大型吊装作业；

② 二级吊装作业为中型吊装作业；

③ 三级吊装作业为一般吊装作业。

吊装作业的安全要求：

① 吊装作业人员必须持有特殊工种作业证。吊装重量大于 10t 的物体须办理《吊装安全作业证》。

② 吊装重量大于等于 40t 的物体和土建工程主体结构，应编制吊装施工方案。吊物虽不足 40t，但形状复杂、刚度小、长径比大、精密贵重，或施工条件特殊的情况下，也应编制吊装施工方案。吊装施工方案经施工主管部门和安全技术部门审查，报主管厂长或总工程师批准后方可实施。

③ 各种吊装作业前，应预先在吊装现场设置安全警戒标志，并设专人监护，非施工人员禁止入内。

④ 吊装作业中，夜间应有足够的照明。室外作业遇到大雪、暴雨、大雾及六级以上大风时，应停止作业。

⑤ 吊装作业前，应对起重吊装设备、钢丝绳、缆风绳、链条、吊钩等各种机具进行检查，必须保证安全可靠，不准带病使用。

264

⑥ 吊装作业时，必须分工明确、坚守岗位，并按 GB/T 5082—1985 规定的联络信号，统一指挥。

⑦ 严禁利用管道、管架、电杆、机电设备等做吊装锚点。未经机动、建筑部门审查核算，不得将建筑物、构筑物作为锚点。

⑧ 吊装作业前必须对各种起重吊装机械的运行部位、安全装置以及吊具、索具进行详细的安全检查，吊装设备的安全装置要灵敏可靠。吊装前必须试吊，确认无误方可作业。

⑨ 吊装作业时，必须按规定负荷进行吊装，吊具、索具经计算选择使用，严禁超负荷运行。所吊重物接近或达到额定起重吊装能力时，应检查制动器，用低高度、短行程试吊后，再平稳吊起。

⑩ 在吊装作业中，有下列情况之一者不准吊装（简称"十不吊"）：指挥信号不明；超负荷或物体重量不明；斜拉重物；光线不足、看不清重物；重物下站人；重物埋在地下；重物紧固不牢，绳打结、绳不齐；棱刃物体没有衬垫措施；重物越人头；安全装置失灵。

⑪ 必须按《吊装安全作业证》上填报的内容进行作业，严禁涂改、转借《吊装安全作业证》，变更作业内容，扩大作业范围或转移作业部位。

⑫ 对吊装作业审批手续不全，安全措施不落实，作业环境不符合安全要求的，作业人员有权拒绝作业。

9.4.6 电气作业

由于化工生产和检修过程中，接触的多为易燃易爆、腐蚀性强的物质，环境条件与一般环境条件比较，要求更高，因此，电气检修增加了危险性。触电事故常在极短的时间内造成不可逆转的严重后果，不但威胁人的生命安全，还会严重影响生产、检修的正常进行。因此，采取预防为主的方针，做好电气检修，加强运行和检修中的安全管理，防止触电事故的发生，对任何一个化工行业都是十分重要的。

电气作业的安全要求：

（1）电气检修必须按《电气安全工作规程》的规定执行。电气检修必须严格执行电气检修工作票制度，经工作许可人许可后方可进行作业。

（2）凡是在导电设备、线路上作业时，必须停电作业并需要在电源开关处挂有"有人工作，禁止合闸"的标志牌，除专责挂牌人外任何人不准拿掉挂牌或送电。

（3）在停电线路工作地段装接地线前，必须放电、验电，确认线路无电后方可装接。应在工作地段两端挂接地线，对凡有可能送电到停电线路的分支线也要挂接地线。

（4）外线、杆、塔、电缆检修，作业前必须全面检查，确认无疑方可进行作业。

（5）变、配电所出入口处或线路中间某一段有两条以上线路邻近平行时，在验明检修线路确已停电，并挂好接地线后，应在停电线路的杆、塔下面做好标志，设专人监护，防止误登塔、杆。对有两个以上供电电源的线路检修时，必须采取可靠的措施，防止误送电。

（6）对地下直埋或隧道电缆检修时，应避免伤及临近电缆。

（7）在立、撤杆和修正杆坑及在杆、塔上作业前，必须认真检查，防止倒杆和滑梯等事故。接地线拆除后，应认为线路带电，严禁任何人再登杆、塔，并按工作终结办理报告手续。

（8）在同杆共架的多回线路中，部分线路停电检修，安全距离应小于在带电线路杆、塔上作业的安全距离。为此，线路不但要有线路名称，还要有上、下、左、右的称号。登杆、塔和检修作业时，每基杆、塔都应设专人监护。

（9）检修工作大体可分为全部停电检修、部分停电检修和不停电检修三种情况。为了保证检修工作的安全，必须根据有关规定要求，区别情况，采取有效的技术、组织措施，严格执行工作票制度和监护制度。停电、放电、验电和检修作业，必须由作业负责人指派有实践经验的人员担任监护，否则不得进行作业。

（10）在带电设备附近动火，火焰与带电部位的距离，10kV 及以下的为 1.5m，10kV 以上的为 3m。

（11）架设临时线要严格遵守有关规定办理"临时接线装置申请单"。380V 电压、绝缘良好的橡皮临时线悬空架设距地面：室内不少于 2.5m，室外不少于 3.5m，横过马路时不低于 5m。

（12）更换熔断器，要严格按照规定选用熔丝，不得任意用其他金属丝代替。检修场所用电，必须有计划设置电源点(配电箱)，不得任意拆用生产车间原来的电气设备的电源。如必须拆用，应经生产车间和电气车间负责人批准后，由电工拆接，才能使用。检修用的临时配电箱，应坚固、严密，有防水、防雨设施，箱门上要涂有红色"电"符号和文字警告标志，由专人负责，并加锁。

（13）检修场所内所有的电气设备开关(除检修用电和照明外)，必须挂"停车检修，严禁合闸"标志。

（14）临时电源线的架接，或接用电焊机、水泵、电机、临时照明等一切临时电源，必须填写临时用电作业票，经检修现场负责人和电气车间负责人批准同意后，由电工进行架设临时电源线和临时电气设备，使用完毕后，应立即拆除。

（15）在易燃易爆岗位进行检修时，装设的临时电气设备和线路开关，应符合防爆规定。各种电气安全用具(护具)必须有良好的绝缘性能，应有专人保管，放在指定地点，防止受潮或受酸碱腐蚀。

（16）电气检修必须严格执行电气检修工作票制度。防爆电气设备的检修应由专业检修人员(或单位)负责。检修负责人必须指定专人负责停、送电联系，严禁约时停、送电。

9.4.7　盲板抽堵作业

化工生产装置之间、装置与贮罐之间、厂际之间，有许多管线相互连通输送物料，因此生产装置停车检修，在装置退料进行蒸、煮、水洗置换后，需要在检修的设备和运行系统管线相接的法兰接头之间插入盲板，以切断物料窜进检修装置的可能。我国原化学工业部在总结盲板抽堵作业中发生事故的经验教训的基础上，制定了 HG 30012—2013《生产区域盲板抽堵作业安全规范》以规范此项工作。盲板抽堵应注意以下几点：

（1）盲板抽堵工作应由专人负责，根据工艺技术部门审查批复的工艺流程盲板图，进行盲板抽堵作业，统一编号，做好抽堵记录。

（2）负责盲板抽堵的人员要相对稳定，一般情况下，盲板抽堵的工作由一人负责。

（3）盲板抽堵的作业人员，要进行安全教育及防护训练，落实安全技术措施。

（4）登高作业要考虑防坠落、防中毒、防火、防滑等措施。

（5）拆除法兰螺栓时要逐步缓慢松开，防止管道内余压或残余物料喷出；发生意外事故，堵盲板的位置应在来料阀的后部法兰处，盲板两侧均应加垫片，并用螺栓紧固，做到无泄漏。

（6）盲板应具有一定的强度，其材质、厚度要符合技术要求，原则上盲板厚度不得低于管壁厚度，且要留有把柄，并于明显处挂牌标记。

根据 HG 30012—2013《生产区域盲板抽堵作业安全规范》的要求，在盲板抽堵作业前，必须办理盲板抽堵安全作业证，没有盲板抽堵安全作业证不能进行盲板抽堵作业。盲板抽堵安全作业证的格式见表 9-1。

表 9-1　盲板抽堵记录表

设备管线名称	介质	温度	压力	盲板			时间		负责人	
				材质	规格	编号	装	拆	装	拆
盲板位置图：										
安全措施： 生产单位负责人：										
施工单位意见： 施工单位负责人：										
审核意见： 安全防火部门：				审批意见： 主管厂长或总工程师：						

9.4.8　受限空间作业

受限空间是指在生产施工过程中，人员进出时有一定的困难或受到限制的空间，不能用于人员长时间停留，通风状况较差，空气中的氧含量不足，或者空气中存在着有害物质。在生产施工现场中，受限空间的形式大多为储罐、反应器、地沟、容器、化粪池、输送管道等，受限空间作业造成的主要危害有火灾和爆炸、缺氧窒息、窒息性气体中毒和中暑等。

受限空间作业的安全措施：

（1）管理要求。对受限空间作业的安全管理，要从组织、制度、教育培训、现场管理、应急救援等各个方面着手。生产经营单位要建立健全单位安全生产责任制度，明确各级人员的安全职责；要建立健全安全生产管理组织；要编制受限空间作业的工作方案。现场工作人员需经健康安全检查和安全作业培训且考核合格方能从事作业。

（2）程序要求。按照"先准备、先检测、后作业"的原则，凡要进入受限空间危险作业场所作业，必须根据实际情况事先制定作业方案，办理《受限空间作业安全证》。做好危险性分析，采取切实可行的安全措施，特别是要测定其氧气、有害气体、可燃性气体、粉尘的浓度，符合安全要求后方可进入。在未准确测定氧气、有害气体、可燃性气体、粉尘的浓度前，严禁进入该作业场所。

（3）检测取样要求。①作业场所的空气质量必须符合国家标准的安全要求；②作业过程中应加强通风换气，保持必要的空气质量测定次数；③发现可能存在有害气体、可燃气体时，检测人员应同时使用有害气体检测仪表、可燃气体测试仪等设备进行检测，检测人员应佩戴隔离式呼吸器，严禁使用空气呼吸器，且所有设备需要符合 GB 50058—2014《爆炸危险环境电力装置设计规范》的要求；④化验分析部门负责采样。样品要有代表性。分析结果报出后，采样分析样本至少要保留 8h，出现异常现象，应停止作业，重新采样分析；⑤分析要有代表性、全面性，分析合格 1h 后作业，应再次分析，确认合格后方可作业。

（4）人员要求。以下人员不得进入受限作业空间：①在经期、孕期、哺乳期的女性；②有聋、哑、呆、傻等严重生理缺陷者；③患有深度近视、癫痫、高血压、过敏性气管炎、哮喘、心脏病、精神分裂症等疾病者；④有外伤疤口尚未愈合者；⑤其他不符合作业要求的人。

（5）现场管理要求。①进入受限空间要切实做好工艺处理。要有足够的照明，且照明电压必须是安全电压。要遵守用火、用电、起重吊装、高处作业等有关安全规定。受限空间的出入口内外不得有障碍物。进入受限空间作业一般不得使用卷扬机、吊车等设备运送作业人员，特殊情况需经安全部门批准。受限空间外的现场要配备一定数量的急救器材。②车间监护人对进入受限空间作业人员的工具、材料要登记，作业结束后应清点，以防遗留在作业现场。作业人员超过 3 人时，应对人员进行登记、清点。③作业人员进入受限空间前，应首先拟定紧急情况时的外出路线和方法。作业时，应视作业条件适时安排人员轮换作业或休息。④保证受限空间内空气新鲜，必要时可佩戴长管面具、空气呼吸器等防护器具。⑤进入受限空间作业前，由车间安全监督（员）确认进入人员和现场监护人与票证签字名单是否相符，且作业人员与监护人员应事先规定明确的联络信号。⑥禁止进行没有办理《受限空间作业安全证》的作业、与《受限空间作业安全证》内容不符的作业、无监护人员的作业、超时作业和不明情况的盲目救护。

（6）罐内作业要求。罐内作业的危险性很大，必须严格落实"八个必须"，还应在作业罐的明显位置挂上"罐内有人作业"的标志牌。作业结束时，应清除杂物，把所有作业工具搬出罐外，不得遗漏。检修人员和监护人员共同检查罐内外，在确认无疑，监护人在《罐内作业证》上签字后，检修人员方可封闭各入孔。

9.4.9 断路作业

断路作业是指在化学品生产单位内交通主干道、交通次干道、交通支道与车间引道上进行工程施工、吊装吊运等各种影响正常交通的作业。需要在化学品生产单位内交通主干道、交通次干道、交通支道与车间引道上进行各种影响交通作业的生产、维修、电力、通信等单位必须提交断路作业申请。从事断路作业时，必须在作业路段周围设置灯光设置，以告示道路使用者注意交通安全。

断路作业的安全要求：

（1）凡在厂区内进行断路作业必须办理《断路安全作业证》。

（2）断路申请单位负责管理施工现场。企业应在断路路口设立断路标志，为来往的车辆提示绕行线路。

（3）厂区断路作业经审批后，应立即通知相关部门做好准备。

（4）断路前，施工单位应负责在路口设置交通挡杆、断路标识。

（5）施工作业人员接到《断路安全作业证》确认无误，且符合本制度规定的条件后，方可进行断路作业。

（6）断路后，施工单位应负责在施工现场设置围栏、交通警告牌，夜间应悬挂红灯。

（7）断路作业结束后，施工单位应负责清理现场，撤除现场和路口设置的挡杆、断路标识、围栏、警告牌、红灯。经申请断路单位检查核实后，负责报告安全环保部，然后由安全环保部通知各有关单位断路工作结束恢复交通。

（8）断路作业应按《断路安全作业证》的内容进行，严禁涂改、转借《断路安全作业证》，变更作业内容，扩大作业范围或转移作业部位。

（9）对《断路安全作业证》。审批手续不全、安全措施不落实、作业环境不符合安全要求的，作业人员有权拒绝作业。

9.5 化工装置的安全检修

9.5.1 压力容器的安全检修

有些压力容器盛装可燃介质，一旦发生泄漏，这些可燃介质会与空气混合若达到爆炸极限，并遇到火源即可导致二次爆炸或燃烧等联锁反应，造成特大的火灾、爆炸和伤亡事故。

1. 检修周期

按照《压力容器安全技术监察规程》要求安排压力容器的外部检查及内外部检验，根据检验结果，结合装置检修，确定检修周期一般为 3~6 年。

2. 检修内容

检修内容包括：①定期检验时确定返修的项目；②筒体、封头与对接焊缝；③接管与角焊缝；④内构件；⑤防腐层、保温层；⑥衬里层、堆焊层；⑦密封面、密封元件及紧固螺栓；⑧基础及地脚螺栓；⑨支承、支座及附属结构；⑩安全附件；⑪检修期间检查发现需要检修的其他项目。

3. 检修前准备

检修前准备包括：①备齐图纸和技术资料，必要时编写施工方案；②备齐机具、量具、材料和劳动保护用品；③施工现场符合有关安全规定。

4. 检查内容

（1）检查以宏观检查、壁厚测定、内表面检测为主，必要时可采用其他无损检测方法。

（2）根据腐蚀机理和使用状况检查压力容器本体、对接焊缝、接管角焊缝有无裂纹、变形、鼓包及泄漏等。对应力集中部位、气-液相交界处、变形部位、异钢种焊接部位、补焊区、工卡具焊迹、电弧损伤处等应重点检查。

（3）检查内外表面的腐蚀和机械损伤。

（4）检查结构及几何尺寸是否符合要求。

（5）检查壁厚是否减薄，厚度测定点的位置一般选择下列部位：①液位经常波动部位；②易腐蚀、冲蚀部位；③制造成形时，壁厚减薄部位和使用中易产生变形的部位；④表面缺陷检查时发现的可疑部位；⑤接管部位。

（6）检查焊缝有无埋藏缺陷。

（7）检查材质是否符合要求。

（8）检查法兰密封面有无裂纹。

（9）检查紧固螺栓的完好情况，对重复使用的螺栓应逐个清洗，检查其损伤情况，必要时进行表面无损检测。应重点检查螺纹及过渡部位有无环向裂纹。

（10）检查支承或支座的损坏，大型容器的基础下沉、倾斜及开裂情况。

（11）检查保温层、隔热层、衬里有无破损，堆焊层有无剥离。

（12）检查安全附件是否灵敏、可靠。

5. 各类压力容器重点检查部位及内容

（1）热交换设备。检查部位主要有管板、管箱、换热管、折流板、壳体、防冲板、小浮头螺栓、小浮头盖、接管及连接法兰等。重点检查以下部位：①易发生冲蚀、汽蚀的管程热流体入口的管端，易发生缝隙腐蚀的壳程管板和易发生冲蚀的壳程入口和出口；②容易产生坑蚀、缝隙腐蚀和应力腐蚀的管板和换热管管段；③介质流向改变部位，如换热设备的入口处、防冲挡板、折流挡板处的壳体及套管换热器的 U 形弯头等；④检查壳体应力集中处是否有裂纹；⑤检查换热管壁厚；⑥检查接管及法兰密封面。

（2）塔器、容器。重点检查以下部位：①积有水分、湿气、腐蚀性气体或气-液相交界处；②物流"死角"及冲刷部位；③焊缝及热影响区；④可能产生应力腐蚀以及氢损伤的部位；⑤封头过渡部位及应力集中部位；⑥可能发生腐蚀及变形的内件(塔盘、梁、分配板及集油箱等)；⑦破沫器、破沫网、分布器、涡流器和加热器等内件；⑧接管部位；⑨检查金属衬里有无腐蚀、裂纹、局部鼓包或凹陷。

（3）反应器。重点检查以下部位：①检查反应器对接焊缝、接管角焊缝、支持圈凸台有无裂纹；②检查法兰密封槽有无裂纹；③检查冷壁反应器衬里有无脱落、孔洞、裂纹、麻点及疏松等；④检查热壁反应器堆焊层有无表面裂纹、层下裂纹及剥离；⑤检查重复使用的紧固螺栓有无裂纹；⑥检查支撑梁、分配器泡罩及热电偶套管有无裂纹；⑦检查其他内构件。

9.5.2　管道的安全检修

1. 热力管网的检修

热力管网中的管道经过长期运行之后，管道内部会出现磨损、结垢、腐蚀，管道外表面的保护层脱落后会受到空气中氧的侵害；管道对口焊接的焊缝会出现裂纹或裂缝；螺纹连接的填料会出现老化或变性以致破坏连接的严密性；法兰连接会出现拉紧螺栓折断和螺栓、螺母腐蚀或丢失；法兰连接中的垫片会出现陈旧变质或被热媒冲刷破坏而造成漏水漏气等损坏；由于管内水击或冻结，某些管段开裂破坏。

（1）磨损或腐蚀。因磨损或腐蚀而使管壁已经减薄或穿孔的管段、管壁某一部位已经开裂的管段、截面已经被水垢封死的管段，检修中都应当切除掉，换上新管。新管换好后，应当进行防腐刷油处理，重新做保温层。管道外壁的腐蚀不严重时，检修中应当清理干净管外壁的腐蚀物，并重新刷油防腐。

（2）结垢。因结垢而使管内流通截面缩小但尚未堵死的管道，可以试用酸洗除垢的办法处理。酸洗时最好用泵使酸溶液在管内循环，以便缩短酸洗时间，取得更好的除垢效果。酸洗后用碱溶液进行中和处理，然后用清水对管道进行彻底冲洗。酸洗用的酸浓度必须严格控制，而且一定要加入缓蚀剂。

（3）管道连接。管道螺纹连接中已老化变性的填料，法兰连接中已陈旧变质或被热媒冲刷坏的垫片，检修中均应另换新的填料和垫片。石棉橡胶垫片用剪刀做成带柄的，以便安装时调整垫片位置。垫片安装前应先用热水浸透，把它安装到法兰上时，应两面抹上石墨粉和机油的混合物，或抹干的银色石墨粉。如果只抹铅油，垫片会粘在法兰密封面上很难除掉。法兰连接处的螺栓、螺母，损坏的一定要更新，丢失的应配齐。工作温度超过100℃的管道上的法兰，其连接用的螺栓在安装前最好在螺纹上涂一层石墨粉和机油的混合物，以方便拆卸。

（4）裂纹。管道出现裂纹时，可以在裂纹两端钻止裂孔，切除该段焊缝直至露出管子金属，然后重新进行补焊操作。如果焊缝缺陷超过维修范围，应将焊口完全切除，然后另加短管连接重焊。

2. 高压管道的检修和维护

（1）检修和维护的基本原则

① 管道损坏的情况、损坏的原因以及需要维修的部位。

② 根据管道输送介质的参数及管道的质量要求，决定检修的质量要求。

③ 根据泄漏点的部位，进行全系统停运或局部停运，局部停运进行检修时应根据检修工程的内容和工程量的大小采取相应的安全措施。

④ 在检修前首先要确定检修部位的泄压点和介质的排放点，必要时为检验排放系统的可靠性和各种仪表的准确性，可做试泄压排放。

⑤ 检修所用材料应有符合技术文件的质量证明文件及合格证书，要求复验的一定要复验。

（2）高压管道检修工作中的注意事项

① 由于高压介质排放时压差大，进行排放时一定要缓慢开启阀门，以免开启过大而产生过大的噪声和振动，必要时可用减压器进行排放。

② 在排放时，不论介质是否回收、排放时间长短，必须有人监护，以便发生异常时及时采取措施。

③ 为了避免管子在介质反作用力作用下甩动伤人，介质排放口的管子一定要进行加固。

④ 管道检修任务完成后，必须严格进行各种试验，检测的方法要明确，各种检验、检测仪表要有专人负责落实，并应满足所需的参数和精度要求。

高压管道的管径一般均较小，刚度较低，应适当加固管道支架，除此以外还应在可能受到外力碰撞的部位，或经常有人活动的部位，以型钢加以保护，以保证安全。

9.5.3 电气设备的安全检修

1. 发电机检修

（1）发电机本体大修标准项目

发电机本体大修标准项目有：①发电机解体；②发电机定子检修；③发电机转子检修；④发电机冷却系统检修；⑤发电机励磁机及励磁系统检修；⑥发电机回装；⑦发电机试验。

（2）发电机小修标准项目

发电机小修标准项目有：①对于氢冷发电机要由氢气状态置换为空气状态；②打开端盖，检查定子端部绕组漏水、油污情况，并清扫端部；③检查定子端部绕组绝缘表面有无裂纹、绑扎松动、磨损情况；④检查定子绝缘支架、连接片等部件有无位移、松动；⑤检查定子铁芯端面连接片、压圈、定位筋有无异常现象，铁芯紧固大螺母是否松动，铁芯端面有无锈蚀；⑥进行定转子绕组冷却系统水压试验；⑦检查转子端部护环、风扇等附件有无过热、损伤等异常现象；⑧回装端盖，做定子严密性试验；⑨检查并清扫滑环、刷架、引线，更换不合格炭刷；⑩励磁回路清扫、检查；⑪按期进行预防性试验。

（3）检修过程中的安全注意事项

① 必须穿专用工作服。

② 不得带入与检修无关的东西，如钥匙、指甲刀等金属物件。

③ 进入发电机膛内必须带入的工具要登记造册，工作结束后要清点核对，发现遗失，必须查明原因并设法找回。

④ 必须穿绝缘鞋或布鞋，不允许穿硬底鞋及带钉子的鞋。

⑤ 严禁吸烟，如明火作业应严格执行明火作业规程。

⑥ 发电机膛内照明必须使用安全行灯。

2. 电动机检修

（1）电动机大修的标准项目

电动机大修的标准项目为：①电动机抽出转子；②定子检修；③转子检修；④轴承检修；⑤通风冷却系统检修；⑥滑环及电刷装置的检修；⑦接线盒检查、清扫；⑧电动机的组装；⑨启动装置的检修；⑩试运转及验收。

（2）电动机小修的标准项目

电动机小修的标准项目为：①检查电动机绝缘；②检查和清扫电动机的启动装置；③接线盒检查、清扫；④检查轴承及润滑油是否完好；⑤检查、清理移流子、滑环及电刷装置；⑥测量轴瓦支承的电动机的空气间隙；⑦打开人孔、窥视孔检查电动机内部；⑧预防性试验；⑨试运转及验收。

3. 其他高压带电设备检修

（1）高压隔离开关检修内容

① 本体检修。内容包括：清扫尘垢，特别是清扫接触处和棒式支柱绝缘子表面，修整接触表面；检查各处连接螺栓是否松动；检查主闸刀和接地闸刀的机械联锁是否正确可靠；所有转动摩擦部位加润滑油。

② 操动机构检修。内容包括：检查各处连接螺栓是否松动，转动部分是否灵活；检查电气控制回路和辅助、行程等开关是否正常，机构箱密封是否完好；在转动部位加润滑油，在齿轮、蜗轮、蜗杆传动接触部位涂以润滑脂。

（2）电力互感器的检修

① 检查与清洗外壳，处理渗油部位与除锈刷漆。

② 放出油箱内的油，放油同时检查油位计、阀门是否正常。放油后清洗掉油箱内的油泥与杂物。

③ 检查铁芯的夹紧程度以及是否过热退火，如果过热退火将不能继续使用，检查夹紧螺丝的绝缘。

④ 检查并清洗绕组绝缘，检查与紧固全部接头及固定其绝缘的支持物。

⑤ 检查套管有无损坏及其密封情况；注油式套管应清洗内部、换油；纯瓷套管应检查其屏蔽漆是否完好，必要时重新涂刷。

9.5.4 化工仪表的安全检修

1. 压力测量仪表的原理及检修

为了适应化工机器设备及工艺的需要，压力仪表的品种规格很多，按工作原理分为三类。

（1）用已知压力去平衡未知压力的方法来测量压力的仪表，如液柱式压力计。

（2）用弹性元件的弹性力与被测量介质作用力相平衡的方法来测量压力的仪表，如弹簧管压力表等。

（3）通过机械和电气元件把压力信号转换成电量的方法来测量压力的电远传压力仪表，如压力变送器等。

液柱式压力计是以液体静力学原理为基础的，在日常检修中应注意保温。

弹性式压力计检修应按标准定期检修。主要检修内容有：①清除表内外油污；②检查压力表接头处有无堵塞；③检查传动部位齿轮结构；④对部分转动部位加润滑油；⑤按照校验规程进行校准。

电远传压力仪表维修时主要内容有：①清除表内外灰尘；②检查接线端子电气元件是否松动或腐蚀；③检查模盒组件；④检查并拧紧各紧固件；⑤按校验规程对其进行校验标定等。

2. 流量测量仪表的原理及检修

化工系统用的流量仪表按测量方法大致分为三类。

（1）速度式流量仪表。它是以流体在管道内的流速作为测量依据。例如叶轮式水表、差压式孔板流量计、靶式流量计、转子流量计、涡轮流量计、超声波流量计、涡街流量计及电磁流量计等。

（2）容积式流量仪表。它是以单位时间内所排出流体的固定容积为测量依据。例如椭圆齿轮流量计、盘式流量计等。

（3）质量式流量计仪表。它是以测量流过的质量为依据，例如科氏力质量流量计。

差压式流量计的检修应注意以下两方面的工作：

① 一次元件孔板的检修。节流装置使用日久，特别是在被测介质夹杂有固体颗粒等机械物体的情况下，或者由于化学腐蚀都会造成节流装置的几何形状和尺寸的变化；在现场使用中，孔板或管道等表面可能会沾上一层污垢，或者由于在孔板前后角落处日久沉积有沉淀物，或者由于强腐蚀作用都会使管道的流通面积发生变化，这样会造成流量的测量误差。故应注意检查、维修，必要时更换新的孔板。

② 导压管的检修。应定期排污，检查导压管的走向是否变形，是否符合所测介质的要求。对于那些易结晶或凝固的介质，应检查保温伴热是否完好，有无漏点等。对于蒸汽测量，在检修完毕后应该注意冷凝液的积存情况。

3. 物位测量仪表的原理及检修

物位测量一般是测量某一介质的高度（厚度、长度）或两介质的界面。可以用来测量物位的方法很多，在这里简单介绍三种化工装置常用的物位测量仪表的检修方法。

（1）浮力式液位计的检修。应该注意以下几点：①浮子的清洗，保证浮子的体积与质量的校准，否则会引起很大的测量误差；②气温引起被测介质密度变化，可能引起指示变化误差大，应注意防冻、保温，保持介质温度在给定值范围内；③注意浮子与浮筒内壁不能相碰摩擦；④注意扭力杆等浮力传动机构的正确安装；⑤注意信号输出放大部分的线性误差等。

（2）静压式液位计的检修。需注意以下问题：①如果介质易结晶、冻结或汽化，应时常检查防冻保温、保冷是否良好；②对于有零点迁移的液位测量系统，在检修时，必须考虑迁移问题，不然会引起很大的系统误差；③对吹气法测量液位的，应定期检查气源过滤器与流量表指示；④采用双法兰液位计时应注意负压侧导压管有无介质及其内部物质是液相还是气相；⑤注意压力变送器或差压变送器的检修与标定等。

（3）电容式液位计的检修。应注意：①对于检修测量导电介质的电极时，应注意检查电极的绝缘层，如果绝缘层破坏，会造成很大的误差，甚至失灵；②注意初始电容的影响；③注意指示仪表的标定与检修等。

9.6　装置检修后开车

9.6.1　装置开车前安全检查

生产装置经过停工检修后，在开车运行前要进行一次全面的安全检查验收。目的是检查检修项目是否全部完工，质量是否全部合格，劳动保护安全卫生设施是否全部恢复完善，设备、容器、管道内部是否全部吹扫干净、封闭，盲板是否按要求抽离完毕，确保无遗漏，检修现场工料是否清理干净，检修人员、工具是否撤出现场，达到了安全开工条件。

检修质量检查和验收工作，宜组织责任心强、有丰富实践经验的人员进行。这项工作，既是评价检修施工效果，又是为安全生产奠定基础，一定要消除各种隐患，未经验收的设备不许开车投产。

1. 焊接检验

凡化工装置使用易燃、易爆、剧毒介质以及特殊工艺条件的设备、管线及经过动火检修的部位，都应按相应的规程要求进行 X 射线拍片检验和残余应力处理。如发现焊缝有问题必须重焊，直到验收合格，否则将导致严重后果。

2. 试压和气密试验

任何设备、管线在检修复位后，为检验施工质量，应严格按有关规定进行试压和气密试验，防止生产时跑、冒、滴、漏，造成各种事故。

一般来说，压力容器和管线试压用水作介质，不得采用有危险的液体，也不准用工业风或氮气作耐压试验。气压试验危险性比水压试验大得多，曾有用气压代替水压试验而发生事故的教训。安全检查要点：

① 检查设备、管线上的压力表、温度计、液面计、流量计、热电偶、安全阀是否调校安装完毕，灵敏好用。

② 试压前所有的安全阀、压力表应关闭，有关仪表应隔离或拆除，防止起跳或超程损坏。

③ 对被试压的设备、管线要反复检查。流程是否正确，防止系统与系统之间相互串通，必须采取可靠的隔离措施。

④ 试压时，试压介质、压力、稳定时间都要符合设计要求，并严格按有关规程执行。

⑤ 对于大型、重要设备和中、高压及超高压设备、管道，在试压前应编制试压方案，制定可靠的安全措施。

⑥ 情况特殊，采用气压试验时，试压现场应加设围栏或警告牌，管线的输入端应装安全阀。

⑦ 带压设备、管线，在试验过程中严禁强烈机械冲撞或外来气窜入，升压和降压应缓慢进行。

⑧ 在检查受压设备和管线时，法兰、法兰盖的侧面和对面都不能站人。

⑨ 在试压过程中，受压设备、管线如有异常响声，如压力下降、表面油漆剥落、压力表指针不动或来回不停摆动，应立即停止试压，并卸压查明原因，视具体情况再决定是否继续试压。

⑩ 登高检查时应设平台围栏，系好安全带，试压过程中发现泄漏，不得带压紧固螺栓、补焊或修理。

3. 吹扫、清洗

在检修装置开工前，应对全部管线和设备彻底清洗，把施工过程中遗留在管线和设备内的焊渣、泥沙、锈皮等杂质清除掉，使所有管线都贯通。如吹扫、清洗不彻底，杂物易堵塞阀门、管线和设备，对泵体、叶轮产生磨损，严重时还会堵塞泵过滤网。如不及时检查，将使泵抽空，造成泵或电机损坏的设备事故。

一般处理液体管线用水冲洗，处理气体管线用空气或氮气吹扫，蒸汽等特殊管线除外。如仪表风管线应用净化风吹扫，蒸汽管线按压力等级不同使用相应的蒸汽吹扫等。吹扫、清洗中应拆除易堵、卡物件（如孔板、调节阀、阻火器、过滤网等），安全阀加盲板隔离，关闭压力表手阀及液位计联通阀，严格按方案执行；吹扫、清洗要严，按系统、介质的种类、压力等级分别进行，并应符合现行规范要求；在吹扫过程中，要有防止噪声和静电产生的措施，冬季用水清洗应有防冻结措施，以防阀门、管线、设备冻坏；放空口要设置在安全的地方或有专人监视；操作人员应配齐个人防护用具，与吹扫无关的部位要关闭或加盲板隔绝，用蒸汽吹扫管线时，要先慢慢暖管，并将冷凝水引到安全位置排放干净，以防水击，并有防止检查人烫伤的安全措施；对低点排凝、高点放空，要顺吹扫方向逐个打开和关闭，待吹扫达到规定时间要求时，先关阀后停气；吹扫后要用氮气或空气吹干，防止蒸汽冷凝液造成真空而损坏管线；输送气体管线如用液体清洗时，核对支撑物强度能否满足要求，清洗过程要用最大安全体积和流量。

4. 烘炉

各种反应炉在检修后，开车前，应按烘炉规程要求进行烘炉。

① 编制烘炉方案，并经有关部门审查批准。组织操作人员学习，掌握其操作程序和操作注意的事项。

② 烘炉操作应在车间主管生产的负责人指导下进行。

③ 烘炉前，有关的报警信号、生产联锁应调校合格，并投入使用。

④ 点火前，要分析燃料气中的氧含量和炉膛可燃气体含量，符合要求后方能点火。点火时应遵守"先火后气"的原则。点火时要采取防止喷火烧伤的安全措施以及灭火的设施。炉子熄灭后重新点火前，必须再进行置换，合格后再点火。

5. 传动设备试车

化工生产装置中机、泵起着输送气体、液体、固体介质的作用，由于操作环境复杂，一旦单机发生故障，就会影响全局。因此要通过试车，对机、泵检修后能否保证安全投料一次开车成功进行考核。

① 编制试车方案，并经有关部门审查批准。

② 专人负责进行全面、仔细地检查，使其符合要求，安全设施和装置要齐全完好。

③ 试车工作应由车间主管生产的负责人统一指挥。

④ 冷却水、润滑油、电机通风、温度计、压力表、安全阀、报警信号、联锁装置等

要灵敏可靠，运行正常。

⑤ 查明阀门的开关情况，使其处于规定的状态。

⑥ 试车现场要整洁干净，并有明显的警戒线。

6. 联动试车

装置检修后的联动试车，重点要注意做好以下几个方面的工作：

① 编制联动试车方案，并经有关领导审查批准。

② 指定专人对装置进行全面认真地检查，查出的缺陷要及时消除。检修资料要齐全，安全设施要完好。

③ 专人检查系统内盲板的抽加情况，登记建档，签字认可，严防遗漏。

④ 装置的自保系统和安全联锁装置，调校合格，正常运行灵敏可靠，专业负责人要签字认可。

⑤ 供水、供气、供电等辅助系统要运行正常，符合工艺要求。整个装置要具备开车条件。

⑥ 在厂部或车间领导统一指挥下进行联动试车工作。

9.6.2　装置开车

装置开车要在开车指挥部的领导下，统一安排，并由装置所属的车间领导负责指挥开车。岗位操作工人要严格按工艺卡片的要求和操作规程操作。

1. 贯通流程

用蒸汽、氮气通入装置系统，一方面扫去装置检修时可能残留部分的焊渣、焊条头、铁屑、氧化皮、破布等，防止这些杂物堵塞管线，另一方面验证流程是否贯通。这时应按工艺流程逐个检查，确认无误，做到开车时不窜料、不憋压。按规定用蒸汽、氮气对装置系统置换，分析系统氧含量达到安全值以下的标准。

2. 装置进料

进料前，在升温、预冷等工艺调整操作中，检修工与操作工配合做好螺栓紧固部位的热把、冷把工作，防止物料泄漏。岗位应备有防毒面具。油系统要加强脱水操作，深冷系统要加强干燥操作，为投料奠定基础。

装置进料前、要关闭所有的放空、排污等阀门，然后按规定流程，经操作工、班长、车间值班领导检查无误，启动机泵进料。进料过程中，操作工沿管线进行检查，防止物料泄漏或物料走错流程；装置开车过程中，严禁乱排乱放各种物料。装置升温、升压、加量，按规定缓慢进行；操作调整阶段，应注意检查阀门开度是否合适，逐步提高处理量，使达到正常生产为止。

复习思考题

化工装置停车的主要程序是什么？关键操作应怎样注意安全？

盲板抽堵作业的安全技术要点有哪些？

修中如何选择合适的安全电压？

的化工装置检修作业有哪些？各作业的主要安全措施有哪些？

器的安全维修的检查内容有哪些？

今后工作岗位性质，描述装置开车前自己应进行的工作。

案例分析

【**案例1**】 1978年2月，河南省某市电石厂醋酸酐车间发生一起浓乙醛储槽爆炸事故，造成2人死亡，1人重伤。该车间检修一台氮气压缩机，停机后没有将此机氮气入口阀门切断，也不上盲板。停车检修时，空气被大量吸入氮气系统，另一台正在工作的氮气压缩机把混有大量空气的氮气卷入浓乙醛储槽，引起强烈氧化反应，发生化学爆炸。事故的主要原因是：违反检修操作规程。

【**案例2**】 1988年5月，某石化公司炼油厂水净化车间安装第一污水处理场隔油池上"油气集中排放脱臭"设施的排气管道时，气焊火花由未堵好的孔洞落入密封的油池引起爆燃。事故的主要原因是：严重违反用火管理制度；安全部门审批签发的动火票等级不同，未亲临现场检查防火措施的可靠性；施工单位未认真执行用火管理制度，动火地点与动火票上的地点不符。

【**案例3**】 1992年3月，某石化公司化肥合成氨装置按计划进行年度大修。氧化锌槽于当日降温，氮气置换合格后准备更换催化剂。操作时，因催化剂结块严重，卸催化剂受阻，办理进塔罐许可证后进入疏通。连续作业几天后，开始装填催化剂。一助理工程师在没办理进塔罐许可证的情况下，攀软梯而下，突然从5m高处掉入槽底。事故的主要原因是：该助理工程师进行罐内作业时未办理许可证。

【**案例4**】 1990年12月，某石化公司炼油厂氧化沥青装置的氧化釜进油开工中，发生突沸冒釜事故，漏出渣油12t。事故的主要原因是：开工前，未能对该氧化釜入口阀进行认真检查，隐患未及时发现和消除。

【**案例5**】 1990年6月，某石化公司合成橡胶厂抽提车间发生一起氮气窒息死亡事故。事故的主要原因是：抽提车间在实施隔离措施时，忽视了该塔主塔蒸汽线在再沸器恢复后应及时追加盲板，致使氮气窜入塔内，导致1人进塔工作窒息死亡。

【**案例6**】 1994年9月，吉林省某化工厂季戊四醇车间发生一起爆炸事故，造成3人死亡，2人受伤。事故的主要原因是：甲醇中间罐泄漏，检修后必须用水试压，恰逢全厂水管大修，工人违章用氮气进行带压试漏，因罐内超压，罐体发生爆炸。

参 考 文 献

[1] 宋健池，范秀山，等．化工厂系统安全工程[M]．北京：化学工业出版社，2004．

[2] 刘景良．化工安全技术[M]．北京：化学工业出版社，2003．

[3] 葛晓军，周厚云，等．化工生产安全技术[M]．北京：化学工业出版社，2008．

[4] 王德堂，孙玉叶．化工安全生产技术[M]．天津：天津大学出版社，2009．

[5] 朱宝轩．化工安全技术基础[M]．北京：化学工业出版社，2008．

[6] 张麦秋，李平辉．化工生产安全技术[M]．北京：化学工业出版社，2009．

[7] 周忠元，陈桂琴．化工安全技术与管理[M]．北京：化学工业出版社，2002．

[8] 许文．化工安全工程概论[M]．北京：化学工业出版社，2002．

[9] 田震．化工过程安全[M]．北京：国防工业出版社，2007．

[10] 孙玉叶，王瑾．化工安全技术与职业健康[M]．北京：化学工业出版社，2009．

[11] 崔克清．化工单元运行安全技术[M]．北京：化学工业出版社，2006．

[12] 蔡尔辅，陈树辉．化工厂系统设计[M]．北京：化学工业出版社，2004．

[13] 陈海群，王凯全．危险化学品事故处理与应急预案[M]．北京：中国石化出版社，2005．

[14] 王凯全．化工安全工程学[M]．北京：中国石化出版社，2007．

[15] 王承学．化学反应工程[M]．北京：化学工业出版社，2009．

[16] 林爱光，阴金香．化学工程基础[M]．北京：清华大学出版社，2008．

[17] 蔡凤英．化工安全工程[M]．北京：科学出版社，2001．

[18] 邵辉，王凯全．危险化学品生产安全[M]．北京：中国石化出版社，2005．

[19] 赵庆贤，邵辉．危险化学品安全管理[M]．北京：中国石化出版社，2005．

[20] 陆春荣，王晓梅．化工安全技术 [M]．苏州：苏州大学出版社，2009．

[21] 李景惠．化工安全技术基础[M]．北京：化学工业出版社，2005．

[22] 张庆河．电气与静电安全[M]．北京：中国石化出版社，2005．

[23] 李悦，杨海宽．电气安全工程[M]．北京：化学工业出版社，2007．

[24] 杨有启．电气安全工程[M]．北京：化学工业出版社，2007．

[25] 赵莲清，刘向军．电气安全[M]．北京：中国劳动社会保障出版社，2007．

[26] 谭蔚．压力容器安全管理技术[M]．北京：化学工业出版社，2006．

[27] 王明明，等．压力容器安全技术[M]．北京：化学工业出版社，2004．

[28] 杨启明．压力容器与管道安全评价[M]．北京：机械工业出版社，2008．

[29] 陈凤棉．压力容器安全技术[M]．北京：化学工业出版社，2004．

[30] 王德堂，周福富．化工安全设计概论[M]．北京：化学工业出版社，2008．

[31] 崔克清．化工安全设计[M]．北京：化学工业出版社，2004．

[　] 张东普．劳动卫生与职业病危害控制[M]．北京：化学工业出版社，2003．

[　] 张敏．我国职业卫生标准体系研究[J]．中国卫生监督，2009，16(3)：225-231．

[　] 卫红，陈镜琼，等．职业危害与职业健康安全管理[M]．北京：化学工业出版社，2006．

[　] 胡伟江，等．职业病危害卫生工程控制技术[M]．北京：化学工业出版社，2005．

[　] 职业危害评价与控制[M]．北京：航空工业出版社，2005．

[　] 安全管理[M]．北京：中国电力出版社，2004．

[　] 全原理与危险化学品测评技术[M]．北京：化学工业出版社，2004．

[　] 甄亮．企业安全管理[M]．北京：国防工业出版社，2007．

[　] 职业安全卫生与健康[M]．北京：地质出版社，2005．